CULTURE DE LA VIGNE

TRAITEMENT PRATIQUE

DES VINS

VINIFICATION — DISTILLATION

PAR

RAIMOND BOIREAU

✿

CULTURE DE LA VIGNE DANS LES DIVERS VIGNOBLES

(GIRONDE — BOURGOGNE — CHAMPAGNE — HERMITAGE — VIGNOBLES ÉTRANGERS)

**Vinification, Distillation, Fabrication des Liqueurs
Vinaigres et Huiles**

DEUXIÈME ÉDITION
illustrée de 180 figures

BORDEAUX

Vve PAUL CHAUMAS, LIBRAIRE-ÉDITEUR
Cours du Chapeau-Rouge, 34
ET CHEZ L'AUTEUR, RUE MONSARRAT, 28

1876

CULTURE DE LA VIGNE

TRAITEMENT PRATIQUE DES VINS

VINIFICATION — DISTILLATION

*

CULTURE DE LA VIGNE

TRAITEMENT PRATIQUE

DES VINS

VINIFICATION — DISTILLATION

PAR

RAIMOND BOIREAU

✿

CULTURE DE LA VIGNE DANS LES DIVERS VIGNOBLES

(GIRONDE — BOURGOGNE — CHAMPAGNE — HERMITAGE — VIGNOBLES ÉTRANGERS)

**Vinification, Distillation, Fabrication des Liqueurs
Vinaigres et Huiles**

———

DEUXIÈME ÉDITION
illustrée de 180 figures

———

BORDEAUX

Vᵛᵉ PAUL CHAUMAS, LIBRAIRE-ÉDITEUR

Cours du Chapeau-Rouge, 34

ET CHEZ L'AUTEUR, RUE MONSARRAT, 28

—

1876

@

TRAITEMENT

PRATIQUE

DES VINS

PREMIÈRE PARTIE

CULTURE DE LA VIGNE, VINIFICATION, DISTILLATION

FABRICATION DES LIQUEURS, ETC.

AVANT-PROPOS

Avant d'entrer en matière, je crois devoir donner quelques explications sur le plan de cet ouvrage et sur les titres que je puis avoir à m'occuper du sujet multiple que j'ai entrepris de traiter.

Comme l'indique l'intitulé de ce livre, mon travail a pour objet : la culture de la vigne dans les divers vignobles, la vinification, le traitement des vins, leur expédition et leur distillation, et la fabrication des liqueurs. Il est divisé en deux tomes : le tome premier traite de la culture, de la vinification et de la distillation, c'est-à-dire de la *production;* le tome second s'occupe du traitement des vins, ou de la *conservation*.

Je me suis surtout attaché à exposer dans tous leurs détails *les procédés pratiques* employés dans les principaux vignobles. Ce sont particulièrement les différences de traitement qu'il m'a paru utile de mettre sous les yeux des propriétaires de vignes, car s'il peut être intéressant pour le viticulteur bordelais, par exemple, de connaître les pratiques usitées en Bourgogne, de leur côté les viticulteurs bourguignons ne sont pas moins désireux de savoir ce qui se fait dans la Gironde et ailleurs. Tous doivent être mis à même de choisir les procédés qui peuvent le mieux convenir à leurs vignobles, selon le climat qu'ils habitent et les cépages qu'ils cultivent, afin d'arriver à perfectionner le plus possible leurs produits.

Depuis trente ans, je m'occupe de la manipulation et de l'expédition des vins; les méthodes de traitement et de vinification que j'ai décrites sont celles qui aident si bien au développement des qualités de tous les vins de France, et qui leur ont valu la haute réputation dont ils jouissent si légitimement à l'étranger.

Les procédés de conservation et de vieillissement des vins préconisés par divers auteurs ont été de ma part l'objet d'un examen attentif (voir t. II, ch. XI); il s'agissait de rechercher quel système pouvait offrir des avantages aux producteurs ou au commerce.

Les procédés proposés par M. Pasteur donnent des résultats très-différents, selon les genres de vins auxquels ils sont appliqués. Il ne m'appartient pas de discuter les théories du savant chimiste; je me bornerai à faire part des observations que m'a suggérées l'expérimentation de son système. Les principes émis par M. Pasteur ne sont pas en désaccord avec les procédés des praticiens lorsqu'on traite des vins vinés et dépassant 15°, tels que les vins madérés, les vins *rancio*, etc. Pour ces sortes de vins, *l'oxygénation lente* les vieillit sans qu'il y ait acidification. Il n'en est pas de même lorsque l'on traite ainsi des vins moelleux n'ayant qu'une moyenne alcoolique de 10 pour 100; dans ce cas, les vins que l'on laisse en vidange s'éventent, et, dans nos climats, leur surface s'acidifie, d'autant plus que l'air ambiant est plus chaud. Pour éviter l'acidification de ces vins, M. Pasteur conseille d'avoir préalablement recours au chauffage à 55° avant de les laisser en vidange, et il affirme que le goût d'évent se dissipe après un mois de séjour en fûts pleins, et qu'alors le vin chauffé paraît plus vieux que celui qui a été conservé seulement par l'ouillage. — Il est vrai que le vin fortement éventé, mais non acidifié, perd le goût d'évent après quelques jours de repos en fûts pleins, et qu'il acquiert un certain goût de vieux; mais a-t-il une valeur commerciale plus grande que le vin soustrait au contact de l'air? Non, et dans les grands vins, la partie non éventée a une couleur plus vive, plus de goût de fruit et plus de corps; en un mot, le vin vieilli artificiellement est amoindri, c'est-à-dire plus sec et plus maigre. C'est pour ce motif que tous les sommeliers praticiens considèrent l'oxygène comme utile aux vins vinés aussi bien qu'au vieillissement des spiritueux en fûts; mais ils jugent qu'il est nuisible aux vins moelleux, et que toutes nos pratiques de soutirage à l'abri le plus possible de son contact, le méchage et jusqu'au bouchage à l'aiguille, tendent à le soustraire à son influence. L'honorable chimiste semble croire que les vins ordinaires vieillis, ayant un rancio prononcé et une couleur tuilée, ont une grande valeur commerciale; tandis qu'au contraire les vins ordinaires qui *vieillardent* naturellement ou artificiellement ont une valeur moindre que les vins de bonne nature et de couleur vive : il s'agit ici de vins provenant des mêmes vignobles. Ce n'est que pour des emplois spéciaux, et en prenant pour base des vins faibles en couleur et vinés, qu'il peut être utile de vieillir artificiellement des vins communs ; je dirai même qu'ils ne vieillissent que trop vite, car souvent leur défécation n'est pas plutôt effectuée qu'ils commencent à se dépouiller de leur couleur et à perdre leur goût de fruit.

J'ai fait tous mes efforts pour qu'il ne se glissât pas d'erreur dans la partie de cet ouvrage traitant de la culture de la vigne dans les divers vignobles, surtout dans ceux qui sont éloignés du centre de mes opérations. Dans ce but, j'ai, autant que possible, pris l'avis des viticulteurs et des savants qui habitent ces contrées. C'est ainsi que j'ai cité M. Garnier, auteur d'un traité de la culture des vignes de la Côte-d'Or ; M. de Vergnette-Lamotte, le docteur Guyot, M. Rendu, qui ont donné l'analyse des sols de la Bourgogne, de la Champagne, de l'Hermitage et des vignobles étrangers.

Pour la partie relative aux vignobles de la Gironde, dont la culture est très-variée, selon la nature du terrain, M. d'Armailhacq avait déjà écrit un excellent traité sur la culture des vignes dans le Médoc (1).

De mon côté, j'ai dû me rendre compte *de visu* de ce qui se fait dans les graves, les côtes et les palus. Fils d'un viticulteur qui fut un des élèves les plus assidus de notre excellent professeur d'agriculture, et qui eut l'honneur d'obtenir un premier prix, je n'ai eu qu'à suivre mes devanciers et à présenter le tableau des différents modes de culture en usage dans le département de la Gironde ; car mon but n'est pas de préconiser un système exclusif de culture ou de taille, mais de faire connaître les plus usités, afin que le viticulteur éclectique ayant un vignoble

---

(1) Un vol. in-8º. Bordeaux, Vᵉ P. Chaumas, éditeur.

à créer, puisse choisir celui qui lui paraîtra le plus avantageux.

Mathieu de Dombasle, Dubrunfaut, Basset, ont donné d'excellents conseils aux agriculteurs pour utiliser par l'alcoolisation une foule de substances; ce sont leurs procédés que j'applique dans le chapitre qui traite des petites distillations agricoles.

Enfin, ayant eu à diriger une importante distillerie à vapeur, j'ai pu apprécier les avantages des appareils distillatoires modernes. Je donne sur leur fonctionnement des notions qui permettront de faire un choix raisonné du genre d'appareil ainsi que du mode d'opérer, eu égard au résultat à obtenir. Ces notions, du reste, devaient naturellement précéder, tout en lui donnant plus d'utilité, le chapitre où je traite en détail de la fabrication des liqueurs.

Dans la première édition de cet ouvrage, je ne donnais que la recette des principales liqueurs d'exportation. Les indications du présent volume portent sur toute la nomenclature des liqueurs en vogue. On remarquera que je ne me suis pas borné à l'indication des procédés particuliers dont je me sers, mais que je reproduis aussi les formules usuelles, dont on doit à Duplais la première publication.

En résumé, l'ensemble, le fond de mon travail, c'est la partie pratique. Je n'ai pas cherché à faire une œuvre littéraire, mais simplement à décrire et à grouper avec méthode, de manière à être compris aisément de tous mes lecteurs, les pratiques et les procédés utiles. J'ai fait tous mes efforts pour atteindre ce but; je m'estimerais heureux si j'avais ainsi rendu service à la viticulture et à l'œnologie.

RAIMOND BOIREAU.

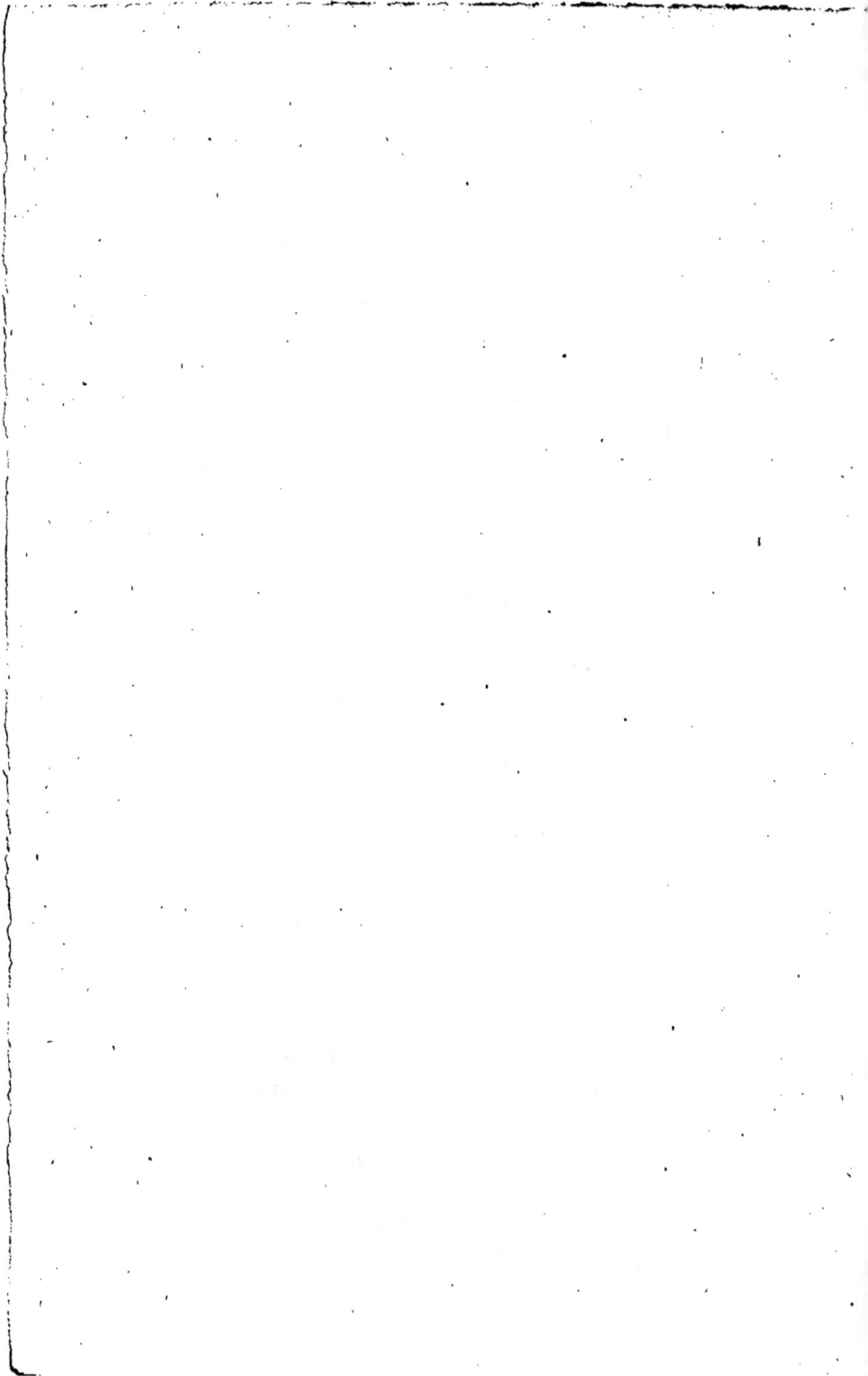

CHAPITRE PREMIER.

CULTURE DE LA VIGNE.

Observations générales. — Conditions climatériques. — Manière de végéter. — Climats et sols les plus propices. — Plantation de la vigne. — Reproduction par boutures, provignage, couchage, greffage, semis. — Culture. — Tailles diverses: systèmes Hooybrenck, Duchêne-Toureau, piques, Guyot, Aubry, Trouillet.

CONDITIONS CLIMATÉRIQUES, MANIÈRE DE VÉGÉTER.

La vigne, qui appartient au genre *Vitis*, renferme un grand nombre d'espèces sauvages dont les principales, *Vitis labrusca, Vitis vulpina, cordifolia, œstivalis,* etc., ont, en Amérique, formé des variétés cultivées; nous ne nous occuperons que des vignes de l'ancien continent, propres à faire le vin, désignées sous le nom générique de *Vitis vinifera* (Linné, genre de la Pentandrie monogynie). Cet arbrisseau, dont nous indiquerons plus loin les variétés, végète et est susceptible de donner du fruit à partir du 50e degré de latitude et jusque sous les tropiques; mais les climats extrêmes sont peu favorables à la bonne fructification de la plante. Ainsi, sous la latitude de 50 degrés, l'hiver est long et froid; or, le bois de la vigne gèle lorsque la température descend et se maintient longtemps inférieure à 14 degrés au-dessous de zéro. On est donc obligé, dans ces contrées, de protéger les ceps, soit en choisissant les expositions, soit en les couvrant de paille et de terre avant les grands froids, pour ne les déchausser et découvrir qu'au printemps, après les gelées ; en outre, les nuits trop fraîches d'automne retardent la maturation ; il s'ensuit que les raisins restent souvent à l'état de verjus. Sous les tropiques, la culture de la vigne destinée à faire du vin offre d'autres difficultés : la chaleur entretient une végétation permanente et beaucoup trop fougueuse, surtout dans les plaines et pendant la saison des pluies. Le même pied a des raisins mûrs, des verjus et des mannes prêtes à fleurir ; il en résulte que si l'on peut faire plusieurs récoltes par an, en revanche les fruits sont échaudés ; parfois un grand nombre d'insectes les dévorent, ou les grandes pluies les crèvent. Sur les hauts plateaux situés sous la Ligne, où l'altitude élevée modifie le climat, qui est moins chaud et moins humide, la sécheresse arrête la séve et la végétation a lieu d'une manière plus normale ; il faut donc à la vigne un temps d'arrêt dans la végétation, à la condition que l'hiver ne soit pas trop rigoureux ni trop long, condition qui se rencontre au centre de la zone tempérée. Selon la latitude et l'altitude, les produits varient beaucoup ; ainsi, au-dessus du 46e degré de latitude, on ne réussira à produire des *vins mûrs, moelleux,* que dans les années exceptionnellement chaudes, et, d'un autre côté, au-dessous du 42e degré, l'excès de maturité donnera aux vins un caractère tout différent : ce seront pour la plupart des vins de liqueur ou des vins alcooliques dépourvus de moelleux.

On sait aussi que, sous la même latitude, le climat varie selon que les terres sont près de la mer ou au centre des continents ; on observe que les climats *marins* sont moins froids l'hiver, ont une humidité plus grande et un été moins chaud que les climats *continen-*

taux, qui ont des hivers plus rigoureux et un été plus chaud et plus sec; l'altitude influe encore davantage : à mesure que l'on s'élève au-dessus du niveau de la mer, la température s'abaisse. Gay-Lussac, dans son ascension, trouva un abaissement de 1 degré pour 173 mètres, et lors de la célèbre ascension du mont Blanc, Saussure remarqua que la température était à 28 degrés à Genève, à 24 degrés au pied de la montagne, à Chamouny, et de 2 degrés 1/2 au-dessous de zéro au sommet, élevé de 4,372 mètres au-dessus du lac Léman, ce qui donne 1 degré de diminution par 144 mètres d'élévation, et explique l'abaissement de température observé sur les hauts plateaux.

L'état hygrométrique de l'atmosphère influe beaucoup sur la végétation et surtout sur la fructification. Le raisin a besoin, à l'époque des vendanges, d'avoir la peau ramollie. On a observé que les vignes plantées sur les coteaux voisins des rivières avaient une maturation plus facile et que les vins avaient plus de qualité que ceux de terrains de même nature éloignés des cours d'eau.

Quant à la manière de végéter, on sait que la vigne ne *développe ses feuilles, ses fleurs et ses fruits, que sur le bois de l'année précédente ;* de sorte que lorsqu'elle est livrée à elle-même, sans taille, elle pousse des tiges tortueuses dont les sarments garnis de feuilles et de vrilles s'accrochent comme les lianes aux plantes qui l'entourent; cette surabondance de bois épuise la séve, qui ne peut se porter avec assez de force aux extrémités des sarments; les bourgeons éloignés avortent, quelques-uns poussent, mais ne donnent qu'un fruit très-petit, dégénéré, qui, dans les climats tempérés, n'atteint pas la grosseur des mêmes variétés cultivées, et qui ne peut arriver à maturité. Dans les climats chauds, les fruits venus ainsi ne donnent également que des produits très-inférieurs aux variétés cultivées, quoique moins acides. De là, nécessité absolue de tailler la vigne. La vigne cultivée commence à pousser, dans les climats tempérés du Nord, à la fin de mars ; ses bourgeons ou bourres grossissent alors pour se développer avec activité en avril ; à la fin de mai ou au commencement de juin, la floraison a lieu, et le raisin mûrit en septembre. La température la plus favorable à ces diverses périodes de végétation est un printemps assez humide avec une augmentation progressive de la température jusqu'à l'époque de la floraison ; de mi-mai jusqu'aux premiers jours de juin, un temps sec ; quelques pluies après la floraison, puis un été sec rafraîchi par quelques ondées, nécessaires surtout à la véraison ; après que le raisin a changé, et pendant les vendanges, un temps sec. Les conditions défavorables sont un printemps froid, de grandes pluies pendant la floraison, et surtout une alternance de pluie et de soleil vers le milieu du jour, ce qui occasionne la coulure, et plus tard, à la véraison, l'échaudage des raisins ; enfin, si les pluies continuent l'été, la séve monte avec trop d'abondance, le fruit ne peut mûrir, et le bois même des sarments n'est pas aoûté.

Avant de faire des plantations, il est indispensable de choisir, selon les climats, les cépages qui mûrissent bien sur des sols et avec des températures analogues, plutôt plus froides que plus chaudes, parce que l'on ne peut réussir à acclimater des variétés de vignes végétant dans le Midi, dans des climats plus froids. Souvent, en effet, la vigne dégénère en se transportant plus au nord : le raisin ne peut y mûrir ; il vaut mieux, en ce cas, choisir des cépages hâtifs plutôt que tardifs ; et réciproquement les cépages tardifs s'améliorent avec des climats plus chauds.

DES SOLS PROPRES A LA CULTURE DE LA VIGNE.

Dans les climats favorables, la vigne végète dans tous les genres de sol; généralement elle ne donne des produits distingués que sur des terrains pierreux, graveleux, siliceux, calcaires, montueux; toutefois, dans la Gironde, on la trouve dans les palus, qui sont des terres d'alluvion alumineuses, dans des terres fortes, argileuses, dans des terrains calcaires, graveleux, sablonneux, etc., c'est-à-dire dans toutes les variétés de sol, et, à part quelques exceptions dues à la composition du sous-sol et au choix des cépages, les coteaux graveleux et siliceux, ainsi que les sous-sols pierreux, donnent les meilleurs vins.

Les sols graveleux, siliceux, caillouteux, pierreux, sont, sous le rapport de la culture arable, les plus pauvres; ils ne pourraient donner de produits avantageux qu'en y faisant préalablement des frais considérables d'amendement et d'engrais, et dans les terres arides, on n'obtiendrait même pas l'intérêt du capital dépensé; c'est sur des terres semblables que, dans la Gironde et dans la majorité des vignobles les plus célèbres, se récoltent les vins les plus estimés. L'analyse de la terre des vignes du château Lafite, prise dans une des meilleures vignes, a donné, d'après M. d'Armailhacq, sur 1 kilogramme :

Cailloux roulés, siliceux, plus ou moins gros.	629 gr.	» c.
Sable fin.	283	»
Silice pure.	62	20
Total de l'élément siliceux	974	20
Humus.	12	80
Alumine.	7	˙54
Chaux.	»	40
Fer.	»	86
	995	80
Perte.	4	20
Total.	1,000 gr.	» c.

Dans le Haut-Barsac, à Saint-Émilion, à l'Hermitage, c'est la décomposition des roches qui a formé le sol actuel. Les coteaux graveleux du Médoc et des graves des environs de Bordeaux offrent une grande analogie de composition avec cette analyse ; on trouve dans les landes un sol de même genre.

A Saint-Émilion, à Barsac, et sur nos premières côtes, le sol est formé en grande partie des débris de la décomposition de la roche calcaire ; le sol rougeâtre renferme également ment des traces d'oxyde de fer, au milieu d'un grand nombre de petits moellons de pierre dure ou de cailloux roulés, siliceux ou calcaires.

Il en résulte que la plus grande partie des terres des landes serait susceptible d'être transformée en vignobles qui donneraient de bons vins si le sous-sol et le sol étaient amendés convenablement, et si l'on évitait le séjour des eaux dans le sous-sol par des travaux convenables d'asséchement.

Il en est de même des coteaux escarpés encombrés de roches, et où le peu de terre végétale qui les recouvre provient de leur décomposition.

PLANTATION DE LA VIGNE.

On peut reproduire la vigne par tous les procédés de multiplication des végétaux ligneux : 1° par les boutures des sarments ; 2° par le provignage ; 3° par le couchage ; 4° par le greffage ; 5° par le semis des pepins.

De tous ces procédés, le plus employé dans la grande culture est la reproduction par boutures des sarments de l'année.

1° *Reproduction par boutures et plants enracinés.* — Les

boutures sont des morceaux de sarments de l'année coupés
le plus près possible du bois de l'année précédente ; il y en
a de taillées de deux manières. On emploie de préférence
les *crossettes,* appelées aussi *maillots,* et dans le Médoc
cabots ; ce sont des boutures d'une longueur d'environ 30
à 50 centimètres, sur lesquelles se trouve, à l'extrémité
inférieure, un petit morceau de vieux bois ; de là le nom
de *crosse.* On a cru longtemps que ce genre de bouture
était très-supérieur aux simples bouts de sarments de
l'année coupés de la même longueur, mais lorsqu'on a le
soin de *les couper près du vieux bois,* au-dessous et ras
d'un nœud, ils réussissent également ; on se sert donc des
deux genres de boutures.

Les boutures doivent être coupées sur des ceps en plein
rapport, ni trop jeunes ni trop âgés, en un mot, *les plus
fructifères ;* on choisit des sarments ayant donné des raisins. Sans ces précautions, on s'expose à planter des boutures provenant de ceps dégénérés, qui, parfois, ont une
végétation très-belle, mais ne produisent rien. Après les
avoir coupés, il est très-important de *ne pas les laisser sécher.*
Si ces boutures sont destinées à être expédiées, on les
maintiendra fraîches en les entourant de plusieurs couches
de mousse ; si on doit les garder quelque temps au vignoble, on les enterre de suite à plat dans une terre fraîche
qui les recouvre d'environ 40 centimètres, et on tasse fortement ; quelquefois on les place en boîtes dans la terre,
droites, deux yeux dehors, dans un chai frais.

Boutures enracinées dites « barbeaux ». — On prépare une
terre légère, mélangée de bon terreau, pour y former une
pépinière lorsque les boutures ne doivent pas s'employer
dans l'année. On les met ainsi en rang, à 5 centimètres de
distance les unes des autres, couchées en biais, ayant un
œil hors de terre ; on maintient la plantation propre par

des binages ou sarclages ; on taille à un œil le sarment
sorti la première année ; on rabat à un œil encore la seconde année, époque où il faudra lever la pépinière, qui
aurait ensuite trop de racines. Les plants enracinés produisent des vignes qui ont généralement moins de durée que
celles formées de boutures, mais elles sont à fruit plus tôt.

  2° *Provignage.* — On appelle *provin* ou *chevelée* un
long sarment que l'on couche dans la terre, à 40 centimètres environ de profondeur dans les terres chaudes, à
30 centimètres dans les terres froides, à l'époque de la
taille, et dont l'extrémité ressort de terre et sert à remplacer un cep mort. Cette extrémité de sarment a deux
yeux hors du sol et donne du fruit la première année ; les
yeux enterrés s'enracinent dans la terre, et après la troisième année, on coupe la partie du sarment qui touche au
cep qui a fourni le provin. C'est ce qu'on appelle *sevrer* le
provin, parce que, dans la première année, avant d'avoir pris
racine, il a été nourri par la séve de l'ancien pied. Si le
sarment n'est pas assez long pour atteindre la place qu'il
doit avoir, on le couche et on relève deux yeux hors de
terre pour le recoucher l'année suivante, afin qu'il atteigne la place désignée. Dans la Gironde, on nomme ce genre
de provignage *saute-gric.* Généralement on ne se sert de
ce mode de multiplication que pour remplacer les pieds
morts. Les *saute-grics* que l'on recouche deux fois valent
mieux que ceux que l'on laisse en place, à demeure. Le
provignage se pratique, dans les terres chaudes et sèches,
à l'époque de la taille, à la fin de l'automne ; et dans les
terres froides et humides, au moment de la pousse ; on doit
fumer avec de bon terreau le vieux cep, ainsi que le jeune
provin.

  3° *Couchage.* — C'est le provignage de tous les longs sarments. On forme d'un cep plusieurs pieds distincts, en

Boutures & Greffages.

Araire Cabat

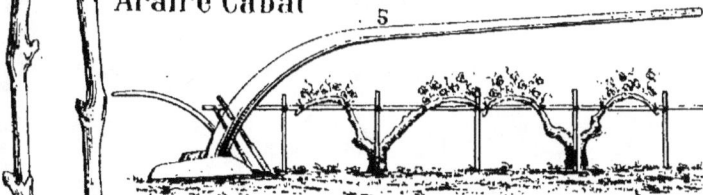

Araire Courbe

Pinçage.

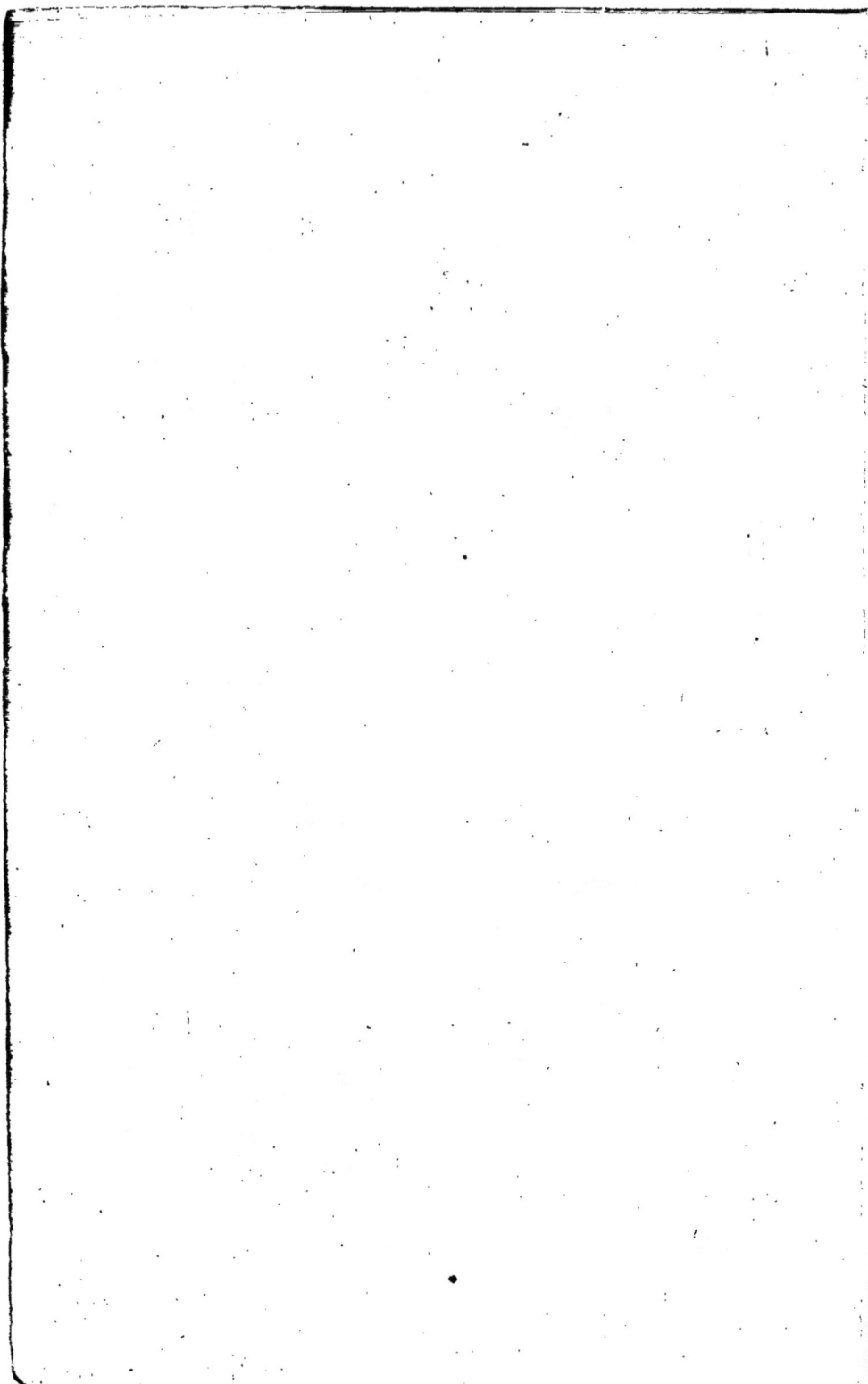

couchant entièrement en terre l'ancien pied. Ce procédé est employé dans certains pays pour renouveler les vignes. Nous en reparlerons, ainsi que du greffage.

4° *Greffage.* — On se sert du greffage pour changer les mauvais cépages ou les pieds vigoureux, mais improductifs. La vigne se greffe de plusieurs manières, en *fente,* en *approche,* en *navette,* à la *cuillère,* à l'*anglaise.* — Nous parlerons plus loin des genres de greffage usités dans les vignobles de France.

5° *Semis.* — Ce mode de reproduction est peu employé, pour deux motifs : d'abord parce qu'il faut attendre huit ans environ avant d'avoir du fruit, et ensuite parce que l'on ne peut être certain du résultat sous le rapport de la qualité du fruit, qui, par ce procédé, peut varier, être plus ou moins hâtif, avoir un goût et une forme différents, être meilleur ou inférieur. On peut se servir de ce procédé pour essayer de *créer des variétés nouvelles,* ou pour rajeunir les cépages cultivés depuis longtemps, en prenant des pepins choisis sur les graines les plus rapprochées de la queue, provenant de raisins et de sujets de choix, et d'une maturité parfaite, que l'on sème à l'automne sur de bon terreau, dans des endroits abrités. Ces pepins lèvent l'année suivante. Ils sont alors placés sur une couche de terre mélangée de terreau, et soignés comme les boutures. On peut en avancer la fructification en greffant les plus beaux sarments sur d'autres sujets en plein rapport : plusieurs horticulteurs ont obtenu ainsi des variétés meilleures.

Plantations. — La préparation du sol diffère selon sa nature et le climat. Dans les vignobles situés sous des latitudes où le raisin éprouve de la difficulté à mûrir et où la terre est peu échauffée, ainsi que dans les terres humides et froides, les boutures se plantent de 15 à 30 centimètres de profondeur; dans les terres très-chaudes et sèches, et par conséquent très-perméables aux influences climatologiques, on plante de 40 à 50 centimètres. Pour assurer la reprise des plants, on place tout autour des engrais, des terreaux, et, selon le cas, des mélanges ou bouillies formées de liquides azotés et de terres riches en humus; en résumé, on plante la vigne suivant deux méthodes principales : 1° *à la barre,* après avoir préalablement préparé le sol selon sa composition, soit par des labours, soit à la pioche, à la pince, soit enfin par plusieurs moyens dont nous aurons occasion de parler en traitant des vignes établies sur les cotes calcaires et granitiques. Le terrain étant préparé, on fait des trous avec une barre de fer, à des profondeurs qui doivent varier selon la nature du sol; on agrandit ces trous avec une *demoiselle* ayant un bout ferré et conique; on coule au fond du trou une bouillie épaisse, faite avec un mélange de terreau, de bouse et de crottin, de terres d'alluvion délayées dans du purin, et dans laquelle on a déjà trempé le plant; on finit de remplir le trou de bon terreau et on tasse la terre en ne laissant que deux yeux dehors. 2° On plante aussi la vigne par *défoncement* et *renversement;* ces deux dernières méthodes consistent à creuser, jusqu'à une moyenne de 50 centimètres de profondeur, toute la surface, en mélangeant les engrais et les terres remuées. Nous aurons occasion de décrire ces diverses préparations du sol, en parlant des genres de culture adoptés dans la Gironde et la Bourgogne.

Culture. — La vigne se cultive à la charrue et à bras. Dans les premières années, quelle que soit la méthode adoptée, on évite que les mauvaises herbes n'étouffent les

jeunes plants, qui doivent en être tenus dégagés par des
labours fréquents. Ordinairement on donne à la jeune
vigne six façons, dans les vignobles à vins fins. Une fois
adulte, la vigne reçoit quatre labours, et plusieurs petites
façons que nous indiquerons en parlant de la culture
adoptée dans les vignobles célèbres, des époques choisies
et des outils employés pour ces diverses opérations. Les
façons ont pour but, dans tous les cas, d'aérer le sol et
de détruire les plantes parasites.

Taille. — *Tailles horticoles.* — Nous parlerons plus
au long des divers modes de taille appliqués *à la grande
culture : taille à astes arquées* ou à long bois, du Médoc
des palus et de la Côte-d'Or, et les tailles à *cots* ou *cour-
sons*, usitées dans les grands vignobles, quand nous traiterons de ces cultures dans les diverses contrées vinicoles.

Nous voulons parler ici des *nouvelles tailles* recom-
mandées par les auteurs modernes : Guyot, Hooybrenck,
Carrière, Trouillet, etc., et des principes sur lesquels ces
tailles reposent. Nous dirons que ces divers genres de
taille, à long bois, mixte ou à cots, reposent tous sur le
principe du *pinçage* avant la floraison et le développement
du bois de remplacement, et sur la nourriture des yeux qui
doivent développer des bourgeons l'année suivante.

Tout le monde sait que la vigne ne donne généralement
de fruit que sur le bois de l'année précédente. (Quelques
variétés en donnent sur les pousses *gourmandes* sorties
spontanément de la vieille souche : telles sont le *verdot*,
l'*enrageat*, etc.; mais le plus grand nombre de variétés
ne donne que du bois non fructifère à la première année.)
On sait aussi qu'à la base intérieure d'une feuille se
trouvent les yeux, au nombre de quatre ordinairement,
dont le principal constitue le bourgeon de l'année suivante,

et ne pousse la première année que lorsque le bourgeon sur lequel il est placé a été cassé trop près de lui acciden-tellement ; c'est alors un *œil époussé,* sur lequel on ne peut asseoir la taille ; ordinairement il ne pousse au-dessus de la feuille qu'un *contre-œil* appelé aussi *entre-feuille* (voir au chapitre de la *Description des planches* les figures de la re-production et de la végétation de la vigne). Les botanistes prétendent que la feuille et l'*entre-feuille* excitent la vé-gétation et servent de mère-nourrice à l'œil principal qui est au-dessous et qui ne poussera que l'année suivante. M. E.-A. Carrière recommande de conserver avec soin la feuille qui est à la base de l'œil et de *pincer* au-dessus de la première ou deuxième feuille l'entre-feuille, afin qu'elle *nourrisse* l'œil qui est à sa base, au lieu de l'affamer.

Tous les vignerons savent que lorsque le principal bour-geon vient à geler, un des deux *sous-bourgeons* qui restent pousse, mais qu'il est rarement fructifère ; il faut donc protéger le plus possible l'œil principal.

La séve des végétaux et celle de la vigne en particulier, tendent à s'élever verticalement ; les horticulteurs qui ont adopté les tailles à long bois se servent de cette ten-dance de la séve pour obtenir des bois de remplacement.

Système Hooybrenck. — Les plants de jeunes vignes ont ordinairement deux yeux hors de terre ; on les taille à un œil à leur deuxième année ; si à la troisième on a un sar-ment long et gros, on règle la hauteur de la souche, et on incline ce sarment de 22 degrés et demi au-dessous de l'horizontalité. (Ce genre de taille, ainsi que celles qui sui-vent, sont figurées sur les *planches* et expliquées au cha-pitre de leur description.)

On doit pincer les bourgeons fructifères A, à une ou deux feuilles au-dessus du dernier raisin.

Les deux branches placées verticalement le long de

Taille Hooybrenck

Taille du D.r Guyot.

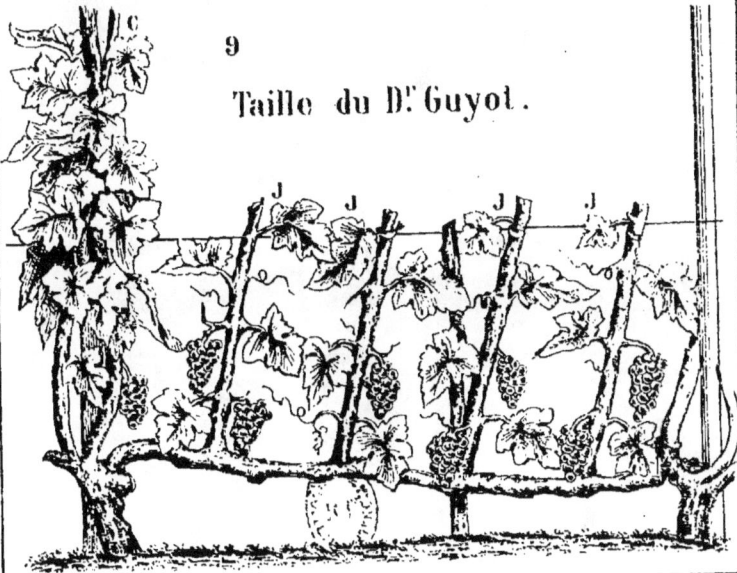

l'échalas sont destinées à donner du bois pour la taille de l'année suivante B. On ne pince, en épamprant, que les *entre-feuilles* des branches à bois.

Système Duchêne-Thoureau, propriétaire-vigneron à Châtillon-sur-Seine. — On ne laisse qu'un seul sarment ; on le tord à la hauteur de deux yeux en D, de manière que les yeux se trouvent des deux côtés du bois et non dessus et dessous ; on fait ployer ce sarment après avoir enlevé l'œil du bout, et on l'enfonce dans la terre ; les deux bourgeons C donnent des bois de remplacement pour l'année suivante. On pince aussi, à une ou deux feuilles au-dessus des fruits, les bourgeons fructifères E.

Piques. — Un long sarment, dont on a enlevé les yeux, est piqué dans la terre ; on conserve un seul œil en F donnant un beau sarment de remplacement ; le sarment, piqué par le bout, n'est pas tordu, il forme un arc de cercle. Comme dans les autres systèmes de tailles à longs bois, on pince les bourgeons fructifères G, à deux feuilles au-dessus du raisin. Ce procédé, moins le pinçage, est pratiqué depuis longtemps et connu sous le nom de *pisse-vin;* mais on ne l'avait pas érigé en système.

Système Guyot. — On pince les pampres de la branche à fruit J au-dessus de leur deuxième feuille ; au-dessus des raisins, la branche à bois porte deux yeux, dont un donnera une branche à fruit l'année suivante, et l'autre une branche à bois, en laissant deux yeux. Ces deux sarments ne se pincent pas. Ce système ne diffère des autres que par la position de la branche à fruit, qui est horizontale. Sa longueur se fixe à 50 centimètres environ pour les vignes espacées d'un mètre; on la règle d'ailleurs le long du fil de fer selon la vigueur des sujets.

Système Aubry, vigneron à Thorigny (Seine-et-Marne), — On laisse deux branches à fruit courbées et attachées au fil de fer, pourvues de quatre yeux pour avoir des branches de remplacement B; les bourgeons fructifères sont pincés également à deux feuilles au-dessus des raisins A.

Système Trouillet. — C'est une taille ordinaire à cots, avec pincement au-dessus de la deuxième feuille à partir du dernier raisin, et des entre-feuilles après leur deuxième feuille, au fur et à mesure qu'elles poussent. (Voir l'explication des planches.) On laisse le cep bas, et on établit quatre cots à l'opposé les uns des autres, de manière à former une espèce de godet à quatre branches principales. Ces cots sont taillés à deux yeux; cette vigne se cultive sans échalas ni fil de fer.

C'est à peu près la taille des Charentes, plus le pincement.

Toutes les tailles que nous venons de décrire exigent le même soin quant au pincement des bourgeons fructifères et des entre-feuilles. C'est pour ce motif que nous les nommons *tailles horticoles;* cette opération est beaucoup plus longue et minutieuse que l'on ne pense dans un vignoble étendu. Nous n'avons pas encore vu de vignes taillées depuis assez *longtemps* par ces méthodes pour pouvoir nous prononcer; nous dirons seulement que les propriétaires qui voudront faire des essais de taille à long bois sur des vignes *maigres,* devront ne pas laisser ces bois trop longs, et *bien exécuter les pincements;* car, sans cela, ils ne pourraient obtenir de bois de remplacement; et, d'un autre côté, avec ces tailles, si l'année était pluvieuse, ni leurs raisins ni leur bois ne mûriraient, et ils compromettraient ainsi la récolte de l'année suivante; il faut donc user d'une grande prudence. Lorsque le bois de remplacement est trop faible pour se substituer à la branche à fruit l'année suivante, on est obligé de laisser l'ancienne en en diminuant la longueur et en taillant à cots les bourgeons fructifères.

Système des Piques

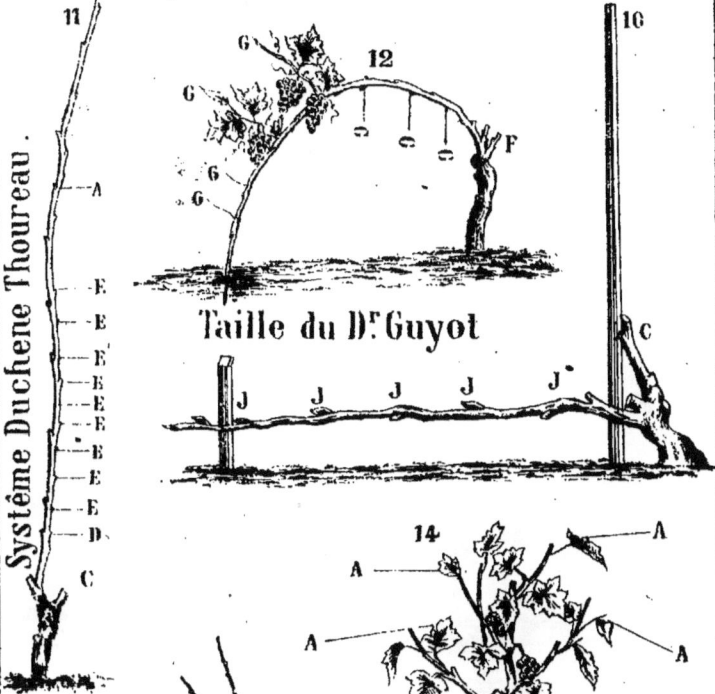

Système Duchene Thoureau.

Taille du D.r Guyot

Pinçage Trouillet

Système Trouillet

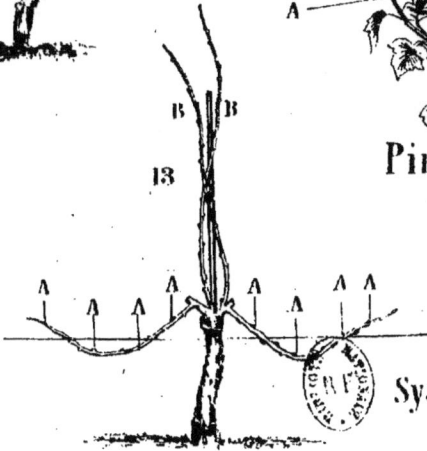

Taille Aubry

CHAPITRE II.

CONDITIONS INDISPENSABLES A LA PRODUCTION DES VINS FINS.

Climats, cépages, natures de sols propices. — Cépages fins hâtifs rouges ; de maturité secondaire ; de maturité tardive. — Amélioration des vignobles à vins fins rouges par le choix raisonné des cépages selon la nature du sol. — Cépages blancs hâtifs, de maturité moyenne et tardifs. — Tableau récapitulatif des cépages fins et des vins qu'ils produisent.

Pour arriver à obtenir des vins de grande qualité, il est indispensable de réunir les trois conditions suivantes :

1. Climat favorable à la végétation et à la maturation des cépages, c'est-à-dire sans changements trop brusques de température, ni excès de froid ou de chaleur, d'humidité ou de sécheresse.

2. Cépages fins mûrissant bien dans les *années moyennes*.

3. Sol maigre, pierreux, graveleux, calcaire, siliceux, ne conservant pas l'eau à la surface.

Les terres labourables à grandes cultures, les sols riches et profonds des vallées composées d'argile, silice et calcaire, en proportions égales, et de 4 à 6 pour 100 et quelquefois plus de matières organiques, peuvent, lorsqu'elles sont situées sous des climats très-favorables et qu'elles sont plantées en cépages fins, donner des vins en plus grande abondance, mais de qualité ordinaire et souvent entaché de goût de terroir ; rarement ces vins arrivent au degré de

distinction de ceux des terres maigres. Tous les vins
célèbres du monde entier viennent sur des terres arides :
la *Bourgogne* a ses meilleures vignes sur des sols qui ont
jusqu'à 89 pour 100 de résidus insolubles ; les *graves*
du Médoc, de Bordeaux, de Sauternes, donnent de 85 à 98
pour 100 de cailloux et de sable ; la *Champagne* obtient
ses meilleurs produits sur un sous-sol calcaire-crayeux
renfermant 80 pour 100 de carbonate de chaux ; la légère
couche de terre végétale qui recouvre la craie contient
encore 28 pour 100 de carbonate de chaux et 59 pour 100
de résidus insolubles ; l'*Hermitage* a ses vignes sur un sol
provenant de la décomposition d'une espèce de granit, la
surface offre 76 pour 100 de résidus insolubles ; les montagnes sur lesquelles la vigne est cultivée à Banyuls ont
une couche cultivable provenant également de la décomposition des rochers. Si nous examinons les vignobles
célèbres de *Madère,* nous trouvons un sol sablonneux et
pierreux volcanique ; le vin de *Constance* provient de vignes plantées sur des terrains pierreux ; le meilleur vin
de *Tokai* vient sur des collines dont le sol volcanique est
formé par la décomposition d'un basalte mélangé de petites
pierres. On a objecté que lorsque le climat est très-favorable et que l'on plante des cépages de choix sur des sols
de plaine, on obtient de bons vins ; on cite pour exemple
les vins de Queyries et des premières palus de la Gironde,
qui, venus sur des plaines à sol très-fécond, ont néanmoins
une certaine finesse lorsqu'ils sont produits par des cépages
de choix ; mais on ne remarque pas assez que ces plaines
sont dans une situation tout exceptionnelle, qu'elles ont
été recouvertes, par les alluvions de la Garonne, d'une couche profonde de terre rougeâtre, argileuse, renfermant de
l'oxyde de fer, ayant une grande analogie avec le sol des
côtes et provenant également de la décomposition [des ro-

chers qui bordent le cours de la Garonne. Partout où ce sol artificiel est profond et bien séché, on obtiendra de bons produits, mais lorsque la couche d'alluvion est trop faible, que les racines de la vigne atteignent le sol marécageux, tourbeux, des plaines, les vins sont très-communs.

Avec les trois conditions que nous avons indiquées, on fera de bons vins, mais il faut qu'elles soient réunies. Certains viticulteurs croient obtenir constamment des vins distingués en plantant des cépages fins, sans tenir compte des modifications que le climat et le sol apporteront aux cépages : de là de grands mécomptes ; ainsi, tout le monde sait que, dans les années favorables à la bonne fructification des raisins, les vins des grands crûs du Médoc et de la Bourgogne sont des vins hors ligne, tels par exemple que ceux de l'année 1870 ; mais si, comme en 1871, la température est moins favorable, les mêmes vignes donneront des vins bien inférieurs ; donc le sol et le cépage ne peuvent faire seuls des vins distingués, si la maturation laisse à désirer ; l'excès même de maturité dans les années très-sèches et chaudes, telles que 1825, 1865, donnera aux vins des zones tempérées de la dureté ; ils seront moins agréables, moins veloutés, plus secs, trop alcooliques, plus longs à se faire. Enfin, il est reconnu que les mêmes cépages transportés plus au nord éprouvent souvent de grandes difficultés pour arriver à maturité et qu'ils ne donnent que des vins verts ordinaires ; plus au sud, les vins auront plus de rudesse, et s'ils acquièrent un titre alcoolique plus élevé, ils perdront leur moelleux ; or, c'est ce goût de fruit que les vins supérieurs des années favorables conservent en vieillissant qui en fait le principal mérite.

Cépages fins. — 1. *Hâtifs rouges.* — Les plus distingués, ceux qui donnent les vins de la Haute-Bourgo-

A. 2

gne, de la Côte-d'Or, de la Champagne et des vignobles du Centre, sont les *pinots;* il en existe plusieurs variétés connues sous le nom de *noirien,* ou *franc-pinot,* et en Champagne, de *petit plan doré.* Les raisins des *pinots,* sous l'influence de la chaleur, perdent dans les années chaudes une partie de leur eau de végétation ; ils se *figuent,* comme disent les Bourguignons ; ils donnent des vins très-moelleux et dont le titre alcoolique a atteint, en 1865, à Pommard, d'après M. Vergnette-Lamothe, 14 pour 100 d'alcool. La moyenne est de 11 pour 100 dans les années médiocres. Ce cépage donne ses meilleurs produits dans des sols *très-calcaires;* c'est pour ce motif qu'il réussit parfaitement sur les côtes du Lot-et-Garonne, du Rhône, et sur les coteaux calcaires de même nature de la Gironde, et même dans les terres d'alluvion. Dans les graves *siliceuses,* les essais que l'on a faits à plusieurs reprises pour l'acclimater n'ont pas donné de bons résultats. Les *pinots* doivent être taillés à long bois plutôt qu'à cots, mais en évitant les trop longues astes ; on ne doit pas les laisser vieillir ; on doit les provigner en moyenne à vingt ans. Vieux, ils dégénèrent.

2. *Cépages de maturité moyenne :*

Le *merlau* ou *merlot,* qu'on appelle *vitraille* à Blanquefort, et *bigney* dans les graves.

Le *cot* de la Touraine, appelé *malbec* dans le Médoc, et qui compte un grand nombre de variétés; le *mauzac* (environs de Bordeaux), le *noir de Pressac* (Bas-Médoc), le *côte rouge* (Dordogne, Tarn), le *quercy* (Charente), la *quille de coq* (Auxerre), le *teinturin* (côtes de Bourg), l'*auxerrois* (Lot), le *moustère* (Haute-Garonne), le *bourguignon noir* (Meurthe, Saône-et-Loire), etc. Nous ne mentionnons que quelques-uns des noms du cot ou *malbec;* mais, malgré ses *nombreuses appellations, ce cépage se reconnaît à son pé-*

doncule rouge. Le vrai *malbec* a cependant le pédoncule vert ; c'est le meilleur : il produit un vin de qualité supérieure.

Les *merlots* et les *malbecs* mûrissent à la même époque ; ils sont assez productifs, supportent bien la taille à cots ou à *astes droites*. Le *merlot* est plus délicat que le *malbec :* il lui faut un sol et une exposition de choix ; il vient bien sur des graves dont le sous-sol est caillouteux et frais, il coule si le sol est trop humide, et souffre s'il est trop aride. Le vin de *merlot* a beaucoup d'analogie avec celui de *malbec ;* c'est, sur les graves, un vin fin, délicat, moelleux, mais peu corsé. Les *cots* ou *malbecs* croissent dans tous les terrains ; ils entrent pour une certaine proportion dans les vignes du Médoc, on les trouve dans tous les crûs de vins rouges de la Gironde ; les produits qu'ils donnent varient beaucoup selon les terrains où ils sont plantés : dans les graves, c'est un vin moelleux, léger, mais un peu trop faible ; sur les côtes calcaires, aux environs de Bourg, Canon, etc., le vin a plus de corps et de finesse ; dans les riches palus d'alluvion, il est mou et a un goût de terroir très-prononcé.

Le *merlot* et le *malbec,* mélangés avec les *cabernets* et le *verdot,* donnent cependant d'excellents résultats.

Cabernet ou *carmenet,* au Médoc, connu encore sous le nom de *bouchet* à Saint-Émilion, *grosse vidure* dans les graves de Bordeaux, *breton* (Vienne et Indre-et-Loire), *véronais* (Saumur), *arrouya* (Hautes et Basses-Pyrénées).

Cabernet-sauvignon, petit cabernet au Médoc, *petite vidure* ou *vidure sauvignone* dans les graves de Bordeaux, *bouchet, sauvignon* à Saint-Émilion.

Carmenère (Médoc), *carbouet* (Graves).

Ces trois cépages forment le fond des vignes du Médoc. *Le plus estimé de tous est le cabernet-sauvignon ; ce cépage* réussit surtout sur les graves fortes dont la couche est épaisse et le sous-sol mêlé de cailloux et d'argile; sa production est ordinaire, mais plus régulière que celle des autres espèces; les raisins mûrissent d'une manière plus uniforme que sur beaucoup d'autres variétés, qui souvent ont des raisins mûrs et d'autres verts sur le même pied. Ils donnent un vin d'une couleur vive, ayant beaucoup de séve et de bouquet; c'est le cépage qui forme le fond des meilleurs crûs du Médoc, c'est celui qui domine dans les vignobles célèbres de Mouton-Rothschild et Lafite; mais pour qu'il prospère il lui faut un sous-sol assez fort. Il produit beaucoup plus taillé à astes arquées qu'à astes droites ou à cots, parce que les premiers bourgeons sont peu fructifères.

Cabernet (vidure ou carmenet). — Ce cépage, qui est très-vigoureux, réussit dans des terrains maigres, secs, et dont la grave est moins forte, c'est-à-dire plus mélangée de sable; il croît aussi dans les plaines et sur les plateaux de graves légères. Dans les terres calcaires des côtes à sous-sols pierreux telles que Saint-Émilion, etc., il donne d'excellents résultats; il réussit également dans les terres labourables. En Médoc il entre dans de fortes proportions dans les meilleurs vignobles. Il doit être taillé comme le *cabernet-sauvignon*. Le *cabernet* produit des vins très-délicats, ayant de la séve et du bouquet, mais moins colorés que ceux du *cabernet-sauvignon*.

Carmenère. — Bien des vignerons confondent cette variété avec le *gros cabernet;* elle réussit dans des terres légères; nous en avons vu à Margaux de belles pièces, situées sur le coteau sud du bourg; mais elle exige une terre où l'humidité ne soit pas trop forte; dans un sol humide, elle coule et donne peu de produit : c'est ce qui la fait rejeter de bien des vignobles; le vin qui en provient

participe des qualités du *cabernet :* il est délicat et moelleux.
La conduite de la taille doit être la même que pour ce dernier.

3. *Cépages de maturité tardive.* — *Petite syrrah.* — C'est
le cépage qui produit les vins de l'Hermitage ; on la désigne aussi sous le nom de *serine noire* (Rhône), *candive,*
sirane franche, marsane noire (Isère).

La *petite syrrah* vient très-bien sur les côtes sèches et
en pentes, à sous-sol calcaire granitique ; elle donne un
vin corsé et d'une très-belle couleur, gagnant beaucoup en
vieillissant ; les raisins sont de grosseur moyenne, les
grains de forme ovalaire un peu serrés ; la production est
ordinaire. On taille ce cépage à long bois. La *grosse syrrah*
(Drôme), appelée aussi *mondeuse, persagne, salanaise*
(Rhône), etc., donne des vins alcooliques et colorés, mais
moins fins en goût que le cépage précédent.

Petit verdot. — Ce cépage a été cultivé dans les anciennes palus d'alluvion de la Garonne situées au bas de la
côte de Cypressat, en Queyries, vis-à-vis Bordeaux, formées
d'une terre très-riche en argile rougeâtre et en humus.
On a remarqué que les vins qui en proviennent, âpres et
durs les premières années par l'excès de tannin qu'ils renferment, perdent leur âpreté, et ont ensuite une très-longue
durée, une couleur admirable, une bonne sève, un bouquet
très-agréable, et qu'en vieillissant ils conservent leur
goût de fruit. Ces qualités extraordinaires auraient contribué à propager cet excellent cépage, si deux grandes
difficultés ne s'y opposaient : dans les terres sèches, telles
que les graves siliceuses, il produit des graines de raisin
si petites, que la récolte est presque nulle, et d'un autre
côté, si l'été est froid, il ne mûrit pas ; il lui faut des terres
fertiles sans être froides ; dans les alluvions de formation
récente, il mûrit difficilement ; ce n'est que lorsque la
terre est asséchée et ameublie qu'il réussit.

Malgré ces difficultés, le *petit verdot* est cultivé dans les graves du Médoc; dans les grands crûs, on lui attribue les meilleurs fonds et les expositions méridionales ; quelquefois on y forme un sous-sol artificiel avec des terres d'alluvion délitées à l'air, ou bien on greffe ce cépage sur des sujets vigoureux venant parfaitement sur ces natures de sols ; cette dernière méthode a rendu de grands services.

Il existe deux autres variétés de *verdot* : le *gros verdot* et le *verdot colon,* qui sont plus productifs que le petit, mais dont les vins n'offrent pas les qualités du premier : ils sont moins alcooliques et moins fins en goût.

Le *petit verdot* se taille à cots; il produit beaucoup de jets sur la vieille souche, dont quelques-uns sont fructifères; il doit être épampré à plusieurs reprises ; lorsqu'on lui laisse des astes, elle doivent être droites, et on abat les yeux supérieurs.

En Queyries la côte abrite et protège les terres des vents froids du Nord, et par suite de l'action du temps et de la culture, la terre est plus divisée et plus perméable à l'air.

Les cépages dont nous venons de faire l'énumération forment le fond des grands vins rouges de France; il est toujours possible, par la plantation raisonnée de l'un d'eux ou de plusieurs, selon la nature du sol et l'emploi auquel on destine les vins, d'arriver à améliorer un vignoble.

Amélioration des vignobles à vins fins rouges par le choix raisonné des cépages selon la nature du sol. — On ne peut juger les vins produits par des plants trop jeunes; ce n'est que lorsqu'une vigne a dépassé une dizaine d'années que l'on peut se prononcer. Les vins destinés à être mis en bouteilles doivent avoir de la séve, du bouquet, un goût prononcé de fruit, une couleur vive avec un corps suffisant ; si, tout en réunissant à un corps convenable, une belle couleur, ils manquaient de bouquet, l'introduction de cépages de premier choix blancs dont nous allons donner la nomenclature, donnera aux vins plus de vivacité et de finesse ; il peuvent entrer en proportion d'un dixième à un quart, selon les expositions ; ils doivent être cueillis et fermentés en cuve avec les rouges ; la fermentation sera plus prompte, et nous savons par expérience que la couleur en sera très-peu diminuée. Les vins auront plus de spiritueux ; le plus difficile à obtenir est le goût moelleux. On a remarqué que le *malbec* et le *merlot*, introduits dans des vignobles de graves, contribuaient à donner au vin plus de goût de fruit; sur des coteaux calcaires, les *pinots* donnent également de bons résultats. Plusieurs propriétaires de vignes situées dans les départements limitrophes à la Gironde, sur des terres calcaires, ont fait des plantations considérables de : 1° *cabernet-sauvignon*, 2° *pinot* de Bourgogne, 3° *petite syrrah*, en pièces séparées, afin de pouvoir mieux comparer les différences produites par les variétés de cépages sur la même nature de sol. Les vins, faits séparément, ont donné de bons résultats quant à la conservation ; chacun de ces vins présentait un caractère bien tranché. Les vins de *cabernet* rappelaient par leur séve les vins de bonnes côtes de la Gironde, mais ils étaient beaucoup plus alcooliques et manquaient de moelleux ; les vins de *petite syrrah,* tout en ayant de l'analogie avec les vins des côtes du Rhône, avaient moins de velouté. Seuls, les *pinots* avaient conservé un goût de fruit prononcé. Les trois cépages réunis donnaient un vin meilleur que les vins provenant d'un seul de ces trois cépages.

Cépages blancs hâtifs. — *Pinot, noirien blanc* (Bourgogne), *Riesling* (Alsace), *chaudenay* (Côte-d'Or).

De maturité moyenne. — Sauvignon, Sémillon, Raisinotte (Gironde), *altesse, vionnier* (côtes du Rhône).

Parmi les raisins blancs hâtifs, les raisins de la haute
Bourgogne, *noirien blanc* et *chaudenay* (Côte-d'Or), sont
des plus distingués ; ils réussissent parfaitement sur des
terres maigres calcaires ; ils sont une des variétés des
pinots. Le *riesling* est le cépage qui donne les vins blancs
d'Alsace les plus estimés, le Johannisberg, etc. Il mûrit et
se conserve bien sans pourrir ; les côtes calcaires lui con-
viennent.

Le *sémillon* et le *sauvignon* forment la base des célèbres
vignobles de *Sauternes* et des *Graves ;* la *raisinote* ou *muscadet doux* donne de bons produits, mélangée aux deux
premiers, surtout dans le haut Barsac ; mais ce dernier
cépage a l'inconvénient de ne pas résister aux pluies comme
les premiers.

Le *sémillon blanc* n'est pas le même *sémillon* des grands
crûs dont le fruit est de couleur plus foncée. Le *sémillon
blanc* est principalement cultivé dans les graves.

Le *vionnier* est un excellent cépage des côtes du Rhône ;
on croit qu'il a été introduit dans ce vignoble par un prince
de Savoie, qui l'avait tiré de Chypre : de là son surnom
d'*altesse ;* on le taille à cots et à astes.

A côté de ces cépages, qui réunissent les qualités les
plus distinguées sous tous les rapports en les mélangeant
avec méthode selon les natures de sol et de climat, on en
cultive dans presque tous les vignobles un plus grand
nombre d'autres par le seul motif qu'ils produisent davantage ; on en jugera par la nomenclature des seuls cépages
que l'on cultive dans les crûs communs de la Gironde,
mélangés aux premiers cités :

Massoutet, cruchinet, balouzat. (Vin corsé, mais couleur
légère ; fertilité moyenne.)

Chalosse, jurançon, penouille, fer, maussein, charge-fort, pignon, mercier, amaroye. (Cépages abondants. Dans les graves, vins très-légers en couleur et en corps ; plus fermes sur les côtes ; très-mous et communs en palus.)

Mancen, petit et *gros mancen, colon.* (Maturité très-difficile.)

Alicante, teinturier. (Mauvais vin, mais riche en couleur.)

TABLEAU RÉCAPITULATIF

des cépages fins et des vins qu'ils produisent.

Cépages hâtifs rouges et blancs.	*Pinots rouges :* Noirien rouge, franc pinot	Grands vins de Bourgogne et Côte-d'Or.
	Pinots blancs : Noirien blanc, Chaudenay	Montrachet, Champagne, Chablis.
	Riesling blanc.	Vins du Rhin (Alsace).
Cépages de maturité ordinaire.	Merlot, Malbec ou Cot, etc.	Vins des côtes, palus, graves et médocs de la Gironde, Dordogne, Touraine, Lot, etc.
Cépages de maturité secondaire.	Cabernet-sauvignon rouge, gros cabernet ou carmenet rouge, carmenère. .	Grands vins du Médoc, des graves et de Saint-Émilion, Touraine, côtes et palus de la Gironde, etc.
	Sauvignon, sémillon, raisinotte blanche	1ers crûs de Sauternes, Barsac, blanc.
Cépages de maturité tardive.	Petite syrrah.	Fond des vins de l'Hermitage.
	Petit verdot	Gironde terres fortes.
	Vionnier blanc.	Côtes du Rhône.
	Furmint.	Vins de Tokai, Hongrie.
	Malvoisie, muscats, sercial.	Vins de liqueur, madère, etc.

Quelques propriétaires croyaient pouvoir acclimater les cépages du Midi dans les terrains forts et froids des palus; certains ont obtenu, avec de gros cépages du Languedoc, de très-grandes quantités de vin, plus du double des récoltes usuelles; mais leurs vins avaient tellement perdu en qualité, étaient tellement dépréciés, qu'ils ont reconnu qu'il valait mieux cultiver des cépages de choix.

Nous n'avons pas parlé des cépages du Languedoc et du Roussillon, parce qu'à part les *grenache, furmint, macabeo, muscats,* qui donnent des vins de liqueur distingués, l'expérience a prouvé que les meilleurs cépages du Roussillon, *mataro, grignare, aramon, brun-fourca, manosque, san-anthony, maroquin, chauché gris, pique-poule,* pouvaient donner de bons vins sur des expositions exceptionnelles, mais des vins d'exportation ordinaire, et que ces cépages n'avaient pas la séve distinguée de la *petite syrrah,* qui mûrit mieux, à la latitude moyenne de 45 degrés, que ces derniers.

CHAPITRE III.

CULTURE DE LA VIGNE DANS LA GIRONDE.

Médoc : composition du sol, situation, cépages et production moyenne; plantation ; conduite des jeunes vignes, époques des plantations; palissage. — Taille
de la vigne, époque et systèmes de taille.— Labours.— Ébourgeonnement; épamprage et effeuillage. — Demi-façons, remplacement des ceps morts; provins,
greffe; chasse aux insectes ennemis de la vigne; maladies de la vigne. — Graves,
composition du sol, situation, cépages et production moyenne. — Cultures diverses; ancienne culture à bras et à la charrue. — Cultures nouvelles. — Côtes,
composition du sol, situation, cépages et production moyenne. — Culture; plantation sur les côtes à pentes légères. — Vignes blanches, genres de vins qu'elles
donnent; nature du sol, cépages. — Grands vins; culture; crûs ordinaires. —
Crûs inférieurs. — Palus; composition du sol; situation; cépages et production
moyenne; genres de vins produits. — Culture ancienne, plantation, préparation
du terrain. — Nouvelles cultures; tailles des palus.

MÉDOC.

**Composition du sol; situation; cépages et
production moyenne.** — Le Médoc est formé par une
suite de plateaux et de coteaux graveleux qui dérivent de la
formation tertiaire; ce sont des cailloux roulés mélangés à
des sables et parmi lesquels l'élément siliceux forme les
quatre-vingt-dix-huit centièmes, ainsi qu'on a pu le voir
par l'analyse que M. d'Armailhacq donne des terres à vignes
du château Lafite (voir page 5). Ces amas de graviers
s'étendent depuis Blanquefort jusqu'à Saint-Estèphe; ils
forment des ondulations de coteaux à pente légère inclinée

dans toutes les directions, et ils sont séparés entre eux par
des marais et les palus de la Garonne; ils s'étendent jusqu'à Castelnau, derrière le Médoc, et se confondent avec
les terres sablonneuses des landes. A partir de Saint-Estèphe jusqu'à Saint-Vivien, on ne rencontre plus que des
plateaux de graves isolés et séparés entre eux par des
plaines sablonneuses ou des terres fortes, et les couches de
graviers deviennent moins épaisses qu'à Pauillac et à Margaux. Nous avons dit que la latitude du département de la
Gironde est comprise entre le 45e degré 9' 35" et le 44e
degré 9' 48"; le Médoc est compris dans la partie nord-
ouest du département.

Les cépages formant le fond des vignes du Médoc sont
les suivants :

1° *Cabernet-sauvignon;* 2° *Cabernet;* 3° *Carmenère;*
4° *Merleau;* 5° *Malbec;* 6° *Petit-verdot.* (Voir le chapitre II.)

Les vignes à vins fins donnent, année moyenne, deux
tonneaux de vin par hectare.

On trouve dans le bas Médoc ainsi que dans le haut, à
Blanquefort, des vignes cultivées comme dans les graves de
Bordeaux; nous en parlerons à part en traitant des graves.

**Préparation et inspection du sol et sous-sol;
desséchement; disposition et longueur des
réges; renversement; amendements et engrais.**
— Quoique pour un œil peu exercé la surface du sol des
graves paraisse avoir une composition offrant une grande
similitude et ne variant que par le plus ou le moins d'abondance des cailloux ou du sable, on trouve que le peu de
terre végétale qui s'y trouve mêlée n'a pas partout la même
composition : dans les graves rousses on trouve de l'alumine, tandis que dans les graves à couleur blanche ce sera
l'élément siliceux qui en formera la presque totalité.

Lorsque l'on a à planter des vignes en Médoc, on s'assure d'abord de l'écoulement des eaux, ce qui est facile, les plateaux graveleux ayant presque toujours des pentes. On pratique ensuite des sondages en creusant des trous d'un mètre de profondeur distants de 25 mètres en tous sens, afin de s'assurer de l'épaisseur de la couche de graves et de la composition du sous-sol. Ce travail préliminaire est très-important, il fixe sur les genres d'amendement propres à améliorer le fonds, sur les travaux d'asséchement nécessaires, sur la durée de la vigne et sa vigueur, et jusqu'à un certain point sur la qualité présumable des vins.

On a remarqué que les meilleurs vins se récoltaient sur les couches de graves épaisses (à Margaux le grand plateau qui avoisine le bourg a plusieurs mètres d'épaisseur), ainsi que sur celles qui reposent sur l'alios; lorsque cet alios, qui est, comme on sait, une espèce de croûte ferrugineuse, un mélange de sable aggloméré qui recouvre la surface des landes et le rend imperméable à l'eau, se trouve au-dessous d'une épaisseur de grave de plus de 60 centimètres, il est utile, parce qu'en ce cas les amendements et les fumures profitent davantage aux racines, tandis que dans les sables elles sont plus rapidement entraînées.

On trouve sous la première couche de grave, au-dessous de 50 centimètres du sol, profondeur habituelle des fouilles, les sous-sols suivants :

1º Sous-sol graveleux, même nature que la surface;

2º Sous-sol graveleux, alios à 60 centimètres de la surface;

3º Sous-sol argileux, argile rouge, mêlée de sables et pierres, terre glaise;

4º Sous-sol sablonneux, sable mort, ocreux;

5º Sous-sol calcaire, marne, craie.

Les sous-sols des deux premières catégories sont excel-

lents, ils donnent les meilleurs vins du Médoc. Lorsqu'on
rencontre des sous-sols ayant des argiles rouges, si elles
sont mélangées de grave, de sable et de pierraille, cela fera
un bon sous-sol. On trouve dans les graves des environs
de Bordeaux des sous-sols de cette nature ; mais si l'on a
des terres glaises grises, on sera forcé de *drainer* à une
profondeur de 4 pieds environ. Ce genre de terre retient
l'humidité ; elle est froide, très-difficile à travailler, et les
vins en sont plus communs ; mais ces fonds sont rares dans
le Haut-Médoc. On trouve plus souvent des sous-sols de
sable ; quelquefois, en défonçant, on rencontre l'alios à
quelques centimètres du sol, et sous cet alios du sable. La
majorité des vignes du Haut-Médoc et de Macau, Ludon,
Blanquefort, ont des sous-sols sableux ; les sous-sols calcaires, pierreux, sont excessivement rares en Médoc ; les
sous-sols crayeux ou marneux ne se rencontrent que dans
des localités éloignées des hauts plateaux.

Le sous-sol étant sondé, s'il se trouve élevé et que la
nature du sous-sol soit perméable à l'eau, on n'a pas à
faire des travaux d'asséchement ; mais si le sous-sol est
composé de grave argileuse compacte, il est drainé. C'est
M. le comte Duchâtel, propriétaire du château Lagrange
(Saint-Julien), qui, le premier, a appliqué le drainage aux
vignes. — Les drains sont des tuyaux en terre cuite,
longs d'environ 30 centimètres, ayant un diamètre intérieur variable selon la quantité d'eau à absorber : 4 centimètres en moyenne ; ils s'ajustent bout à bout avec un peu
de paille et sont placés à 4 pieds (1 mètre 33 centimètres)
de profondeur, espacés de dix en dix réges (environ 10 mètres) ; ils doivent avoir assez de pente pour que l'eau n'y
séjourne pas ; ils se réunissent au bout des réges à un
drain collecteur plus gros qui dirige les eaux vers l'endroit
le plus bas et qui est fermé par un grillage. Le drainage a

produit un bon effet; il est utile non-seulement pour sécher le sol, mais il contribue à son aération. On a reconnu dans la pratique que l'aération des sous-sols était favorable aux cultures.

Le terrain étant nivelé, les débris végétaux arrachés et mis de côté pour être enfouis, on procède au renversement du sol.

Soit que l'on plante une nouvelle vigne, soit que l'on renouvelle de vieilles vignes, on opère de la même manière, si ce n'est que pour replanter des vignobles épuisés on met deux fois plus de fumier et quatre fois plus d'amendement.

Lorsque la pente n'est pas trop rapide et qu'elle ne dépasse pas 8 centimètres par mètre, on trace la direction des réges de haut en bas; si la pente est plus rapide, on les trace en biais, et enfin en travers si la pente est trop forte. Les vignes se plantent à toutes les expositions; sur des sols presque plats et quand on peut choisir la direction, on trace les réges du levant au couchant, parce qu'elles souffrent moins des pluies et des vents d'ouest. La longueur ordinaire des réges était de 100 pas (87 mètres) autrefois. Certains propriétaires, pour faciliter la culture, font les rangs moins longs. M. d'Armailhacq conseille de ne les faire que de 75 pas ou 62 mètres, et même de 50 mètres. La largeur des réges est d'un mètre; les pieds de vigne sont plantés en ligne, également à un mètre l'un de l'autre.

Pour opérer le renversement du sol, on commence par tendre un cordeau sur un des côtés de la pièce à planter, et d'un bout à l'autre du rang ou rége; on creuse ensuite un fossé d'un mètre de large sur une profondeur de 50 centimètres si le sous-sol est de bonne grave, de 60 centimètres s'il est nécessaire de former un sous-sol artificiel; cette terre, rejetée de côté, est réservée pour combler le dernier fossé. Avant de mettre en place les plants, on peut jeter au fond de la tranchée les amendements, lorsqu'on a creusé à 60 centimètres. Afin de faire un sous-sol artificiel, on forme une épaisseur au moins de 15 centimètres sur les sous-sols de sable, et surtout de *sables morts*, qui, semblables à des filtres, laissent passer l'eau et *lavent* les engrais comme si on les passait à un crible; en sorte que, malgré la dépense, la vigne y durerait peu et resterait chétive. Le meilleur sous-sol artificiel pour les vignes se compose de petits moellons durs de la grosseur moyenne de 5 à 10 centimètres, mêlés de terre argileuse ou de grosses graves sur une épaisseur de 15 centimètres. Dans la généralité des cas, l'amendement se compose de vases de la Gironde délitées à l'air et pulvérisées, d'argile rouge délitée à l'air; le fumier se compose de fumier de ferme consommé ou mélangé six mois à l'avance par couches alternatives avec des terres grasses provenant de curages de fossé, de tourbe des marais, etc.; les plants, assujettis à l'aide d'un petit carrasson provisoire, sont placés toujours au cordeau et *les yeux dans la direction du rang*, jamais en travers; ils sont droits ou couchés, selon l'habitude des planteurs. L'engrais qui entoure le plant a de 40 à 50 centimètres de profondeur; on met ensuite les terres d'amendement, et on finit de couvrir avec la terre que l'on retire du deuxième rang ou fosse que l'on trace au cordeau à 1 mètre du précédent et d'égale profondeur, et on opère de même successivement pour tous les autres. Pour combler le dernier rang, on va chercher la terre mise de côté au premier.

On emploie ordinairement, selon M. d'Armailhacq, pour planter une vigne sur un sol maigre de grave, une charretée et demie de 1,000 kilog. de fumier par rang de 100 pas et par 80 pieds de vigne, soit soixante charretées ou 60,000 kilog. à l'hectare; plus les amendements nécessaires selon la nature du sol. Ce mode de plantation revient à 6,000 fr. l'hectare, fumier compris; et, avec les trois ans qu'il faut cultiver avant la mise en rapport, on compte que l'hectare revient à 10,000 fr. dans le canton de Pauillac. Mais ce renversement de terrain de fond en comble à la profondeur que l'on veut, facilite le mélange du sous-sol avec le sol dans les proportions les plus favorables à l'amélioration de la pièce de vigne, et par ce procédé on obtient du fruit plus tôt que par les autres modes de plantation usités dans la Gironde. Toutefois, on croit avoir observé que la vigne avait moins de durée.

Plantation, conduite des jeunes vignes; époque des plantations. — On se sert au Médoc soit de plants enracinés ou *barbeaux,* soit de simples boutures; on plante à toute époque, mais le plus souvent avant la pousse, en mars et avril. Les propriétaires qui n'emploient pas la méthode du renversement parce qu'elle serait trop coûteuse, font défoncer les terres à 50 centimètres à la pioche, et ils plantent à la barre (voir *Plantations*). Dans l'une comme dans l'autre méthode, les plants *ont les yeux tournés dans le sens de la rége,* et ils sont parfaitement alignés au cordeau. La plantation terminée, on chausse les pieds à la charrue, après quoi on déchausse les plants légèrement afin de découvrir les deux yeux qui doivent être très-ras de terre.

Palissage. — Dans les grands crûs, on palisse dès que la plantation est faite ; dans les autres vers la quatrième année ; les *lattes* sont de jeunes pins de dix à douze ans que l'on place horizontalement à une distance de 40 centimètres du sol, contre des *carrassons* verticaux en pin, en châtaignier, etc. Ces carrassons ont 66 centimètres de long ; ils sont enfoncés dans la terre d'environ 26 centi-

A. 3

mètres. Il y a un carrasson à chaque pied et un autre entre : cela forme un espalier solide de 40 centimètres de hauteur. (Voir sur les planches la disposition des vignes du Médoc et la taille.)

Dans les trois premières années on donne six labours aux jeunes vignes, et on a toujours soin de déchausser les plants après le chaussage à la charrue, parce que les yeux sont très-ras de terre. Pendant les trois premières années, on taille à deux yeux ; après la seconde, on peut lier l'aste à la latte, mais en supprimant les yeux de l'extrémité ; à la quatrième année, et jusqu'à la huitième, on continue à tailler à astes droites en ménageant toujours la taille afin de laisser fortifier les racines. L'embranchement des bras est tenu très-ras du sol ; lorsque la vigne est déchaussée, la fourche, dans les vignes jeunes, arrive habituellement juste au niveau du sol, et ne s'élève pas à plus de 20 centimètres dans les vignes en rapport ; la moyenne de la fourche se trouve à 15 centimètres environ.

Fil de fer. — Depuis quelques années, beaucoup de propriétaires ont supprimé les lattes et les ont remplacées par des fils de fer soutenus et raidis à l'extrémité. Ce système de palissage tend à se propager de plus en plus ; pour ne pas gêner les labours, on place le raidisseur à l'avant-dernier pied du rang ; le dernier pied est palissé avec une latte.

Taille de la vigne. — *Époque et systèmes de taille.* — Les cépages qui forment le fond des vignes les plus célèbres du Médoc, les *cabernets*, donnent plus de fruit avec la taille à long bois qu'avec la taille à cots. Les Médoquins ont pris l'habitude de les tailler à astes arquées ; ils cultivent également le *merlot*, le *malbec* et le *petit verdot*, qui se taillent ailleurs le plus souvent à cots et qu'ils taillent à

Tailles du Médoc.

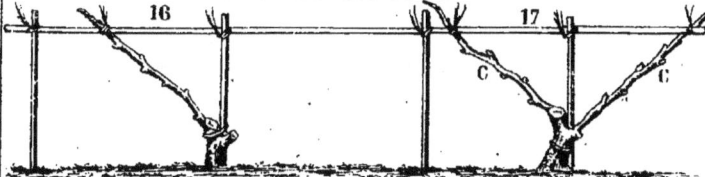

16   17

C   C

Palissage á fil de fer.

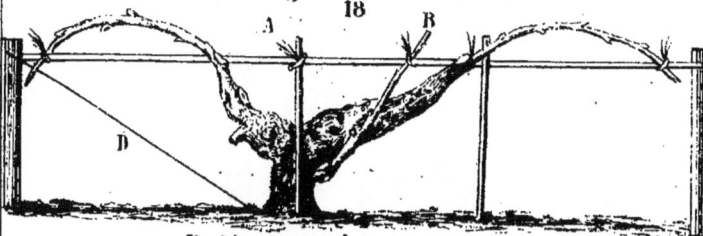

18

A   B

D

Palissage á la latte.

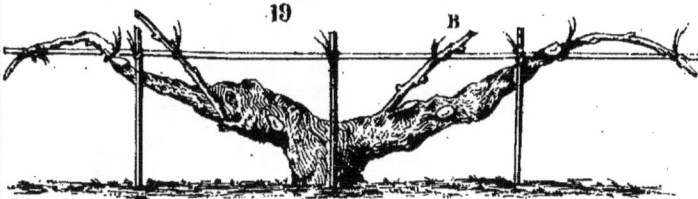

19

B

20   21

Serpe du
Canton de Pauillac.

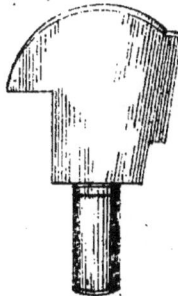

Serpe du
Canton de Lesparre.

astes droites, mais inclinées d'environ 50 degrés. Les vignerons médoquins ont bien soin, pendant les premières années de taille, de ne pas laisser de bras venir en *travers* de la rége, parce que la charrue ou *cabat* qui déchausse les pieds casserait les bourgeons. Une fois la vigne en plein rapport, c'est-à-dire vers la huitième année, elle est établie avec astes arquées et liées de chaque côté de la latte ou du fil de fer ; dans les bonnes graves, on laisse des astes de 40 centimètres de long de chaque côté, ayant six à huit bourgeons chacun ; cette longueur est réduite dans les sols maigres, sableux, et selon la vigueur des pieds. La taille est également modifiée eu égard à la végétation de l'année, car les vignes doivent être tenues très-basses, et les vignerons sont souvent obligés de *rabattre* des bras qui s'élèveraient trop haut. Les vignes sont taillées à l'aide d'une *serpe*.

Voir sur les planches les tailles du Médoc.

A. Pieds en rapport (taille du *cabernet*).
B. Tiret qui plus tard servira à remplacer un bras.
C. Taille des *malbec, verdot* et *merlot*.

Comme dans toutes les tailles on n'a de fruit que sur le *bois franc,* c'est-à-dire de l'année, et que la vigne ne doit dépasser que le moins possible les lattes, on est obligé de couper ou raccourcir souvent des bras devenus trop longs ; pour ne pas perdre de récolte, les vignerons laissent des cots d'attente, qui, venus plus bas, les remplacent ; ils taillent le *petit verdot* en éventail, avec quatre ou cinq bourgeons seulement ; le *malbec* et le *merlot* se taillent ainsi dans les terres maigres, mais dans les vignes fortes ils sont disposés à astes arquées à cinq bourgeons.

La taille se fait à la fin de l'automne, après la chute des feuilles ; on choisit pour lier les astes arquées un temps humide, afin d'éviter de les casser, ce qui arrive parfois par un temps trop sec et trop froid. Le liage se fait avec du vime non fendu appelé *plion*, et après les gelées d'hiver, la courbure des astes dépasse les lattes ou fils de fer d'environ 10 centimètres au centre.

Labours. — On donne à la vigne quatre labours à la charrue : le premier labour se fait à la sortie de l'hiver, avant la pousse, vers le mois de mars, la vigne étant déjà *liée*. Pendant l'hiver, la vigne est chaussée d'environ 20 centimètres de terre contre les ceps. Le premier labourage se fait avec une araire attelée d'une paire de bœufs qui passent chacun dans une rége. L'araire, nommée *cabat*, passe ras des pieds, les déchausse et rejette la terre au milieu, puis des femmes munies de sarcloirs enlèvent les cavaillons, c'est-à-dire la terre qui est restée entre les pieds et que l'araire n'a pu atteindre.

En avril une seconde charrue, différente de la première et nommée *courbe*, passe au milieu de la rége et rechausse les pieds de vigne. La charrue vigneronne de M. Bouilly, constructeur de machines agricoles, 50, chemin d'Arès, à Bordeaux, sert pour faire les *deux façons* : après avoir déchaussé, on la démonte et on y adapte la *courbe*.

En mai, l'araire *cabat* déchausse encore les pieds, on sort de nouveau les cavaillons ; cette façon est la plus délicate parce que les tiges de la vigne, encore faibles, cassent souvent, étant accrochées par les animaux d'attelage, la charrue, etc.

En juillet on rechausse la vigne à la *courbe*.

Après ces façons on passe dans les vignes avant que le raisin commence à tourner et on enlève avec soin les herbes.

Ébourgeonnement ; épamprage et effeuillage. — Dès que les bourgeons sont sortis et que les mannes sont bien formées, on ébourgeonne. Cette opération se fait vers le 15 mai; elle doit toujours être terminée une quinzaine de jours avant la floraison; elle consiste à enlever tous les jets et jeunes branches inutiles qui épuiseraient le cep sans porter de fruit. Après la floraison on épampre : cette opération consiste à couper le bout des pousses des sarments; elle se fait une première fois vers la fin de juin; on la renouvelle dans le mois d'août, un peu avant que les raisins viennent à changer; dans les années pluvieuses on épampre plus qu'on ne le fait dans les années de sécheresse. L'effeuillage a pour but, dans les années chaudes, de donner de l'air, une huitaine avant les vendanges, aux raisins cachés par les feuilles, sans trop les exposer à l'action du soleil; dans les années pluvieuses, on effeuille à plusieurs reprises et plus complétement.

Demi-façons; remplacement des ceps morts; provins; greffe; chasse aux insectes ennemis de la vigne; maladies de la vigne. — Le remplacement des ceps morts se fait de deux manières : par des provins (voir *Culture générale*), ou par des *barbeaux*, c'est-à-dire des plants enracinés.

La culture est très-soignée dans les vignobles produisant les vins supérieurs. Vers l'époque des vendanges, le maître vigneron fait une inspection générale des pieds, il marque pour les greffer les pieds qui ont dégénéré, qui sont improductifs, quoique ayant de la vigueur; il marque aussi les pieds morts ou dont la végétation chétive et rabougrie indique la pourriture des racines.

On greffe en fente : la souche est coupée près du sol; il y a des vignerons qui coupent à 10 centimètres au-dessous, d'autres à 10 centimètres au-dessus et qui chaussent ensuite. La greffe en fente consiste à fendre le cep avec un ciseau en forme de coin, plus large du côté extérieur, et sans déchirer l'écorce. On taille en coin un bout de sarment qui a exactement la même forme (l'écorce doit être surtout coupée bien net), on met les deux écorces en contact et on ferme la fente près de la greffe avec un mélange de bouse de vache et d'argile. On peut encore, avec un *greffoir* ou gouge à greffer, pratiquer une rainure creuse sur le sujet, y mettre un greffon de même grosseur, et l'on maintient le tout avec une ligature. Lorsque l'on ne veut pas couper les pieds on les taille comme à l'ordinaire, et on greffe en *approche;* cette méthode, indiquée par M. Carrière, consiste à mettre une bouture en terre près du sujet, auquel on a fait une rainure; on laisse à la bouture deux yeux en terre et deux yeux au-dessus de la greffe; la partie intérieure du greffon a l'écorce enlevée. On pince les extrémités des pousses de l'ancien pied afin de faire refouler la séve sur le greffon. En greffant ainsi, on ne risque rien : si la greffe prend, on coupe le greffon sous la ligature et on enlève le plant, on rabat ensuite les anciens bras. Il faut une certaine pratique pour bien greffer; des vignerons habiles greffent par toutes les méthodes connues.

Insectes ennemis de la vigne; maladies. — On fait la chasse aux escargots à plusieurs reprises, au commencement de la pousse, en les faisant ramasser par des femmes et des enfants, ou bien encore en les faisant manger par des troupes de canards que l'on conduit à cet effet dans les réges. La vigne a aussi d'autres ennemis, très-difficiles à détruire, notamment les chenilles, et surtout le phylloxera, insecte microscopique, qui a commencé ses ravages dans la Gironde; mais le Médoc n'est pas encore sérieusement atteint; malheureusement jusqu'ici, à part la submersion, procédé impraticable, on a cherché vainement un remède infaillible; on a conseillé divers insecticides, des engrais puissants; les sulfo-carbonates, qui ont eu jusqu'à ce jour le plus de succès; la mort de la vigne peut être ainsi retardée, mais le puceron finit toujours par dévorer les racines nouvelles. On a essayé de planter des vignes américaines, qui sont plus épargnées par l'insecte; mais l'expérience a démontré que parmi ces espèces il y en avait qui étaient également attaquées; en outre ces cépages, qui proviennent des vignes sauvages des espèces *Vitis labrusca, cordifolia, vulpina,* etc., croissant spontanément en Amérique et dont on a obtenu, par le choix des sujets, la culture et des semis, des variétés nouvelles de cépages, seraient difficiles à acclimater. Les vignes américaines ne produisent pas d'ailleurs des vins fins de la nature des nôtres; on peut s'en convaincre en faisant des vins avec le cépage appelé *isabelle,* introduit déjà depuis quelques années et appartenant à l'espèce *Vitis labrusca :* il mûrit difficilement, et le moût donne un liquide sucré dont le goût a beaucoup d'analogie avec le cassis. On a conseillé alors de greffer nos cépages fins sur les sujets américains qui résistent le mieux aux ravages de l'insecte. La vigne d'Amérique ayant une écorce lisse, on avait des doutes sur la réussite. Toutefois les porte-greffe d'Amérique ont bien pris racine : le greffage des cépages de la *Vitis vinifera* d'Europe prend sur les diverses variétés de *Vitis* américaine. Néanmoins, dans les grands crûs, ce ne sera qu'à la dernière extrémité que l'on emploiera ce moyen, et si la *Vitis vinifera* ne pouvait plus croître en France, l'avenir viticole serait gravement compromis.

Quant à la maladie de la vigne l'*oïdium,* on a trouvé pour la combattre un remède dont le Médoc se sert depuis longtemps : le soufrage, connu de tous les viticulteurs, et qui consiste à répandre, au moyen d'un soufflet spécial, de la poussière de soufre sublimé sur les feuilles de la vigne.

GRAVES.

Composition du sol; situation; cépages et production moyenne. — Les graves des environs de Bordeaux sont de même origine géologique que les plateaux du Médoc; leur composition varie sur les divers points, quoique offrant toujours le même aspect général. Ainsi à Pessac, le célèbre plateau connu sous le nom de *Brion,* qui s'étend sur une partie de Talence, offre une grave rousse qui a plusieurs mètres d'épaisseur sur le Haut-Brion, et qui renferme de la terre argileuse mélangée de petit sablon. Le *Brion* commence à Arlac, près du ruisseau du Peugue. On trouve un second plateau près du même ruisseau, après le bourg, séparé du premier par des graves plus légères et des sables; il renferme les vignes du Pape-Clément; plus haut, parmi les sables, commence un autre plateau d'une nature toute différente, qui, depuis le même ruisseau, s'étend dans les landes jusqu'après Cestas; il est composé de petits cailloux très-blancs mélangés de sable siliceux. A Léognan, on trouve une terre légère de bruyère, mélangée de petite grave. En résumé, les graves sont des plateaux caillouteux, séparés entre eux par des plaines de sable, des terres de diverses natures. Les vignes qui donnent les vins les plus distingués sont celles qui se trouvent dans les couches de graves les plus épaisses et dans les situations les plus élevées.

Les graves s'étendent au sud de Bordeaux, à environ 8 kilomètres, et après Léognan, à 15 kilomètres. On y cultive des cépages rouges. Dans un périmètre plus éloigné, il y a encore des plateaux graveleux, mais ils sont plantés en vignes blanches.

Les graves sont situées sous la latitude moyenne de 44 degrés 25 minutes.

Les cépages qui forment le fond des bonnes vignes de graves sont les mêmes que dans le Médoc; mais dans quelques localités et sous des noms différents, on cultive :

1. La *petite vidure sauvignone,* nommée en Médoc *cabernet-sauvignon.*

. 2. La *grosse vidure* ou *carbonet,* nommée en Médoc *cabernet.*

3. L'*estrangey* ou *mauzac,* nommé en Médoc *malbec.*

4. Le *merlot,* le *petit verdot* (en petite quantité).

On trouve dans les vieilles vignes le *balouzat* ou *hourca,* le *cruchinet* et le *massoutet.*

La production, dans les fortes graves amendées et cultivées à la latte, est à peu près la même qu'en Médoc, soit deux tonneaux par hectare. Elle est beaucoup moindre dans celles qui ne reçoivent que peu ou pas d'engrais, qui reposent sur des sables, et que l'on ne peut tailler qu'à court bois.

Les vins des hauts plateaux des graves, Pessac, Talence, Gradignan, Léognan, sont très-estimés ; ils sont vendus aux prix des bourgeois du Médoc, et les premiers crûs atteignent les prix des premières catégories ; en général, ils ont plus de corps que ceux du Médoc, sont plus vifs ; si leur séve et leur bouquet sont moins expansibles, en revanche ils durent très-longtemps et gagnent beaucoup en bouteilles.

Cultures diverses. — Quelques propriétaires cultivent leurs vignes comme dans le Médoc, à la latte, et les labourent à l'araire. Autrefois, on ne connaissait que le crû du *Pape-Clément,* à Pessac, qui fût cultivé ainsi ; les autres vignes de la commune étaient cultivées à bras ; mais depuis quelques années, la difficulté de trouver assez de vignerons pour pouvoir donner les façons en temps utile, a obligé une partie des propriétaires à employer la charrue. Plusieurs crûs distingués ont renouvelé leurs vignes et les cultivent d'après la méthode des Médoquins ; nous en avons déjà parlé, seulement nous devons ajouter que, pour cultiver ainsi, il faut avoir soin d'amender et de fumer convenablement les terres, enfin de les préparer comme en Médoc.

Ancienne culture. — *A bras.* — Après avoir cultivé sur une terre légère des grains ou fourrages, on y répandait une couche de fumier. Toutefois, dans les graves, et surtout dans les propriétés cultivées à bras, où il fallait acheter tous les engrais, on ne faisait ni fumure ni amendement ; on défonçait légèrement et on plantait à la barre (voir *Culture générale*), sur des lignes tirées au cordeau, et à la distance de 1 mètre à 1^m 33^c (4 pieds) entre les réges, et de 1 mètre à 1^m 33^c entre chaque pied ; ensuite on taillait la vigne à cots et on lui donnait trois façons : à la *houe,* à la *bêche,* et si le terrain était trop fort, au *puard.* Ces façons se donnaient en mars, en mai et en juillet. On plantait au pied du cep un échalas sur lequel on liait les sarments avant de donner la dernière façon ; lorsque le cep avait plus de force, on lui laissait une aste ou bras ; l'année d'ensuite, s'il avait de la vigueur, on soutenait ce bras avec un échalas et on taillait à cots. Quelques pieds très-vigoureux avaient trois bras, mais le plus grand nombre n'en avaient que deux et souvent leurs sarments étaient réunis sur le même échalas. Ces vignes s'épampraient en liant les sarments ; elles étaient fumées très-rarement.

Culture à la charrue. — Le terrain étant préparé, on traçait à la charrue les sillons de haut en bas de la pente, le plus profond possible, et à la distance d'environ 1^m 33^c; on plantait à la barre et on entourait les boutures de fumier consommé, que l'on recouvrait de terre avec la charrue. La taille se faisait de même à cots et les pampres étaient également retenus par un ou plusieurs échalas verticaux, mais placés sur la même ligne à cause du labourage.

Cultures nouvelles. — On a réalisé de grands perfectionnements dans la culture des vignes de graves, mais il n'est pas possible de présenter une méthode unique pouvant être adoptée uniformément dans les sols très-maigres, qui ne peuvent s'améliorer qu'à l'aide d'amendements bien compris et d'engrais soutenus. Dans ces terrains ingrats, on aurait beau gratter la terre et cultiver par les méthodes les plus parfaites, si on n'amendait ni ne fumait le sol, on obtiendrait des bois si chétifs que l'on aurait de la peine à couvrir les frais de culture.

Nous avons déjà dit que plusieurs propriétaires cultivaient à la médoquine. Sans suivre précisément le même système, d'autres, après avoir préparé le sol selon les divers procédés que nous avons décrits, cultivent leurs vignes à la *charrue*. Ces vignes sont espacées absolument comme celles du Médoc, à 1 mètre; elles sont maintenues, au lieu d'échalas, par deux rangées de fil de fer; le plus bas est placé à environ 50 centimètres de terre; un second fil sert à attacher les pampres, il est fixé à la distance de 40 à 50 centimètres au-dessus du premier, ce qui forme ainsi un espalier; les pampres sont espacés le long de l'espalier, pour favoriser la maturation. Quelques propriétaires font leur contre-espalier avec des *paux* (jeunes pins).

Quant à la taille, elle se fait le plus souvent à cots, surtout dans les sols maigres; on a essayé aussi la taille à *cordon court* et à *palmettes*.

Spécimen des diverses tailles des graves.

(Voir la planche.)

A. Taille à cots, sarments réunis au même échalas.

B. Taille à cots, à deux bras, avec échalas verticaux.

C, B. Taille à cots, établie sur fil de fer ; pieds à deux bras.

C. Même taille avec cots de retour.

D. Cordon à cots.

E. Cordon à court bois. (Voir le chap. de l'explication des planches.)

Ce système consiste à laisser le long du fil de fer un sarment de l'année précédente, et à rabattre sur le sarment ou branche à bois l'année suivante : c'est, avec le système des pincements, un des nouveaux genres de taille.

Les attelages de bœufs sont disposés pour passer entre les réges et au-dessus des espaliers, qui ont environ 1 mètre de hauteur.

COTES.

Composition du sol ; situation, cépages et production moyenne. — Le sol des côtes, formé par la décomposition de la roche tertiaire, est constitué, dans le bassin de la Gironde, par des alternances diverses d'argiles, de marnes, de calcaires et de sables. Il varie beaucoup : généralement les sommets tels que Saint-Émilion, les versants sud des coteaux qui longent la Garonne et la Dordogne, sont calcaires ; dans le Blayais, les bords de la Gironde sont pierreux ; plus éloignées de la rive, les terres sont sablonneuses ; les hauts plateaux du Bourgeais, calcaires sur le versant sud, sont argilo-calcaires sur le versant opposé ; les terres de l'Entre-deux-Mers sont argilo-marneuses ; d'autres sont argilo-graveleuses ; les sables gras de Saint-Émilion reposent sur un fond

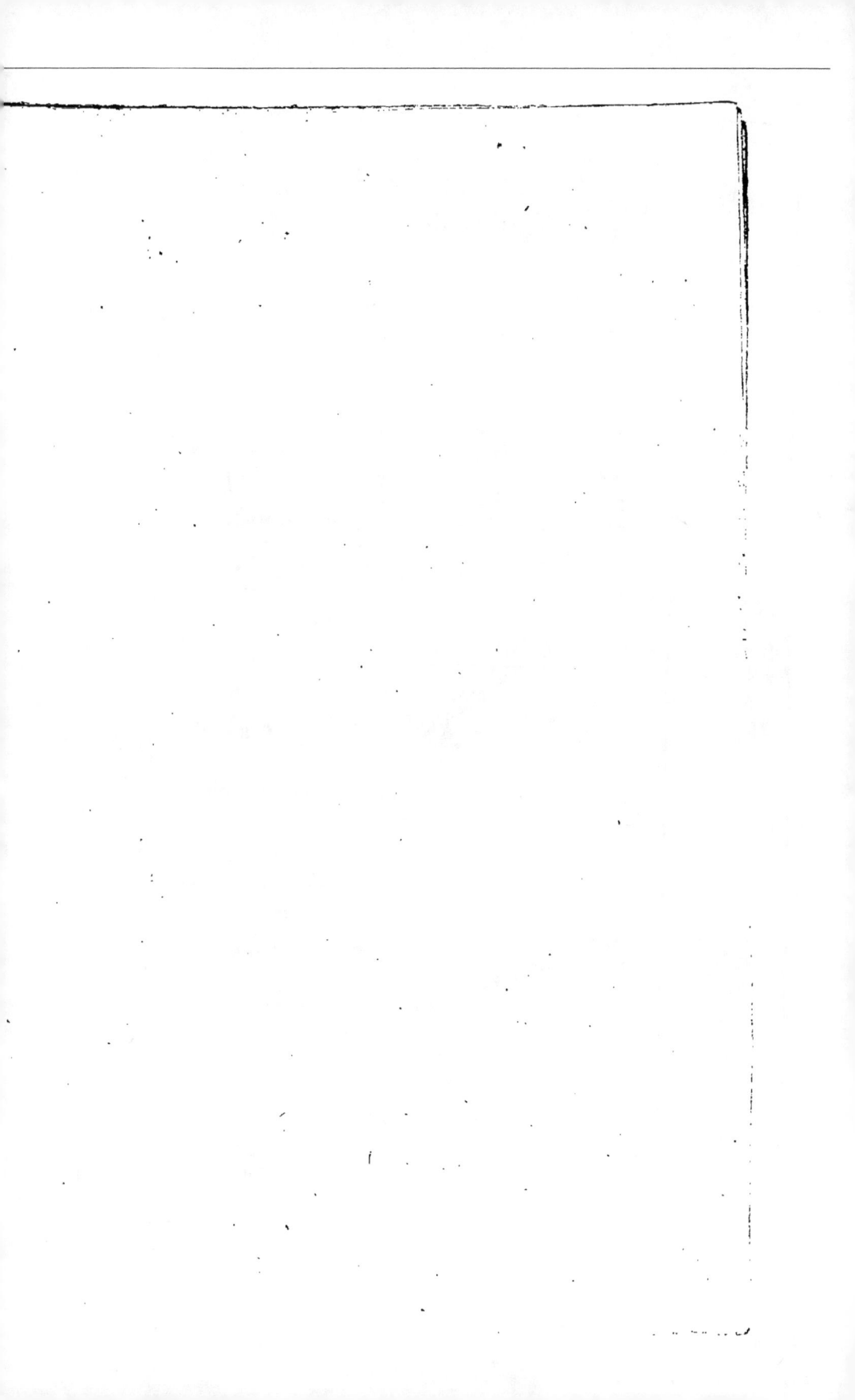

Tailles des Vignes des graves

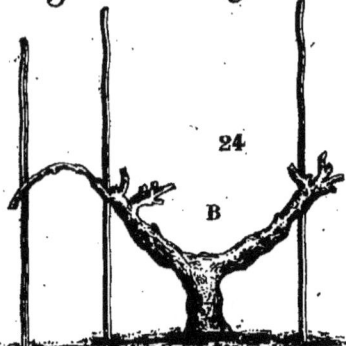

22

A

23

24

B

Palissage sur Fil de Fer

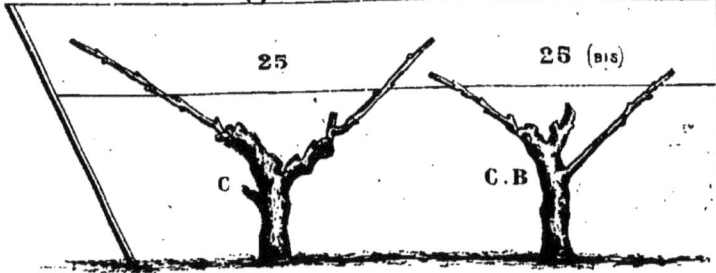

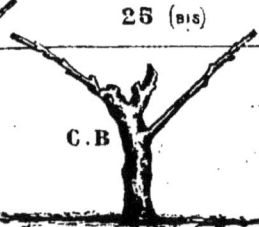

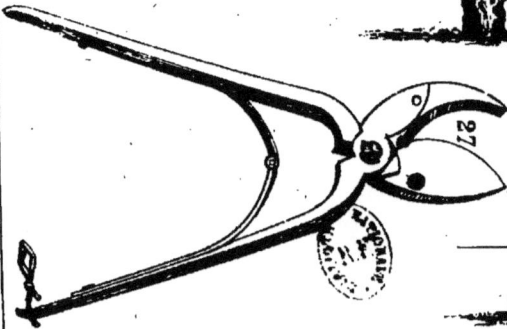

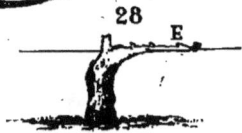

25

25 (BIS)

C

C.B

26

D

27

28

E

d'argile et de roches. Ces terres sont très-variées, mais nulle part on ne rencontre sur les hauts plateaux de bonnes terres labourables chargées d'humus et propres à la grande culture. Les côtes sont situées sous une latitude moyenne de 44 degrés 50 minutes; mais la constitution si variée des terres, bien plus que l'altitude, en modifie beaucoup les produits. Les vins supérieurs sont récoltés sur les coteaux exposés au sud et à sous-sol pierreux, comme les sommets de Saint-Émilion, Canon, Bourg, etc., et les vins les plus communs, sur les terres froides des hauts plateaux de l'Entre-deux-Mers, à fond argilo-marneux.

Les propriétaires des côtes ne cultivent ou ne plantent plus dans les bons crûs que les cépages cultivés dans le Médoc, mais auxquels ils donnent des noms différents :

Bouchet-sauvignon, cabernet-sauvignon en Médoc; *vidure, bouchet, carmenet* en Médoc; *noir de Pressac, teinturin, malbec* en Médoc; *merleau, prolongeau* ou *balouzat, petite chalosse noire.*

Les crûs supérieurs ont en majorité de bons cépages sur un sol calcaire. Le *malbec (teinturin),* à Bourg, donne des vins très-fermes et beaucoup plus corsés que sur les graves légères.

La production varie beaucoup sur les côtes, selon les dispositions du sol et les pentes. En moyenne, on n'obtient, sur des surfaces non accidentées, qu'environ deux tonneaux par hectare.

CULTURE.

Plantations sur les côtes à pente légère. — Après avoir défoncé et égalisé la surface à une profondeur de 35 à 45 centimètres à bras d'homme, les boutures sont plantées à la barre (voir *Plantation*) de 1 mètre à $1^m 30^c$ environ en ligne droite et espacées de $1^m 15^c$; on leur donne trois façons à la *bêche*. La vigne est taillée à cots et est supportée par des échalas verticaux ; autrefois on les tenait beaucoup plus élevés qu'aujourd'hui.

Côtes escarpées, plateaux pierreux. — Lorsqu'on a une côte très-escarpée ou pierreuse à mettre en vigne, on forme, à l'aide des moellons qui encombrent la surface, de petits murs en pierres sèches que l'on établit, selon la raideur de la pente, à des distances plus ou moins grandes ; on égalise ensuite les surfaces de ces étages en portant sur ceux qui sont trop nus les terres prises dans les excavations ou sur le plateau supérieur ; ensuite on fait à la barre des trous de 50 centimètres que l'on élargit, et on coule dans ces trous une bouillie faite avec de la fiente de bœuf, de la vase délitée préalablement à l'air, et de l'eau ; la bouture est placée ensuite à 40 centimètres de profondeur.

Culture nouvelle. — Les côtes qui se cultivaient autrefois exclusivement à bras, transforment aujourd'hui peu à peu leur culture sur les plateaux, et partout où des accidents de terrain ne s'y opposent pas, beaucoup de propriétaires cultivent à la charrue, soit à rangs isolés, soit à joualles. On commence à établir des vignes sur fils de fer dans le genre de celles qui existent dans les graves, ce qui en rendra la culture plus facile, car, en beaucoup d'endroits, le manque de bras faisait négliger les façons. Les vignes des côtes ne sont pas fumées lorsque les sous-sols sont argilo-calcaires. Les sols calcaires et trop secs exigent des fumures.

VIGNES BLANCHES.

Genres de vins qu'elles donnent ; nature du sol. — Les vignes blanches produisent, dans la Gironde :

1. Les excellents vins moelleux dits de *Sauternes,* récoltés à Sauternes, Barsac, Preignac et Bommes. À Sauternes et à Bommes, plateau de graves du Ciron, le sous-sol, argilo-calcaire, contient de l'alios. A Preignac, et sur les hauts plateaux de Barsac, le sol des vignes est formé par la décomposition à l'air de pierres dures quartzeuses ou granitiques.

2. Les vins blancs de graves de Cérons à Villenave-d'Ornon et Blanquefort, graves légères mêlées de sables.

3. Les vins blancs de côtes, calcaires à sous-sol argileux

4. Les Entre-deux-Mers, terres argilo-marneuses.

Cépages. — Les grands vins moelleux de la première classe ne sont produits que par trois cépages : le *sauvignon,* le *sémillon* et la *raisinotte.*

Dans les graves on cultive les mêmes espèces, mais il y a de plus le *prucras,* le *blanc doux,* le *rochalain,* etc. Les côtes ont les mêmes cépages, et la *grosse chalosse.* L'Entre-deux-Mers cultive l'*enrageat* et la *blanquette.*

Grands vins ; culture. — Les vignes blanches des crûs supérieurs sont cultivées à la charrue ; elles reçoivent, comme au Médoc, quatre façons, à peu près de la même manière et aux mêmes époques ; elles sont à joualles ou à rangs simples. Les bœufs passent ensemble au milieu de la joualle, qui a 2 mètres de largeur. Les ceps sont placés à 1 mètre environ de distance en file. Pour planter,

on creuse un sillon et on opère à la barre ; quelquefois on
plante en fossés ou *rouillons*.

La taille se fait à cots et à astes, selon les variétés ; les
vignes sont tenues avec des échalas verticaux longs de
2 mètres. Dans les grands crûs on ne tolère aucun arbre
et les joualles ne sont employées à aucune culture.

Crûs ordinaires. — On cultive de la même manière,
mais on utilise les joualles en y semant des céréales, des
pommes de terre, etc. On laisse parmi les vignes des
arbres fruitiers : pêchers, cerisiers, etc.

Crûs inférieurs. — On forme des joualles ou de simples
rangs. Les vignes sont taillées à cots et à *cosse* (voir les
planches des tailles) le plus ras possible du sol ; les joualles sont labourées et utilisées pour d'autres produits ; la
vigne n'a ni échalas ni soutien ; on ne s'occupe d'elle que
pour la tailler et vendanger ; elle produit abondamment
des vins de chaudière ou d'opération. C'est ainsi que l'*enrageat* est traité dans la plupart des terres argilo-marneuses
de l'Entre-deux-Mers.

PALUS.

**Composition du sol ; situation ; cépages et
production moyenne ; genre de vins produits.**—
Les palus, ou terres d'alluvion, sont des dépôts de la Garonne et de la Dordogne composés d'alumine et d'humus.
Lorsqu'elles ne sont pas mélangées et qu'elles ont été bien
séchées et délitées à l'air, ce sont des terres de premier
ordre, qui possèdent en excès les éléments fertilisateurs qui
manquent aux terres de graves.

Le centre des palus est situé sous la latitude de 44 degrés 50 minutes ; leur altitude ne dépasse pas le niveau des
hautes marées dans les nouvelles alluvions, et a tout au plus
1 mètre dans les anciennes.

Cépages. — Le cépage par excellence des palus est le *petit verdot;* mais pour qu'il y réussisse, il faut que les terres soient bien délitées, bien séchées. On ne peut obtenir ces conditions que dans les anciennes alluvions. Si le sol est de formation trop récente, le bois a trop de séve, et les raisins de ce cépage, qui sont naturellement tardifs, ne peuvent parvenir à maturité. On cultive aussi deux autres variétés de *verdots :* le *gros verdot* et le *verdot colon.* Ces deux cépages sont également de maturité tardive ; les vins qu'ils donnent sont inférieurs à celui du *petit verdot;* ils sont moins fermes et moins fins en goût.

Les autres cépages cultivés sont : la *petite* et la *grosse vidure,* en Médoc *cabernet-sauvignon* et *gros carmenet;* le *merlot* et le *malbec* ou *mauzac.*

Dans les bonnes palus, à part les *verdots,* on ne cultive que les cépages du Médoc, les *cabernets,* le *merlot* et le *malbec;* ces deux derniers cépages ne doivent pas dominer dans les palus, parce que les vins en sont trop mous. Lorsque le terrain ne permet pas d'y planter le *petit verdot,* le *petit cabernet-sauvignon* et le *gros carmenet* le remplacent.

Les propriétaires qui ne visent qu'à la quantité plantent de gros cépages, *gros colon, folle-rouge,* etc.

La production des palus est très-variable parce qu'elle y est sujette à tous les fléaux : les gelées y sont fréquentes, la coulure y est occasionnée par les brouillards; les insectes, les chenilles, les escargots, la dévorent; l'*oïdium,* la pourriture des racines par excès d'humidité et les inondations y sont fréquentes; aujourd'hui le phylloxera les ravage, de sorte que la production, en moyenne, ne s'y élève guère au-dessus de celle des côtes ; mais dans les bonnes terres, elle donne quatre tonneaux à l'hectare.

La qualité des vins de palus varie beaucoup, selon que

l'alluvion est ancienne ou récente ou à fond tourbeux et noyé, et aussi selon le choix des cépages et l'âge des vignes.

Les meilleurs vins se récoltent sur les alluvions anciennes des Queyries (près de la côte) et de Bassens, dans les vieilles vignes où le *petit verdot* domine. Rares et très-recherchés dans les années chaudes, ces vins sont *corsés,* d'une couleur vive, moelleux, sans terroir, âpres sans être durs étant jeunes, et ils acquièrent en vieillissant beaucoup de séve et un bouquet agréable tout en conservant leur moelleux.

Les vins les plus communs se récoltent sur des alluvions à fond tourbeux, avec des plantes jeunes et de gros cépages. Ils sont mous, de couleur bleuâtre, ayant un goût sauvage, de terroir et de râpe; on ne peut les conserver, car en vieillissant ils perdent leur couleur et deviennent âcres.

Culture. — *Culture ancienne. Plantation, préparation du terrain.* — Avant de planter, on s'assurait si la terre était assez sèche à 30 centimètres au moins de profondeur; pour éviter l'excès d'humidité et hausser le sol, on creusait des fossés autour de la pièce; ces fossés communiquaient avec des *rouilles* ou petits fossés d'écoulement établis dans le sens des réges et communiquant avec les grands; les rangs de vigne étaient espacés de 2 mètres, et les pieds avaient entre eux la même distance; les *rouilles,* d'une largeur pareille dans les terres humides, avaient au milieu un petit fossé d'écoulement plus ou moins large et profond, selon la situation des terres; deux rangs de vigne étaient plantés entre les *rouilles;* l'espace de terre élevée, compris entre deux rangs, se nommait *plantain*. Le sol se trouvant ainsi préparé et asséché, on travaillait la surface soit à bras, soit à la charrue, et le plus souvent, avant de planter la vigne, on récoltait des céréales ou autres produits pour laisser sécher les terres fraîchement remuées. Ensuite, après un labour, on mettait des plants *enracinés* dits *barbeaux*, le plus souvent au printemps. Ces plantations se faisaient à la barre, et à la profondeur de 30 centimètres seulement; on tassait bien la terre contre le pied et on mettait un tuteur à côté; les plants avaient deux yeux hors de terre. Jamais on ne fumait les vignes des palus. La première année, on tenait la terre propre par des labours à bras, à la houe ou à la charrue; on taillait les plants à court bois jusqu'à la troisième année, et alors on commençait à leur donner une forme. De grands et forts échalas de 3 mètres de haut étaient enfoncés solidement en terre, un contre le pied et deux par côté, à la distance de 80 centimètres. On commençait ensuite à régler la hauteur de la souche à 30 centimètres environ, et on dirigeait des bras en éventail sur les échalas de côté; ces bras étaient liés à la hauteur de 1m 30c; un troisième bras se levait perpendiculairement et se liait à l'échalas central. A la première année de disposition, c'est-à-dire d'établissement des trois bras, on avait soin de ne pas charger les branches-mères, et le plus souvent on ne formait que l'éventail en supprimant les yeux de l'extrémité, ne laissant que deux bourgeons par branche. A cinq ans les branches-mères étaient formées, le pied en avait alors trois, sur lesquelles, vers le milieu, il y avait un cot, et entre ce cot et le pied une petite portion de faux-bois nommée *crochet*. Lorsque la vigne était en plein rapport, on laissait huit bourgeons aux branches-mères, six aux cots, et trois aux crochets, ce qui faisait cinquante bourgeons par pied, et si le pied était encore trop fougueux, on le domptait par de longs bois ou astes, des barbeaux ou provins provisoires, plusieurs bois d'un mètre recourbés en anneaux et allant en dehors des échalas.

Dans leur vigueur, ces vignes recevaient trois façons;
l'ébourgeonnage, l'épamprage, la chasse aux insectes, etc.,
se faisaient comme aux vignes des côtes. Par l'ancienne
taille et disposition, on ne pouvait lier les sarments
que sur trois points, aux trois échalas de chaque pied, et
dans les vignes très-fortes il était difficile d'éviter le
tassement des raisins qui étaient très-gênés et mûrissaient
difficilement.

Nouvelles cultures. — On évite les inconvénients
dont nous venons de parler en formant des treillages.
M. Laurent Martineau, qui écrivait en 1844 un petit traité
de taille de la vigne, disait à ce sujet :

« Nous recommandons un procédé qui s'accrédite de plus
en plus, en raison des excellents effets qu'il a produits :
nous voulons parler des treillages, c'est-à-dire du système
qui consiste à faire soutenir les vignes des palus par des
échalas sur lesquels reposent des *lattons* qui lient longitudinalement chaque rang d'un bout à l'autre. Ce procédé,
qui est déjà fort répandu, présente des avantages incon-
testables, et nous avons lieu d'espérer que le temps n'est
pas loin où il sera généralement adopté.

» Avec lui, en effet, on obtient environ un tiers de produit de plus, une maturité plus prompte, plus uniforme,
conséquemment une meilleure qualité.

» Ainsi, dans le système de taille équilatérale ou en éventail, qui doit être adopté de préférence dans les bonnes
terres végétales comme étant le plus productif, si les pieds
sont disposés longitudinalement à 2 mètres de distance,
on devra donner aux branches-mères 80 centimètres d'extension ; cela permettra de laisser sur chacune d'elles,
indépendamment de celle du premier ordre dont la nécessité est rigoureuse, plusieurs autres branches du deuxième

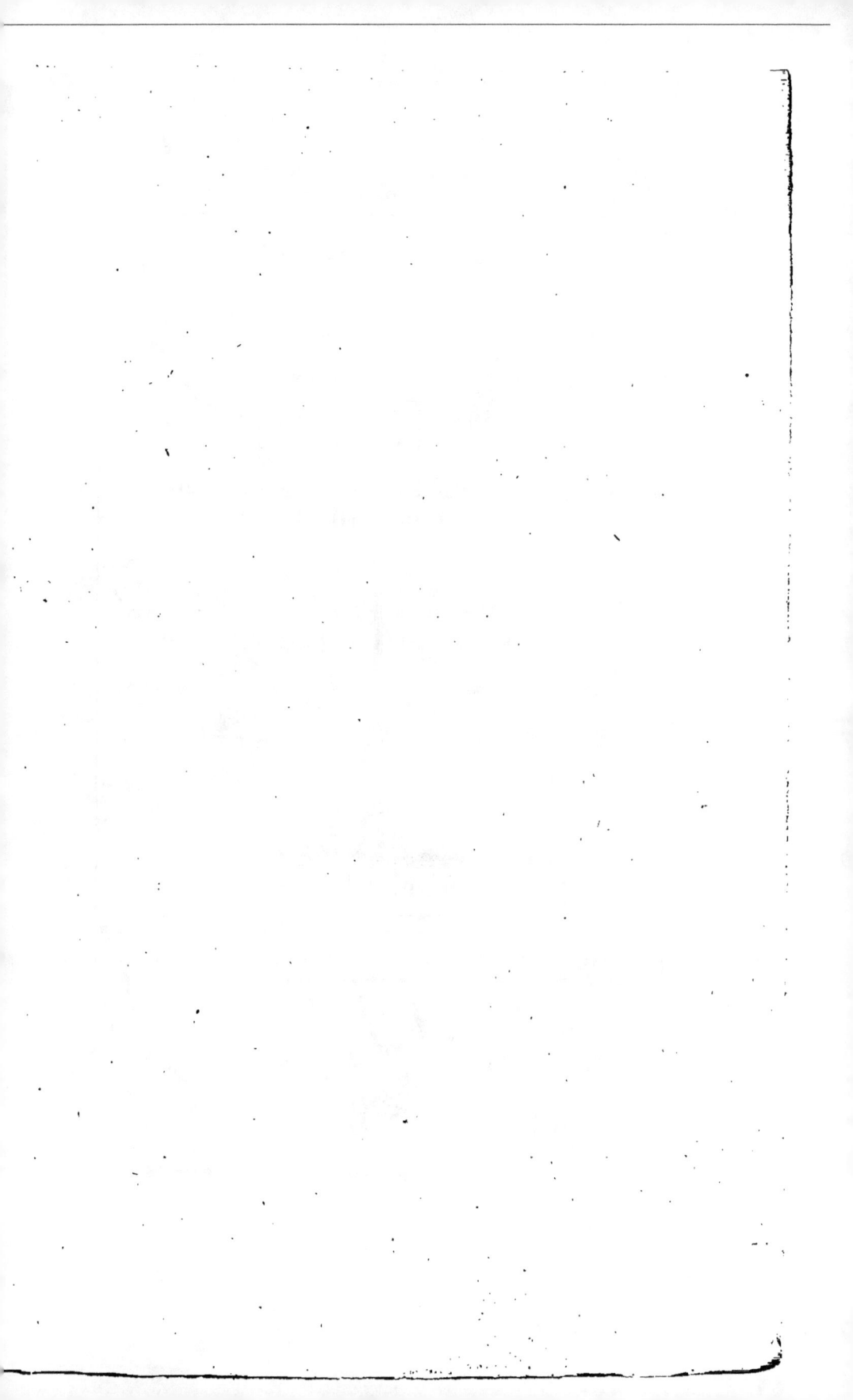

Tailles des Vignes des Palus

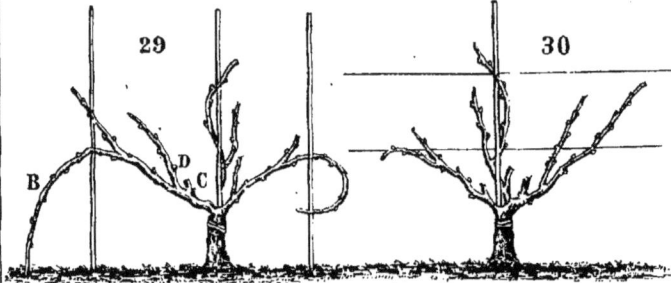

29   30

B   D   C

Eventail sur fil de fer

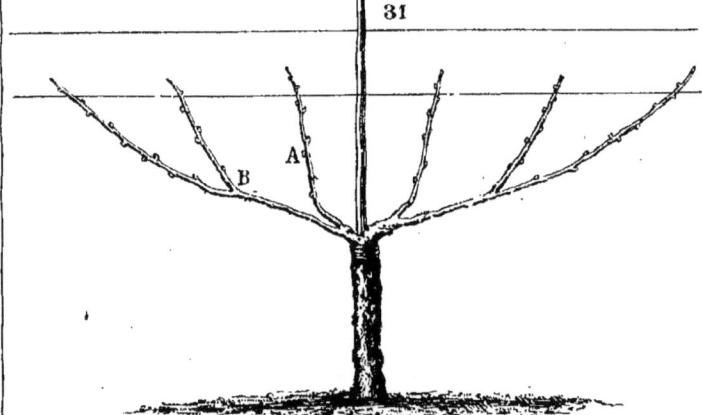

31

A

B

Cordon sur fil de fer

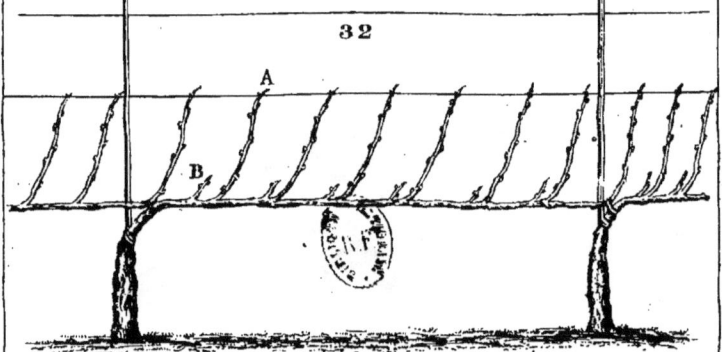

32

A

B

et du troisième ordre artistement disposées, et à des distances à peu près égales. »

On peut, dans les palus, suivre tous les systèmes de taille à long bois et à cots ; aujourd'hui on y trouve les vignes établies de quatre manières différentes : 1° en cordons simples ou à deux bras ; 2° en éventail ; 3° en treillages ; 4° à l'ancien système avec échalas isolés.

Cordons (voir sur les planches les dispositions de ces tailles). — Lorsque le pied est assez vigoureux, on ploie un fort sarment sur le fil de fer, les yeux dessus et dessous (on coupe les yeux de dessous); on taille par un temps humide afin de pouvoir mieux ployer le sarment dont les yeux seraient mal placés; on l'assujettit ensuite sur le fil de fer en ayant soin de ne pas laisser de bourgeons près du coude ni sur la tige ; après la première année, on taille sur les cots dont on ébourgeonne les extrémités; on ménage des crochets de retour pour pouvoir plus tard supprimer les astes trop allongées.

Éventail. — Modification du système ancien dont nous avons parlé : les crochets ou cots de retour permettent de remplacer les branches-mères trop allongées.

Nous avons vu dans de fortes palus, chez M. Laliman, près la Souys, cultiver la vigne en cordons sur un simple fil, très-espacée, à 5 mètres, et la suspendre à des fils de fer fixes, établis sur de forts poteaux et des arbres, à 2 mètres de hauteur. De cette manière le terrain de dessous n'est pas engagé, on peut l'employer à n'importe quelle culture : en blé, en vime, etc.; on taille et on vendange, voilà tout. C'est une manière qui ne s'est pas propagée; elle se rattache à la culture en *hautains,* qui n'est pratiquée dans la Gironde pour aucune espèce de vigne ; mais comme en définitive beaucoup de terres de ce genre sont employées à d'autres cultures, j'ai cru devoir signaler cette méthode,

qui pourrait être mise à profit dans certains cas, lorsque
par exemple les palus sont sujettes à être envahies par les
eaux, et que l'on ne vise pas à la production de vins
d'avenir.

Treillages. — On les établit dans les palus, avec des
lattons reliant les échalas verticaux, ou, au lieu de lattons,
avec des fils de fer. Ce dernier mode est préférable et tend
à se propager de plus en plus, quel que soit le système de
taille adopté : soit l'ancien, nommé par les vignerons des
palus *taille à crucifix,* soit en *éventail* ou *palmettes,* soit en
cordons. Le fil de fer donne la facilité d'espacer et de lier
régulièrement les branches à fruit ; les raisins, se trouvant ainsi plus aérés, mûrissent plus vite que lorsque les
branches à fruit sont groupées contre des échalas verticaux.
De plus, à part la durée, qui, avec des fers galvanisés,
est indéfinie, leur petit diamètre les empêche de servir de
refuge aux escargots, aux chenilles et aux insectes, très-
nombreux dans les palus, qui se logent sous les lattons,
dans la partie la plus voisine de l'échalas.

CHAPITRE IV.

VIGNES DE LA BOURGOGNE ET DE LA COTE-D'OR.

Nature de sol. — Situation. — Culture. — Plantations. — Labours. — Travaux divers; taille; pratiques spéciales. — Vinification; modes de fermentation employés en Bourgogne dans le siècle dernier. — Vinification moderne.

NATURES DE SOL. — SITUATION. — CÉPAGES.

Les vignobles de la Côte-d'Or ont une composition variable selon leur altitude. Dans un mémoire spécial, M. de Vergnette a donné plusieurs coupes de terrain, faisant connaître très-nettement la nature géologique des montagnes où sont situés les principaux vignobles; nous empruntons à ce savant viticulteur, propriétaire de la contrée, les détails qui suivent :

Le dépôt tertiaire qui constitue la plaine et qui s'étend du Jura aux montagnes de la Côte-d'Or, est formé par des cailloux roulés, paraissant provenir de calcaires oolithiques; au-dessous on trouve des marnes argileuses, des argiles, et quelquefois des sables argileux; ces terrains tertiaires contournent les montagnes de la côte depuis Dijon jusqu'à Beaune, Meursault, etc. Ils s'appuient sur les étages de l'oolithe inférieure qui prennent plus de développement à mesure qu'on s'avance vers le nord, et qui portent les vignobles de renom sur le versant qui regarde la plaine. Le sous-sol se divise en six classes : calcaires oolithiques, calcaires magnésiens, marne blanche, alluvions à l'entrée des vallées, alluvions de la plaine, terres argileuses de la plaine. Dans le tableau résumant les résultats des analyses d'échantillons des sous-sols faites par M. de Vergnette, on trouve que les calcaires oolithiques renferment 88 pour 100 de carbonate de chaux, et que les argiles sablonneuses en renferment au moins 55 pour 100.

La plupart des grands crûs de la côte reposent sur la formation oolithique ; le sol est d'une couleur rouge foncé ; il fait pâte avec l'eau ; ce sont des bancs schisteux très-minces, facilement délitables, et dont les débris se mélangent à la terre végétale.

Voici le tableau de l'analyse des terres de la Bourgogne, d'après M. de Vergnette :

LOCALITÉS. — NATURE DU SOUS-SOL.	VOLNAY. Calcaire oolithique	POMMARD Calcaire oolithique	VOLNAY. Marne blanche.	POMMARD Calcaire magnésien.	POMMARD Alluvions locales.	Argile de la plaine.	BEAUNE. Alluvions sablonneuses de la plaine.
Gros et menu dépôt	30.10	29.15	19.81	29.07	31.29	9.71	52.34
Carbonte de chaux.	12.95	17 20	25.11	11.18	22.70	37.20	9.60
Dᵒ de magnésie	3.98			8.13			
Oxyde de fer. . . .	12.72	10.50	26.42	15.34	8.30	29.15	15.15
Alumine.	5.93	7.17			13.75		
Silice.	28.93	32.98	29.19	.33.17	20.92	18.21	22.24
Matières organiqᵉˢ	5.39	3 »	4.47	2.21	3.04	5.73	0.67
	100.00	100.00	»	»	100.00	100.00	100.00

Au-dessus des marnes blanches, la terre est d'un brun jaune avec de petits grains argileux blanchâtres ; elle forme également pâte avec l'eau.

Sur les calcaires magnésiens, elle est peu profonde et légère, mais cependant encore grasse.

La terre des alluvions de l'entrée des vallées est rouge noirâtre, d'aspect ferrugineux ; au-dessous se trouve un banc semi-argileux, très-mélangé de pierres.

Dans la plaine, c'est une argile tertiaire de 60 centimètres à 1 mètre d'épaisseur ; elle a une couleur jaune brun ; elle est ocreuse, parsemée de petits grains plus clairs et plus durs.

Les dépôts cailloux sont à 48 centimètres de profondeur ; la terre de la surface est mélangée de galets calcaires.

Afin de compléter ces indications sur la nature des terres des vignobles bourguignons, nous trouvons, dans l'*Ampélographie française* de M. Rendu, la composition du sol des trois vignobles célèbres de Montrachet, Romanée-Conti et Chambertin. Nous les empruntons à cet important ouvrage.

MATIÈRES CONTENUES DANS LE SOL.	MONTRACHET.	ROMANÉE-CONTI.	CHAMBERTIN.
Sels alcalins	0,973	1.034	0.931
Carbonate de chaux.	1.752	7.934	2.127
Magnésie.	0.821	0.987	2.298
Oxyde de fer.	9.349	7.392	2.961
Acide phosphorique..	0.321	0.257	0.235
Alumine.	3.672	3.476	2.063
Silice soluble.	0.567	0.871	0.110
Matière organique.	2.034	2.785	1.973
Résidus insolubles	80.511	75.264	89.302
	100.000	100.000	100.000

La Bourgogne est située entre le 46e et le 47e degré de
latitude ; éloignée des mers, les hivers y sont plus froids
et les étés plus chauds et plus secs que dans les pays mari-
times qui, comme les côtes de Bretagne, sont placés sous
la même latitude ; en d'autres termes, sa température est
celle d'un climat continental.

La Bourgogne ne cultive que deux cépages fins : le
noirien ou *pinot rouge,* et le *noirien* ou *pinot blanc ;* dans
les crûs inférieurs on ne plante que des *gamets,* qui comp-
tent de nombreuses variétés.

Culture. — Les vignes de la Bourgogne ne se renouvellent que par le provignage : on n'arrache pas les vieilles
vignes. Voici à ce sujet ce qu'un vigneron praticien de ce
pays, M. C. Garnier, écrit à propos des provins : « C'est
le meilleur ouvrage que l'on puisse faire que de creuser
des provins dans les vignes : cela contribue beaucoup à
leur réussite ; quand on reste plus de deux ans sans en
faire, elles sont bientôt abattues. Il faut que les ceps soient
renouvelés, sans cela ils deviennent trop gros et sont susceptibles de dégénérer, et, par suite, de périr par la gelée.
Il y a des vignes que l'on n'a jamais vu planter, dont on
connaît à peine l'origine, et qui ont peut-être plus de mille
ans ; si on n'y avait pas fait de provins pour les rajeunir,
que seraient-elles devenues ? les ceps seraient presque tous
morts, surtout dans la partie qui est hors de terre, et ils
auraient végété dans le pied, sans presque jamais produire
de raisins, parce qu'ils dégénéreraient presque toujours, et
les raisins qui seraient venus eussent été de peu de valeur :
ils seraient devenus de plus en plus inférieurs. Oui, c'est en
renouvelant les ceps qu'on les améliore. Les vignes dont
on ne connaît pas l'origine, celles qui sont bien cultivées,
n'ont pas un cep qui ait plus de vingt-cinq ans ; mais ceci

dépend beaucoup de la force du terrain. Dans les forts terrains ils résistent plus longtemps que dans un terrain petit; plus le terrain est maigre et plus il est au nord, plus on doit renouveler les ceps : point de provins, point de bons cultivateurs vignerons ; point de provins, peu de revenus. C'est la régénération des ceps qui est l'âme de l'amélioration des plants ; plus on recouche un cep, plus il est bon ; c'est la source de l'abondance des vignes. Outre que les terrains ont besoin que l'on fasse plus de provins dans les uns que dans les autres, les plants y contribuent aussi. Il y a des plants qui en nécessitent davantage pour bien produire. Dans le *noirien rouge (pinot)*, on ne doit pas en faire plus de 35 par *ouvrée* et par an (l'ouvrée contient 1,000 pieds environ) ; dans le *noirien blanc,* 25; dans le *gamet,* 30.

» Dans le *noirien rouge,* les provins valent mieux que dans les autres plants. Il est beaucoup plus utile d'en faire davantage, parce que les *jeunesses* y sont meilleures. Pour qu'une vigne de *pinot* pousse beaucoup en raisins, il faut qu'elle soit de jeunesses. Les vieux ceps y dégènèrent aussi plus vite que dans les autres plants, et souvent restent des années en chômage, c'est-à-dire sans rien produire. Aussitôt que les *pinots* sont un peu vieux, les ceps ne donnent plus autant de raisins, et ceux-ci sont plus petits. Cependant, quand les vignes sont bien entretenues, il y a de vieux ceps qui sont également bons. »

Ainsi, les Bourguignons ne renouvellent pas leurs vignes de *pinots;* ils provignent constamment, de manière à n'avoir que des *jeunesses,* comme disent leurs vignerons. Les coteaux les mieux exposés sont garnis de cépages fins dont la plantation primitive est très-ancienne, et l'on ne plante dans les plaines que des cépages communs, des *gamets,* qui se renouvellent. Du reste, la plantation des uns ou des autres plants se fait de la même manière.

Plantations. — Lorsqu'une vigne de *gamets* a été arrachée, on cultive à sa place du sainfoin sur les terres maigres, du trèfle sur les terres fortes ; on continue ainsi ordinairement pendant six ans ; ensuite on pose des jalons pour tracer les tranchées ou fosses séparées où l'on doit mettre les plants. Les tranchées sont tracées perpendiculairement, *selon la plus grande pente du sol*, à une largeur de 1ᵐ 80ᶜ à 1ᵐ 60ᶜ entre elles ; on les creuse d'un bout à l'autre de 30 centimètres de profondeur sur 35 centimètres de largeur dans les terres fortes, et de 35 centimètres de profondeur en terres légères ; on se sert de plants enracinés, on rafraîchit le bout des racines, et on les couche, en les coudant de toute la largeur de la fosse, au fond des fossés, distancés de 80 centimètres. On ne plante pas droit, parce que ces plants doivent fournir des provins pour garnir le milieu de l'espace qui sépare un rang de l'autre, ce qui formera plus tard une plantation en quinconce espacée de 80 centimètres entre chaque pied. On ne provigne ces plants que lorsqu'ils sont assez forts, que la végétation en est vigoureuse, de crainte qu'ils ne se déracinent ; après avoir fixé le plant dans la fosse, on y met l'engrais et on finit de garnir les tranchées avec la terre que l'on y rabat ; on laisse aux plants deux yeux hors de terre comme partout. Par cette méthode, qui est applicable aux plantations de *pinots* et de *gamets,* il faut, après plusieurs années d'attente, provigner tous les plants pour garnir le rang ; quelques viticulteurs préfèrent garnir de suite ; ils opèrent ainsi : ils creusent une tranchée de 2 pieds (66 centimètres), et ils laissent un ados de terre de même largeur sans y toucher ; ils mettent deux rangs de plants dans la tranchée, un d'un côté et l'autre de l'autre ; mais pas en face, entre-croisés, pour que les racines soient moins près les unes des autres ; ils jettent ensuite les engrais dans la tranchée, et ils couvrent; de cette façon, ils ont de suite une vigne garnie de plants espacés de 66 centimètres les uns des autres en tous sens. On ne plante ainsi que les *gamets*.

On plante encore d'une autre manière : *aux fichets ;* c'est tout simplement la plantation à la *barre*. On se sert d'un gros morceau de bois pointu et ferré d'un bout, et de la longueur de 4 pieds ; on place les plants debout, mais plus profond que lorsqu'on les coude : ils ont 70 centimètres environ en terre, afin que lorsque l'on provignera ils ne soient pas arrachés ; les plants sont placés en quinconce, à 80 centimètres de distance. On ne plante ainsi que dans les bonnes terres végétales, jamais sur la marne ou en terres froides.

Labours. — Les vignes se travaillent généralement à bras. A la fin de mars on bêche. (Les vignerons bourguignons appellent cette opération *boicher ;* ils emploient encore d'autres termes locaux que nous écrivons en caractères italiques.) On se sert pour cela de divers outils appropriés au terrain : la *meigle* sert pour les terres légères, la *pioche à dents* pour les terrains pierreux ; dans les gros terrains de terre blanche, on se sert du *fessou*. Les labours se font peu profondément : 9 centimètres en moyenne, parce que les terres des vignes sont sillonnées en tous sens par un tissu inextricable de racines provenant des provignages fréquents soit simples, soit de vieux pieds couchés en entier, d'un grand nombre de provins provisoires, des *chevolées*, destinées à former des provins l'année suivante, et qui ne sont couchés qu'à 12 centimètres environ de profondeur. Les provins, selon que le terrain est léger et chaud, ou fort et froid, se font le plus souvent à la profondeur de la plantation, qui varie de 30 à 40 centimètres ; en travaillant, on ménage toutes ces racines. Le deuxième labour, *refument, refuer,* se donne du 10 mai au commencement de juin. Une troisième façon, *reticrce, bener,* se donne entre juin et juillet. Un second *reticrçage* se donne dans les vignes où il pousse beaucoup d'herbe. Vers la fin d'août, à la fin de l'hiver, et avant la taille, on déchausse légèrement les pieds.

Travaux divers. — *Taille.* — Les vignes se taillent de deux manières, selon que l'on cultive les plants fins *pinots,* ou les *gamets.* A cause des gelées printanières, on taille le plus souvent un peu avant la pousse, du 15 février à fin mars. Les *pinots blancs* ou *rouges* se taillent de la même manière, à long bois; on se servait de la serpe partout, avant que les sécateurs fussent répandus; on emploie aujourd'hui les deux instruments. Voici ce que dit à ce sujet M. Garnier, vigneron du pays : « Pour bien tailler les bons vins, il faut couper tous les brins de sarment qui sont le long du cep, et les couper bien proprement, afin qu'ils ne repoussent pas; on doit les couper jusqu'au cep afin qu'ils ne fassent point de nœuds, mais sans endommager l'écorce; il faut toujours laisser, pour faire la taille, le brin de sarment qui a le plus de force, qui est le plus gros et le plus droit. On doit laisser autant que possible le premier brin de sarment du cep, car généralement c'est toujours celui qui pousse le plus en raisins, surtout dans le blanc, et au moins le cep est plus droit. Il faut toujours l'étendre le plus que l'on peut sur la terre, pour le faire lier contre le *pesseau* (échalas), afin que les raisins mûrissent mieux. Dans le brin de sarment que l'on laisse pour faire la taille, on doit aussi laisser deux ou trois nœuds, et trois ou quatre boutons par taille, s'ils ne sont pas trop éloignés; c'est suivant la force qu'ont les ceps. Il convient également de faire attention de ne pas les étendre trop vite. Ils deviendraient trop fluets, finiraient par ne plus pousser avec force, et produiraient très-peu de raisins ; il ne faut pas non plus tailler trop court, parce que les ceps deviendraient trop gros et on ne pourrait pas les étendre pour les lier aux *pesseaux*. Quand ils sont par trop gros, ils arrachent les *pesseaux* auxquels ils sont liés, et la taille lève en l'air ; alors les raisins ne profitent jamais si bien. Enfin on doit tailler à proportion de la force du cep, pour qu'ils ne deviennent ni trop gros ni trop fluets ; car ils ne vaudraient pas ce qu'ils devraient valoir. J'en ai fait l'essai : j'ai vu de jeunes ceps qui avaient beaucoup de force ; j'ai voulu les étendre trop vite en les taillant un peu grands, alors ils devenaient tout à fait fluets et dépérissaient ; ils s'étaient *efforcés* et végétaient dès lors comme s'ils avaient eu le *hoquet,* parce que la nature des terrains délicats ne peut pas produire plus que sa force ne le permet. Dans les bons vins, s'ils ont assez de force pour qu'on puisse laisser plusieurs tailles sur le même cep, on doit leur faire prendre naissance, autant que possible, près de la terre ; car, sans cela, ils ne réussiraient pas bien. Il faut les éloigner les uns des autres le plus que l'on peut, afin que les tailles ne soient pas si proches les unes des autres, de manière à pouvoir mettre un *pesseau* contre chaque taille, car si on les liait contre le même *pesseau*, ils se gâteraient les uns les autres.

» Quand les ceps deviennent trop longs, on les étend les uns sur les autres, en les proportionnant autant que l'on peut, suivant la longeur ; car il résulte quelquefois de leur inégalité qu'ils se trouvent les uns contre les autres ; cela produit un mauvais effet ; il y en a quelquefois qui tombent sur les jeunesses ; il faut avec soin les détourner, parce qu'ils gâteraient les autres. On en rencontre également qui sont très-longs et d'autres très-courts ; ce qui fait

un mélange où bien souvent on n'y comprend rien. La
longueur ordinaire des ceps de bon vin est de 60 à 80 centimètres, selon la force du terrain. Quand le terrain est
faible, les ceps ne peuvent pas réussir; si on les laisse
devenir trop longs, la gelée les fait périr; mais quand il
est fort, ils deviennent plus robustes, et résistent mieux
aux intempéries de l'air.

» La taille des *gamets* diffère; on ne les étend pas sur
la terre comme les *pinots,* ils sont laissés droits; on maintient les pieds près de la terre à 20 centimètres environ à
partir du vieux bois, on leur laisse deux ou trois tailles
écartées de 15 centimètres environ, sur lesquelles on taille
à cots et dont on réunit les pampres avec le même échalas.
Lorsque ces tailles s'élèvent au-dessus de 40 centimètres, à
partir du vieux bois, on les rabat sur des gourmands venus
sur les pieds; c'est la taille à cots pratiquée dans une
foule de vignobles. »

Pratiques spéciales. — Les *pesscaux* ou échalas ne se
laissent pas en place, à demeure, comme dans les vignobles
du Midi; on est dans l'habitude de les sortir des vignes
après les vendanges. Ainsi, on *dépessèle,* et on aiguise
ensuite les *pesscaux* pour *pesseler* avant le deuxième labour.
Les échalas ont une longueur moyenne de 1m 60c, et on les
enfonce dans la terre de 15 centimètres environ; ensuite
on lie les tailles de la vigne contre les pesseaux : on se
sert pour cela de chanvre et de glu (paillon tressé exprès).
Cette façon doit se faire avant que les pousses soient trop
développées.

Aujourd'hui on trouve dans la Côte-d'Or des vignes
établies sur fil de fer, avec des *beauxhommes* servant à les
soutenir. Les lignes de fil de fer sont placées à diverses
hauteurs, selon le genre de vigne que l'on cultive; pour la
culture des *pinots,* on établit le premier fil de fer près de

terre, à 0^m 10^c; on le laisse à 0^m 30^c pour les *gamets*. On place à égale distance un ou deux autres fils au dessus. Cette installation est, comme partout, établie à demeure.

Lorsque les vignes sont très-fougueuses on fait, à la même époque que les provins, à la fin de l'hiver, des *chevolées* ou *provins provisoires*. Le vigneron du pays que nous avons déjà cité dit à ce sujet dit :

« Il ne faut faire de *chevolées* que dans les gros terrains où on ne peut pas arrêter la force de la vigne; outre les tailles ordinaires, on y laisse des brins de sarment en proportion de la vigueur du pied, pour en arrêter la force, et c'est le vrai moyen pour qu'elle ne se porte pas dans le bois et qu'on ait davantage de fruit, parce que souvent, dans ces forts terrains, la vigne est si fougueuse qu'elle est sujette à ne donner que peu de raisins, ou bien des raisins tout à fait *millerards*. C'est la vraie manière de traiter les vignes qui sont par trop vigoureuses. (On l'emploie dans les riches palus de la Gironde.)

» Mais si le terrain est léger, délicat, si la vigne a beaucoup de force, il ne faut pas laisser de *chevolées,* lors même qu'elle serait jeune et vigoureuse, parce que cela ne dure que quelques années et que la vigne serait bientôt abattue; cela ne convient pas partout. On a vu des vignes de bon grain, très-vigoureuses, plantées dans des terrains délicats et traitées dans ce genre, être bientôt arrêtées : il n'y en a pas eu pour longtemps. Il a fallu les traiter comme les autres vignes qui étaient plantées dans de petits terrains; il a même fallu beaucoup de temps pour les ramener à la force des autres.

» Il arrive quelquefois, quand le terrain a été bien préparé et bien reposé, que les jeunes plantes poussent beaucoup en force : ce n'est pas une raison pour les épuiser, de les tailler grandes, de les *chevoler,* etc.

» Quand le terrain est léger et que la vigne a beaucoup de force, on doit toujours les entretenir régulièrement sans les faire efforcer, parce qu'elles s'en ressentiraient très-longtemps. »

Les vignes *s'accolent* vers le 15 juin : cette opération consiste à attacher les pampres·contre les échalas, et en même temps on détruit les bourgeons inutiles, surtout sur les *pinots*. On laisse toujours aux *gamets* des pousses basses qui sont parfois utiles pour établir une taille plus près du sol.

Au commencement de juillet, on épampre les extrémités des sarments, et lorsque les raisins tournent on visite les vignes et on fait un deuxième épamprage avant les vendanges. En résumé, on donne quatre labours, on *boiche* fin mars, on *refue* courant mai, et on fait deux *retierçages,* le premier fin juin, le deuxième en août ; et deux demi-façons : une pour déchausser, avant la taille, et l'autre pour *désherber,* avant les vendanges ; en outre, on ébourgeonne et on épampre.

Le renouvellement des vieilles vignes de *pinots* ne se fait, comme nous l'avons déjà dit, que par le provignage. On y est très-sobre d'engrais, surtout d'engrais trop actifs. On soutient les vignes maigres par des fumiers ou plutôt des composts fermentés à l'avance et composés d'une couche de terre et de fumier, ou par des plantes et produits végétaux enfoncés en verts, des marcs, enfin des amendements.

Les vignes de *gamets* sont beaucoup plus fumées, surtout lorsqu'elles sont plantées à deux rangs, dans des terres peu fertiles ; on les soutient par des fumures fréquentes.

Vinification. — La Bourgogne emploie, dans la vinification de ses vins fins de *pinots,* des pratiques spéciales ;

son mode de foulage réitéré, fait dans les cuves en fermentation par des hommes nus, date de très-longtemps. Il
paraît avoir été adopté à cause de la basse température des
vendanges dans les années de maturité tardive, dans le but
d'opérer plus promptement la dissolution de la couleur et
afin d'accélérer la fermentation, qui, par un temps froid,
serait trop languissante; elle était d'ailleurs indispensable
à une époque où l'on vidait directement dans la cuve, sans
les égrapper, les raisins sortant de la vigne. Les pratiques
usitées dans le dernier siècle en Bourgogne diffèrent de
celles que l'on emploie aujourd'hui : autrefois les Bourguignons employaient, pour vinifier leurs vins fins de *pinots
rouges,* un procédé mixte : à part diverses opérations de
foulage, dont nous parlerons plus loin, ils ne laissaient pas
terminer la fermentation tumultueuse en cuve; après avoir
fermenté à moitié, la cuve était tirée, le marc pressé, et le
vin de cuve et celui de presse (sauf la dernière serre),
étaient mélangés et mis en fûts, où se terminait la fermentation.

M. de Vergnette-Lamothe, savant viticulteur de la
Bourgogne, a trouvé, dans un vieux manuscrit écrit il y a
cent cinquante ans, des détails précis sur les deux systèmes usités dans le siècle dernier pour récolter et faire fermenter la vendange, et sur les soins à donner aux vins
de fins *pinots* de Bourgogne. Il les a copiés textuellement
et publiés dans son livre, *le Vin.* Nous les lui empruntons
et ferons observer qu'il n'est question que des vignes plantées en *pinots rouges,* et parmi lesquelles, à cette époque,
il y avait d'un huitième à un dixième de *pinots blancs* que
l'on vendangeait ensemble. Voici le texte du vieux manuscrit :

« Il est spécialement recommandé aux vendangeurs
d'ôter du raisin tout ce qui pourrait nuire à la qualité du

vin : les grains secs, pourris, trop verts, s'il s'en trouve ;
les petits insectes sont écartés soigneusement. Le raisin
doit être coupé court; le suc amer de la queue ne pourrait
produire qu'un mauvais effet dans la fermentation qui se
fait dans la cuve... Il n'y a que la pluie qui puisse faire
cesser cet ouvrage ; les vendangeurs retournent à la vigne
dès qu'elle est sèche... *Rien de si pressé que la récolte dès
qu'elle est commencée.*

» La vendange finie, le vigneron met de niveau les raisins qui sont dans la cuve, qu'on ne doit jamais remplir
qu'à un demi-pied du bord. C'est tout ce qu'il faut dans ce
moment.

» Le lendemain de grand matin il commence à fouler le
raisin, à qui il trouve déjà quelque chaleur, plus ou moins
considérable, si on a vendangé par un soleil plus ou moins
ardent. Pour cette opération de foulée, il entre nu dans la
cuve. Il perce avec peine jusqu'au fond. Il la parcourt;
bientôt le raisin brisé répand sa liqueur, il va plus librement. Sa foulée n'est plus embarrassée. Il faut une ou deux
heures de cet exercice si la cuve contient 20 à 25 pièces
(45 à 57 hectolitres, les pièces bourguignonnes étant d'une
contenance semblable aux barriques bordelaises, 228 litres.
Ces cuves étant plus larges que hautes, le niveau de la
vendange ne dépassait pas le cou du fouleur).

» Après cette première foulée, la cuve commence à
s'échauffer ; il s'élève un petit bouillon d'écume qui surnage les raisins. La liqueur au-dessous se met en mouvement ; les raisins s'élèvent à mesure que la chaleur
augmente et viennent jusqu'au bord de la cuve. Le milieu
est souvent plus élevé. Cette chaleur, qui se porte partout,
divise les petits vaisseaux du mucilage ; il n'a plus de consistance. La liqueur, dégagée de ses petites cellules, se mêle
avec la substance rouge qui était enfermée dans le tissu de

l'enveloppe du grain, brisée par la foulée et la fermentation ; elle prend ce brillant vermeil dont les nuances s'augmentent de plus en plus à mesure du degré de chaleur.

» On laisse dans cet état la cuvée pendant trois ou quatre heures, quelquefois moins, quelquefois plus. Pour connaître l'effet de la fermentation, on fait une ouverture en séparant les raisins qui ont monté. C'est alors, quand on approche de la liqueur, qu'on la voit s'échapper avec force ; elle est surmontée d'une écume qui se présente à gros bouillons. On va chercher au bas de cette écume la liqueur dans une tasse. *Si elle est d'un beau rouge portant une odeur vive et pénétrante, c'en est assez ; on tire les raisins de la cuve* pour être portés sur le pressoir préparé proprement. On passe sur ces raisins la liqueur qu'on y porte également.

» Si le vin n'a pas la couleur et autres qualités susdites, le vigneron foule la cuvée une seconde fois... L'ouverture faite, il s'agite comme la première fois, il la parcourt deux ou trois fois, il se retire ; il a soin, au moment où il fait l'ouverture, de tenir la tête hors de la cuve, car le spiritueux qui s'en exhale dans ces premiers moments tue à l'instant le malavisé.

» Cette seconde foulée augmente et la chaleur et la couleur. L'écume devient plus abondante ; elle surnage partout ; quelquefois elle se répand hors des bords de la cuve ; l'enveloppe du grain qui a déchargé toute sa couleur rouge n'a plus qu'une couleur pâle. L'agitation de la cuvée annonce qu'il faut la porter sur le pressoir.

» J'ai dit ci-devant qu'on y portait aussi la liqueur. Il y a des personnes qui la tirent par un gros robinet placé au bas de la cuve ; elles prétendent que le vin en a moins de lie ; et en effet cette liqueur, en s'écoulant, se filtre à travers les grappes et les enveloppes des grains qui lui servent de râpe. Elle dépose sur les unes et les autres les parties les plus grossières. Aussi est-elle presque au clair. Mais aussi il est vrai qu'elle prend plus de rouge lorsqu'elle est portée sur le pressoir par la foulée qui s'y fait au fur et à mesure qu'on y apporte les raisins.

» Voici une autre méthode de façonner le vin dans la cuve. Ceux qui prétendent que la fermentation du raisin dans la cuve n'est pas nécessaire, disent pour autoriser leur système qu'elle cause une trop grande évaporation des parties spiritueuses, que celle du vin dans le tonneau doit lui suffire, et qu'il faut dégager le vin de la grappe qui peut lui donner de l'amertume ou de l'âcreté, et de l'enveloppe du grain dont il n'a pas besoin pour prendre de la couleur. Cette méthode donne un vin plus franc, plus moelleux, plus vif et enfin plus odorant.

» Voici la méthode des partisans de ce système pour façonner leur vin :

» Le lendemain de la vendange, ils font entrer dans la cuve un homme fort et vigoureux, et même deux si la cuve est grande. *Ceux-ci agitent, remuent le raisin ; ils le foulent partout, en tous sens.* Il ne tient pas à eux qu'ils ne puissent écraser chaque grain en particulier. Ce travail *dure quatre ou cinq heures.* Ils ne sortent de la cuve que lorsque tout le raisin est en liqueur.

» Lorsque les raisins sont élevés au-dessus de la liqueur, ils font mettre sur le pressoir.

» D'autres fois, si la vendange est froide, ils font fouler le raisin à mesure qu'on l'apporte des vignes, et le lendemain de la vendange ils font mettre sur le pressoir.

» Cependant il est bon d'observer ici que tout ce que j'ai dit ci-dessus touchant les deux méthodes de façonner le vin dans la cuve ne doit s'entendre que pour les années chaudes ; car si l'année ou le temps de la vendange a été

pluvieux ou froid, ou même si une gelée blanche a précédé
le temps de la vendange, il arrive que les raisins fermentent peu ou point dans la cuve ; *au lieu de douze à quinze
heures qu'on les laisse dans la cuve,* on les y laisse plus
longtemps ; cela ira à *trente-six heures ;* au lieu de *deux
foulées il y en aura trois.* Les gelées, principalement, empêchent la couleur, et quoique belle et bien foncée dans le
temps du pressurage, elle sera affaiblie après la fermentation du vin dans le tonneau.

» Le vin est fait en trois bonnes serrées ou pressurages.
Si on en fait une quatrième, le vin qu'elle donne n'est
point mêlé à celui des trois premiers ; l'action du pressoir
lui donne une dureté et un goût d'âcreté qui nuiraient au
premier vin.

» L'article essentiel consiste à faire un mélange exact
du vin des trois premières serrées avant de le mettre au
tonneau. C'est dans des cuveaux ou rondeaux placés au-
devant du pressoir que se fait le mélange. Il est important
que tout le vin d'une même cuvée soit d'une même qualité
et d'une même couleur. Le vin de la seconde serre a quelques nuances de plus que celui de la première ; la troisième également plus que les deux premières.

Il est à remarquer que le moût qui sort de la cuve et de
la première serre pourrait suffire pour remplir chaque
tonneau aux deux tiers. La deuxième et la troisième doivent les remplir.

» Si on a vendangé par un temps chaud, le moût, dans
le moment qu'il est fait, se charge d'une écume épaisse.
Elle s'élève dans les rondeaux quelquefois à la hauteur de
six à huit pouces. C'est pour cette raison qu'il ne faut pas
remplir les tonneaux jusqu'à leur ouverture ; l'écume qui
s'y présente avertit qu'il ne faut pas mettre du vin davantage. Souvent même il ne faut pas attendre cet avertis-

sement. Il y a des années où les tonneaux remplis aux trois quarts commencent à pousser l'écume. Il faut attendre que cette première fougue soit passée pour mettre de nouveau du vin, et toujours avec la même précaution ; on s'exposerait autrement à en perdre considérablement.

» Les tonneaux étant remplis, il ne reste plus qu'à reconnaître s'ils coulent ou sur les fonds ou sur les côtés, pour y porter promptement remède. On ne se sert en Bourgogne que de tonneaux d'un bois neuf de chêne. Il serait dangereux d'employer des tonneaux où il y aurait eu ci-devant du vin, à cause de l'ancienne lie ou du tartre qui s'attache aux parois des douves. Le vin nouveau aurait bientôt pris le goût de vieille lie.

» On les laisse ainsi pendant douze ou quinze heures. On remplit les tonneaux du même vin de la cuvée. Ce remplissage se fait deux ou trois fois par jour, et autant de temps qu'il ne discontinue pas de jeter la grosse lie. Cela peut durer trois ou quatre jours.

» Lorsqu'il en est débarrassé, il se trouve chaud suffisamment pour communiquer au bois du tonneau sa chaleur. C'est dans cette effervescence que la couleur est mise à l'épreuve ; *c'est l'or dans la fournaise.* Elle semble s'éclipser pour quelques jours ; elle devient laiteuse ; on remplit encore, et, dans ce moment du remplissage, le vin s'élève à gros bouillons ; il jette une lie moins épaisse que la première ; bientôt il s'abaisse. Il commence alors à donner une odeur vive et pénétrante.

» S'il est dans une cave ou dans un cellier trop fermé, dès le commencement de la fermentation l'accès en est difficile et même dangereux. Si l'on y porte une lumière, elle s'éteint.

» Le sixième ou huitième jour, le vin est tranquille, ou du moins il n'est plus en fureur ; il ne paraît plus de lie à l'ouverture du tonneau. On peut sceller le vin en laissant au-dessus de la bonde une petite ouverture faite avec la pointe du foret. On le remplit à la hauteur d'un pouce une ou deux fois par semaine, et lorsqu'on s'aperçoit enfin qu'il est dans une tranquillité parfaite, on le scelle exactement pour que l'air n'y puisse pénétrer.

» La couleur alors commence à revenir au vin ; et bientôt, dans l'espace de quinze jours environ, elle est venue au point qu'elle doit rester.

» Le vin commence à s'éclaircir et à se clarifier ; si la bise vient à souffler, ou si le froid commence à se faire sentir, il acquiert plus promptement ce brillant vermeil.

» C'est ainsi que se conduisent les vins de ceux qui ont suivi l'ancienne méthode pour façonner le vin dans la cuve, et qui admettent les deux fermentations.

» Les vins des partisans du second système sont un temps infini à se façonner dans le tonneau. Il leur faut trois mois pour se clarifier. Ce n'est qu'au mois de janvier qu'ils commencent à être bien découverts. Jusqu'à ce temps, ils sont assoupis ; ils ne donnent presque point de bouquet.

» Après ce temps, ils sont en état de paraître, ils portent et présentent toutes les qualités qui caractérisent le bon vin ; il faut même convenir qu'ils sont plus fins et plus entrants. Mais finiront-ils comme les premiers ? Pourra-t-on les conserver autant que ceux-ci ? »

On peut aujourd'hui répondre aux questions posées par le vieux manuscrit : les vins faits par le deuxième procédé étaient en réalité des vins vinifiés par la méthode employée pour les vins blancs. Le foulage prolongé fait au moment où la fermentation tumultueuse allait s'accomplir avait dissous dans le moût une partie des principes colorants des pellicules, mais la couleur ainsi obtenue, pour être solide, doit être combinée intimement au tannin, qui

exige pour être dissous un contact plus prolongé des pellicules avec le moût ; il en résultait que ces vins étaient en
primeur plus soyeux, plus fins en goût que les premiers,
mais aussi plus délicats, plus difficiles à conserver, moins
aptes à supporter les secousses des longs voyages, les
grandes variations de température ; les premiers même
étaient des vins mixtes, qui avaient fermenté partie en
cuve et partie en tonneau ; ils offraient donc, quoique à un
degré moindre, les mêmes défauts. Aujourd'hui la vinification s'opère en Bourgogne d'une autre manière, le commerce demandant surtout des vins *pleins, moelleux,* mais
qui, tout en ayant du fruit, ne présentent pas à leur première année cet excès de délicatesse ; on ·tient à ce qu'ils
soient assez *fermes* pour atteindre le temps où ils seront
bons à être mis en bouteilles, et l'expérience a prouvé que
les vins trop soyeux étant nouveaux sont beaucoup plus
vite usés, souvent même avant que leur défécation soit
complète ; qu'ils soient assez vieux pour pouvoir être mis
dans le verre, sans qu'il s'y opère un mouvement de fermentation ou de trop grands dépôts.

Vinification moderne. — Les raisins portés au cuvier sont dérâpés, puis foulés avant leur mise en cuve.
(Généralement ces cuves sont peu profondes, afin de faciliter le foulage en pleine fermentation.) Une fois la cuve
pleine jusqu'à un pied environ du bord supérieur, on
aplanit la vendange qui est découverte au-dessus et on la
laisse ainsi jusqu'au lendemain. Le travail de la cuve s'effectue alors très-activement ; dès que l'on s'aperçoit que la
fermentation est moins tumultueuse, on foule fréquemment
le chapeau, et l'on renouvelle cette opération pendant quelques jours (cinq à huit, selon les années). Avant que la
cuve cesse de fermenter, on donne un dernier foulage, un

dernier *coup de pied,* et l'on écoule en mélangeant les vins
de la cuve avec les vins de presse provenant des pellicules.

Les foulages du chapeau des cuves en pleine fermentation, par des hommes nus plus ou moins propres, ne sont
pas sans danger pour les fouleurs, ni même pour l'avenir
des vins de la cuvée; on les réitère très-souvent sans jamais
laisser le chapeau s'acidifier : toute négligence à cet égard
ferait perdre la valeur de la cuvée, s'il restait à l'air trop
longtemps.

Nous croyons que les Bourguignons obtiendraient d'aussi
bons résultats en faisant bien fouler au pressoir (et non au
cylindre, qui ne fait que déchirer sans triturer), avec les
pieds propres de leurs fouleurs, qui mettraient ensuite en
cuve en retenant l'œne par un treillage, et en couvrant
ensuite leurs cuves pendant tout le temps de la fermentation. — Ils objectent qu'en foulant souvent en cuve (même
après l'avoir fait au pressoir lorsque la vendange est trop
froide), la fermentation est beaucoup plus active que par
de simples couvercles et immersions du chapeau, et que le
moût inférieur s'échauffe plus vite. — Quoi qu'il en soit,
leur procédé de foulages réitérés en cuve serait très-dan-
gereux s'il était employé dans les contrées chaudes.

CHAPITRE V.

HERMITAGE ET COTE-ROTIE.

NATURE DU SOL, SITUATION, CÉPAGES, CULTURE ET VINIFICATION.

Les vignobles de l'Hermitage sont situés sur la rive gauche du Rhône, dans le département de la Drôme; ils font partie de la banlieue de la ville de Tain et occupent une superficie qui ne dépasse pas 150 hectares. Les vignes sont plantées sur des coteaux granitiques exposés au sud-est et dont les sommets sont élevés à plus de 100 mètres au-dessus du niveau du Rhône. La latitude de l'Hermitage est la même que celle du Médoc, 45 degrés seulement. La température est celle d'un climat continental : l'été y est plus chaud et plus sec. Ces coteaux sont tellement escarpés que pour y soutenir le peu de terre végétale qui se trouve à la surface, les propriétaires des *mas* (on appelle ainsi dans le pays les clos ou vignobles) ont été obligés de construire de petits murs de distance en distance afin d'éviter l'éboulement des terres et de se débarrasser des moellons granitiques qui encombraient le sol.

Le granite composant le sous-sol du coteau, selon la monographie que M. Rey a publiée sur le coteau de l'Hermitage, est désigné sous le nom de *granite de Tain*; il est gris, très-dur, susceptible d'un poli vif, composé de mica noirâtre

en petites lames, de quartz blanc à demi transparent, et de
feldspath blanc qui se présente le plus souvent en gros cristaux rhomboïdaux. Le feldspath de ce granite contient quelquefois, intérieurement, de petites lames de mica ; il est si
dur quand il n'est pas altéré, qu'il donne les plus vives étin-
celles si on le frappe avec l'acier. Il est du nombre des minéraux qui se désagrégent peu à peu et finissent par se
réduire à l'état terreux ou en *kaolin* impur. C'est ce
granite désagrégé, désigné sous le nom d'*arène*, qui constitue le sol sur lequel la vigne est cultivée à l'Hermitage.

Nous empruntons à l'ouvrage de M. Rendu les résultats
de l'analyse comparée du sol des trois *mas* les plus importants :

MATIÈRES CONTENUES DANS LE SOL.	BESSAS.	MIAL.	GREFFIEUX.
Sels alcalins	0,363	0,730	1,009
Carbonate de chaux.. . . .	2,654	35,520	5,568
Magnésie.	0,122	0,220	0,673
Oxyde de fer.	10,161	3,530	4,045
Acide phosphorique.. . . .	0,268	0,160	0,387
Alumine	3,032	1,100	4,622
Silice soluble.	0,612	0,900	0,294
Matières organiques . . .	3,097	3,240	7,007
Résidus insolubles	79,661	54,600	76,395
	100,000	100,000	100,000

Les côtes du Rhône reposent également sur un sol granitique ; quelques parties ont un sous-sol argilo-calcaire,
mélangé de galets ou cailloux roulés. — Ces fonds sont
très-favorables à la vigne, et le climat est très-propice à la
bonne maturation du raisin.

Cépages. — L'Hermitage cultive principalement la *petite syrrah;* on trouve aussi la *grosse syrrah* ou *mondeuse,* mais surtout dans les sabots des côtes du Rhône. Bien exposés et avec un sous-sol fertile, ces deux cépages donnent des vins très-couverts qui ont beaucoup d'alcool et qui gagnent en qualité en vieillissant et en voyageant. La *petite syrrah,* moins abondante que la *grosse,* donne un vin plus distingué.

En cépages blancs, on cultive, sur les côtes du Rhône, le *vionnier* ou *altesse,* mélangé avec la *petite syrrah* (ils donnent des vins d'avenir); enfin la *marsane* et la *roussane.*

Culture. — Sur les pentes escarpées, les vignes ne peuvent se cultiver qu'à la pioche ; la plantation y est plus ou moins coûteuse, selon les accidents du terrain à défoncer et à niveler. On ne plante le plus souvent qu'à la barre ; on élargit le trou afin d'y placer des terreaux. Les vignes de l'Hermitage ont besoin d'engrais pour se soutenir ; malgré cela, comme la terre végétale s'éboule et que, du reste, elle est très-peu profonde (moins de 40 centimètres sur la partie granitique), on est obligé de renouveler souvent ces vignes, surtout sur le granit, où leur durée ne dépasse pas trente ans. Après avoir arraché une vieille vigne et bien nettoyé le terrain de ses racines, on attaque au pic les fentes du granite, afin de le déliter le plus possible à l'air, et on laisse reposer le sol en le fumant et en y cultivant du sainfoin pendant quatre ans. Quelquefois on replante immédiatement; mais, en ce cas, il faut défoncer plus profond et employer plus d'engrais.

Les labours et autres façons de la vigne s'opèrent à des époques plus tardives qu'en Bourgogne, sauf la taille, qui s'opère plus tôt.

Quant à la vinification, elle se fait de deux manières :

quelques propriétaires des côtes du Rhône, après avoir mis leurs raisins sur un *égrappoir* et les avoir passés au *cylindre*, plongent les grains en cuve et foulent ces cuves très-fréquemment afin d'accélérer la fermentation, qu'ils laissent accomplir complétement en cuve, car ils tiennent à avoir des vins très-couverts ; malgré cela, comme dans les années chaudes ces grains sont très-mûrs, ils fermentent très-lentement ; ils restent de vingt à trente jours en cuve. A l'Hermitage, on n'écoule pas ordinairement avant que la fermentation soit terminée. Cependant quelques propriétaires ayant remarqué que le cépage blanc le *vionnier (altesse)*, accélérait la fermentation, en mettent en cuve environ un quart avec trois quarts de *syrrah ;* en outre, en maintenant immergées les pellicules, et, couvrant ensuite la cuve, ils se dispensent des foulages réitérés ; ils obtiennent ainsi une fermentation plus prompte. Les vins obtenus par ce moyen sont plus parfumés et plus précoces que ceux qu'ils font avec la *petite syrrah* seule ; mais ils ne sont pas d'une aussi *longue durée.*

Les vins de l'Hermitage sont peu connus ; on n'en récolte pas plus de 300 tonneaux. Ceux qui sont faits avec la *petite syrrah* ont, dans les bonnes années, une durée étonnante : nous en avons vu qui, à vingt ans, n'avaient rien perdu de leurs qualités. Ils réunissent à un bouquet prononcé une bonne séve et conservent leur goût de fruit en vieillissant ; leur couleur est très-vive ; ils sont longs à se faire ; on les emploie quelquefois à remonter des vins fins trop faibles pour se conserver en nature.

CHAPITRE VI.

CULTURE DE LA VIGNE DANS LA CHAMPAGNE.

Culture. — Nature du sol, situation; cépages et vinification. — Vinification des vins non mousseux. — Vins blancs mousseux et non mousseux faits avec les raisins rouges et blancs. — Vins mousseux; ancienne méthode, fabrication moderne. — Fabrication des vins mousseux. — Vins tannifiés. — Liqueur de tannin. — Collages. — Préparation de la liqueur. — Essai des vins. — Machines à boucher. — Bouchons, ficelage et pose des fils de fer. — Mise en treilles. — Soins à donner aux vins mousseux — Mise sur pointe, dégorgement. — Liqueur d'expédition; dosage. — Expéditions. — Aperçu des frais de fabrication. — Choix des vins convenables. — Vins mousseux artificiels; fabrication.

CULTURE.

Nature du sol, situation, cépages et vinification. Vins mousseux. — La Champagne ne donne des produits distingués que sur les côtes qui longent la rivière *la Marne.* Le crû le plus connu est *Ay,* vis-à-vis la côte d'Épernay ; il produit des vins très-spiritueux dont Pierry est le type. Un autre crû, très-réputé, est le *Sillery,* situé sur la montagne de Reims. Ces vignobles appartiennent au département de la Marne et aux deux arrondissements de Reims et d'Épernay ; on ne récolte que des vins ordinaires dans les vignes situées dans les départements de la Haute-Marne, de l'Aube et des Ardennes, qui dépendent également de la Champagne. Nous ne nous occuperons que des vins supérieurs récoltés sur les côtes des deux arrondissements de Reims et d'Épernay.

Ces côtes sont formées par un sous-sol calcaire-crayeux. Les principales caves des négociants en vins de Champagne sont creusées dans cette craie qui est assez solide pour résister, étant en beaucoup d'endroits très-homogène.

Plusieurs savants se sont occupés de l'étude du sous-sol et du sol des côtes de la Champagne, entre autres MM. Rendu, Vergnette, Guyot.

M. Vergnette a trouvé que le sous-sol crayeux où se récoltent les meilleurs vins est composé de

Carbonate de chaux.	80
Carbonate de magnésie	2
Argile ou silice.	18
	100

De son côté, M. Rendu a fait l'analyse de la légère couche végétale qui recouvre la craie et qui est argilo-calcaire ; il a trouvé la composition suivante :

Sels alcalins.	0,985
Carbonate de chaux.	28,862
Magnésie.	1,401
Oxyde de fer.	4,545
Acide phosphorique.	0,147
Alumine.	0,849
Silice soluble.	0,095
Matières organiques.	3,750
Résidu insoluble.	59,366
	100,000

M. le docteur Guyot a habité longtemps le centre de ces vignobles ; il a fait, aux environs de Sillery, des plantations et des expériences de culture dont il a donné le détail dans son livre sur la *Culture de la vigne et la vinification.* Voici ce qu'il dit de la nature du sol de ces vignobles :

« Les vignes à vins fins de la Marne ne sont pas plantées

sur le terrain crayeux pur, mais sur un terrain argilo-
calcaire, plus ou moins ferrugineux, rouge, jaune et gris,
mélangé à des proportions différentes de terres calcaires,
résultant de l'effritement de la craie qui en forme presque
partout le sous-sol immédiat.

» Toutefois, dans une portion des vignobles, le sol cultivable est séparé de la craie par des couches irrégulières de
grèves, sorte de tuf mort, bien moins favorable à la vigne
que le *crayon* (nom donné dans le pays à la craie).

» Le terrain argilo-siliceux semble être descendu du
plateau des montagnes (qu'il occupe presque exclusivement) pour venir recouvrir les calcaires crayeux des ram-
pes sur lesquelles sont cultivées les vignes.

» Les terres à meulières des sommets sont souvent séparées des relèvements de craie pure, soit par des bancs de
calcaires lacustres, soit par des calcaires gypseux et grossiers, soit par des sables et des argiles à lignites.

» Les sables à coquilles et surtout les marnes à lignites
sont extraits de ces bancs sous le nom de *cendres,* et servent à former, avec un tiers ou la moitié de fumier d'éta-
ble, des composts qui doivent amender les vignes à la
plantation ou au provignage.

» Le sous-sol crayeux et son mélange aux terres argilo-
siliceuses ont une heureuse influence sur les qualités des
raisins, et les amendements tirés des *cendrières* n'y sont pas
étrangers. »

Il résulte de ces diverses observations et analyses que le
sous-sol des vignobles donnant des raisins destinés à fabriquer les vins mousseux est formé de craie.

La couleur de la terre végétale qui recouvre ce sous-sol
varie ; on y rencontre des *terres rouges.* L'expérience a
prouvé que les raisins rouges y réussissaient mieux ; on
réserve les terres jaunes ou grises pour les raisins blancs.

La Champagne est située vers le 49ᵉ degré de latitude dans la partie où se trouvent les vignes à vins mousseux, c'est-à-dire près de la limite extrême au nord de laquelle la culture de la vigne ne donne que des fruits dont la maturation est arrêtée par les automnes trop froids. La même latitude en France, sur le bord de l'Océan, correspond à la Normandie, qui n'a pas de vignobles qui puisse donner un vin potable ; la Champagne, étant dans un milieu continental, a, il est vrai, un hiver plus froid, mais l'été y est plus chaud et plus sec, ce qui favorise la maturation du fruit, quand les bourgeons ont été épargnés par les gelées printanières.

Cépages. — La Champagne cultive des vignes rouges et des vignes blanches ; les vignes donnant les vins destinés au commerce des vins mousseux sont composées de variétés de *pinots* rouges et blancs connues dans le pays sous le nom de *petit plant doré, pinots* et *petits blancs.*

Culture. — La culture des vignes a une grande analogie avec celle de la Bourgogne ; les plantations s'y font également en fossés établis d'un bout à l'autre de la pièce et perpendiculaires à la pente, après un défoncement de 50 centimètres en moyenne, et variant selon l'épaisseur de la couche de terre végétale ; mais si on replante une vigne immédiatement après en avoir arraché une vieille, on défonce plus profond de 10 à 20 centimètres ; on creuse ensuite les fosses soit comme en Bourgogne, soit séparément pour chaque pied, à 30 centimètres de profondeur sur 40 de long et 20 de large.

On se sert, pour engrais et amendement, des *cendres* des marnes à lignite, ou, à défaut, des sables à coquilles, dont nous avons déjà parlé, mélangés par couche avec le fumier de ferme, et dont on forme un compost que l'on laisse en tas quelque temps avant de le répandre, pour laisser s'opérer la combinaison, ce qui produit un excellent effet. La conduite des vignes se modifie ainsi, à cause du climat dont la température, basse et irrégulière au commencement du printemps, pourrait geler les jeunes bourgeons. On retarde la taille jusqu'à l'époque de la pousse, afin de retenir le plus possible la sortie des bourgeons. La taille est celle du *pinot* de Bourgogne ; les façons sont aussi un peu plus retardées. Quant aux vendanges, les Champenois ont rarement des années de grande réussite ; ils sont obligés de retarder le plus possible la cueille afin de laisser mûrir complétement, car bien que leurs plants soient des plus hâtifs, la pousse du printemps étant retardée par le froid et la taille tardive, si les pluies d'automne arrivent trop tôt, ils n'obtiennent qu'une mâturité imparfaite.

Vinification des vins non-mousseux. — Les Champenois font leurs vins rouges de la même manière que les Bourguignons ; ils égrappent leurs raisins fins, les foulent et les jettent en cuve ; le lendemain ils foulent le chapeau, ils lui donnent un premier coup de pied sans entrer complétement dans la cuve, et dès que le chapeau est bien formé, ce qui arrive deux ou trois jours après, selon que la vendange et le cuvier ont une température plus élevée, ils rentrent nus dans la cuve et y enfoncent le chapeau complétement par un foulage de plusieurs heures. Lorsque le chapeau vient à se reformer de nouveau le lendemain, ou selon la température du cuvier et la densité du moût, lorsqu'ils reconnaissent que la chaleur et le bouillonnement qui avait été interrompu par le foulage et avait ensuite repris, ont diminué, en un mot, que la fermentation est moins tumultueuse, ils donnent un dernier coup de pied, c'est-à-dire ils piétinent le marc sans le renvoyer au fond, et le jour suivant ils écoulent. Que le vin ait terminé ou non sa fermentation, on le tire de la cuve ; il finit de fermenter dans les fûts.

Vins blancs mousseux et non mousseux, faits avec les raisins rouges et blancs. — On trie les raisins, on les égrappe et écrase à la trémie, ou bien on les foule et presse immédiatement ; le moût, séparé des pepins et pulpes, est versé dans une cuve provisoire, dite cuve *à débourbage*. On le laisse dans cette cuve jusqu'à ce qu'il commence à se former à la surface de petites bulles d'acide carbonique qui annoncent que la fermentation va commencer ; on le soutire alors par un robinet placé à quelques centimètres au-dessus du fond et on le met en fûts.

Cette opération a pour but de *débourber le moût,* c'est-à-dire de le dégager des ferments les plus actifs, qui, par le repos, tombent au fond de la cuve. Il faut veiller et saisir le moment où la fermentation commence pour tirer le moût des cuves à débourbage, parce qu'une fois commencée le moût redeviendrait trouble.

Le débourbage est surtout utile aux vins destinés à la fabrication des vins mousseux : ce procédé diminuant les ferments qui se déposent en partie sur le fond de la cuve, ils travaillent moins et conservent plus de sucre. Les vins de Champagne non mousseux, d'une bonne année, sont des vins agréables, légers, ayant une séve et un bouquet peu expansibles ; c'est le grand attrait de leur mousse qui leur a fait faire le tour du monde, et l'habileté des fabricants champenois a su triompher des nombreux concurrents et les a maintenus à la tête de cette fabrication.

Vins mousseux, ancienne méthode. — Ces vins

sont le produit des raisins rouges et blancs de *petit plant doré*, et de quelques autres cépages dont la majorité appartient au genre *pinot*. Les rouges sont supérieurs; beaucoup de propriétaires *vendent leurs raisins aux négociants, qui en font la vinification* de la manière que nous avons indiquée plus haut. Une fois débourbés et mis en fûts de 2 hectolitres environ, on les laisse fermenter une quinzaine de jours dans un magasin au niveau du sol, dont la température est ordinairement de 15 à 18 degrés à cette époque, puis on les descend en cave fraîche afin de ralentir la fermentation, qui, si elle était trop active, leur ferait perdre tout leur sucre.

On les soutirait une première fois à la fin de l'automne, en décembre; on les collait ensuite avec la colle de poisson, puis on les soutirait de nouveau. Après ce second soutirage, on les *opérait* avec d'autres vins provenant des côtes de la Marne, mais ayant un caractère différent. Les vins alcooliques et secs étaient mélangés avec des vins doux, les vins de *pinots* rouges avec les blancs. Enfin on tâchait, selon l'année, de former l'ensemble le plus agréable possible. Un nouveau collage avait lieu, on les soutirait dès qu'ils étaient limpides, puis après huit jours de repos on tirait en bouteilles et on mettait en cave.

Comme on n'avait, il y a cinquante ans, aucune règle pour fixer et développer la mousse, il arrivait que lorsque les vins étaient trop chargés en sucre, ils cassaient jusqu'à 80, 90 et 95 pour 100 de bouteilles, et s'ils étaient trop fermentés, ils ne moussaient pas du tout. On essayait de mettre ceux-ci à la chaleur; quant aux autres, les casseurs, on les transportait dans des caves plus fraîches, on jetait de l'eau froide sur les tas, etc.

Toutes ces manœuvres et pertes faisaient ressortir les vins bien réussis à des prix très-élevés. A force de tâtonner

on a fini par avoir des règles fixes, et par pouvoir produire
la mousse à peu près à volonté, éviter les pertes dues aux
casses folles, donner aux vins une douceur variable, empêcher les *masques,* en varier les goûts selon la commande
du client, faire les recoulages sans perte, etc.

C'est aujourd'hui une grande industrie ; chaque maison
champenoise a des vins mousseux qui diffèrent de ceux du
voisin, et elle en a de plusieurs types : de légers, de secs,
de doux, de très-alcooliques, à goût anglais, allemand, etc.

Comme c'est une boisson de luxe, il a fallu se conformer
aux goûts des consommateurs.

Il est certain que le vin de Champagne nature, provenant d'une bonne année et vieux, qui à son expédition
aurait reçu une dose de quelques centilitres de *liqueur
simple,* est pour beaucoup de personnes plus agréable et
plus sain que celui qui a été additionné de cognac, de
porto, de madère, etc.; ce n'est plus alors ce vin léger que
l'on connaissait ; mais comme il s'en consomme moins en
France qu'à l'étranger, les négociants-fabricants font tout
ce qu'ils peuvent pour contenter leurs clients.

Fabrication moderne. — Après avoir collé leur vin
de Champagne une première fois, les fabricants le souti-
rent et en forment une cuvée avec d'autre vin blanc de
même provenance, ou avec de petits vins blancs de Cubzac,
du Midi, etc.; cela dépend des prix de vente, du plus ou
moins de réussite de l'année, etc. La cuvée combinée, on
colle à la colle de poisson, après avoir ajouté de la liqueur
de tannin, et quelquefois un peu d'alun, pour éviter les
masques.

Une fois limpide, on examine le vin et on le met en
liqueur (nous en parlerons en détail plus loin), puis on le
tire dès que la mousse est formée ; on déguste encore ce vin

avant de le *dégorger* pour juger quelles sont les opérations ou coupages avec diverses liqueurs et *vins plus âgés* que l'on a en cave qu'il sera nécessaire de lui faire encore subir en le dégorgeant. Une fois fixé, on dégorge, on retire du vin, que l'on remplace par des liqueurs *d'expédition* faites avec du sucre et du vin blanc, et, selon les commandes, du cognac, des vins de liqueur étrangers, etc.; on y recoule des vins plus vieux et on expédie.

Le matériel nécessaire à toutes ces manipulations est très-compliqué et se perfectionne de plus en plus.

Comme on traite en mousseux des vins blancs de toutes contrées (nous en avons tiré en Morée (Grèce), 1865), nous allons donner les détails de fabrication.

FABRICATION DES VINS MOUSSEUX.

Les vins mousseux sont des vins qui ont été mis en bouteilles avant que leur fermentation tumultueuse soit terminée, et qui ont continué leur fermentation dans le verre. Il en est résulté que le sucre qu'ils renfermaient lors de leur mise en bouteilles s'est en partie transformé en alcool et en acide carbonique, et que le gaz, ne pouvant s'échapper hors de la bouteille, remplit le vide laissé par le tireur entre le vin et le bouchon (1). Il se dissout même dans le vin, car ce liquide, aussi bien que l'eau, a la propriété d'en absorber un volume supérieur au sien propre. Ainsi, on a calculé que dans une bouteille de vin mousseux, ayant une pression de cinq atmosphères, il y avait en dissolution plus de 85 centilitres de gaz acide carbonique. La pression du gaz va quelquefois jusqu'à six atmosphères

---

(1) Cet espace vide, destiné à faciliter l'explosion, se nomme *chambre*.

dans les grands vins mousseux (1). Il en résulte que lorsqu'on dégage le bouchon de ses liens, le gaz le fait partir
avec explosion et le vin sort de la bouteille sous la forme
d'une écume produite par d'innombrables bulles d'acide
carbonique.

Tel est le vin mousseux. On peut obtenir le même résultat
sur tous les liquides fermentescibles, en les mettant en
bouteilles pendant qu'ils renferment encore du sucre non
décomposé. Ainsi, la bière, le poiré, etc., moussent par les
mêmes causes.

Mais ce n'est pas tout que de produire de la mousse.
Les vins mousseux ne sont pas marchands s'ils ne sont pas
parfaitement limpides ; or, le développement de la mousse
a formé un dépôt dont il faut les séparer en les *dégorgeant*.
De plus, il convient d'y ajouter du sucre, pour les rendre
plus agréables au goût. On parvient à débiter la bière
trouble et amère, mais les vins mousseux louches et âpres
se vendraient bien difficilement.

On fait des vins mousseux, sans les dégorger, dans plusieurs vignobles des départements de l'Ardèche, de l'Aude
(blanquette de Limoux), du Gard, du Jura, du Haut-Rhin,
du Tarn, etc. ; mais ils se consomment en grande partie
sur les lieux de production. On a, du reste, compris que
ces anciennes méthodes sans règles fixes, ce travail fait à
tâtons, ont pour résultat définitif de produire des casses
excessives, de faire boire des vins troubles qui contiennent
des ferments, et qui sont laxatifs et insalubres ; aussi, les
commerçants ou les propriétaires qui expédient leurs vins
suivent-ils, pour leur mise en travail, les méthodes champenoises : ils *dégorgent* leurs vins et y ajoutent des *liqueurs
d'expédition*.

---

(1) Si la pression était plus élevée, la casse serait très-fréquente.

Nous allons donc parler des manipulations usitées en Champagne et dans une foule de vignobles pour fabriquer des vins mousseux naturels.

Les vins mousseux peuvent se faire avec des raisins noirs ou avec des blancs. En Champagne, on mélange les noirs et les blancs. On estimait autrefois les champagnes rosés, qui étaient le produit des années chaudes, où le raisin noir, très-mur, dissolvait sur le pressoir un peu de la couleur de ses pellicules. Aujourd'hui, et depuis bien long-temps, on obtient cette nuance avec la teinture de sureau, connue sous le nom de *teinte de Fismes,* parce que la majorité des vignes, qui, outre celles de la Champagne, fournissent à cette fabrication, sont plantées de cépages blancs, dont le produit est plus abondant ; d'ailleurs on consomme beaucoup de vins mousseux blancs, sans coloration artificielle.

La cueillette des raisins destinés à fabriquer des vins mousseux doit être faite avec soin ; les raisins seront effeuillés, choisis bien mûrs, et les grappes pourries, vertes, etc., mises de côté. On les foule dès leur arrivée au pressoir, et on les presse aussitôt que possible. Le moût est versé dans *une cuve* ou dans des pièces défoncées et placées debout, selon la quantité, et on l'y laisse déposer ses grosses lies. Cette opération se nomme le *débourbage ;* elle a pour but de débarrasser les moûts de leurs plus gros dépôts. Pour arriver à ce résultat, il faut surveiller le moût et le soutirer des pièces ou des cuves à l'aide d'un robinet planté à plusieurs centimètres au-dessus du fond, dès que l'on s'aperçoit que la fermentation va commencer, ce qui se reconnaît à l'ascension des premières bulles d'acide carbonique. Le moût soutiré s'écoule dans des pièces ou des barriques. La fermentation tumultueuse est alors bien moins forte, parce que les ferments sont en grande partie

restés avec les dépôts dans le fond de la cuve. Il est quelquefois nécessaire de veiller la nuit pour ne pas laisser
échapper le moment favorable au soutirage, moment qui
varie selon le degré de la température, la densité des
moûts, etc. Nous avons vu (1) la fermentation s'établir
après quatre ou cinq heures de repos, et d'autres fois il
faut plus d'une journée.

Après le débourbage, les fûts se maintiennent pleins ;
après une quinzaine de jours, on les descend dans des caves
fraîches ; on les soutire une première fois à la fin de l'automne, en décembre. Après ce soutirage, on ajoute aux vins,
soit une dizaine de litres de vin blanc tannifié, soit une
certaine quantité de liqueur de tannin, et on les colle.

Lorsqu'ils sont devenus limpides, on les soutire de nouveau, et on y ajoute une seconde dose de tannin. Après les
avoir coupés avec d'autres vins, s'il est nécessaire, on les
colle, on les laisse au repos, et, après un dernier soutirage,
on procède à *leur mise en liqueur,* pour les tirer en bouteilles huit jours après.

Avant d'aller plus loin, nous allons parler de la composition de la liqueur de tannin ou du vin tannifié, de la
colle, des coupages, de la préparation de la *liqueur,* ainsi
que de l'essai des vins destinés à être tirés en bouteilles.

Vins tannifiés; liqueur de tannin. — Nous avons parlé
de la préparation du vin blanc tannifié, en traitant du tannin. (Voir *Analyses chimiques.*) Lorsqu'on n'aura pu s'en
préparer à l'avance, on fera dissoudre du tannin (2) dans
de l'alcool rectifié à un très-haut degré et d'une neutralité

---

(1) En Morée, pendant les vendanges de 1865, la température moyenne du
cuvier était de 22 à 26° centigrades.

(2) Pour la préparation des vins mousseux, le tannin des noix de galle est
supérieur au vin tannifié, parce que le dépôt qu'il forme n'adhère pas aux
bouteilles.

absolue. Le mélange s'opère comme suit : on prend 220 grammes de tannin traité par l'alcool, qui devra être choisi de préférence à celui qui est traité par l'éther, et 1 litre d'alcool extra-fin à 95° ; on verse le tout dans une bouteille de 2 litres, et on agite à plusieurs reprises. Après un repos de vingt-quatre heures, on filtre la solution, que l'on emploie dans une proportion moyenne de 6 centilitres par barrique de 225 litres, avant chaque collage.

Cette préparation a pour but de donner au vin assez de tannin pour précipiter complétement les colles et obtenir ainsi une limpidité parfaite. Le tannin surabondant, en se précipitant pendant le travail en bouteilles, empêche que le dépôt n'adhère au verre et ne forme, en se collant contre ses parois, ce que l'on appelle des *masques*.

Collages. — Les vins se collent par les méthodes ordinaires (voir *Collages*), soit à la colle de poisson, soit à la gélatine pure. Le premier collage se fait à haute dose, soit 2 tablettes de gélatine par pièce de 225 litres. La colle de poisson est préférable pour le deuxième collage. Si l'on craint que les dépôts ne soient difficiles à dégorger, on ajoute à la colle, avant de la battre, 2 grammes d'alun préalablement dissous dans un verre de vin blanc chaud. Cette préparation ne s'ajoute qu'au dernier collage ; mais si les dépôts se retirent facilement, il est préférable de s'en abstenir. Nous avons obtenu une limpidité parfaite et des dépôts non adhérents à l'aide de collages simples, faits avec la *colle de poisson* bien battue, à la dose de 4 grammes par barrique de 350 bouteilles, ce qui fait un peu plus de 1 centigramme par bouteille ; 1 centigramme suffit si la colle est de premier choix.

Préparation de la liqueur. — La liqueur destinée à donner aux vins la quantité de sucre qui leur manque pour pouvoir former la mousse, se faisait avec du *sucre candi de*

canne, préparé avec du sucre brut à odeur aromatique
(les Bourbon en donnent d'excellents). Ce sucre candi a
une teinte légèrement jaunâtre. Les beaux sucres candis
revenaient fort cher ; on a reconnu aujourd'hui par expérience que le sucre raffiné blanc donnait des liqueurs supérieures au candi ; on ne se sert donc que du sucre de canne
raffiné en pains.

Pour faire la liqueur, on verse dans une barrique
d'épaisseur, ferrée, à large bonde, d'une contenance de
230 litres, 140 litres de vin blanc et 165 kilog. de sucre
en pain cassé en morceaux ; on bonde la barrique, on la
roule et on la secoue à plusieurs reprises dans la journée,
jusqu'à ce que le sucre soit bien fondu. On débonde de temps
à autre, pour éviter que la bonde ne se retire. Lorsque le
sucre est bien fondu, on y verse 12 litres de cognac-champagne à 65°, rassis et n'ayant pas été coloré par le *caramel,* 1 litre de liqueur de tannin à l'alcool, et 500 grammes
d'acide tartrique dissous dans 2 litres de vin blanc légèrement chauffé. On ne doit, cependant, employer l'acide que
lorsqu'on opère des vins bien mûrs ; les vins verts en renferment quelquefois déjà trop, et alors on le supprime. Il
y a des manipulateurs qui ajoutent à la liqueur 50 centilitres de solution complétement saturée d'alun. On ne doit
employer ce moyen que lorsque le dépôt est difficile à extraire ; il est inutile dans beaucoup de vins, mais il évite
les *masques.*

La liqueur de tirage étant faite (1), on l'agite de nouveau, et on opère la clarification par le procédé de filtration
ordinaire, qui se fait avec une chausse de laine et du papier
à filtrer bien délayé. On repasse jusqu'à ce que le brillant
ne laisse rien à désirer.

---

(1) On peut la faire en petit, en conservant les mêmes proportions.

Essai des vins. — Autrefois, les Champenois, après avoir collé et soutiré les vins, les tiraient tels quels, sans y ajouter de sucre lorsqu'ils n'en avaient pas assez pour former la mousse, ou sans les laisser fermenter lorsqu'ils étaient encore trop doux. Il en résultait que les premiers ne moussaient pas, et qu'il fallait les remettre en barriques, et que les seconds cassaient les bouteilles dans l'énorme proportion de 80 pour 100 et même davantage ; mais depuis 1836, grâce aux travaux de M. François, habile pharmacien de Châlons-sur-Marne, les négociants et chefs de cave ont été éclairés sur la quantité de sucre que devaient renfermer les vins pour mousser convenablement. M. François, dans ses expériences (*Traité sur le travail des vins blancs mousseux,* 1837), a reconnu que les vins, pour mousser sans faire éprouver de fortes casses, doivent contenir *4 gros* de sucre par bouteille, ce qui équivaut à 15 grammes 30 centig. par bouteille de 70 à 75 centilitres. A 6 gros, ajoute-t-il, presque toutes les bouteilles sont cassées, et au-dessous de 4 gros, la mousse est trop faible. Pour se rendre compte de la quantité de sucre que renferme le vin que l'on veut tirer, M. François a proposé de faire réduire une bouteille de vin à 4 onces (122 grammes 30 centigrammes). Pour éviter les erreurs données par les différences de contenance des bouteilles, on pèse 750 grammes de vin, que l'on fait réduire au sixième, soit 125 grammes. Cette réduction se fait à feu nu ou au bain-marie. Il vaut mieux réduire le vin à moins de 125 grammes et ramener ensuite le résidu à ce poids, en y ajoutant de l'eau distillée. On laisse reposer la vinasse 24 heures ; l'alcool a été volatilisé, et le tartre est cristallisé. On pèse ce résidu au gleuco-œnomètre de Cadet de Vaux.

D'après les observations de l'auteur que nous citons, les vins dont la fermentation a été complète et qui ne renfer-

ment plus de sucre appréciable au goût donnent, après leur
réduction, des *résidus* qui pèsent au gleuco-œnomètre, 5°.
au-dessous de zéro. Cette densité est due à la concentration des sels végétaux et minéraux que renferment les vins,
aux ferments, et surtout à l'acide tartrique; or, pour
faire mousser ces vins, il faut y ajouter 4 gros de sucre
par bouteille. Les vins qui, naturellement ou artificiellement, en renferment cette quantité, pèsent 12° au gleuco-
œnomètre.

M. François a, sur ces données, présenté un tableau de
la quantité de sucre à ajouter *par pièce champenoise de 200
litres tirant 225 bouteilles*, selon le degré de densité : ainsi,
à 5° on ajoutera 7 livres de sucre (ou 7 bouteilles de liqueur
à vin fabriquée en dissolvant dans du vin autant de livres
de *sucre candi* que l'on veut faire de bouteilles de liqueur);
à 6°, on en ajoutera 6 bouteilles ou 6 livres ; à 7°, 5 bouteilles ; à 8°, 4 bouteilles ; à 9°, 3 bouteilles ; à 10°; 2 bouteilles,
et enfin à 11°, 1 bouteille. A 12°, le vin renferme naturellement assez de sucre. Lorsqu'il dépasse ce titre, on retarde
le tirage et on laisse continuer la fermentation ; mais ce
cas est très-rare. Dans la pratique, on ajoute ordinairement
une bouteille de liqueur de plus par pièce que ne l'indique
M. François. Si l'on doit tirer des demi-bouteilles, il faut
porter les vins à.1° de plus, c'est-à-dire à 13° pour avoir
une mousse convenable, parce qu'alors la pression est
moindre.

Cette méthode a rendu de très-grands services, en Champagne et dans tous les vignobles qui s'occupent de la fabrication des vins mousseux, par l'indication de la quantité de
sucre nécessaire au développement de la mousse.

Toutefois, on a trouvé depuis une méthode bien plus
simple, plus expéditive et dont les résultats sont encore plus
exacts; l'introduction en Champagne de cette pratique est

due à un opticien ambulant, marchand de pèse-vin. Elle consiste à plonger dans le vin destiné au tirage un gleuco-œnomètre, et à y ajouter ensuite de la liqueur à vin jusqu'à ce que l'instrument marque zéro.

D'après ce système, on opère avec précision en prenant dans une éprouvette graduée une certaine quantité du vin que l'on doit tirer, 75 centilitres ou 1 litre. On y verse avec précaution et en agitant constamment, afin que le mélange soit parfait, de la liqueur à vin fabriquée comme pour la méthode précédente, et on constate le nombre de centilitres et de fractions de centilitre de liqueur qu'il a fallu verser pour ramener l'instrument à zéro. Si, par exemple, en opérant sur 75 centilitres de vin, il a fallu 2 centilitres 1/2 de liqueur, on sait qu'il en faut 2 litres 1/2 pour 75 litres, soit 7 litres 50 centilitres par barrique de 225 litres.

Le principe qui a servi à établir cette méthode repose sur la différence de densité qui existe entre le vin qui a subi une fermentation plus ou moins complète et dont par conséquent le sucre est transformé en alcool (ce qui lui donne un poids spécifique plus léger que l'eau), et celui qui, renfermant naturellement ou artificiellement du sucre, a une densité égale à celle de l'eau.

Ainsi, dans cette méthode, c'est la pesanteur de l'eau pure (eau distillée à 15°) qui sert de base à l'opération. On pourrait, à défaut de pèse-vin ou gleuco-œnomètre, se servir du densimètre ou des divers aréomètres, en ramenant le vin au poids de l'eau pure.

On sait que l'œnomètre ou pèse-vin est un instrument basé sur le plus ou moins de légèreté qu'acquiert le vin par la quantité d'alcool qu'il renferme; si le vin était un simple mélange d'eau et d'alcool, l'instrument donnerait des résultats exacts; mais, comme il renferme toujours plus ou moins de matières étrangères, de sels végétaux et minéraux, de mucilages, de sucre, etc., il peut, dans certains cas, être plus lourd que l'eau, malgré la présence de l'alcool. En conséquence, cet instrument, qui, comme pèse-vin, ne donne que des résultats inexacts, remplit ici parfaitement sont but malgré ou plutôt à cause de ces défauts. Dans les vins blancs qui n'ont pas cuvé, il existe en effet beaucoup moins de sels en suspension que dans les vins rouges ; de plus, ces vins blancs, au moment du tirage, ont déjà été collés deux fois, ce qui a précipité une grande quantité de matières qui étaient en suspension ; de sorte que ce n'est que *le sucre* qui peut influer d'une façon sensible sur leur densité ; or on a observé, et une longue pratique a sanctionné ce fait, qu'en ajoutant aux vins à essayer de la liqueur à vin jusqu'à ce que l'instrument marque zéro, on arrive à produire une mousse convenable, et que les sels et autres matières solubles susceptibles de modifier la densité, influent fort peu sur le résultat, lorsque les vins sont bien épurés.

Plus les vins sont alcooliques, plus ils sont légers ; par conséquent il leur faut une quantité de sucre plus grande pour les ramener à zéro ; mais, d'un autre côté, plus ils renferment d'alcool et plus ils sont susceptibles d'absorber de gaz acide carbonique ; dans les deux cas, le résultat est également juste, car, pour obtenir une pression égale, un vin corsé doit contenir une quantité de sucre supérieure à celle que renferment les vins légers.

Il est important, avant de mettre les vins *en liqueur,* de s'assurer de leur titre alcoolique, et de constater s'ils renferment assez d'acides végétaux libres, surtout d'acide tartrique. On se rend compte de la quantité d'alcool qu'ils renferment à l'aide d'un alambic d'essai, et on ajoute aux vins trop mûrs, qui manquent d'acide tartrique, une certaine quantité de vin un peu vert, ou on ajoute une solution d'acide tartrique à la liqueur, tout comme on doit *opérer,*

A. 7

avant le dernier collage, les vins verts avec des vins mûrs pour former un ensemble ayant *un titre alcoolique de 11°* au minimum, mais on observera de ne pas dépasser 12 pour 100 d'alcool : il est préférable de *tirer à 11°*. La quantité d'acide tartrique surtout influe beaucoup sur le développement de la mousse ; les vins des contrées chaudes où le raisin très-doux renferme peu d'acide tartrique exigent, pour obtenir une mousse marchande, une quantité plus grande de sucre que les vins un peu verts, et cela à titre alcoolique égal.

Pendant notre séjour en Morée, nous avons observé que les vins blancs de ces contrées, préparés pour être tirés en *mousseux, ne donnaient pas une mousse marchande lors- qu'ils étaient tirés à zéro.* Ces vins, dont la moyenne alcoo- lique était de 12° à 12° 5/10 d'alcool, provenaient de rai- sins renfermant un moût presque entièrement privé d'acide tartrique ; il fallait tirer à 1°, et 2° au-dessous de zéro pour obtenir une mousse ordinaire.

Lorsqu'on a des vins semblables à traiter en mousseux, on doit, ou les couper avec des vins un peu verts, ou bien les faire cueillir sans laisser dépasser la maturité.

Lorsque les vins, après avoir été (s'il y a lieu) coupés et ensuite collés pour la deuxième fois, auront été soutirés, en février, on y ajoute la dose de liqueur nécessaire (d'après le calcul des essais) ; on mélange bien la liqueur avec le vin à l'aide d'un fouet préalablement lavé, on constate bien exactement son titre alcoolique, et on laisse le vin en repos une huitaine de jours avant de procéder au tirage en bou- teilles. L'époque la plus favorable pour ce travail est le mois de mars, parce qu'à ce moment de l'année la tempéra- ture, augmentant progressivement, favorise le développement de la fermentation ; si on craignait que la mousse ne fût trop lente à se former, on ajouterait au vin du tirage, après avoir mis la liqueur, du ferment contenant de la *glutine* et préparé en délayant de la farine de froment de premier choix, à la dose de 1 kilogramme, dans 2 litres de trois-six de vin à 85°; on filtre ensuite et on verse un *litre de cette solution par barrique* : la mousse se forme d'une manière plus prompte.

Tirage en bouteilles des vins mousseux. — Les bouteilles champenoises doivent être choisies une à une, exemptes de boursouflures, de crasse, d'étoiles, etc., soigneusement lavées à grande eau, à la brosse, et bien égouttées; elles doivent être *neuves.*

Afin d'éviter la casse, outre ces précautions, certaines maisons champenoises font subir aux bouteilles, à l'aide d'une machine spéciale, une pression d'essai qui dépasse plus de dix atmosphères.

Les bouteilles, étant choisies, lavées et égouttées, sont portées au tirage. Le tirage peut s'effectuer, soit avec la cannelle champenoise à deux becs, soit avec la cannelle bordelaise, soit avec l'appareil à bascule de Jackson. On laisse dans chaque bouteille un vide de 10 à 15 centilitres; ce vide, que l'on appelle *la chambre,* est destiné à servir de réservoir à l'acide carbonique, qui s'accumule dans cet espace, y comprime l'air et rend ainsi l'explosion plus violente. Les bouteilles sont immédiatement bouchées *à la mécanique.* On a abandonné la méthode de bouchage à la main, qui consistait à mettre la bouteille sur un billot, et à frapper violemment sur le bouchon à l'aide d'un maillet. Pour former le champignon, on se sert aujourd'hui de machines spéciales.

Machines à boucher. — Les machines à boucher les vins mousseux diffèrent de celles qui servent au bouchage des vins ordinaires. Dans les machines ordinaires, *le tube est fixe* et le piston enfonce le bouchon complétement dans le goulot, tandis que dans les machines champenoises, le tube *est mobile* et la tige du piston est réglée de manière à n'enfoncer le bouchon que de $0^m 02^c$ environ dans le goulot; le reste du bouchon forme le champignon. Par conséquent, comme la partie supérieure du bouchon reste engagée dans le tube, il faut nécessairement, pour pouvoir retirer la bouteille bouchée, que *ce tube soit mobile*, et puisse s'écarter assez pour donner passage au bouchon, qui, en moyenne, a un diamètre de $0^m 03^c$.

Il y a plusieurs modèles de *machines* champenoises, mais toutes ont le même but : faire rentrer dans des goulots qui ont à peine 2 centimètres de diamètre, des bouchons qui ont 3 centimètres environ; ne faire entrer que 2 centimètres de la longueur du bouchon, afin que l'excédant du bouchon forme un champignon large et gros, qui facilite par ces dispositions l'explosion du gaz et le ficelage.

Si l'on bouchait les vins mousseux comme les vins ordinaires, on aurait de la difficulté à les déboucher et on n'obtiendrait qu'une faible explosion, tandis qu'avec le bouchage spécial, dès que les ficelles et le fil de fer sont cassés, on fait très-facilement glisser le bouchon avec les doigts en appuyant sur le bourrelet, et l'explosion est beaucoup plus vive. On doit chercher à obtenir une explosion bruyante : c'est une condition essentielle. Un bouchage bien fait facilite ce résultat.

On fabrique aujourd'hui des machines qui sont parfaitement appropriées à ce genre de travail.

Les premières machines champenoises ont, comme les machines à boucher les vins ordinaires, un tube conique dont la moitié est mobile : pour boucher avec ces machines anciennes, on présente un bouchon bien d'aplomb dans le haut du tube qui *est écarté;* ensuite, au moyen d'une pédale, on fait agir un ressort qui ramène la partie mobile du tube contre la partie fixe. En pressant le bouchon, un talon en fer tombe par son propre poids entre la pièce mobile et le montant du tube, qui se trouve ainsi serré et consolidé. Pour enfoncer le bouchon, on dégage la pédale, le piston descend sur le bouchon, et on frappe sur l'extrémité supérieure du piston ou *mouton* avec un maillet, jusqu'à ce que le bouchon descende au niveau inférieur du tube. On met alors la bouteille sur un bloc mobile, qu'un ressort puissant soulève en appuyant la bouteille contre le tube. On frappe un fort coup de maillet sur la tête du bouchon, et le bouchon entre dans la bouteille d'environ 2 centimètres, longueur à laquelle on règle le piston. On ouvre alors le tube en donnant un coup de maillet sur une touche qui dégage la pièce mobile, que le ressort écarte, et la bouteille se trouve ainsi libre.

Ces machines, que l'on construit non-seulement en Champagne, mais à l'étranger (nous nous sommes servi d'une machine allemande en Morée), bouchent bien lorsqu'on a le soin de présenter les bouchons d'aplomb dans le tube ; mais, si le bouchon est oblique, il entre de travers, et l'explosion n'est plus vive.

Une machine nouvelle, la machine Maurice, offre une disposition spéciale, qui évite que le bouchon entre de travers : à la place du tube conique, le bouchon est serré par un *embouchoir* cylindrique, formé de plusieurs pièces et dont l'écartement est obtenu par le moyen d'un excentrique.

Cette machine offre un grand avantage sur la précédente ; elle permet de boucher facilement et de mettre le fil de fer en même temps ; au lieu de ficelle, on se sert d'une agrafe en fil de fer préparée pour cette machine et qui se serre autour du goulot. Nous donnons le plan de la machine Maurice, ainsi que des machines à tube articulé, aux planches du tome II.

Bouchons. — Les bouchons destinés aux vins mousseux doivent avoir un diamètre de $0^m 03^c$ en moyenne, et
une hauteur de $0^m 05^c$ à $0^m 055^m$. On doit les choisir de
première qualité ; mais les *surchoix* sont fort chers sur un
diamètre aussi fort ; en les payant le double de ce que coûtent les bouchons bordelais surfins, on n'obtient que des
qualités ordinaires. Ces bouchons doivent être préalablement assouplis ; à cet effet, on les fait bouillir dans de l'eau
pure ou mieux dans de l'eau saturée de tartre, ou dans du
vin blanc. Le meilleur moyen de les assouplir est de les
soumettre à la vapeur. (Voir *Vins en bouteilles, préparation
des bouchons.*)

Ficelage et pose des fils de fer. — Dès que la bouteille est bouchée, on la met, pour la ficeler, dans un tube
cylindrique en cuir, haut d'environ $0^m 15^c$, sur un diamètre intérieur d'environ $0^m 09^c$. Ce cylindre est cloué sur un
bâtis triangulaire fixé à un tabouret ordinaire. On humecte
ordinairement les ficelles d'huile de lin pour les préserver
de l'humidité. Le ficeleur a un *trèfle* et un couteau à double
tranchant ; il déroule la ficelle, y fait un nœud très simple
(le même nœud se fait à la bière, aux eaux gazeuses, etc.),
et il l'assujettit sur le bouchon en y faisant deux tours et en
tirant avec force sur les deux bouts. Il place ensuite une
autre ficelle en travers de la première, à laquelle il refait le
même nœud ; mais on ne fait ordinairement qu'un tour sur
le bouchon à la deuxième ficelle. La bouteille est ensuite
ficelée au fil de fer. En Champagne, les brins de fil de fer
se vendent tout préparés par les *tordeurs ;* on place la
bouteille entre les brins que l'on tord à l'aide d'une pince
d'épinglier, de manière à les serrer sous la bague ; on fait
passer les deux bouts sur le bouchon, on les tord ensemble,
on les ploie et on coupe le bout qui dépasse.

Il faut avoir une grande pratique pour ficeler avec rapidité. Si on n'a pas d'ouvriers exercés, il est préférable de
se servir de la machine Maurice avec ses agrafes. On trouvera, à la description des planches du tome II de cet ouvrage, le plan de nouvelles agrafes.

Mise en treilles. — Dès que les bouteilles sont fice-
lées, on les met en *tas;* elles ne s'arriment pas, comme les
bouteilles bordelaises, sur des rangs doubles. Les tas sont
simples et faits avec des lattes, comme les massifs des ca-
veaux provisoires ; on se sert, en Champagne, de lattes en
bois de chêne d'environ $0^m 04^c$ à $0^m 05^c$ de largeur sur
$0^m 005^m$ à $0^m 008^m$ d'épaisseur.

Il faut que le sol sur lequel on veut faire un tas soit
ferme et bien nivelé. En Champagne, les caves sont cimen-
tées ; il y a des rigoles et des cuvettes pour retirer le vin
provenant de la casse ; mais on construit rarement ailleurs
des caves ainsi disposées. On commence par placer sur le
sol, sur toute la longueur du tas, une latte, et, à 25 centimètres environ de cette latte, on en superpose six ou sept
autres. Les fonds des bouteilles se placent sur la première
latte, et les cols reposent sur les lattes superposées ; le premier rang surtout doit être bien d'aplomb ; les bouteilles
ne doivent pas se toucher, afin que le col du rang supérieur
puisse se loger dans l'intervalle ; on laisse environ 5 centimètres et on cale les bouteilles du premier rang, surtout
aux extrémités, avec de vieux bouchons ou des rognures.
On place ensuite une latte sur les fonds des bouteilles du
premier rang et on fait un deuxième rang dont les fonds reposent sur les lattes superposées, et les goulots sur la latte
placée sur le premier rang. On continue de la même manière, ayant soin de conserver la position horizontale et
de caler les extrémités qu'il vaut cependant mieux maintenir

au moyen d'une nouvelle latte placée verticalement et en-taillée sur les lattes horizontales. On ne doit jamais super-poser plus de vingt rangées.

Quant à la longueur des rangs, elle varie. Les lattes champenoises sont souvent sciées d'une longueur à placer vingt bouteilles par rang double; onze dans un sens et neuf dans l'autre. Depuis quelque temps on a construit en Cham-pagne, sur l'initiative du docteur Guyot, des *tables-tas* sur lesquelles les bouteilles se placent au moment du tirage, sous un angle de 45°, et n'en sortent plus que pour se dé-gorger. On roule ces tables-tas à la brouette, ce qui précipite le dépôt sur le bouchon et évite ainsi la mise sur pointe et le remuage. Cette méthode constitue un nouvel *entreillage* qui supprime également l'ancien système de mise en treille.

Soins à donner aux vins mousseux. — Une fois les bouteilles en tas, lorsque la cave a une température uni-forme et qu'il ne se déclare pas trop de casse, le vin n'exige plus aucun soin; mais si la casse devient trop forte, on est forcé de diminuer la température de la cave en jetant de l'eau froide sur les tas, en renouvelant l'air, etc. D'autres fois, lorsque la température de la cave est trop froide, les vins ne moussent pas; on est alors obligé de les transporter dans un chai plus chaud. Lorsque le développement de la mousse est régulier et que la casse ne dépasse pas 5 pour 100, les vins n'exigent pas de soin avant que la mousse soit bien formée, ce qui a lieu d'une façon plus ou moins rapide, selon le degré de température du local. Générale-ment, les vins tirés de mars en avril ne peuvent être expé-diés qu'à la fin de l'automne, et encore, après leur dégorgement, sont-ils sujets à déposer. Pour bien faire, il faudrait les garder en tas deux ou trois ans; les bons vins y gagneraient beaucoup.

Mise sur pointe. — Lorsque la mousse est bien formée, il se produit un dépôt volumineux qu'il faut séparer du vin. On amène peu à peu ce dépôt sur le bouchon en secouant la bouteille et en l'inclinant par degrés dans les trous d'un pupitre à dégorger. Cette opération se nomme la *mise sur pointe*. Les pupitres champenois sont des tables de 1^m 60^c de hauteur sur 0^m 90^c de largeur, assemblées par de fortes charnières. Chaque table a dix rangées de six trous chacune ; les trous sont ovales : ils ont 0^m 10^c de diamètre sur 0^m 09^c à l'intérieur. Au-dessus du trou, qui est percé obliquement, il y a un liteau qui maintient la bouteille. On peut, par conséquent, placer les bouteilles sous plusieurs angles ; quand le dépôt arrive au col, on les laisse reposer quelques jours sur les pupitres, et on les place presque droites avant de procéder à leur dégorgement.

On peut, à la rigueur, se passer de pupitres, en maintenant les bouteilles inclinées, en élevant leur fond à l'aide de plusieurs lattes superposées ; mais ce système est loin d'être aussi commode que les pupitres. Les *tables-tas* dont nous avons déjà parlé servent de pupitres et évitent la mise sur pointe.

Dégorgement. — Les bouteilles dont le dépôt n'a pu être amené sur le bouchon, ne peuvent être expédiées ; on est forcé de laisser de côté les bouteilles qui ont des *masques*, pour les remettre en barriques. C'est pour éviter cette perte que l'on emploie les solutions de tannin et qu'on ajoute de l'alun à la colle, parce qu'alors le dépôt ne s'attache pas au verre.

Pour *dégorger*, on prend une bouteille sur le pupitre, ou la table-tas, qui peut se transporter à l'aide d'une brouette, en la maintenant toujours sur pointe, sur l'avant-bras gauche ; on coupe avec la main droite le fil de fer et les ficelles à l'aide d'un crochet à champagne ; on retient le bouchon avec l'index de la main gauche, et, s'il est trop glissant, avec une *patte de homard* (pince à dégorger). Alors, on dirige le bouchon dans l'intérieur d'un baril dont le bouge est ouvert par un large trou ovale et qui est placé sur un trépied, juste à hauteur de la bouteille tenue horizontalement sur le bras. A la suite du bouchon il s'écoule avec force environ 5 centilitres de vin, qui entraînent le dépôt lancé violemment par la mousse dans le baril. Après l'explosion et le départ du dépôt, il peut se faire que le goulot soit sale : pour chasser les impuretés, on passe le bout du doigt dans le goulot en tenant la bouteille verticalement et en la faisant tourner entre les mains. Si la mousse ne sort pas assez vite, on frappe la bouteille légèrement avec le crochet, en tournant constamment ; ensuite, on bouche provisoirement la bouteille avec un vieux bouchon, et on s'occupe de *décharger* la bouteille de ce que les Champenois appellent son *trop de vin*.

Lorsqu'en dégorgeant, les bouchons résistent trop et ne peuvent glisser, on se sert d'une machine spéciale à déboucher, munie d'un tire-bouchon très-fort qui fait mouvoir le bouchon, quelque dur et serré qu'il soit, par le moyen d'une vis sans fin que deux roues d'angle mettent en mouvement. La bouteille reste toujours sur pointe ; il faut déboucher très-doucement afin d'éviter que les bouteilles n'éclatent. Dès que le bouchon a glissé à peine de $0^m 01^c$ on retire la bouteille.

Liqueur d'expédition. — Une fois le vin dégorgé il est limpide et sans dépôt, mais il n'est ni moelleux, ni agréable au goût, car presque tout le sucre que l'on y avait introduit a été transformé en acide carbonique, lequel, joint à l'acide tartrique qu'il renferme naturellement, lui donne un goût piquant et une certaine rudesse. Il convient donc de faire une nouvelle addition de liqueur de sucre, et, pour satisfaire le goût de certains consommateurs, de joindre à cette liqueur des aromates divers, des cognacs, des vins de Porto, de Madère, etc., selon la saveur que l'acheteur demande à trouver dans le vin. C'est ainsi que des vins semblables, mais destinés les uns pour l'Angleterre et les autres pour l'Allemagne, l'Amérique du Nord ou la France, reçoivent, selon leur destination, un genre de liqueur et un dosage spécial. Ainsi, pour l'Angleterre, on ajoutera dans les liqueurs de fortes doses de cognac ou de porto, pour donner au vin le montant et le spiritueux qui plaisent à la généralité des consommateurs anglais, peu habitués aux vins légers ; tandis que, pour la consommation française, on mettra de fortes doses de liqueur ordinaire aromatisée, afin de composer un vin moins alcoolique, mais plus moelleux, plus sucré, la consommation française demandant surtout des vins délicats et savoureux.

Il s'ensuit que les liqueurs d'expédition se font selon la demande du consommateur, selon le genre de vin mousseux qu'il a l'habitude de boire, selon le caprice du fabricant, son aptitude à connaître le goût du public, et son habileté à rendre son vin agréable.

Avant de doser un vin dégorgé, il faut le goûter, et, dans un essai préalable, déterminer quelle est la dose de liqueur simple ou aromatisée qui lui convient.

La liqueur simple d'expédition doit se faire comme celle de tirage, à l'exception qu'il est inutile, selon nous, d'y ajouter des solutions de tannin, d'acide tartrique et d'alun. Nous ne nous sommes jamais servi, pour les préparer, que de sucre candi ou raffiné de canne et d'une douzaine de litres de cognac vieux par barrique de liqueur.

Cependant, nous avons parfois employé, par barrique de

liqueur, un litre d'esprit parfumé de framboise, ou mieux de la première infusion de ce fruit, accompagnée de quelques atomes de parfums secondaires ; mais c'était pour des vins qui n'avaient pas de *nez*. Au fond, la liqueur ordinaire d'expédition se fait comme celle du tirage.

Pour ce qui est des doses, elles doivent varier, comme nous l'avons dit, selon les cas. On ajoute 10, 15, 20 et même 25 centilitres de liqueur par bouteille. Pour mettre la liqueur, on verse le *trop de vin,* c'est-à-dire le *dégarnissage,* à part, et ce vin de *dégarnissage* se remet en fût. Quant aux liqueurs d'expédition ajoutées aux vins destinés pour les colonies anglaises, on double ordinairement la dose de vieux cognac-champagne qui entre dans leur composition, et on ajoute 15 pour 100 de vin de Porto vieux, ayant goût de rancio, avec 4 pour 100 de vin de Madère, également vieux. Toutefois il est bon, avant d'expédier, de s'assurer, par une dégustation attentive et comparée des échantillons des vins mousseux des bonnes marques préférées dans la localité, si ceux de l'envoi ont les qualités et le goût qui les font rechercher dans ces contrées, afin de pouvoir offrir des types similaires, parce que, comme nous l'avons dit, ces types varient selon les caprices de l'expéditeur et du public.

Ainsi, à part le goût, la séve, l'arome particuliers, on se rendra compte du titre alcoolique exact, ainsi que de la quantité de sucre renfermée dans le liquide.

Après avoir fait ces essais (voir, pour les détails d'exécution, les analyses des vins et liqueurs), on sera parfaitement fixé sur la dose de liqueur simple à employer. Lorsque les vins dégorgés n'ont pas trop de rudesse ni de verdeur, on ne doit pas dépasser la dose de 15 centilitres par bouteille. A plus haute dose, la mousse s'affaiblit ; il ne faut pas d'ailleurs que le sucre rende les vins pâteux.

Dosage. — On doit être fixé sur le dosage de la liqueur avant le dégorgement. — La liqueur, soit simple, soit modifiée, est filtrée avec soin, et on la verse dans un vase à large orifice, muni d'un couvercle. Après avoir dégarni la bouteille qui vient d'être dégorgée de son *trop de vin* (il vaut mieux la dégarnir trop que pas assez), on y verse la liqueur à l'aide d'un entonnoir du système de M. Mosbach, chef de cave (maître de chai) de la maison Mumm. Cet entonnoir a le bec recourbé contre la paroi de la bouteille, et une mesure (on doit en avoir un assortiment) vient s'adapter sur lui à l'aide de deux tiges horizontales dont elle est munie. On y verse la liqueur très-lentement ; elle coule de cette façon contre la paroi du verre, et l'ascension de la mousse n'est pas très-forte. Au contraire, si on verse la liqueur à l'aide des mesures ordinaires en fer-blanc, usitées encore en Champagne (1), pour peu qu'on n'ait pas l'habitude de ce travail, la mousse se projette avec tant de violence, qu'on ne peut en une seule fois mettre toute la dose de liqueur et qu'une partie de la mousse se perd.

La liqueur étant introduite, on laisse à la bouteille le *vide de la chambre, comme au tirage ;* on la bouche avec un bouchon neuf de premier choix et préalablement assoupli par l'ébullition ou la vapeur ; puis on met la ficelle double et le fil de fer. Les bouchons d'expédition s'estampent à feu, au nom de la maison ou du crû. On estampe le plus souvent à plat, sur la partie inférieure.

La bouteille est alors remise en tas pendant une quinzaine de jours, et, après ce repos, elle peut être dégustée. On ne peut apprécier de suite un vin qui vient d'être dégorgé, car le mélange du vin avec la liqueur n'est pas encore parfait.

---

(1) Ces mesures ont la même forme que celles dont on se sert à Paris pour mesurer le lait.

Expéditions. — A l'expédition, quelques maisons goudronnent le dessus du bouchon jusqu'à la bague au galipot,
soit simple, soit coloré en diverses couleurs. (Voir *Mastic,
goudronnage des bouteilles.*) On choisira de préférence les
couleurs non vénéneuses, telles que les ocres pour le rouge
et le jaune, le noir de fumée, etc.; elles sont moins bril-
lantes, c'est vrai; mais comme le col de la bouteille est
recouvert, soit d'une capsule, soit d'une *estagnolle* (feuille
d'étain), ce détail est insignifiant; beaucoup d'expéditeurs
ne goudronnent pas.

Le capsulage peut s'exécuter avec de longues capsules,
assujetties à l'aide du *capsuloir,* comme pour les vins de
Bordeaux; mais peu d'expéditeurs se servent de ce système,
qui est très-coûteux; presque tous se servent de feuilles
d'étain que l'on encolle comme une étiquette ordinaire, et
qui s'appliquent sur le col, de façon à recouvrir *l'espace de
la chambre* jusqu'au-dessus du bouchon. La bouteille est
ensuite essuyée; on colle l'étiquette à toucher le fond, et on
enveloppe la bouteille dans un papier portant ordinairement le nom du crû ou la raison sociale de l'expéditeur. Il
ne reste plus qu'à emballer.

Les vins mousseux s'emballent en caisses ou en paniers.
On préfère les caisses pour les voyages lointains, non-seulement parce qu'elles sont plus solides, mais encore parce que
les vins y éprouvent moins de variations de température.

Quelques maisons garnissent les parois intérieures des
caisses avec des feuilles de papier très-fort, mettent ensuite
une couche de paille, et emballent soigneusement les *bouteilles au tortillon,* c'est-à-dire en les entourant d'un *paillon*
enroulé en spirale qui les enveloppe depuis le col jusqu'au
fond. Les couches sont séparées par un lit de paille; on
met au besoin des paillons en travers aux extrémités des
couches et entre les cols. L'emballage terminé, on *liane*

les caisses avec des écorces de cercles en bois blanc, et on les marque.

Les caisses se font de plusieurs dimensions; mais les plus usuelles sont les caisses de 12 bouteilles. Elles se font en bois blanc.

Aperçu des frais de fabrication. — La fabrication des vins mousseux est, comme on a pu le voir par ce qui précède, longue, minutieuse et coûteuse; mais ce qui explique le prix de vente relativement élevé de ces sortes de vins, même de marque ordinaire, c'est la casse, qui est inévitable lorsqu'on veut faire des vins *grands mousseux,* parce qu'alors, pour former cette mousse folle qui les fait rechercher, on est obligé de forcer la dose de sucre, et, même en choisissant les bouteilles, la casse sera de 10 à 30 pour 100, et parfois bien davantage. Cette perte sèche, non-seulement du vin, mais surtout des bouteilles, des bouchons et des frais de manipulation, augmente dans une proportion notable le prix de revient.

En moyenne, les prix de revient se raisonnent comme suit pour les frais généraux de fabrication de 100 caisses de 12 bouteilles de vin grand mousseux de qualité ordinaire, formant un total de 1,200 bouteilles, soit environ 9 hectolitres 12 litres :

Achat de 9 hectolitres 12 litres de vin. . . . . . . F.	200
Préparation préliminaire, soutirage, collage, déchet, liqueur.	60
Tirage, bouteilles, bouchons, ficelle, fil de fer, lattes, manutention	460
Casse (éventualité, 25 pour 100).	175
Dégorgement, mise en liqueur d'expédition, bouchons, fil, façon.	170
Expédition, capsules, étiquettes, papier, caisses, paille, lianes, façon.	190
TOTAL. . . . . F.	1,255

La caisse ressortirait à 12 fr. 55 c., soit un peu moins de 1 fr. 05 c. la bouteille. Comme on le voit, ce qui coûte le moins cher, c'est le vin, qui ne représente qu'une valeur de 16 c. par bouteille.

M. Maumené a proposé, dans ces derniers temps, un moyen mixte qui évite les pertes des *trop de vin,* dans le dégorgement, en employant du gaz acide carbonique artificiel, et qui supprime la casse en faisant produire la mousse dans de grands vases spéciaux qu'il nomme *aphrophores ;* mais, pour employer ce système, on *se sert du gaz acide carbonique produit par les machines ;* les bouteilles sont remplies de ce gaz sous la pression de cinq atmosphères, et on y verse le vin. Sous cette pression, on peut y ajouter les liqueurs, etc. C'est un système qui unit les moyens naturels aux moyens artificiels, et qui utilise les *trop de vin.*

Choix des vins convenables. — Nous avons parlé, en traitant des préparations préliminaires, des soins à apporter à la vendange, et du traitement des vins. Dans la Gironde, les vins les plus propres à être tirés en mousseux, sont les vins blancs d'une bonne année du Brannais et de nos côtes, le Tourne, Langoiran, etc. Les meilleurs de ces vins ont une moyenne alcoolique de 10° 5 à 11° 5 d'alcool pur, et lorsqu'on a soin de les bien *débourber,* ils donnent de bons résultats. Les vins blancs supérieurs tels que les Barsac, les Sauternes, etc., ne peuvent remplir le même but, car ils sont trop alcooliques. Les vins légers et francs de goût que nous citons, qui coûtent, dans les années d'abondance, de 150 à 200 fr. le tonneau de 905 litres, sont en tous points préférables. Plusieurs maisons champenoises tirent des vins blancs du Cubzagais dans les années où la récolte est insuffisante ; mais le Brannais est supérieur, lorsque ces vins doivent être employés en nature.

Vins mousseux artificiels. — Les frais énormes, les manipulations nombreuses, longues, les inconvénients du dégorgement, les pertes occasionnées par la casse, ont fait rechercher des moyens prompts et faciles de produire des vins mousseux à bas prix. On a essayé d'introduire artificiellement l'acide carbonique dans les bouteilles, par les méthodes employées dans la fabrication des eaux gazeuses artificielles (1).

Les vins fabriqués de la sorte sont inférieurs sous tous les rapports aux *mêmes vins* traités par les méthodes usuelles, c'est-à-dire qui ont été dégorgés et mis en liqueur d'expédition, etc., mais leur prix de revient est moindre d'un quart. Ainsi, il n'y a pas à faire de frais de dégorgement, de liqueur d'expédition, de bouchons, de fil, de remise en tas,. etc., ce qui constitue une économie de 170 fr. par 100 caisses. Ce chiffre, joint à celui des éventualités de casse, 175 fr., forme 345 fr., plus du quart du prix de revient. Les vins ne coûtent plus que 75 c. la bouteille mis en caisse, au lieu de 1 fr. 05 c. Ils moussent bien lorsqu'ils ont été préparés avec soin, à l'aide de machines bien organisées ; mais ils ne forment pas autour du verre le cordon de mousse des grands mousseux naturels, et ils perdent plus facilement leur mousse. De plus, la fermentation des sirops qu'on y introduit forme des dépôts volumineux qui les louchissent. Toutefois, leur prix de revient, relativement faible, fait qu'ils ont trouvé un écoulement facile dans quelques colonies, par la concurrence qu'ils faisaient aux vins mousseux naturels. Mais, aujourd'hui,

(1) Le procédé primitif, qui consiste à faire des vins mousseux en introduisant dans chaque bouteille 5 grammes d'acide tartrique et 5 grammes de bicarbonate de soude, ne peut être employé, car, outre que la mousse est faible, les vins restent louches et même malsains, par suite de la formation du tartrate de soude, qui est purgatif, et qui reste en suspension.

il s'en expédie beaucoup moins, les vins dégorgés étant infiniment supérieurs, non-seulement à cause de la tenue de la
mousse, mais encore sous celui de l'expédition, les bouchons
des vins artificiels ne formant pas bien le champignon, etc.
Toutefois, nous allons indiquer comment on opérait.

Fabrication. — Pour fabriquer des vins mousseux artificiels, il faut prendre des vins blancs qui aient au moins
un an. Ces vins seront tannifiés et collés à deux reprises,
de préférence avec de la gélatine à haute dose. (Voir *Clarification des vins blancs.*) Lorsqu'ils seront d'une limpidité
irréprochable et soutirés de leur colle, on y ajoutera une
dose de *liqueur à vin d'expédition ;* ils devront être opérés
de telle sorte *que leur titre alcoolique et leur densité soient
les mêmes* que ceux des vins traités par les méthodes
usuelles, et prêts à être expédiés. Lorsqu'on opère pour la
première fois, on se procure des types des vins recherchés
dans les centres de consommation, types qui, comme nous
l'avons dit, varient selon les pays. Le talent de l'opérateur
consiste à produire des vins semblables, au moins en titre
et en densité, aux échantillons qu'on lui met sous la main.

Lorsque les vins ont été mis en liqueur et agités (la
liqueur doit être parfaitement limpide), il ne reste plus
qu'à leur donner la mousse. Dans ce but, on les verse dans
la sphère d'un appareil spécial, construit d'après les mêmes
principes que les appareils à fabriquer l'eau de seltz artificielle, et muni d'un producteur, de plusieurs laveurs, etc.

Tous les genres d'appareils, soit intermittents, soit continus, ne sont pas également propres à cet usage ; il faut,
pour que l'opération marche bien :

1° Que le gaz acide carbonique soit parfaitement pur,
exempt *d'odeur et de ce goût de marécage* que lui laisse parfois la craie traitée par l'acide sulfurique, lorsque les la-

veurs sont mal construits ou fonctionnent d'une manière incomplète ;

2° Que la pression soit régulière et puisse se maintenir à cinq atmosphères, point le plus favorable ;

3° Que l'appareil soit muni de tubes spéciaux qui permettent de remplir les bouteilles *sous la pression de cinq atmosphères,* sans que l'ascension de la mousse contrarie le remplissage ; de boucher les bouteilles *sous pression,* à la méthode champenoise, en ne laissant que 0ᵐ 02ᶜ au plus de bouchon dans le goulot et avec des bouchons d'un diamètre de 0ᵐ 03ᶜ, afin que le champignon puisse se former comme par le bouchage ordinaire.

Pour que ces conditions se trouvent réunies, il faut des appareils spéciaux et construits exprès.

Depuis longtemps déjà, on se sert de l'appareil ordinaire, avec quelques modifications dans la construction des laveurs et des enveloppes intérieures des sphères, qui doivent être argentées afin de ne donner aucun mauvais goût et de ne pas être attaquées par l'acide tartrique. On a fait quelques changements aussi pour obtenir le dégagement de la mousse en remplissant ; mais la plupart de ces appareils ont des tubes qui bouchent les bouteilles de la même manière que les machines à tube fixe ordinaire, en enfonçant le bouchon complétement, ou à peu près, de sorte qu'ils sont difficiles à extraire et que l'explosion est faible et quelquefois nulle.

Une machine présentée en 1865 et construite spécialement pour ce genre de préparation, remplit parfaitement le but proposé. Quelques-unes des anciennes machines ont aussi été modifiées.

Les bouteilles une fois bouchées, les autres soins accessoires, goudronnage, étiquetage, emballage, etc., s'effectuent comme pour les vins fabriqués d'après les méthodes usuelles.

CHAPITRE VII.

VIGNOBLES PRODUISANT LES VINS ORDINAIRES.

Observations.— Vignobles limitrophes de la Gironde. — Vins chauds.— Roussillon ; nature du sol, situation, culture et vinification. — Languedoc et Provence ; nature du sol, situation, culture et vinification. — Vins froids. — Charentes ; culture et vinification.— Vins de la Loire ; variété des vins des côtes de la Loire.

Observations. — Les vignobles de France dont nous venons de détailler les procédés de culture et de vinification produisent les *vins de table* les plus distingués du monde entier, ceux qui se consomment pendant le repas et que l'on désigne sous le nom de *grands vins moelleux.* Ils n'ont pas de rivaux ; car, s'il existe d'autres vignobles qui produisent des vins fins, soit avec les mêmes cépages, soit avec les cépages de quelques localités privilégiées, ils n'offrent pas au même degré la finesse de bouquet et de séve, et surtout le moelleux des grands vins de Bordeaux, de Bourgogne et de l'Hermitage. Ceux que l'on récolte *dans des contrées plus chaudes,* sur des sols et à des expositions d'ailleurs très-favorables à la culture de la vigne et avec des cépages fins, ont un titre alcoolique plus élevé, quelques-uns ont même du bouquet ; mais, en vieillissant, *ils se sèchent,* perdent le goût de fruit qu'ils avaient étant nouveaux, et beaucoup, à partir de leur deuxième année, déclinent; s'ils prennent en bouteilles un certain rancio, ils sont âcres ou secs au lieu d'être moelleux. Au contraire, ces mêmes contrées sont éminemment favorables à la production des vins de liqueur, dont la composition et la vinification sont toutes différentes.

Dans les climats plus froids, l'effet opposé se produit : les mêmes cépages donnent des vins moins alcooliques, plus chargés d'acide tartrique et par conséquent verts ; ils manquent également de moelleux, ceux-ci par défaut de maturité, et les premiers par excès, car, pour obtenir des vins parfaits, il faut un ensemble de conditions climatologiques et météorologiques qui se présentent rarement, même dans les contrées favorisées ; aussi les consommateurs étrangers s'empressent-ils de se pourvoir en vins de bonnes années, parce qu'elles sont peu nombreuses et qu'il est rare qu'elles se suivent.

Les vignobles dont nous allons parler ne produisent, à part quelques crûs exceptionnels (il y a, dit un proverbe vinicole, des Haut-Brion partout), que des vins ordinaires dont une partie (beaucoup trop faible, eu égard à l'énorme quantité produite) finit bien, mais la majorité ne peut se ranger que dans les vins communs. Nous allons dire quelques mots des vignobles limitrophes à la Gironde, sur lesquels on trouvera, au chapitre traitant des achats, de plus amples détails ; puis nous continuerons par les *vins chauds* ou vins du Midi.

VIGNOBLES LIMITROPHES DE LA GIRONDE.

Dans le voisinage du département de la Gironde, sur les côtes de Bergerac (Dordogne), se trouvent des vignobles où la culture s'effectue comme sur les petites côtes des environs de Bordeaux ; les vins de ces deux localités sont d'une valeur identique. Il en est de même des côtes de Buzet, dans le Lot-et-Garonne, ainsi que des premières côtes du Quercy et du Lot, qui ont la même vinification et le même logement. Pour les vins noirs de Cahors, ils subissent un traitement spécial. (Voir le chapitre traitant des achats.)

Dans la partie voisine de Bayonne, on connaît un vignoble étrange, établi près de l'Océan, sur le revers de dunes de sables mobiles, à Cap-Breton et dans les villages des environs du vieux Boucau. Ce sable, examiné par M. Petit-Lafite, est formé de petits sphéroïdes de quartz hyalin d'une excessive mobilité, trop léger pour résister au vent, mais pas assez pour être dissipé comme la poussière ; il est composé de 98 p. 100 de sable siliceux et de 2 p. 100 de débris calcaires, de coquillages ; c'est la composition des dunes qui s'étendent de Bayonne au Verdon. Ces vignes donnent un vin agréable, léger, moelleux, que l'on met en bouteilles dans le courant de la deuxième année qui suit leur récolte ; mais leur durée est courte et ils voyagent peu. Ces vignes sont entretenues par des sables neufs que l'on répand à la surface du sol, chaque année, sur une épaisseur de 10 centimètres environ ; on prend ce sable à proximité, sur la dune même. Comme on le pense bien, le produit que donne un tel terrain est insignifiant (à peine de quoi couvrir les frais d'entretien, quoique très-minimes) ; elles sont cultivées par leurs propriétaires ; on assure même que l'on avait la coutume, à Cap-Breton, de considérer les vignes comme objet mobilier. Si le propriétaire avait son vignoble envahi par les sables que le vent y jetait, il arrachait les ceps à la main et allait les planter sur le versant d'une dune plus éloignée, car les dunes étaient autrefois communales. M. Petit-Lafite, qui a visité Cap-Breton, assure qu'on y récoltait du vin dès le XVe siècle. Aujourd'hui, les vignes sont entourées de palissades, nommées *tournets,* qui les protégent contre l'envahissement des sables ; elles ne se transportent plus.

On a fait aussi, à titre d'essai, des plantations de vigne sur le revers des dunes, près d'Arcachon ; les plants se développent bien, comme du reste dans tous les sables fins, siliceux et profonds, sans mélange de gravier ou de terre végétale ; mais, au moment où ils commencent à devenir fructifères, ils déclinent et n'ont plus qu'une végétation chétive ; ils donnent si peu de fruit (une barrique de vin à l'hectare environ), que souvent la valeur du vin ne couvre pas les frais d'entretien. Dans les sables accumulés sur les parties basses des dunes, le sous-sol est plus humide et il renferme un peu plus d'humus provenant de débris végétaux et autres. Dans les bas-fonds, la récolte est plus abondante, mais a moins de qualité, le vin y est plus faible ; et si la partie basse est marécageuse, il a goût de terroir. Les dunes donnent un produit moins éventuel et se fixent mieux depuis que l'ingénieur Brémontier a propagé la culture du pin maritime, qui réussit parfaitement sur les sables mouvants. La vigne, au contraire, réussit d'autant mieux que, parmi le sable, il se trouve plus de cailloux et de calcaires.

Aux environs de Pau, à Jurançon et dans la Bigorre, à Madiran, on récolte des vins d'avenir ; ceux de Madiran et de quelques communes environnantes viennent sur un sol provenant des alluvions des Pyrénées : on y trouve des cailloux, du sable et des argiles mélangées d'oxyde de fer. Les vins de Madiran sont très-tannifères ; ils ont une très-belle couleur fort solide ; étant nouveaux, ils possèdent une âpreté très-forte qui diminue en vieillissant, et, après cinq ans au moins de soins en barriques, se mettent en bouteilles. Ils durent très-longtemps, se dépouillent et prennent du bouquet, tout en conservant néanmoins un certain fonds d'âpreté, ce qui fait qu'ils sont plus employés à relever des vins faibles qu'ils ne le sont en nature.

Les vignobles de Jurançon et de Gan sont sur des sols graveleux et pierreux, également très-chargés d'oxyde de fer, et des plus favorables à la bonne qualité du vin ; mais, à part quelques vins blancs distingués, il s'y fait très-peu de vins rouges : il est rare d'en rencontrer hors des environs des Pyrénées.

Le département du Gers, qui forme le centre de production des eaux-de-vie d'Armagnac, pourrait obtenir, indépendamment des vins de chaudière, des vins bien meilleurs que ceux que l'on en retire ; car le climat y est très-favorable à la complète maturation du fruit, et les bonnes expositions ainsi que les sols convenables y abondent. Aussi, les essais d'amélioration de culture et de vinification, avec les méthodes et les plants adoptés dans la Gironde, que quelques propriétaires intelligents y ont tentés, ont-ils été couronnés de succès. On a également obtenu de très-bons résultats dans le département de Lot-et-Garonne ; mais il reste beaucoup à faire encore, car la plupart des propriétaires-cultivateurs négligent les soins les plus élémentaires de vinification et de conservation des vins.

VINS CHAUDS.

Roussillon ; nature du sol. — Les meilleurs vins du Roussillon se récoltent sur des montagnes voisines de la mer, à Collioures, Banyuls, Cosperon, Port-Vendres. Les vignes sont plantées sur les versants escarpés de roches granitiques, schistoïdes, dont la décomposition a produit une terre rouge-jaunâtre. Pour empêcher cette terre de s'ébouler, on la retient par des murs, comme à l'Hermitage. Ces vins produisent des raisins qui mûrissent hâtivement, en août ; on vendange après que le raisin a perdu une partie de son eau de végétation ; les moûts sont très-sucrés. On obtient ainsi des *vins doux* qui, en vieillissant, prennent un goût de rancio très-prononcé, mais ce ne sont pas des vins secs ; ces vins rentrent dans la classe des *vins de liqueur.*

Les *vins secs* du Roussillon, connus sous le nom de *vins de la plaine,* sont récoltés sur les plaines dont Rivesaltes est le centre et dont les terres, formées des alluvions des montagnes, renferment 80 pour 100 de résidus insolubles ; elles sont argilo-siliceuses et calcaires sur certaines parties ; on y trouve des cailloux ; de l'oxyde de fer dans des proportions qui, à Rivesaltes, représentent 5 pour 100 ; ce sont des terres extrêmement favorables à la culture de la vigne. Les vins qu'on y récolte ont une très-belle couleur et atteignent 15 pour 100 d'alcool ; ils ont beaucoup de fruit et les premières marques le conservent une couple d'années. Ces vins prennent en vieillissant un bouquet particulier et du rancio ; toutefois, malgré ces qualités, ils ne s'emploient pas comme vins de table, à cause de leur grande quantité de spiritueux et de leur pauvreté en matières sapides, tartre et ses combinés, qui les rend fades et peu séveux lorsqu'ils sont étendus d'eau ; leur principal emploi consiste à fortifier les vins faibles, et ils sont surtout utiles lorsque les vins, peu alcooliques, sont en même temps un peu trop chargés d'acide tartrique, ce qui est le cas le plus ordinaire.

Le Roussillon est situé sous le 43e degré de latitude. Les cépages cultivés sont nombreux et varient selon le genre de vin. (Nous ne nous occuperons pas ici des vins doux dont on fait plusieurs variétés ; nous en parlerons au chapitre des *Vins de liqueur.*)

Les meilleurs vins d'opération proviennent du *piquc-poulc noir*, du *mataro*, de la *grignarc*. On cultive dans les plaines des cépages communs qui donnent abondamment, tels que le *terret*, la *blanquette*, etc., mais les produits en sont bien inférieurs.

Culture. — Sur les montagnes on ne peut cultiver qu'à bras. On nettoie souvent le sol très-peu épais qui recouvre la roche ; on y introduit une pince en fer afin de la faire fendiller davantage, sans défoncer le terrain plus bas, pour conserver de la fraîcheur aux racines de la vigne, et on suit la méthode déjà indiquée et pratiquée pour les plantations à la barre sur les côtes ; la culture se borne à tenir la terre débarrassée des herbes parasites.

Vinification. — Les raisins sont foulés, ou le plus souvent écrasés, sans déraper, et jetés dans de vastes cuves ou foudres en bois, ou de vastes citernes-cuves en maçonnerie cimentée, et on n'y touche plus que lorsque la fermentation est terminée ; on surveille le moment propice pour l'écoulage.

Languedoc et Provence. — *Nature du sol ; situation.* — Le Languedoc et la Provence produisent des vins en très-grande quantité ; ils sont situés sous la latitude la plus favorable à la maturation des raisins, entre le 45e et le 42e degré. Le sol de ces vastes vignobles, qui embrasse les départements de l'Aude, de l'Hérault, partie de celui du Gard, et dans le Haut-Languedoc le Tarn-et-Garonne, le Tarn et les deux départements près des Cévennes, l'Ardèche et la Lozère, est très-varié. On y trouve des côtes ayant de l'analogie avec celles du Rhône, dont nous avons parlé et qui en forment la continuation dans le Gard et le Vivarais, où les vins de Cornas et de Tavel présentent les mêmes caractères que ceux des côtes du Rhône. Plus loin, en entrant dans la Provence, on trouve, près du Rhône, de grandes surfaces de terres charriées par les anciennes alluvions, telles que la plaine de Crau, et où dominent les galets roulés, mélangés de pierrailles, de terres alumineuses chargées d'oxyde de fer. Dans le Var, la terre des côtes provient de la décomposition de granites, de calcaires ; et sur ce sol la vigne donne des produits estimés. Les vins de Provence, dont la Malgue et Bandol sont les types les plus connus, ont une grande analogie avec les vins des côtes du Rhône sous le rapport de la séve, mais ils sont plus colorés et plus fermes que ces derniers, ce sont surtout des vins de bonne cargaison.

Les Garrigues sont des plateaux et coteaux pierreux dont le sol est formé par une mince couche de terre végétale provenant de la décomposition des roches qui sont au-dessous ; quelquefois on trouve sur ces plateaux des graviers, des cailloux mélangés aux argiles ferrugineuses ; des alluvions maigres de même genre se rencontrent dans les plaines désignées sous le nom de *terrains de grès*. Les vins venus sur les côtes se nomment *vins de montagne*.

Culture. — Selon que les vignes sont cultivées sur des côtes ou en plaine, sur des terrains forts ou des terrains légers, les procédés et les outils employés varient ; mais généralement, dans ces vignobles, les propriétaires, surtout ceux des plaines, ont pour but d'obtenir la plus grande quantité possible de vin avec des frais très-minimes. Ils ont en conséquence peuplé leurs vignes des cépages les plus productifs, et chacun modifie la culture en vue de la quantité. S'il survient quelque catastrophe aux vignes produisant les vins fins, les prix venant à augmenter, le commerce emploie les vins communs de plaine mélangés aux vins des terres maigres ; c'est ce qui explique pourquoi on rencontre dans le Midi tant de vins communs.

Les meilleurs vins de ces contrées sont ceux de Fitou et de Leucate dans le Narbonnais, près des plaines du Roussillon ; ceux de Saint-Gilles dans le Gard ; de Bandol en Provence, etc. Mais quoique les vins choisis de ces vignobles soient très-moelleux étant nouveaux, le goût de fruit qu'ils ont ne se soutient pas en vieillissant : passé leur deuxième année, ils déclinent. C'est une des causes qui ont engagé un grand nombre de propriétaires à ne chercher à faire que des vins de *vente courante*, le plus corsés et de la meilleure tenue possible. Comme vins d'opération, on pourrait, sur certaines expositions, avec un bon choix de cépages, tels que la *petite syrrah* de l'Hermitage, le *cabernet-sauvignon* du Médoc, le *pinot* de Bourgogne, et sur les sous-sols frais le *petit verdot* de Bordeaux, faire des vins plus parfumés. Ils auraient, il est vrai, un peu plus de finesse de goût que les vins actuellement récoltés sur les mêmes côtes avec les cépages mêlés ; mais, outre que la production en serait bien moins abondante, l'onctuosité que l'on recherche dans les grands vins leur ferait défaut. On cultive dans ces vignobles plus de quarante variétés de raisins, depuis le *pinot* de Bourgogne, appelé *morvegué* en Provence, jusqu'au *raisin de pauvre* du Gard. Beaucoup de ces variétés portent d'un canton à l'autre des noms différents, de sorte qu'il est à peu près inutile de les citer, et les grands vignobles ont d'ailleurs de nombreux cépages dont quelquefois les vins sont faits à part pour être mélangés ensuite en tirant les foudres pour l'expédition. La vinification a lieu comme dans le Roussillon et n'offre rien de particulier.

VINS FROIDS.

On désigne souvent sous ce nom générique les vins provenant de vignes dont les raisins ne mûrissent que dans les années les plus favorables ; dans les années pluvieuses ces vins ont en excès de l'acide tartrique et manquent d'alcool.

Les plus importants des vignobles qui les produisent sont dans les Charentes, qui donnent les meilleures eaux-de-vie du monde ; ce n'est pas à la finesse des plants qu'est due cette supériorité, car le fond de ces vignes est peuplé par la *folle-blanche* ou *enrageat, folle-verte* et *jaune,* qui appartiennent aux variétés les plus communes et les plus abondantes en cépages blancs, mais aux diverses natures de sol, qui diffèrent selon les crûs.

On classe les eaux-de-vie dites de Cognac en : 1º Grande-Champagne, ou Fine-Champagne; 2º Petite-Champagne; 3º Borderie, 1er Bois ; 4º 2e Bois, Saintonge.

On doit à M. Coquard une étude très-intéressante des sols de ces vignobles. La Grande-Champagne est formée par des coteaux situés entre la rive gauche de la rivière la Charente et la rive droite de la rivière du Né. Cette partie est située dans l'arrondissement de Cognac. Il existe des coteaux sur la rive gauche du Né et dans le département de la Charente-Inférieure, qui ont une nature de sol analogue et qui forment la continuation de ces couches campaniennes. Segonzac est au centre de ces coteaux. La couche de terre de ces vignes est un tuf blanchâtre argilo-calcaire reposant sur un terrain crétacé et friable ; le sol est facile à travailler et la vigne y enfonce ses racines facilement. — La Petite-Champagne est formée de couches de calcaires inférieurs de l'étage *santonien;* la pierre y est plus solide, moins crayeuse, mais encore assez friable.

Les *Bois* ont des sols argilo-sableux; les vignes, ainsi que l'indique leur nom, sont plantées sur les défrichements d'anciens bois.

Culture. — Dans la Grande-Champagne, où la terre est

très-légère et par conséquent facile à travailler, on donne quatre façons aux vignes, à la bêche : la première se donne l'hiver; en avril et en mai, on donne les deux façons de printemps, et à la fin de juin on donne la dernière, qui consiste à mettre le terrain à plat.

Dans les terres fortes, argileuses, difficiles, comme il s'en trouve dans la contrée des *Bois*, en Saintonge, etc., on donne des façons moins fréquentes, quelquefois deux au lieu de quatre. Les vignes sont tenues très-basses; elles sont taillées à court bois, de manière à former une *cosse* aplatie et large qui, se trouvant très-ras de terre, n'est pas fatiguée par les vents violents d'ouest, très-fréquents dans ces contrées, et ils évitent ainsi les frais d'échalas, de liage, etc.

La vinification n'offre rien de particulier; dès que la fermentation est terminée, on procède à la distillation, soit dans des appareils anciens, en deux chauffes (voir *Distillation des vins*), soit à l'aide d'appareils modernes continus de divers systèmes, mais en ne dépassant pas une moyenne de 70° afin de ne pas perdre le bouquet, qui s'affaiblirait si la rectification dépassait 75°.

Il se fait dans les Charentes quelques vins rouges. Les uns, tels que ceux des côtes des environs d'Angoulême, sont très-légers, âpres, assez francs de goût, mais manquent de tenue. Ils *vieillardent* souvent dès leur première année; d'autres, tels que ceux des environs de Marennes, sont très-couverts, mais doivent également être employés dans l'année qui suit leur récolte parce que leur robe ne tient pas.

Vins de la Loire. — La Loire est bordée de côtes à pentes rapides offrant des expositions et des natures de sol très-favorables à la culture de la vigne; dans la Loire-Inférieure, on trouve des côtes à base de granite et de micaschiste, qui se prolongent jusque sur le bord de l'Océan ; toutefois on n'y rencontre en grande partie que des vignes blanches peuplées de cépages communs, le *gros plant* et le *muscadet*. Une partie des vins est convertie en eau-de-vie ou en vinaigre; les meilleurs sont employés dans les opérations ou pour consommer en nature.

Il y a peu d'années favorables à la parfaite maturation du raisin dans la Loire-Inférieure, qui, bordant l'océan Atlantique par une latitude de 47 degrés, a une température automnale trop froide et trop humide en même temps. En remontant le cours de la Loire, le climat devient meilleur pour la vigne : l'automne est plus chaud et plus sec.

Les côtes situées aux environs de Saumur donnent, avec des plants de choix, des vins blancs ayant un bon goût, et très-spiritueux. Les meilleurs de ces vins se traitent en *mousseux;* il s'en expédie de grandes quantités à l'étranger, où ils entrent en concurrence avec les vins de Champagne, sous le nom desquels ils sont expédiés le plus souvent.

Depuis quelques années la fabrication des vins mousseux a considérablement augmenté dans les environs de Saumur : plusieurs fabricants ont réussi à produire des vins bien vinifiés, dont la tenue a été bonne, et qui, sur les marchés anglais et américains, sont entrés en concurrence sérieuse avec les vins secondaires de la Champagne.

On fait peu de vins blancs pour l'exportation ; seuls les vins faits avec des plants choisis, tels que le *pinot,* qui formait le fond des vins de Vouvray, s'expédient dans le nord de la France et en Hollande.

En vins rouges, il se récolte sur les bords de la Loire :

1. Des vins *nobles* à Sâint-Nicolas de Bourgueil et à Joué, aux environs de Tours ; ce sont les vins les plus estimés de la Touraine. On trouve aux environs de Saumur, déjà cité pour ses vins mousseux, des vins rouges de table

de bonne qualité et pouvant se conserver, lorsqu'ils sont bien réussis, plusieurs années en fûts : tels sont les vins des côtes de Chassé, Saint-Cyr, etc.

Quelques côtes des environs d'Orléans, telles que Saint-Jean, Beaugency, Saint-Ay, etc., ainsi que des environs de Blois, et la côte des Grouets, produisent, dans les années chaudes, des vins qui, bien soignés, sont, après deux ans de garde, bons à être mis en bouteilles, où ils prennent un bouquet agréable.

Après les bons vins de côtes, on trouve dans ces vignobles :

2. Les *vins noirs* du Cher, ainsi désignés parce que leur centre de production est établi sur les deux rives du Cher, entre Tours et Amboise, dans la direction de Blois. On estime surtout ceux de la commune de Thésée, qui peuvent servir de types. Ces vins sont le produit du cépage nommé dans le pays *cahors* ou *gros noir ;* on croit que c'est le même qui se cultive dans le Lot. Ils sont très-couverts, mais leur couleur n'est pas vive, elle se précipite en grande partie la première année ; outre cela, ils manquent d'alcool, ce qui les rend fades. Leur unique emploi consiste à couvrir des vins blancs communs, c'est ce qui les fait rechercher pour les opérations qui se font à Paris avec de petits vins blancs. Ils se livrent en pièces ou buses de 250 litres.

3. On trouve dans les mêmes centres vinicoles des vins rouges ordinaires, dont la qualité est très-variable, selon les plants, la nature du sol, etc. On y rencontre, au milieu des cépages les plus divers, le *breton* (*cabernet* du Médoc), le *cot* (*malbec*), le *pinot* (Bourgogne). Les vignobles bien exposés et cultivés, qui ont des cépages fins, font des vins très-supérieurs à ceux qui proviennent de cépages grossiers et dont la production est trop stimulée par des fumures et des tailles exagérées ; mais comme l'écart entre les vins

des cépages fins et les vins des cépages communs est peu
considérable, la plupart des propriétaires poussent à l'augmentation de la quantité, d'autant plus que ces vins se
vendent et se boivent généralement dans l'année et qu'ils
trouvent un écoulement facile dans les départements voisins, dont le climat est trop froid pour pouvoir en produire
eux-mêmes.

La culture des vignes y est semblable à celle des [vignes
des côtes, et n'offre rien de particulier à ces contrées. Plus
au nord, on ne peut espérer faire des vins potables que
dans des années exceptionnelles ou avec des climats conti-
nentaux.

CHAPITRE VIII.

NOTICE SUR LES VINS ÉTRANGERS.

Observations. — Madère ; situation, nature du sol. — Variétés de vins : sercial, buol, verdhelho, madeira ou london particular, malvazia, tinta. — Vins assimilés aux madères. — Malaga ; muscats-malaga, tinto ; Alicante, Rota, Xérès, Paxarète. — Marsala ; Syracuse. — Porto. — Lacryma-Christi. — Chypre. — Tokai. — Constance. — Vins du Rhin. — Vins d'Afrique, d'Amérique et d'Australie. — Amérique ; vignes américaines de formation récente.

La plus grande quantité des *vins étrangers* expédiés loin des vignobles producteurs consiste, soit en vins de dessert liquoreux ou secs, soit en vins communs d'exportation ; on y exporte peu de bons vins moelleux pouvant servir à la consommation habituelle pendant le repas, surtout parmi les vins rouges. Cela tient principalement à la difficulté de conservation de ces genres de vins, qui exigent pour se développer des soins constants, qu'on néglige souvent de leur donner ; tandis que, *vinés,* ils n'exigent ni locaux spéciaux, ni soins particuliers. On rencontre dans plusieurs vignobles du sud de l'Europe, en Portugal, en Grèce, en Espagne, etc., des vins qui offrent tous les caractères des bons vins de table : ils ne sont ni doux, ni trop alcooliques, et prennent en vieillissant un bouquet agréable ; mais ils sont peu connus en nature hors des provinces de Traz-os-Montes, en Portugal, des environs d'Athènes (Grèce), de Lisbonne et des centres vinicoles qui les produisent. Afin de mettre quelque ordre dans cette notice, nous allons nous occuper des vignobles *dont les vins sont connus* et ont cours sur les principaux marchés du monde.

Madère. — L'île de Madère est située dans l'océan Atlantique, sous le 32e degré de latitude nord, et le 19e degré de longitude ouest du méridien de Paris. Son étendue ne dépasse pas en longueur 40 kilomètres sur une moyenne moitié moindre en largeur ; le climat de l'île est très-doux et de plus très-favorable à la bonne maturation des raisins, surtout dans la partie méridionale, où est situé Funchal, capitale et port au fond d'une baie. Dans la partie nord près de la mer, *Ponta-Delgada, Porto-da-Cruz,* produisent de bons vins ; mais généralement le versant nord éprouve des variations de température, des brouillards, qui en rendent le climat moins favorable au raisin. Le sol de l'île est formé en grande partie de débris volcaniques ; ce sont des pierres ponces mêlées d'argile, de sable et de marne; la terre végétale est composée en beaucoup d'endroits de cendres volcaniques noires ou grisâtres ; l'île renferme un grand nombre de coteaux dont la plupart sont très-escarpés. Pour planter la vigne on débarrasse la surface du coteau des pierres, du sable, et on creuse afin de planter sur le sol inférieur, pour maintenir le plant plus frais, puis on établit, avec les pierres trouvées sur la surface, de petites terrasses d'environ 1 mètre de haut, que l'on dispose de distance en distance afin d'empêcher l'éboulement des terres par les grandes pluies hivernales ; ces coteaux s'élèvent par étage, de 500 à 650 mètres au-dessus du niveau de la mer, sur le versant est de *Cabo-Girao,* dans le district de l'*Estreita.*

Les ceps infiltrent leurs racines parmi ces graviers, pierres et cendres, et prennent un grand développement ; on en soutient les branches-mères à l'aide de poteaux élevés d'environ 1 mètre, qui, se reliant en certaines parties, forment des espaliers horizontaux. Les raisins se trouvent ainsi profiter de la réverbération de la chaleur solaire sur les pierres et graviers du sol, comme dans les graves de la Gironde. Sur une partie des coteaux on établit des conduites d'eau servant à arroser les ceps lorsque la sécheresse est trop grande. Dans les vignobles cultivant les cépages de choix, la culture est très-soignée.

Madère produit quatre genres de vins blancs secs que nous classerons par ordre de mérite; les trois premiers sont le produit d'un seul cépage.

Sercial. — Le vin de ce cépage est très-astringent et acerbe étant nouveau ; il est viné dans la première année ; il commence à développer ses grandes qualités après dix ans de séjour en fûts : il possède alors une sève et un bouquet agréables et très-expansibles, joints à une grande finesse de goût. On croit que ce cépage provient des vignes de Hockheim, vignoble limitrophe du Rhingau, situé sur le bord du Mein, dans l'ancien duché de Nassau, à 5 kilomètres de Mayence. Un vin de *sercial* de vingt ans, bien vinifié, représente un des types les plus parfaits des vins blancs secs.

Bual. — Ce cépage a un bouquet prononcé et un fonds plus moelleux que le cépage qui suit, mais moins de corps.

Verdelho. — Sève et bouquet caractéristiques des vins rancio.

Madeira ou London particular. — C'est le vin sec ordinaire ; il est composé du mélange de divers cépages et il y rentre toujours du *verdelho,* qui en forme le fond. Les vins faits avec un seul cépage ont une valeur plus grande et souvent plus que double de ceux provenant du mélange de plusieurs, car, outre qu'ils proviennent de vignes mieux exposées et mieux cultivées, beaucoup de vins secs ordinaires sont le produit de raisins inférieurs récoltés sur les *hautains* des districts du nord de l'île.

Tous ces vins sont vinés dès que la fermentation tumul-tueuse est apaisée ; on les tient à un titre alcoolique de 20 p. 100 en moyenne d'alcool pur étant nouveaux. Comme ces vins ne sont appréciés par le commerce qu'autant qu'ils ont goût de rancio, et qu'il faut les garder très-longtemps en fûts pour obtenir cette qualité, on les fait vieillir quelque-fois plus vite par le moyen de la chaleur.

Julien écrivait en 1832, en parlant des vins secs de Ma-dère (*Topographie de tous les vignobles connus,* page 506) : « Depuis environ trente ans, on a construit d'immenses étuves dans lesquelles la température est maintenue à un très-haut degré à l'aide de poêles et de tuyaux de chaleur. Elles sont disposées pour recevoir un certain nombre de tonneaux de vin sec, qui, en y séjournant quelques mois, acquiert l'apparence de vétusté, la couleur et le parfum qu'il n'obtient ordinairement qu'après cinq ou six ans de garde, ou à son retour d'un voyage aux grandes Indes. Mais ce vin n'a jamais autant de qualité que celui qui a voyagé, et que l'on nomme *vino de roda.* »

Ce procédé de vieillissement par la chaleur, pratiqué à Madère avant le commencement de ce siècle, a été depuis appliqué à une foule de vignobles à vins blancs qui, vinés, ont été *madérés* par des procédés analogues. (Voir *Vieillis-sement.*)

Malvazia, ou Malvoisie, ou Malmscy. — C'est un vin de liqueur doux et parfumé, dont le cépage a été tiré de la Grèce, des vignes de Malvasia, en Morée. Il est cultivé à Madère sur les côtes les plus méridionales et aux meilleures expositions ; il possède un bouquet très-fin et gagne beau-coup en vieillissant.

Tinta. — C'est un vin rouge très-astringent et très-tonique, produit par un seul cépage. Ce vin a été souvent employé comme médicament. Il demande à vieillir dix à vingt ans avant d'être arrivé à sa maturité; nouveau il possède une couleur rouge très-foncée; après dix ans il prend une teinte dorée qui finit par devenir ambrée.

Vins assimilés aux madères. — La bonne réussite des plantations de vignes à Madère a engagé les habitants des îles Canaries, archipel voisin situé près de la côte d'Afrique, par 28 degrés de latitude nord, ainsi que les insulaires des Açores, autre archipel situé par le 38e degré de la même latitude, à planter des vignes des mêmes plants. Ces plantations étant établies en grande partie sur des sols pierreux, sous un climat très-favorable, et dans quelques îles, aux Açores, à Pico, sur des *biscoitos* qui sont des débris volcaniques de laves poreuses et boursouflées, ont produit de bons vins qui, préparés de la même manière, s'expédient sur les marchés étrangers et entrent en concurrence avec les vins secondaires de Madère. On ne pourrait, dans beaucoup de ces îles, utiliser les vastes coteaux encombrés de pierres, de gravier et de sable, qui y sont en grand nombre, si l'on n'y avait pas formé des vignobles, tout comme à Madère. On maintient les terres végétales, sur les pentes rapides, par des murs en pierres sèches.

On fait des vins secs *madérés* de qualité ordinaire dans beaucoup de vignobles de l'Espagne et du midi de la France; mais comme ils ne s'expédient pas sous le nom des vignobles qui les produisent, nous n'avons pas à nous en occuper.

Malaga. — La ville et les vignobles qui portent ce nom font partie de la province de l'Andalousie, en Espagne, et se trouvent situés entre les 36e et 37e degrés de latitude nord. On doit à D. Simon Roxas Clemente, auteur espagnol, des détails sur la composition des sols et la culture des vignes en Andalousie ; nous lui empruntons les renseignements qui suivent :

Les vignobles sont situés sur des montagnes dont les flancs cultivés s'élèvent à plus de 600 mètres au-dessus du niveau de la mer. La plus grande partie des vignes est plantée dans l'*Axarquie;* on appelle ainsi un groupe de tertres et de coteaux aplatis qui quelquefois se réunissent par leur base. Le sol est formé par une ardoise argileuse traversée par des veines de quartz ; on l'appelle *herriza* quand elle est bien unie ou qu'on distingue difficilement la liaison, *lantejuela* quand elle se sépare facilement en feuilles. Cette distinction est essentielle pour la culture des vignes de Malaga, parce que les pluies entraînent tous les ans une grande partie des terres qui couvrent les rochers, et pour réparer cette perte il faut briser la pierre avec des outils spéciaux. La *lantejuela*, pierre très-tendre, se défait presque d'elle-même et s'ameublit facilement par le travail ; la *herriza*, au contraire, plus compacte et plus dure, se désagrége plus difficilement. On estime davantage les vignes plantées sur la *lantejuela* parce qu'elles offrent un travail plus facile. Ces sortes de terrains sont bien moins productifs que les plaines, mais ils donnent des produits bien supérieurs.

Il se fait dans ces vignobles plusieurs variétés de vins de *malaga*. Sous ce nom générique on désigne des vins liquoreux, d'une couleur rougeâtre étant nouveaux, et qui, en vieillissant, deviennent tuilés. Ils sont le produit de plusieurs cépages. Comme tous les vins de liqueur d'Espagne destinés à l'exportation, ils sont vinés dès que la fermentation tumultueuse est accomplie. Ces vins prennent en vieillissant beaucoup de finesse, de rancio, de bouquet, tout en perdant le goût pâteux qu'ils avaient d'abord et qui est dû à l'excès de matières sucrées qu'ils renferment.

Pedro-Ximenez ou Pero-Ximen. — Ce vin est liquoreux, de couleur ambrée; c'est le produit d'un cépage introduit en Espagne par le cardinal *Don Pedro Ximenez,* sous le nom duquel le cépage et le vin sont connus. C'est une variété de malvoisie qui, de Madère, a été transportée sur les bords du Rhin, ensuite en Espagne, et dont la première origine connue serait la Grèce. Quoi qu'il en soit, le vin qu'elle produit à Malaga est bien supérieur au précédent par la finesse de séve et de bouquet qu'il exhale. Dans les vins liquoreux ordinaires dont nous avons parlé, il entre une certaine partie de cet excellent cépage, que les Espagnols considèrent comme le meilleur pour produire les vins de conserve doux ou secs; il améliore aussi les vins muscats.

Muscats-Malaga.—Ces muscats sont très-estimés. Ils sont pâteux étant nouveaux ; mais, en vieillissant, ils s'affinent.

Tinto. — C'est un vin rouge très-chargé en couleur ; doux et astringent quand ils est nouveau. On fait des vins de même nom dans plusieurs autres vignobles d'Espagne, à Alicante, à Rota, etc.

Alicante. — On connaît sous ce nom un vin de liqueur rouge que les Espagnols désignent sous celui de *tinto.* Ce vin est réputé supérieur au *tinto* récolté à Malaga; il provient des côtes situées par le 38e degré de latitude; il est surtout estimé pour ses propriétés toniques et stomachiques.

Rota. — Ce vignoble d'Andalousie produit également des vins rouges liquoreux, très-couverts étant jeunes, et qui s'obtiennent du plant appelé dans le pays *tintilla* ou *tinto.* Ce vin a une grande analogie avec celui d'Alicante.

Xérès. — Les vignobles qui produisent ces vins blancs estimés se trouvent également en Andalousie ; il y en a plusieurs variétés. Le Xérès le plus connu, est un vin très-sec, spiritueux, ayant de la séve et un bouquet très-aromatique.

Paxarète. — Ce nom provient des vignes d'un ancien couvent, composées en partie de l'excellent cépage de *malvoisie*. Les principaux vignobles de ces contrées viennent sur des tertres de terres blanches, nommées dans le pays *arbariza*. Cette terre contient de 60 à 70 p. 100 de carbonate de chaux ; le reste est de l'argile avec un peu de silice et de magnésie ; dans certains endroits, la proportion de carbonate de chaux est encore plus grande, et parfois le terrain ne contient que du carbonate pur. Cette terre est très-absorbante et spongieuse, ce qui la rend très-fraîche et fait qu'elle n'est pas sujette à se durcir et à se fendre, qualité qui lui assure une supériorité très-décidée sur toute autre espèce de terre pour la culture de la vigne ; c'est une variété encore impure de craie reposant sur les bancs de sable formant une partie des vignobles des mêmes contrées.

On distingue dans ce pays quatre classes de terres :

1º La terre blanche ou *arbariza*, dont nous avons parlé ; 2º la terre glaise ; 3º les sables ; 4º le *bugeo* ou terre noire.

On nomme terre glaise une matière sableuse, agglutinée par un peu de chaux et mêlée avec de l'argile et de l'oxyde de fer qui lui donnent une couleur rouge ou jaune. Les vignes plantées dans ces terres produisent moins que celles qui végètent sur l'*arbariza*, et la qualité du vin y est supérieure. Les sables sont formés par un quartz pur blanc ; les vins y sont inférieurs à ceux des terres glaises et surtout aux terres d'*arbariza*. Dans la partie du sabot et sur le versant inférieur des côtes, on trouve des terres noires appelées *bugeo;* elles sont composées d'argile mêlée de carbonate calcaire, de terre végétale et d'une partie de sable cristallisé.

Marsala. — Les vignobles de Marsala, en Sicile, sont situés sur des collines pierreuses ; ils produisent un vin blanc ambré, sec, très-parfumé, qui a une séve agréable et prend en vieillissant un rancio très-développé.

Syracuse. — Dans la plaine sicilienne où était bâtie l'ancienne ville et dans les alentours, on a planté des vignes qui produisent un vin muscat très-liquoreux et très-parfumé.

Porto. — Les vins portugais du *Haut-Douro* forment le fond des vins dits de *Porto*. Ces vins rouges sont très-colorés. Après leur fermentation, on leur fait subir un fort vinage (moyenne : 20 degrés d'alcool pur) et on les laisse vieillir avant de les expédier sur les marchés anglais. Vieux, ils ont une robe très-vive, sont secs et très-spiritueux avec un bouquet très-prononcé. Le Portugal et l'Espagne ont à profusion des expositions et des sols on ne peut plus propices à la production des vins d'exportation du genre de ceux de Porto. Les vignobles de Benicarlos, près de Valence, l'Aragon, les environs de Lisbonne, etc., produisent et sont susceptibles de produire, avec des soins intelligents et des plants appropriés, d'énormes quantités de vins d'exportation de tous genres.

Lacryma-Christi. — C'est dans les cendres volcaniques qui forment les flancs du mont Vésuve que se récolte le vin rouge liquoreux et très-parfumé qui porte ce nom.

Chypre. — On fait dans cette île plusieurs espèces de vin, dont le plus connu est le vin de liqueur rouge provenant des vignes dites de la *Commanderie,* ancien domaine des Templiers et plus tard des chevaliers de Malte. Il a une grande finesse de goût et beaucoup de bouquet. Les vignes sont plantées sur des côtes dont la terre est calcaire et renferme de l'oxyde de fer.

Tokai. — Ce vignoble est situé au centre de l'Europe, en Autriche, dans le comté de Zemplin, sous le 43e degré de latitude; les vignes sont plantées dans la partie inférieure d'un groupe de collines qui commencent la chaîne des Karpathes et qui forment trente-quatre monticules, dont le premier, le mont Tokai, a donné son nom à l'ensemble du vignoble. On le désigne sous le nom d'*Hegy-Allia,* qui signifie pied de montagne. Les vins de l'empereur proviennent du mont Tarczal.

Le sol de ce vignoble provient d'anciennes éruptions volcaniques; la terre en est très-légère et excessivement divisée; c'est une poussière qui varie de couleur, mais qui généralement est brunâtre et paraît provenir de la décomposition d'un basalte. On a remarqué que les vignobles ayant à la surface du sol des pierres blanches très-légères produisaient le meilleur vin; ces pierres sont de nature volcanique, selon Schams; le sous-sol des meilleures vignes est ordinairement une argile jaune, quelquefois il est formé de pierres basaltiques à faces unies et régulières. Le porphyre y est très-commun, et c'est à sa présence que serait due la qualité du vin.

Les versants les mieux exposés au midi et les plus abrités du nord par les rochers qui sont dans la partie plus élevée de la côte, donnent des vins bien supérieurs à ceux des coteaux qui reçoivent les rayons solaires obliques.

Le cépage qui produit ce vin de liqueur est originaire de Grèce, on le nomme *furmint.* Afin d'obtenir la plus grande densité possible des moûts de ce raisin, on le laisse sur pied après sa maturité, afin que le soleil concentre les matières sucrées de la pulpe et évapore l'eau de végétation; il en résulte que les raisins se rident, se *figuent,* et que les gelées arrivant attendrissent la pellicule, qui brunit et se fend. On les cueille alors, on trie les grains et on en extrait le moût qui est très-visqueux. Ce procédé de vinification a beaucoup d'analogie avec celui en usage à Sauternes.

Constance. — Au cap de Bonne-Espérance, sous le 35ᵉ degré de latitude sud, et sur le versant est de la montagne de la Table, dans un terrain pierreux, on a planté plusieurs clos de vignes avec le cépage nommé *hacnapop*, qui était originaire de Schiraz, en Perse; on en a obtenu des vins de liqueur excellents, pleins de finesse et de bouquet.

Vins du Rhin. — Le Rhingau, contrée où se récoltent les vins blancs de ce genre les plus estimés, se trouve situé dans l'ancien duché de Nassau, sous le 49ᵉ degré de latitude nord. C'est près de la limite extrême au-delà de laquelle le raisin ne peut arriver à parfaite maturité ; mais il convient d'observer que le Rhingau se trouve très-éloigné des mers, et que si les hivers y sont froids, par contre les étés y sont relativement chauds et secs.

Les meilleurs vins blancs du Rhin sont le produit du cépage nommé *riesling*, qui donne des vins fins en goût, spiritueux et ayant un bouquet prononcé. Ces genres de vins présentent des différences de goût et de qualité très-variables, selon les années chaudes ou froides, différences beaucoup plus prononcées que dans les vignes à vins moelleux, tout en conservant un type entièrement distinct des vins secs. Dans les années peu favorables les vins blancs ont un fond de verdeur dû à l'excès d'acide tartrique qu'ils renferment en trop grande abondance et qui leur donne un goût piquant ; ce fond acide est bien moins prononcé lorsqu'ils ont pu acquérir une maturité relative, et n'offre pas d'excès dans les vignes bien exposées et dans les années exceptionnellement chaudes.

Le plus célèbre des vignobles du Rhin, dans la partie du Rhingau, est le *Johannisberg,* situé sur la montagne de Saint-Jean. Ces vignes, qui entourent l'ancien château, sont très-anciennes; on assure qu'il y a huit cents ans que les premières plantations y furent faites par des moines, sur le versant de la côte qui s'abaisse vers le Rhin, en pleine exposition du midi.

Le sol de cette vigne a été analysé par Metzger; il est composé comme suit :

Humus.	2
Carbonate de chaux.	9
Alumine.	12
Silice.	73
Débris organiques	3
Magnésie et oxyde de fer.	Traces.

Le sous-sol est un schiste argileux mêlé de beaucoup de quartz.

On trouve sur la rive gauche du Rhin, dans le Palatinat, une longue chaîne de côtes bien exposées, produisant des vins du Rhin estimés. Le sol y est formé par un sable jaune (la silice varie de 80 à 94 p. 100, l'argile de 3 à 3,50; l'oxyde de fer de 1 à 4; potasse et carbonate de chaux, 1/2 p. 100). Comme on le voit, c'est l'élément siliceux qui en forme le fond.

Vins d'Afrique, d'Amérique et d'Australie. — Ces trois vignobles sont de création récente. Les vignes plantées au nord du continent africain, dans l'Algérie, sur les côtes et près des premières hauteurs de l'Atlas, ainsi que les vignes d'Australie, plantées dans les districts de *Victoria,* de *South-Australia* et de *New-South-Wales,* sont peuplées de cépages variés de la *Vitis vinifera,* tirés en grande partie de la Provence et de l'Espagne; ils donnent des vins ayant une grande analogie avec ceux du midi de la France, employés comme vins d'exportation ordinaires. Nous avons goûté des vins blancs d'Australie bien vinifiés, ayant une séve rappelant celle des vins blancs de Corfou (îles Ioniennes), et des vins de Picardan de l'Hérault : dans ces divers vignobles on cultive des cépages connus en Provence.

Amérique. — Dans les premières années de ce siècle, on a commencé en Amérique par faire des essais d'acclimatation de nos divers cépages européens *Vitis vinifera*. Les émigrants partis de nos diverses contrées vinicoles ont fait de nombreux essais de plantations ; les plants végétaient, mais les ceps fructifiaient peu et dépérissaient d'année en année, malgré les soins qui leur étaient prodigués ; on était forcé de les remplacer avant qu'ils fussent en plein rapport.

M. le docteur Gumprecht rend compte d'une expérience faite dans d'excellentes conditions par Lakanal, qui avait choisi l'une des régions les plus favorables et qui était parfaitement en état d'obtenir le succès s'il avait été possible.

« Malgré les décourageants résultats obtenus partout, une nouvelle série d'essais, digne d'un meilleur succès, fut encore une fois tentée par un émigrant français, l'ancien député de la Convention Lakanal, qui déploya le zèle le plus persévérant et fit ses expériences sur les deux rives du Mississipi, à la fois dans quatre États différents, l'Ohio, le Kentucki, le Tennessee et l'Alabama.

» Lakanal ne négligea rien de ce qui lui parut susceptible de contribuer à la réalisation de ses espérances ; pendant plusieurs années il continua son entreprise en employant les cépages les plus rustiques, en multipliant les expériences, en étudiant l'influence de l'exposition, de la nature du terrain, des engrais divers, de la taille et des procédés de culture. Il échoua cependant si complétement qu'il ne parvint pas même à obtenir un vin potable. »

En 1836, Lakanal déclarait devant l'Académie des sciences de Paris que jamais les États-Unis ne posséderaient de vignes cultivées.

Vers l'époque des expériences de Lakanal, un Américain, M. Longworth, qui avait opéré pendant trente ans avec les meilleurs cépages de France et de Madère, échoua également d'une manière si complète, qu'il acquit la conviction que les cépages de l'Europe ne pouvaient être acclimatés; toutefois, parmi les nombreux cépages essayés par M. Longworth, une variété venant de France, d'Arbois, vignoble situé au pied du mont Jura, avait réussi ; mais ce n'était qu'une exception.

M. Longworth, en même temps qu'il constatait l'insuccès général des cépages européens de l'espèce *Vitis vinifera,* eut l'heureuse idée de chercher à améliorer les vignes indigènes qui croissent en abondance dans ces contrées, à l'état sauvage, et qui sont des espèces diverses désignées sous les noms de *Vitis labrusca, Vitis vulpina, Vitis cordifolia,* etc.

La *Vitis vinifera* ne se rencontre pas à l'état sauvage, et, cultivée, ne prospère pas en Amérique, parce que, sous l'influence du soleil brûlant de l'été, elle perd bientôt ses feuilles, et peut à peine amener à maturité le peu de fruit qu'elle porte ; le bois ne mûrit pas, ce qui compromet la taille de l'année suivante ; ensuite l'hiver étant souvent très-froid, les ceps se gèlent jusqu'au sol s'ils ne sont recouverts avant les fortes gelées.

M. Longworth, le créateur de la viticulture des États-Unis, rechercha les meilleures espèces indigènes, et parmi celles-ci les sujets les plus robustes, dont les fruits étaient les plus sains et les plus beaux ; il fit des essais de repro-

duction de tous genres, et enfin des semis ; à force de tentatives, de temps et de dépenses, il réussit à obtenir par les
semis des cépages dont les fruits étaient bien supérieurs
aux variétés sauvages.

Dès lors la voie était ouverte ; prenant pour souche des
sujets indigènes, l'acclimatation était faite ; on planta de
grands vignobles, près du Mississipi, dans l'Ohio, le Mis-
souri, la Caroline du Sud, la Géorgie, les Florides, la
Californie, etc., et l'on continua et *l'on continue toujours* à
faire de nouveaux semis, des croisements, afin d'obtenir de
nouvelles variétés de cépages, et d'améliorer les vins
obtenus par les premiers vignobles créés.

Les vins d'Amérique faits avec ces variétés de vignes
ont un caractère particulier, et des séves, des nuances de
robes très-différentes, selon les cépages dont ils proviennent, les sols et les climats qui les ont produits. Il est
difficile de se prononcer aujourd'hui sur la qualité de ces
vins, qui, dans l'avenir, finiront par avoir des types stables
qu'ils sont loin de présenter aujourd'hui ; en effet certains
cépages ont un goût qui se rapproche plutôt de celui du
cassis que de celui du raisin ; mais, ainsi que nous le
disions, on continue à former de nouveaux cépages, en
profitant des résultats acquis : c'est un grand pays vinicole
en formation.

Depuis l'apparition du *phylloxera,* qui a déjà ravagé une
partie des vignobles de France, on a fait grand bruit des
vignes américaines, qui, disait-on, résistaient à l'insecte ;
aujourd'hui les propriétaires qui avaient employé les premiers des plants américains, soit comme porte-greffe, soit
tels quels, disent que toutes les variétés américaines n'ont
pas résisté.

En vue d'avoir des vignes résistant au phylloxera et
pouvant fournir des vins exportables sans avoir à les

greffer sur les cépages français, on a planté sur le littoral de la Méditerranée les meilleurs cépages américains, les *jacquez* et autres variétés. Pourront-ils s'acclimater ? — Ils le sont déjà, disent certains viticulteurs, d'autres en doutent, car nos vignes n'ont pu réussir dans les contrées où ils végétaient, et ils craignent qu'ils ne dégénèrent ou ne deviennent improductifs ; ensuite ces cépages demandent à prendre une grande expansion en bois, ce dont il faut tenir compte par une taille spéciale si l'on veut les avoir fructifères : toutes ces questions sont à l'étude ; le temps, qui est un grand maître, en donnera la solution.

CHAPITRE IX.

THÉORIE DES AUTEURS ET CHIMISTES MODERNES SUR LA FERMENTATION ALCOOLIQUE.

Transformation des liquides sucrés en liqueurs vineuses ; rôle des ferments, leur composition chimique et leur mode d'action, selon les théories des divers auteurs. — Composition des moûts. — Vins artificiels : considérations sur l'insuccès de leur fabrication ; essais. — Vins semi-artificiels, faits à l'aide des râpes, des piquettes ou treuillis et des matières sucrées. — Tentatives d'amélioration artificielle des moûts faibles, pauvres en matières sucrées (procédés de Macquer, de Chaptal et du docteur Gall). — Neutralisation des acides tartrique et malique. — Réduction de densité des moûts trop riches ; effet de cette opération.

Tous les chimistes sont d'accord sur les résultats de la fermentation vineuse ; ils reconnaissent qu'elle n'est qu'une simple transformation du sucre de raisin en alcool et en gaz acide carbonique, et que cette décomposition de la matière sucrée est faite sans perte dans les produits obtenus, puisque le sucre étant composé de carbone, d'oxygène et d'hydrogène, on retrouve dans les produits de la fermentation la même valeur en poids d'alcool et d'acide carbonique, composés des mêmes principes.

On sait que, dans la fermentation du moût de raisins, cette transformation a lieu par l'influence des ferments que renferme le moût, et que dans la fermentation des matières sucrées qui ne renferment pas de ferments naturels, telles que les dissolutions de sucre, de sirops, de mélasses, etc., dans l'eau, on obtient la fermentation en ajoutant à ces matières des ferments qui transforment le sucre de canne en glucose (sucre de raisin), par sa combinaison avec l'eau.

Les ferments sont des matières azotées ayant subi un commencement de putréfaction. Le ferment le plus actif et le plus employé est la levure de bière, qui, d'après l'analyse de plusieurs chimistes, se compose de : carbone, 50,60 ; oxygène, 27,10 ; azote, 15 ; hydrogène, 7,30. Il y a plusieurs substances qui ont une composition presque identique et qui ont les mêmes propriétés, telles que l'albumine, la fibrine, la protéine, la glutine, etc. Les matières animales et même plusieurs végétaux en putréfaction ou renfermant des matières albumineuses, le gluten de froment, la gélatine putréfiée, agissent également comme ferment.

L'action des ferments sur les matières sucrées est, jusqu'à ce jour, restée inconnue, non qu'il manque de théories pour l'expliquer, au contraire, on peut même dire qu'il y en a trop, car comme chaque chimiste croit à un mode d'action différent, et que, jusqu'à présent, on n'a pu contrôler toutes les opinions, il en résulte qu'il est préférable d'attendre la complète révélation de ce mystère, que d'avancer des données plus ou moins douteuses. Les phénomènes du développement de la fermentation ont été étudiés avec la plus grande attention et observés au microscope par plusieurs savants et chimistes habiles, entre autres MM. Quévenne et Mitscherlich. Des moûts de raisins ont été filtrés jusqu'à ce qu'ils fussent d'une limpidité parfaite ; on a observé qu'après un espace de temps variable, selon la température, de huit heures à un jour au plus, le moût devenait trouble, et qu'en en plaçant une goutte entre deux plaques de verre très-mince, on apercevait, à l'aide du microscope, des globules ; qu'au bout de quelques heures il s'en développait d'autres de même grosseur, et successivement, en trois

jours, une trentaine, comme une sorte de végétation rami-
fiée, en forme de chapelet. Cette espèce d'organisation
avait lieu avant le dégagement de l'acide carbonique. Les
globules de ferment ont été analysés; on a pu se convaincre ainsi que les principes constituant les globules ne
se développaient pas de suite, et qu'ils étaient solubles
dans le moût avant qu'il fût troublé, puisqu'il avait été
parfaitement filtré.

Ces globules sont composés d'une enveloppe que M. Berzélius a nommée *amylon,* et dont la composition serait
celle de la cellulose ou de l'amidon. A l'intérieur, les globules renferment un liquide azoté nommé *protéine,* dont la
composition, d'après les analyses de M. Mudler, serait très-
analogue au blanc d'œuf.

Diverses analyses faites par d'autres chimistes, MM. Ré-
gnault, Dumas, Thénard, etc., reconnaissent dans les ferments les mêmes principes immédiats.

Jusqu'ici tous les observateurs sont à peu près d'accord ;
mais il n'en est pas de même pour l'explication du mode
d'action des ferments servant à développer la fermentation
ainsi que la formation des globules, etc.

1° Les uns croient que les globules observés dans les
liquides fermentables sont des animalcules infusoires d'une
espèce qu'ils nomment *mycoderma cerevisiæ.* Ces animalcules s'y développeraient, mangeraient le sucre, le digére-
raient et le transformeraient en acide carbonique et en
alcool. L'existence de ces animalcules serait très-courte, et
on calcule qu'ils consommeraient soixante fois leur poids
en sucre.

2° D'autres voient le développement des globules comme
une végétation rapide ; ils admettent que les globules, en
se développant, en végétant, auraient la force de décomposer le sucre en deux parts : l'acide carbonique et l'alcool.

3° M. Basset pense que le mouvement de la fermentation est dû à un pouvoir électro-vital ; que la matière sucrée en dissolution pénètre dans le globule par imbibition, et qu'immédiatement l'action électro-chimique commence par le dégagement de l'acide carbonique.

4° M. Liebig croit que la cause de la fermentation est dans l'attraction ; que le ferment, étant dans un état de mouvement chimique, fait passer le sucre au même état de mouvement.

5° Selon M. Berzélius, le mouvement serait donné par une force catalyptique, par le simple contact du ferment en mouvement avec le sucre.

6° Enfin, selon M. Maumené, le mouvement fermentatif serait attribué aux attractions capillaires.

On voit par ces six théories diverses, dont les définitions demanderaient un volume, les efforts faits par les hommes de science pour arriver à expliquer ce phénomène de la fermentation vineuse. Comme le dit M. Lavoisier dans ses *Éléments de chimie,* « cette opération est une des » plus frappantes et des plus extraordinaires de toutes celles » que la chimie nous présente. »

A part la fermentation alcoolique, la présence des *ferments* et de *l'air* fait subir aux liquides fermentés deux autres transformations : 1° la fermentation acéteuse (qui transforme l'alcool formé par le sucre en acide acétique) ; 2° et sous l'influence des mêmes agents, le ferment et l'air, l'acide est à son tour détruit ; le liquide se putréfie. (Voyez *Observations générales sur le traitement des vins,* influence des ferments.)

Vins artificiels. — On a essayé de faire des vins factices d'une foule de manières ; nous ne parlerons pas des recettes empiriques, mais bien des tentatives faites par des

chercheurs sérieux, qui ont essayé de faire du vin sans
employer d'autres principes que ceux que *paraît renfermer
le moût;* nous disons que *paraît renfermer le moût,* parce
que sa composition exacte est loin d'être connue. Ces tentatives ont abouti à faire des boissons assez agréables au
goût, salubres lorsqu'elles étaient bien clarifiées, mais qui
'n'imitaient pas les vins de bons crûs, et qui revenaient à
un prix relativement trop élevé.

On sait que le moût renferme du sucre de raisin dans
des proportions variables, selon la réussite des années, et
qui, par exemple, dans les vins rouges de la Gironde d'une
bonne année, donnent une moyenne de 10 à 11° de
densité à l'œnomètre ou au pèse-sirop de Baumé ; qu'il
renferme du bitartrate de potasse (tartre) et d'autres
sels végétaux et minéraux, du tannin, des matières mucilagineuses et gommeuses ; que, pendant la fermentation,
la matière colorante, qui réside dans les pellicules, est dissoute, ainsi qu'une partie du tannin, des sels végétaux
et des autres éléments constitutifs du vin. Mais les combinés, qui forment l'onctuosité, le moelleux, les différences si nombreuses de séve, de goût et de bouquet,
sont encore inconnus. C'est sur des données aussi incom-
plètes que l'on a essayé de fabriquer des vins factices ; il
n'est donc pas étonnant que ces vins s'éloignent des produits de la nature.

Lorsque plusieurs années de mauvaise récolte se succè-
dent, et que par suite les vins communs de consommation
locale atteignent des prix trop élevés, on essaie de les suppléer par des dissolutions de matières sucrées que l'on
aromatise pendant leur fermentation avec des graines de
coriandre, de la fleur de sureau, etc.; on obtient ainsi des
boissons dont le goût se rapproche plus de celui du cidre
que de celui du vin.

Voici quelle est la composition qui nous paraît se rap-procher le plus du type naturel des vins blancs communs :

Sucre raffiné.	25 kilog.
Tannin traité à l'alcool	20 gr.
Cristaux de tartre	500 gr.
Gomme arabique	1 kilog.
Feuilles de vigne et pampres frais hachés	5 kilog.
Eau distillée (de pluie clarifiée ou de rivière filtrée) .	1 hectol.

Le sucre est dissous à chaud ou à froid (la densité de ce moût est d'environ 10°) ; mais le tartre doit être dissous dans une vingtaine de litres d'eau bouillante. On y jette ensuite la gomme arabique. Les pampres et les feuilles doivent être bien hachés ; ils servent de ferment. Au moment où la fermentation est le plus active, ce liquide a de l'analogie avec les vins blancs doux ordinaires ; mais il revient beaucoup plus cher que les vins naturels, il coûte 36 fr. l'hectolitre, soit 82 fr. la barrique nue ; et lorsque la fermentation est terminée, il n'a pas de mauvais goût, sa composition n'a rien d'insalubre ; mais il n'a pas la séve, en un mot, le *goût du vin blanc :* comme nous venons de le dire, c'est une boisson qui n'a d'analogie avec le vin que tant que dure la fermentation tumultueuse. On a essayé de varier cette recette d'une foule de manières : les résultats ont toujours été sans importance ; on obtient des boissons fermentées assez agréables, des espèces de bières, mais non du vin.

Vin de râpes, ou piquette. — La râpe ou marc est ce résidu de la vendange qui reste dans la cuve après la fermentation des vins rouges, ou sur le pressoir quand on fait des vins blancs. Ce résidu, après avoir été pressé, est généralement employé, dans la Gironde et dans beaucoup de vignobles, à faire des boissons ou piquettes, pour l'usage des vignerons. A cet effet, on utilise complétement tous les principes solubles que renferme encore le marc en le traitant de la manière suivante :

1° Le marc de raisin blanc ou rouge non fermenté entièrement, après avoir été pressé, est émietté, afin de le bien diviser, et introduit dans des fûts, que l'on remplit ensuite complétement d'eau ; ou bien on le fait fermenter dans une cuve, en y ajoutant le double de son poids d'eau, et, brassant bien le mélange, on écoule en fûts cette première piquette. Après une macération de trois ou quatre jours, et en renouvelant l'eau de trempage plusieurs fois, on enlève complétement au marc les matières sucrées et les sels solubles qu'il renferme. Les piquettes fermentent en barriques et se soignent comme les vins blancs nouveaux. On consomme les plus faibles les premières.

Lorsqu'on ne possède pas assez de fûts pour écouler les piquettes, on presse le marc, en l'émiettant le moins possible, dans des barriques ; on recouvre la surface de sable et on referme les barriques hermétiquement. On fait les piquettes au fur et à mesure des besoins, en émiettant le marc dans une barrique relevée, et en versant de l'eau dessus jusqu'à épuisement complet.

2° Le marc des raisins rouges fermentés se traite de la manière suivante : après avoir été pressé, on le porte de suite dans une cuve ou un grand fût. On y ajoute le double de son poids d'eau ; on agite, et on laisse macérer un ou deux jours au plus. On écoule la première piquette, et on fait plusieurs trempes jusqu'à épuisement complet des principes solubles.

3° Enfin, on peut utiliser le marc pressé, soit à servir de fourrage, mélangé par moitié avec le foin, etc., ou bien on le distille pour en retirer de l'alcool. Par la macération à chaud du marc et des vinasses, lessivées avec de l'eau bouillante aiguisée d'acide chlorhydrique, on en retire du tartre brut.

4°. On a proposé d'épuiser le marc en opérant dessus une deuxième, troisième ou quatrième fermentation et plus, avec de l'eau sucrée, de manière à retirer de ce marc tous les principes solubles dans l'eau et tout l'alcool qu'il renferme.

Tous ces procédés sont connus et employés depuis un temps immémorial dans tous les vignobles français ou étrangers, sauf le dernier, qui n'a été employé que d'après les conseils donnés par les chimistes du siècle dernier et du commencement de celui-ci, en 1818. (Voyez *Compte rendu de la Société royale d'Agriculture de Lyon*, de l'année 1818; et plus récemment, en 1845, les travaux de Dubief, etc.)

Ce procédé est très-simple : il consiste à laisser le marc dans une cuve, après avoir écoulé le vin, et à y vider une deuxième cuvée de moût artificiel fait avec de l'eau et du sucre, marquant le même titre, la même densité que le moût de raisin d'une bonne année, c'est-à-dire de 10 à 11°, au pèse-sirop de Baumé ; à écouler, après fermentation ce deuxième vin et à en faire un troisième ; à presser ensuite le marc et à le faire fermenter de nouveau avec des eaux moins sucrées ; enfin, à lui ôter complétement tous ses principes solubles.

Ce vin d'eau sucrée dissout, pendant la fermentation, les restes des principes solubles contenus dans les râpes ; il se colore un peu ; mais (quoi qu'en disent certains œnologues) si le premier vin a été bien fait et qu'il provienne d'une bonne année, le second vin est, sous tous les rapports, inférieur au premier.

Il y a des contrées ou l'engouement pour les vins *d'eau sucrée* et de *râpe* est porté à son comble ; en Bourgogne surtout, ce procédé est tout à fait à la mode. Certains propriétaires affirment que leurs troisièmes et quatrièmes vins sont aussi fins en goût que leurs *premiers;* que la couleur en est aussi belle ; qu'ils ont autant de bouquet, etc. ; que l'absence de sels donne à ces vins un goût plus délicat que celui des vins naturels parfaitement vinifiés.

On voit, non sans surprise, des auteurs avancer que, par ces procédés, on doublerait la richesse vinicole de la France, et encourager ainsi la cupidité des producteurs.

C'est déplorable pour les viticulteurs qui ont pris ces mauvais procédés pour habitude, car si l'on croit ainsi progresser, on se trompe : on déprécie, on avilit tous les produits d'un vignoble. Les phrases sonores ne signifient rien : que l'on fasse comparer les vins d'*eau sucrée* avec les vins *bien vinifiés,* quand ces deux produits auront vieilli deux ou trois ans, on pourra juger alors de l'énorme différence qui existe entre eux.

En 1852, nous essayâmes ce procédé sur des vins de côtes de la Gironde d'une année bien réussie : le moût avait 10° de densité. La vendange fut foulée, mais non dérâpée, parce que la vigne, peuplée de cépages communs et s'étendant partie sur la côte et partie sur la plaine, donnait des vins un peu mous; la cuve, qui était de 45 hectolitres, fut couverte avec des toiles mouillées et des planches jointes ; le chapeau fut retenu dans le moût avec un filet ; la moyenne de la température était de 18° : la fermentation fut terminée en neuf jours. Le vin fut écoulé, et la cuve rechargée avec de l'eau sucrée à 10° Baumé : la fermentation s'accomplit assez bien et dura moins que la première fois; mais ce second vin, qui était plus alcoolique que le précédent, était *moins coloré ;* il n'avait qu'une demi-couleur et un goût un peu fade. Il revenait, non compris la valeur de la râpe, à *328 fr. le tonneau nu.* La râpe fut sortie de la cuve et pressée, puis remise dedans, avec de l'eau

sucrée à 6°. Ce troisième vin était encore moins coloré que
le deuxième, il était rosé ; il revenait au prix de 162 fr. le
tonneau. Ce dernier vin fut soigné à part ; il donna un
très-mauvais résultat : il devint sec et âcre. Il fut ensuite
opéré avec les vins naturels, qui étaient très-colorés, et le
mélange donna un vin d'une couleur ordinaire, qui avait
9° 5/10 d'alcool. Ce vin était plus coûteux que le vin naturel ; il était moins bon, et la râpe était sans valeur : on ne
pouvait en faire qu'une mauvaise piquette. Tel fut le résultat obtenu. Plusieurs grands propriétaires de crûs
ordinaires ont aussi fait des essais, en 1856, et ils ont pu
se convaincre que, bien que les vins fussent à cette époque
à un prix très-élevé, le résultat était défectueux sous tous
les rapports.

Sucrage des moûts. — Depuis bientôt un siècle,
divers chimistes et œnologues ont proposé d'améliorer le
moût des raisins verts en y ajoutant des matières sucrées.
La première expérience connue du sucrage est due au chimiste Macquer, qui, en 1776 et 1777, cueillit dans un
jardin de Paris des raisins de treille très-verts, à peine
tournés, et, après en avoir exprimé le moût, il y mit de la
cassonnade, jusqu'à ce que ce moût eût une saveur sucrée.
Cette double expérience est relatée dans le *Dictionnaire de
chimie*, t. V, p. 200.

Depuis Macquer, l'illustre Chaptal, dans l'*Art de faire le
vin et Chimie appliquée à l'Agriculture,* t. II, p. 208 à 213,
précise les règles à suivre pour opérer le sucrage dans de
bonnes conditions. Cette méthode, très-simple, consiste à
ramener le moût pauvre à la densité des moûts des années
favorables. Ainsi, dans la Gironde, par exemple, les moûts
d'années favorables à la maturité ont de 10 à 11°, en
moyenne, au pèse-sirop de Baumé, et dans les années où

le raisin ne peut mûrir, ils varient de 7 à 9°. En ajoutant au moût faible du sucre, on le ramène à 10°. (On pourrait faire un essai sur un litre de moût, en y faisant dissoudre le sucre avec précaution, et, en pesant de temps en temps le moût, on arriverait à connaître la quantité de sucre qui est nécessaire pour une cuvée.)

L'addition du sucre dans les moûts est rarement avantageuse ; les vins sont plus alcooliques qu'ils ne le seraient en nature ; mais ils sont verts quand même, parce qu'ils renferment trop d'acide tartrique, et ils reviennent fort chers. Ainsi, en admettant qu'ils eussent 4° de densité de moins que dans les années favorables, ces 4° de sucre exigeraient par litre environ 100 grammes de matières sucrées, qui, au prix du sucre raffiné, au minimum de 130 fr. les 100 kilogrammes, font 117 fr. 65 c. par tonneau de 905 litres. En sorte que, dans certains cas, ils reviendraient plus cher qu'ils ne vaudraient.

On dira que l'on peut, par économie, employer des sucres bruts, des sirops de fécule, de mélasse, etc. ; mais toutes ces matières ont des goûts étrangers au moût qui restent parfois dans les vins.

Nous préférons employer les moyens naturels que nous indiquons plus loin, quand nous parlons des précautions à prendre pour opérer les vendanges dans les années froides : les vins en sont meilleurs et ne sont pas aussi coûteux.

Neutralisation des acides tartrique, malique. — Malgré le sucrage, les vins de raisins non mûrs sont très-verts. On a cherché à faire disparaître en partie cet excès de verdeur en saturant les acides des moûts à l'aide de sels alcalins, tels que la craie, ou mieux, le marbre en poudre, qui sont des carbonates de chaux, le carbonate de potasse, le tartrate neutre de potasse. Ces matières ont été employées à la dose de 2 à 4 grammes par litre de moût. Les vins ainsi traités sont moins verts ; mais il se forme, par la neutralisation, des sels, des acétates et tartrates qui restent en suspension, en partie, et qui nuisent à la salubrité du vin, surtout s'il est consommé avant d'avoir été clarifié.

Addition de matières sucrées et d'eau. — En Allemagne, M. le docteur Gall, de Trèves, ainsi que M. Siémens, proposent de diminuer l'excès d'acide tartrique avec de l'eau sucrée (au lieu de neutraliser l'acide).

Ainsi, le moût d'une mauvaise année renfermant, d'après le docteur Gall, environ trois fois plus d'acide que celui d'une bonne année, il conseille d'ajouter sur ce moût deux fois autant de moût artificiel d'eau sucrée, et il obtient ainsi trois récoltes.

Ce procédé peut être bon à employer en Allemagne, où les vins sont chers et les raisins très-verts. En France, même dans le centre, ces vins reviendraient, dans les mauvaises années, à des prix plus élevés que leur valeur commerciale. En employant cette méthode sur des argenteuils de l'année 1860, par exemple, il eût fallu, pour faire disparaître leur excès d'acidité, dédoubler le moût, non pas deux fois, mais bien six fois, et encore on n'aurait fait que des vins blancs tachés et verts, qui seraient revenus à 50 fr. la pièce de 230 litres. On aurait eu de la peine à les vendre à moitié prix de revient.

Dans la Gironde et les vignobles de même latitude, il sera toujours préférable d'employer les moyens naturels que nous indiquons.

Moûts trop riches en glucose (en sucre de raisin). — Plusieurs auteurs, s'instituant œnologues, ont proposé de diminuer la densité des moûts trop riches en

principes sucrés, en les ramenant à un titre moyen par une addition d'eau, avant que la fermentation se soit établie. Par cette méthode, disent-ils, on évite de faire des vins doux, lorsque le moût est trop sucré ; et, tout en augmentant la récolte, les vins sont meilleurs, car ils éprouvent une fermentation plus complète, etc. D'ailleurs, selon leur opinion, que l'eau soit ajoutée à la vendange ou que les raisins renferment naturellement de l'eau de végétation, le résultat doit être le même.

Il est probable que les théoriciens qui raisonnent ainsi n'ont jamais fait de vin avec des *moûts trop sucrés* et de *l'eau*. Il est vrai que la récolte est augmentée et que la fermentation est complète. Mais que fait-on ? de mauvais vins de chaudière, qui ne peuvent se conserver, se piquant et s'acidifiant avec une grande facilité.

Il y a longtemps que ce mauvais procédé est connu ; les Grecs le pratiquent dans l'Archipel depuis un temps immémorial, et les vins qu'ils font, et que nous avons goûtés sur place en 1865, ont de la peine à se conserver un an (d'une récolte à l'autre) sans se gâter, malgré l'addition d'une forte quantité de résine (galipot de sapin) qu'ils y introduisent pendant la fermentation. Cependant, ces vins ne sont pas faibles : ils ont une moyenne alcoolique de 10 1/2 à 11 p. 100.

Il y a très-peu de raisins qui donnent des moûts trop riches en matières sucrées, si on les cueille exactement au moment où la maturité est terminée, car, même dans les contrées vinicoles les plus méridionales, le sud de la France, de l'Espagne, de l'Italie, de la Grèce, en Afrique, etc., le raisin *mûr à point* donne un moût qui ne dépasse 14° que lorsqu'il a été laissé sur pied et qu'une partie de l'eau de végétation s'est évaporée.

Nous avons remarqué que dans les contrées où les vins

ordinaires conservent une douceur fade, tels que certains
vins communs du midi de la France, de l'Espagne, etc.,
cette défectuosité tenait aux mauvais procédés de vinification, et surtout au manque de soins dans la récolte, plutôt
qu'à la grande richesse des moûts, puisque la plupart de
ces vins n'atteignent pas (sans vinage) 14 p. 100 d'alcool.
En général, les raisins sont vendangés trop tardivement,
et *lorsqu'il y en a déjà une partie de pourris.* Dans ces
conditions, le moût étant riche en sucre (il a de 12 à 14° de
densité) et possédant peu de ferment, la fermentation s'o-
père lentement, et le vin est écoulé de la cuve avant que le
travail chimique soit terminé : il renferme encore du sucre
non décomposé et reste longtemps douceâtre. Or, à moins
de vouloir faire des vins de liqueur, on ne doit pas laisser
pourrir les raisins rouges, car alors les vins restent plus
ou moins longtemps doux, sans qu'ils aient pour cela atteint
le maximum d'alcool, les moûts ne dépassant pas 14° de
densité.

Dans les contrées où les vins sont naturellement douceâtres et communs, telles que la Grèce, etc., nous nous
sommes bien trouvé de vendanger *aussitôt que la moyenne
de la récolte est mûre et sans qu'il y ait encore de raisins
pourris,* plutôt hâtivement que tardivement ; nous avons
constaté que les raisins des vendanges tardives et dont quelques-uns étaient pourris, donnaient, il est vrai, des moûts
qui marquaient 1° de plus au pèse-sirop de Baumé (1) ; qu'ils
fermentaient beaucoup plus lentement, restaient longtemps
douceâtres, et avaient une tendance à s'acidifier. Les moûts
auxquels les indigènes ajoutaient de l'eau pour les réduire
étaient encore plus inférieurs. Cela s'explique parfaitement.

---

(1) Les raisins sains donnaient 12 à 12° 1/2 ; et les raisins dont une partie
étaient pourris, donnaient 12° 1/2 à 13°.

Un moût très-riche, à 18° par exemple, qui est réduit à 11° par une addition d'eau, ne peut donner que des vins dépourvus de qualité bien que la quantité d'alcool soit égale à celle du moût naturel qui pèse 11°, parce que le moût naturel renferme, outre la même dose de principes sucrés, une foule de matières aromatiques, de combinés de sels végétaux, etc. ; et que le moût additionné *d'eau* en contient une quantité d'autant moindre que l'eau y a été introduite en plus grande abondance.

Ce procédé n'est pas usité par les propriétaires intelligents, pour la vinification des vins de bouche; il ne peut convenir que dans la fabrication des vins destinés à la chaudière et faits avec des vins riches en sucre, qui, réduits de 8 à 10°, fermentent d'une manière plus prompte, et que l'on peut distiller sans attendre pendant plusieurs mois que la fermentation insensible soit terminée et sans craindre que le sucre soit encore en dissolution.

CHAPITRE X.

VINIFICATION DES VINS DE LA GIRONDE ET DES VINS ORDINAIRES DE TOUS LES VIGNOBLES.

Observations générales. — Exclusion des moyens artificiels. — Vins rouges. — Étude de la nature du sol. — Choix des cépages; qualité des vins qu'ils produisent isolément. — Opérations préparatoires. — Pratique de l'effeuillage; son utilité, ses inconvénients. — Vendanges des années favorables, des années froides, pluvieuses. — Triage, foulage. — Préparation des vaisseaux vinaires. — Fermentation; disposition des cuves. — Cuves couvertes : diverses manières de les couvrir. — Cuves découvertes : manière de conduire la fermentation; mauvais usages à éviter. — Décuvaison. — Vinification des vins blancs de toutes sortes. — Grands vins blancs de la Gironde : nature du sol, cépages, culture. — Moyen de constater la densité des moûts. — Vendanges. — Analyse du titre alcoolique et de la densité en sucre de raisin des vins de la deuxième trie *(tête)* d'un premier crû classé de Sauternes, seize mois après la récolte. — Procédés en usage pour augmenter la densité des moûts inférieurs; insuffisance des moyens artificiels.

Observations générales, écart des prix entre les grands vins et les vins ordinaires. — La fermentation influe d'une manière décisive sur la bonne ou la mauvaise qualité du vin, selon qu'elle s'accomplit dans de bonnes ou de mauvaises conditions. Les phénomènes de la fermentation vineuse ont été l'objet d'études et d'observations sérieuses de la plupart des chimistes et physiciens dont s'honore la science. Dès le commencement de ce siècle, un savant illustre, le comte Chaptal, a écrit l'*Art de faire le vin*. Son ouvrage indique les dispositions à prendre pour

effectuer la vendange, le foulage et le cuvage, et pour remédier au manque de maturité du fruit.

Depuis l'apparition de ce travail, plusieurs traités de
vinification et divers ouvrages se rattachant à la culture de
la vigne, ont été publiés, entre autres l'*Œnologie française*,
de M. Cavoleau, les ouvrages de MM. A. Jullien, Dubief,
B.-A. Lenoir, Gaubert, Payen, Fauré, Landrey, Basset,
Batilliat, le comte Odart, d'Armailhacq, Ferrier, Marchand, D. Guyot, Maumené, etc. Les auteurs des nouveaux
traités complètent, développent les idées émises par le
célèbre Chaptal ; ils s'occupent des phénomènes de la fermentation au double point de vue physique et chimique, et
de la fermentation alcoolique des matières étrangères à la
vigne, de la transformation des fécules et autres matières
saccharifiables en glucose, etc. ; mais leurs ouvrages n'offrent aux viticulteurs, sous le rapport pratique de la fermentation vineuse, que peu d'idées qui n'aient été indiquées
par l'illustre auteur de l'*Art de faire le vin.*

Depuis longues années, même avant la publication du
travail de M. le comte Chaptal, la plupart des propriétaires
des grands crûs de la Gironde font appliquer à la fermentation du raisin toutes les améliorations indiquées par
l'œnologie, science qui a pour but la vinification et le traitement des vins. Les propriétaires des crûs inférieurs agissent tout autrement. Il est pénible de voir méconnaître de
la sorte les soins qu'exige la vinification. Cependant, les
conseils n'ont pas manqué... Malgré cela, tous les ans, il
se fait une grande quantité de vin ayant déjà, au sortir de
la cuve, un commencement d'acidité ; et plus l'année a été
chaude et par conséquent favorable à la bonté du produit,
plus on rencontre ce vice, qui n'a souvent d'autre cause que
la négligence des producteurs à éviter l'accès de l'air sur le
chapeau de leur vendange, et à décuver en temps opportun.

L'écart considérable qui existe entre le prix des premiers grands vins de la Gironde et le prix des vins des
crûs inférieurs du même département explique, d'une part,
la recherche des propriétaires des grands crûs à améliorer
leurs vins par tous les moyens possibles ; tandis que la
plupart des propriétaires des crûs ordinaires ne recherchent que la quantité du produit.

La proportion des prix est, en moyenne, comme 1 est
à 10. Ainsi, les vins ordinaires étant à 300 fr. le tonneau,
il n'est pas rare de voir payer 3,000 fr. les grands crûs
classés, et parfois bien plus cher. Toutefois, il ne peut être
donné à ce sujet d'indication précise, parce que les prix
moyens des vins ordinaires varient chaque année, selon
l'abondance de la récolte ; tandis que souvent le prix des
grands vins varie suivant les qualités qu'ils présentent. Il
n'est pas rare de voir. le prix des vins supérieurs être dix
fois plus élevé que celui des vins ordinaires, dans les années de réussite exceptionnelle, tandis que, dans les mauvaises années, si les vins sont verts et maigres, leur prix
ne dépasse qu'à peine le double de celui des vins ordinaires.

L'intérêt des propriétaires des grands crûs est donc de
chercher à obtenir des vins parfaits, afin de les vendre plus
cher ; tandis que les producteurs des vins inférieurs ne
recherchent généralement que la quantité. Ceux-ci se disent : En peuplant nos vignes de cépages fins, nous aurions
un quart, un cinquième de moins de récolte qu'avec nos
cépages, qui sont communs, et la plus-value de nos vins
ne nous couvrirait pas du déficit que nous subirions.

Si la production n'eût pas diminué par la maladie de la
vigne, et que les vins ordinaires plus abondants se fussent
maintenus à un plus bas prix, le commerce ne recher-
cherait que les vins d'avenir, susceptibles d'acquérir de
la qualité en vieillissant. Dès lors, les vins communs

étant délaissés ou vendus à bas prix, l'intérêt même du propriétaire serait d'améliorer ses produits, afin d'avoir un écoulement facile et d'obtenir un taux plus élevé, car alors la plus-value de ses vins améliorés équivaudrait à la valeur d'une production plus abondante.

Il est des crûs inférieurs qui, bien que placés dans de bonnes conditions de nature de sol et d'exposition, ne doivent leur infériorité qu'à de mauvais cépages et au peu de soin apporté à la vinification. Mais quelle peut être la cause de cette négligence du propriétaire? On ne peut l'attribuer qu'à l'incurie, car sans frais on peut, en perfectionnant ses procédés de vinification, améliorer son vin dès la première année, et, par le choix intelligent des bons cépages, arriver en peu d'années à obtenir des vins estimés, au lieu des vins inférieurs qu'on récolte actuellement et dont le prix, en temps d'abondance, n'excédera pas celui des vins communs du Midi, parce que de tels vins n'ont pas d'avenir.

Nous parlerons en détail, dans les articles suivants, des diverses méthodes de vinification employées dans la Gironde et les départements limitrophes. Ces méthodes peuvent se résumer à deux principales : méthodes de vinification des grands crûs, où sont mis en pratique les moyens de perfectionnement indiqués par l'œnologie ; et les méthodes ordinaires, avec les pratiques vicieuses qui s'y rattachent, et que l'on doit éviter.

Nous n'avons à nous occuper ici que de la *fabrication pratique du vin avec le raisin,* sans addition dans la cuve de matières étrangères au fruit de la vigne. Nous mettons au rang des vins artificiels, et condamnons dans la vinification des bons vins, quelle que soit d'ailleurs la densité du moût, l'usage des additions de sucre, de glucose, de tartre, d'eau, d'acide tartrique, etc., préconisées par plusieurs auteurs, soit pour remédier au manque de maturité, soit pour augmenter la matière sucrée du moût, ou pour la diminuer dans les moûts trop riches en glucose.

Préparation à la vinification normale des vins rouges. — Méthodes employées dans les grands crûs de la Gironde.

— La finesse de goût des grands vins de la Gironde repose sur *l'ensemble des soins donnés à la culture, à la vendange, à la vinification et au choix des bons cépages,* autant que sur la nature du sol. Le propriétaire d'un grand vignoble peut remédier aux imperfections, aux défauts naturels de son vin, en mélangeant avec intelligence les cépages. On sait qu'un vin est parfait quand, arrivé à sa maturité, c'est-à-dire lorsqu'il est dépouillé et prêt à être mis en bouteilles, il joint à une couleur vive du corps sans sécheresse, une séve aromatique agréable, du bouquet, qu'il est moelleux et qu'il a conservé un goût de fruit prononcé.

Il laisse à désirer, même lorsqu'il a de la finesse, s'il est trop faible en couleur et en corps pour se conserver longtemps; s'il manque de séve, de bouquet, ou s'il est sec, âcre et sans goût de fruit, etc. La plupart de ces défauts peuvent se corriger si l'on dispose d'un bon sol, en employant les *cépages qui donnent en excès la qualité dont manquent les vins produits par les mauvais cépages.*

Cépages cultivés dans les grands crûs.

— Les meilleurs cépages rouges cultivés dans la Gironde sont, par ordre de mérite : 1° le *carmenet* ou *petite vidure*, appelé dans le Médoc *cabernet-sauvignon, petite vidure frisée;* 2° le *gros cabernet*, dont il existe plusieurs variétés, confondues souvent avec la *carmenère;* beaucoup de vignerons appellent ces variétés *grosse vidure;* 3° le *petit verdot;* 4° le *gros verdot ;* 5º le *malbec,* appelé aussi *mauzac* et *noir de Pressac,* et le *merleau.*

On met en deuxième ligne le *cruchinet,* le *massoutet* et le *tarney,* qui donnent de bons produits, mais par leur mélange avec les cépages précédents.

Les *carmenets* ou *petite* et *grosse vidure,* nommés dans le Médoc *cabernet-sauvignon, gros cabernet,* ainsi que la *carmenère,* paraissent être, comme l'indiquent leurs noms, les trois principales variétés de la même espèce. Les *carmenets* produisent des raisins de grosseur et de graines moyennes, mûrissant en même temps que la plupart des autres cépages, et donnant un vin fin, plein de séve et de bouquet, peu coloré, et s'altérant moins facilement à l'air que le vin qui provient des autres cépages.

La *carmenère* a les graines plus grosses et donne un vin onctueux, un peu plus coloré que celui du *carmenet* et présentant en partie les mêmes qualités. Ces excellents cépages forment le fond de la plupart des grands crûs ; plusieurs propriétaires n'en cultivent pas d'autres, car seuls ils peuvent donner des vins parfaits.

Le *petit verdot* et le *gros verdot* sont les deux variétés de la même espèce.

Le *petit verdot* produit un raisin à petites graines et qui mûrit assez difficilement : c'est le plus tardif des cépages de la Gironde. Dans les années où sa maturité est complète, le vin qui en provient joint à une belle couleur beaucoup de corps, de spiritueux, de fermeté et de goût de fruit. L'onctuosité, le moelleux que possède le vin de pur *verdot* se conserve en vieillissant, qualité rare, difficile à obtenir, et qui place cet excellent cépage au premier rang ; il a de l'âpreté, occasionnée par la grande quantité de tannin qu'il renferme et dont il se dépouille en vieillissant. Les vins provenant de ce cépage sont lents à se développer, mais ils acquièrent de la séve et du bouquet, et sont ceux qui se conservent le plus longtemps, qui supportent le mieux les longs voyages et s'altèrent le moins au contact de l'air.

Le *gros verdot* produit un raisin à graines plus grosses, également tardif à mûrir, et dont le vin, de longue durée, jouit d'une partie des qualités du *petit verdot*.

Le *malbec,* appelé aussi *mauzac, noir de Pressac,* est un raisin noir de maturité précoce, d'une saveur agréable, et qui donne un vin coloré, moelleux, ayant un goût de fruit très-prononcé, mais mou, et par conséquent difficile à conserver, surtout s'il est placé dans un local sujet aux variations de la température.

Le *merlot,* le *massoutet,* le *tarney,* ne se cultivent pas seuls ; ils sont souvent mélangés avec les deux *vidures.*

Le *merlot* donne, pris séparément, un vin qui a du rapport avec le vin de *malbec.* Il a, comme ce dernier, un goût de fruit prononcé. La maturité de ce raisin est parfois inégale ; dans les années pluvieuses, on rencontre fréquemment sur le même cep des grappes déjà mûres, à côté d'autres encore vertes. Le vin de ce cépage est agréable, assez délicat, mais mou, peu alcoolique, précoce ; il s'acidifie promptement si on néglige de le soigner et de le garantir du contact de l'air. Ce cépage, pour donner de bons résultats, doit être mélangé avec d'autres cépages donnant des vins fermes, corsés, tels que la *vidure* et le *verdot.*

Le *massoutet,* le *cruchinet* et le *tarney* sont peu répandus; ils sont ordinairement mélangés avec les précédents. Ces deux cépages donnent des vins qui présentent en partie les qualités des vins faits avec la *vidure.*

Nature du sol; choix des cépages propres à la production des vins fins. — Notre but n'est pas d'étudier les natures de sol convenables à la culture de la vigne. D'ailleurs, dans la Gironde, la vigne croît sur des sols de nature très-diverse, depuis les sables arides, les graves, jusqu'aux riches palus d'alluvion de la Garonne. Nous voulons seulement parler ici de *l'amélioration du vin par le choix des cépages selon la nature et l'exposition du terrain.* Cette étude toute pratique *doit être faite par le propriétaire;* nous ne pouvons que *l'esquisser ici,* en ne donnant que des généralités.

Examinons d'abord quels sont les vices des vins communs de la Gironde. Les vins communs ont un, plusieurs et quelquefois la totalité des défauts énumérés ci-après : titre alcoolique faible, couleur terne, plombée, difficile à clarifier, et se dépouillant par le collage ; goût désagréable de terroir, de râpe, d'amertume, d'âcreté, d'âpreté, de verdeur ; tendance à se piquer. En vieillissant, ces sortes de vins perdent le goût de fruit que quelques-uns d'entre eux pouvaient avoir, et au lieu de gagner en qualité, ils deviennent âcres, durs, secs, et ils ne peuvent pas se conserver.

Nous avons dit que les grands vins étaient dus aux bons soins donnés à la vinification, au choix des bons cépages, à la nature et à l'exposition d'un sol favorable à la culture de la vigne. Au contraire, on n'obtient que des vins inférieurs par la réunion des conditions contraires, telles que la négligence des soins apportés à la vinification, le choix des cépages productifs et la mauvaise nature du sol.

Les cépages produisant les vins ordinaires sont le *mancin,* le *teinturier-alicante,* la *pelouye,* la *petite* et la *grosse chalosse noire,* le *cioutat,* le *pied de perdrix,* le *balouzat,* le *jurançon,* etc.

Examinons séparément les défauts des vins, et cherchons à les neutraliser avec les cépages les mieux appropriés à la nature du terrain.

De tous les défauts des vins communs, le plus grand est la faiblesse alcoolique, le manque de corps ; ce vice ôte aux vins qui en sont atteints la possibilité de se conserver, et si à la faiblesse alcoolique se joint le manque de tannin, on ne doit pas espérer les garder longtemps sans altération, malgré les soins les plus attentifs apportés à leur conservation. On doit rechercher la cause de ce vice dans la nature d'un sol très-fertile et les cépages donnant en abondance des raisins trop aqueux, trop chargés d'eau de végétation. Si ces vins sont récoltés sur des terres fortes ou des palus, on les améliorera en remplaçant une partie des cépages qui donnent des raisins trop pauvres en matière sucrée, par le *verdot,* qui est le raisin par excellence des palus, et qui donnera au vin, non-seulement du corps, de la couleur, de la fermeté, mais aussi le tannin nécessaire à sa conservation. Si le sol est maigre, composé de sables ou de graves, et surtout si ce sont des coteaux bien exposés, la *vidure* donnera de bons résultats, surtout si l'on a soin de choisir les expositions les meilleures.

La couleur terne et plombée dépend souvent du manque de tannin et d'alcool nécessaires pour précipiter le mucilage, l'albumine végétale, la couleur soluble, etc., en suspension. En donnant au vin plus de corps, on facilitera la clarification et le maintien de la couleur.

Souvent les vins éprouvent de la difficulté à se clarifier par suite de la pratique vicieuse qu'ont beaucoup de propriétaires de faire répandre sur leurs récoltes leur vin de presse *(treuillis)* avant que le vin soit débarrassé de ses grosses lies. Quant au goût de terroir, il dépend essentiellement du sol. Toutefois, on peut chercher à le faire disparaître en partie, car tous les cépages ne donnent pas, sur le même sol, le goût de terroir au même degré. On a remarqué que les vins faits avec le *verdot* avaient ce goût moins prononcé que les vins faits avec les cépages communs, bien que récoltés dans des terrains identiques. Le goût de râpe, la tendance à s'aigrir, dépendent en grande partie du manque de soin dans la vinification.

Si les vins ont assez de corps, de spiritueux, pour se conserver longtemps, s'ils ont trop de rudesse, d'âpreté, d'amertume, — certains vins de côtes sont dans ce cas, — on peut les rendre moelleux et leur donner le goût de fruit qui leur manque en plantant une partie des vignes en *malbec* et en *merleau*.

En un mot, dans la production des vins ordinaires, s'il y a faiblesse alcoolique, on doit chercher, par le choix des cépages, à obtenir un corps convenable : pour que ces vins puissent se conserver sans s'altérer, leur titre doit être d'environ 10 p. 100 dans les bonnes années; et si les vins ont naturellement un bon titre alcoolique, mais s'ils sont rudes, on doit chercher à les rendre moelleux : on n'obtiendra ce résultat qu'avec de bonnes vignes et une bonne vinification.

Effeuillage de la vigne. — L'effeuillage consiste à dépouiller les pampres de la vigne des feuilles qui peuvent priver les raisins de la chaleur des rayons solaires. On laisse les feuilles situées dans la direction du nord-ouest à l'est, parce qu'elles protégent les raisins contre les vents et les pluies froides, ainsi que celles qui sont placées au-dessus des raisins, afin d'éviter que le choc de la pluie ne détériore les graines.

Cette opération ne doit se faire que lorsque les raisins ont entièrement changé de couleur (quand ils sont *verrés*). Le but de l'effeuillage est de favoriser la maturation des raisins, qui, en recevant directement les rayons du soleil, acquièrent un degré de chaleur plus élevé, qui facilite la transformation des principes acides en glucose (sucre de fruit).

L'effeuillage ne doit pas se pratiquer indistinctement tous les ans, sous tous les climats, sur toutes les natures et dans toutes les expositions de terrain (1). L'effeuillage devant aider à la maturation, à moins que l'on ne veuille faire des vins liquoreux, cette opération devient inutile, nuisible même *à la qualité et à la quantité* du produit, lorsqu'elle est faite par une température très-élevée (dépassant 25 à 30° centigrades) et sur des sols maigres de graves, où la réverbération des rayons du soleil est très-vive, avec la surface polie des cailloux, sur les raisins des vignes basses et des cépages précoces. Dans ces conditions, la chaleur dessèche les grappes, accélère fortement la maturation, tout en arrêtant ou diminuant l'ascension de la séve; de sorte que le fruit mûrit forcément, sans avoir reçu de la séve les éléments de nutrition nécessaires à une maturité normale; l'arome est en partie éliminé; les raisins sont *échaudés* et la pellicule altérée. Si une partie considérable des raisins est pourrie, la couleur est beaucoup plus faible, parce que la matière colorante résidant dans la pellicule se trouve ainsi détruite, et on s'expose, en outre, à faire des vins doux, difficiles à conserver.

L'effeuillage devra se faire et se pratique dans la Gironde, surtout dans les années froides ou pluvieuses, lorsque l'on a à craindre que la maturation ne se fasse qu'avec peine et incomplétement, et que le raisin ne soit vert. Les cépages qui doivent être le plus aérés sont naturellement ceux qui vien-

---

(1) Les terrains qui facilitent la maturation sont : les graves, les sables, les sols calcaires; les terrains tardifs sont : les plaines de terres fortes, les palus d'alluvion. Les expositions les plus favorables à la vigne sont celles des coteaux tournés au midi.

nent tardivement, tels que le *verdot,* etc., cultivés dans des plaines basses, sur des terres fortes, alumineuses ou d'alluvion. Toutefois, même dans les années chaudes, il est bon, deux ou trois jours avant de vendanger, de visiter les vignes et d'aérer, d'effeuiller légèrement les cépages mal exposés, afin de placer les raisins sous l'influence des rayons solaires.

Ces observations se rattachent à la vinification des vins rouges. Pour la vinification des grands vins blancs de la Gironde (Sauternes, Barsac, Bommes, Preignac et les Graves), dont les qualités recherchées consistent dans la finesse du bouquet et de la séve, jointe à beaucoup de moelleux et de douceur, on met complétement les pampres à nu dès que le raisin est *verré.* Cela se pratique non-seulement pour qu'il puisse mûrir, mais afin de le laisser *pourrir sur pied,* dessécher ensuite en partie par le soleil, qui évapore l'eau de végétation surabondante. Par suite, les parties sucrées se concentrent; le vin que l'on obtient est d'autant plus moelleux que la densité du moût est plus grande.

Vendanges. — Les propriétaires désireux de faire des vins fins sans verdeur doivent s'attacher (même dans les années chaudes) à ne faire cueillir que des raisins parfaitement mûrs. Or, on sait que les diverses variétés de cépages de la Gironde ne mûrissent pas toutes à la même époque, à conditions égales d'exposition et de nature de sol. Ainsi, le *malbec,* le *merlot,* sont plus précoces que les *cabernets* (ou *vidures*), et ceux-ci plus que le *verdot,* etc. De là la nécessité de vendanger à plusieurs reprises. A part les variétés de cépages, l'âge des vignes, l'exposition et la nature du sol, les raisins d'un même pied n'arrivent pas tous en même temps à un égal degré de maturité; les raisins les mieux exposés, ceux qui se trouvent les plus rapprochés de la souche, et qui reçoivent les premiers l'influence de la séve, ont une maturité plus précoce et contiennent plus de sucre que les raisins éloignés de la tige, qui sont cachés par les feuilles ou qui ont eu une floraison tardive.

On voit par là que les mêmes cépages doivent être vendangés à plusieurs reprises ; au premier triage, on cueille les raisins parfaitement mûrs, et on laisse terminer sur pied la maturation des autres.

Les propriétaires des crûs ordinaires objectent que les vendanges sont plus coûteuses lorsqu'on cueille les fruits à plusieurs reprises sur les mêmes cépages, et c'est le seul motif qui, joint à l'insuffisance des vases vinaires, leur donne l'idée de vendanger en une fois. Ils pourraient cependant éviter le surcroît de dépenses qu'exigent les triages séparés, et arriver avec les mêmes frais à faire des vins meilleurs que ceux qu'ils obtiennent, en vendangeant séparément chaque variété de cépage à sa complète maturité, et en séparant les raisins verts, échaudés ou pourris, et ceux dont la maturité est incomplète ou vicieuse ; ces raisins défectueux seraient mis à fermenter à part et formeraient le deuxième vin.

On reconnaît aisément la maturité à la couleur foncée, bleuâtre, des graines, à la coloration de la grappe, au ramollissement de la pellicule, et surtout au goût franchement sucré du fruit, et plus facilement encore en observant la densité du moût, qui, dans la Gironde, pendant les années favorables, est d'environ 10 à 11°.

Quand le raisin n'est pas mûr, la couleur des graines est plutôt rouge que bleue, la pellicule est encore dure, et le raisin a un goût aigrelet, qui domine la saveur sucrée. Récolté dans cet état incomplet de maturité, le raisin donne un vin qui conserve un goût de verdeur provenant de l'excès d'acide tartrique qu'il renferme. Il y a également diminution de la couleur et de la finesse, lorsqu'il y a excès de maturité et que le raisin est pourri; la pellicule se trouve alors détruite en partie; c'est ce qui explique la faiblesse de la couleur, qui, comme on sait, réside dans la pellicule même. En outre, le vin a un goût moins franc; il est douceâtre, ne contient que peu de tannin et se conserve difficilement.

Dans les années chaudes, on vendange sans inconvénient du lever au coucher du soleil. Il est convenable de laisser évaporer la rosée, afin de ne pas affaiblir la densité du moût, qui serait diminuée par les vapeurs aqueuses condensées sur les raisins.

Les raisins coupés, on les place, sans les fouler trop fortement, dans des vases en bois nommés *bastes* et *comportes,* dont la forme la plus ordinaire est celle d'une cuve foncée sur le petit diamètre; les raisins doivent être portés immédiatement au pressoir. Si le pressoir est éloigné de la vigne, on place sur des charrettes les bastes ou comportes, ou bien on vide les bastes dans des *gargouilles,* sorte de petites cuves servant à égoutter le vin du pressoir.

Dérâpage. — Avant de mettre en cuve, on procède au dérâpage, opération qui consiste à séparer la râpe des graines. A cet effet, on verse la vendange sur des claies placées sur le pressoir; on la remue en tous sens à l'aide de fourches ou de râteaux. Les graines sont ainsi détachées de la grappe et tombent dans le fond du pressoir; la râpe seule reste sur les claies.

Les hommes du pressoir chargés du dérâpage font un deuxième triage, et mettent de côté, avant de dérâper, les raisins ou parties de raisins qui ne leur paraissent pas sains et qui ont échappé aux coupeurs.

La question de savoir si le dérâpage était utile ou nuisible a longtemps divisé les viticulteurs. Il est certain que la râpe active la fermentation. Néanmoins, elle doit disparaître complétement dans la vinification des vins fins, lorsque les moûts renferment assez de ferment.

La râpe est composée de filaments ligneux ; elle renferme des ferments, des sucs tenant en dissolution une partie des principes contenus dans le raisin, du tartre, du tannin, une matière extractive amère et diverses huiles essentielles à odeur et saveur désagréables. Si la râpe ne renfermait que du tartre, du tannin et les aromes que contient le raisin, elle serait utile à la vinification, parce qu'elle activerait la fermentation et contribuerait à la conservation des vins en augmentant la quantité de tannin ; mais la dissolution dans le moût de son principe amer et des goûts et aromes désagréables qu'elle renferme, la fait exclure complétement dans la vinification des vins fins.

Ces vins, dans les années médiocres, par leur mode de fermentation close, avec l'œne (les pellicules et les graines) restant immergée dans le moût, renferment assez de tannin pour se conserver et faciliter leur défécation. On ne doit faire fermenter le raisin avec la râpe, en totalité ou en partie, que lorsque le moût est pauvre en matières sucrées, ou que la pellicule tendre est en partie détruite par l'excès de maturité. Dans ce cas, le tannin étant indispensable à la conservation des vins, on doit chercher à en augmenter [la quantité dans tous les vins mous.

Dans les fermentations libres ordinaires, les propriétaires jettent dans leurs cuves les graines avec les grappes qu'ils ont préalablement foulées. Or, on sait que pendant la fermentation, une partie des grappes, pellicules et pepins, monte et s'élève au-dessus de la surface du moût, et forme le chapeau ; *ces matières, n'étant plus immergées, ne peuvent plus, par conséquent, contribuer à donner au moût de la couleur et du tannin ;* tandis qu'en les tenant constamment dans le moût par le moyen d'un treillage, on obtient, avec une couleur plus intense, beaucoup plus de tannin et quelquefois trop. En adoptant ce procédé, on peut dérâper en partie, et obtenir ainsi des vins plus moelleux et ayant une quantité de tannin suffisante à leur conservation.

Souvent le goût de râpe ne provient pas de ce que les raisins n'ont pas été dérâpés, mais bien de ce que le vin est resté trop longtemps dans la cuve. Plusieurs expériences que nous avons faites sur des vins corsés du midi de la France, et en Grèce, nous ont prouvé qu'en ne dérâpant pas des raisins très-doux, dont le moût marquait de 12 à 13°, la fermentation était plus active. Nous avons remarqué aussi que, dans ces conditions, *lorsque l'on traite des moûts ayant peu de ferments,* le vin fait avec du raisin dérâpé à moins de couleur et de tannin que celui qui a fermenté avec la râpe.

Vendanges des années froides et pluvieuses ; précautions à prendre en cueillant le raisin. — Lorsque le raisin n'a pas mûri, le propriétaire doit chercher par tous les moyens possibles à atténuer, au moins en partie, ce manque de maturité. Ces moyens sont nombreux, sinon infaillibles : le premier et le plus important est de ne pas se hâter de vendanger. Il faut, dans les années pluvieuses, après avoir aéré les raisins, savoir attendre le moment de la récolte ; car, dans nos contrées, le temps pluvieux, en maintenant le ciel couvert, abaisse la température, entretient une humidité trop grande et active la végétation des pampres, au détriment de la maturation des fruits.

Cet abaissement de température causé par la pluie est beaucoup plus nuisible que le temps sec ; mais que la pluie cesse et que les vents d'est viennent à régner, le soleil repa-

raissant, la température s'élève et donne assez de chaleur
pour que le raisin atteigne une maturité qui, bien qu'inégale et incomplète, permettra cependant de faire des vins
marchands.

Ainsi, après avoir attendu le plus longtemps possible, le
propriétaire devra commencer ses vendanges. Il ne laissera
mettre les vendangeurs au travail qu'après la disparition
de la rosée. Il fera surveiller attentivement les coupeurs,
auxquels il recommandera de mettre à part les raisins ou
les graines trop vertes ou pourries. Il fera suspendre la
coupe s'il vient à pleuvoir, ou bien si la température est
inférieure à 15° centigrades. Il veillera à ce qu'on laisse la
vendange en tas (sur le pressoir ou ailleurs) vingt-quatre
heures avant de la mettre en cuve et de la fouler, afin que
les raisins commencent à s'échauffer (1). Si les nuits sont
froides, il faudra fermer hermétiquement le cuvier et même
le chauffer.

Si, malgré ces précautions, la densité du moût était inférieure à 9°, on obtiendrait de bons résultats en faisant
chauffer quelques chaudières de moût (le sixième de la
cuve) à environ 45°. On devra éviter de dépasser cette température, et prendre garde à l'ébullition, qui est toujours
nuisible. Si ce moyen était impraticable, on introduirait au
fond des cuves, avant d'y verser la vendange, un *brasero*
au charbon de bois sans fumée; dans ce cas, après avoir
lavé et épongé les cuves, on ne les imbiberait pas d'alcool,
de crainte d'incendie et à cause de la volatilisation due à la
chaleur, mais on verserait cet alcool sur le moût déjà mis
dans les cuves. La fermentation se ferait ensuite comme à
l'ordinaire. Ces moyens ne sont employés que lorsque la
température descend au-dessous de 10° centigrades.

---

(1) Procédé indiqué par Samayo.

Effet du sucrage des moûts et de la neutralisation des acides végétaux. — Un grand nombre d'œnologues ont proposé le sucrage des moûts trop pauvres en matière sucrée (1). Cette pratique, bonne pour les pays froids, où la maturité des raisins n'est jamais complète, et dont les vins, quelle que soit l'année, sont toujours faibles en alcool, verts et communs, ne nous paraît pas applicable et n'est pas appliquée aux bons crûs de la Gironde, par les motifs que nous avons indiqués au chapitre des Vins artificiels.

La composition et la densité des moûts varient chaque année dans le même crû. Ainsi, le moût des raisins rouges d'une année favorable à la maturité donne, dans le Bordelais, une densité de 11° environ, tandis que le moût d'une année froide donnera de 8 à 9°. Pour obtenir le même résultat au moyen du sucrage, il suffirait de ramener, à l'aide d'une matière sucrée quelconque, le moût des années froides à la densité de celui des années chaudes.

La pratique donne, il est vrai, pour résultat le même degré alcoolique aux moûts de densité égale, naturels ou sucrés artificiellement ; mais entre le goût, la couleur, la séve, le bouquet d'un vin d'une année favorable, et les qualités du vin du même vignoble traité par le sucrage, la différence est et ne peut être que très-grande : le vin sucré artificiellement a peu ou point de séve, de bouquet. Il conserve toujours sa verdeur, son acidité, ce qui s'explique par la différence des deux moûts. Le moût provenant d'une bonne année, outre le sucre naturel qu'il possède, contient des aromes qui, comme on sait, ne se développent que lorsque la maturité est complète. Il a de plus des matières mu-

---

(1) C'est là le conseil du chimiste Macquer, qui en fit le premier l'expérience, en 1776.

cilagineuses (pectine, etc.) qui donnent au vin l'onctuosité
et le moelleux ; la pellicule colore le moût en se dissolvant
avec l'alcool. Il contient, du reste, peu d'acide tartrique.

Le moût provenant d'une année froide et pluvieuse contient une grande quantité d'acide tartrique et d'acide malique, et la pellicule possède peu de couleur. Ce moût a
très-peu d'arome et de moelleux, parce que la maturité n'a
pas été complète ; car ces qualités ne peuvent exister que
dans les vins faits avec des raisins parfaitement mûrs.
En outre, le ferment est surabondant ; le sucre introduit
donne bien son équivalent d'alcool, mais il ne détruit pas
les acides excédants, ni la maigreur et la sécheresse du
fond.

Le but n'est donc pas atteint. On a cherché à détruire
cette surabondance d'acide en saturant avec des alcalis le
moût avant sa fermentation, ou le vin, soit avec de la craie
ou du marbre en poudre (carbonate de chaux), avec de la
magnésie calcinée (carbonate de magnésie), avec le tartrate
neutre de potasse, la soude, etc., ou en ajoutant au moût
du sucre et de l'eau, de manière à utiliser l'acide tartrique
surabondant. C'est le procédé employé en Allemagne par
le docteur Gall, et dont nous avons déjà parlé au chapitre
des Vins artificiels.

Quant à la saturation du moût, on ne doit l'appliquer
que lorsque l'acidité est trop grande, et alors ce n'est pas
du moût, mais bien du verjus que l'on a à traiter ; il ne faut
pas espérer dans ce cas faire de bons vins propres à acquérir
du bouquet en vieillissant ; car, bien que l'acide soit détruit
au moyen des alcalis et du sucre que l'on a pu introduire
dans la cuve, il sera nécessaire, dans la plupart des cas, que
les détenteurs de ces vins aident à leur conservation en élevant leur titre alcoolique, en leur donnant de la couleur
et de la fermeté, par leur mélange avec des vins étoffés

provenant d'une année et d'un climat plus favorables à la maturité.

Les propriétaires de nos contrées ne gagnent donc rien à employer le sucrage artificiel pour augmenter la densité du moût ; car, comme nous le démontrions en parlant des vins artificiels, les vins ainsi traités reviendraient plus cher que les vins ordinaires d'une année favorable à la maturité ; leur valeur commerciale ne couvrirait pas les frais de fabrication.

Foulage. — Le foulage consiste à écraser les graines des raisins et à briser les cellules qui contiennent la matière sucrée, la levure et les autres principes renfermés dans la pulpe du fruit.

Cette opération, très-facile, s'effectue au pressoir par des hommes ayant les pieds nus ou chaussés de sabots (1). Pour que le foulage soit parfait, on laisse égoutter le moût, au fur et à mesure qu'il se forme, dans une petite cuve (*gargouille*) placée sous le pressoir, et on foule de nouveau la vendange jusqu'à ce qu'il ne reste plus dans le pressoir que les pellicules complétement écrasées et les pepins.

Il y a plusieurs appareils destinés à fouler mécaniquement le raisin ; peu de propriétaires s'en servent, parce que le foulage, surtout lorsqu'on opère sur des raisins *dérâpés* et *mûrs,* est un travail fort simple ; d'ailleurs ces machines, formées de cylindres, *déchirent les graines, mais ne les foulent pas.*

Le moût, ainsi que les pellicules et les pepins, doit être versé immédiatement dans la cuve. Quand on charge une cuve, on doit, autant que possible, la charger complétement

---

(1) Il est préférable que le foulage se fasse à pieds nus pour les raisins dérâpés, car ainsi on n'écrase pas les pepins, qui renferment un principe amer, et la trituration des pellicules est plus complète que si on foulait avec des sabots.

dans la même journée, afin de ne pas troubler la fermentation commencée. La fermentation tumultueuse commence environ huit à douze heures après que le moût est en repos, selon la température du local.

On a remarqué que des vins du Médoc, faits sans qu'on ait foulé les graines, avaient moins de couleur que les vins de la même provenance foulés, mais qu'ils étaient sensiblement plus fins en goût ; de sorte que, dans les années favorables à la maturité, beaucoup de propriétaires de grands crûs du Médoc ne font pas fouler ; ils ne font cette opération que dans les années médiocres où le raisin n'a pas acquis un degré suffisant de maturité, et quand ils ont à craindre que le vin n'ait pas une couleur convenable.

Si les raisins dérâpés sont mis en cuve sans être foulés, il y a une plus grande quantité de *treuillis* (vin de presse), et souvent ce vin a un goût douceâtre ; on doit bien se garder de le répandre sur la récolte : il provoquerait des fermentations secondaires qui détruiraient le moelleux des vins.

Cuvage des grands vins ; différentes dispositions des cuves, cuves foncées, doubles-fonds intérieurs ou réseaux ; appareils divers. — La construction des cuves et la manière de les disposer ont donné lieu à bien des discussions de la part des inventeurs, qui ont découvert ce que les gens pratiques connaissent depuis longtemps ; ils ont présenté divers systèmes de fermeture des cuves bien plus avantageux, suivant eux, que celui des cuves ordinaires. La plupart de ces systèmes sont aujourd'hui abandonnés : les viticulteurs praticiens savent par expérience que les fermentations en cuves découvertes ou en cuves couvertes, closes avec ou sans compression des gaz, peuvent également donner de bons résultats, lorsque la fermentation est conduite avec intelligence et que la décuvaison est faite en temps opportun. Toutefois, le mode de fermentation qui réunit les avantages les plus nombreux, celui qu'ont sanctionné une longue pratique et les essais des œnologues, c'est la fermentation dans les cuves couvertes, à couvercles lutés et rafraîchis, à réseau intérieur et à compression des gaz. Les avantages offerts par ce genre de fermentation sur celle qui se fait dans les cuves découvertes consistent dans une plus grande spirituosité, dans la supériorité de la finesse et du velouté, et dans l'augmentation du titre alcoolique provenant de la non-déperdition des vapeurs, qui, dans les cuves couvertes, sont condensées contre les fonds supérieurs de la cuve ou refoulées en partie dans la masse liquide.

L'augmentation de la couleur provient de l'immersion complète et constante des pellicules, qui produisent beaucoup plus de matières colorantes que lorsqu'elles sont rejetées au-dessus de la surface du moût, comme il arrive dans les fermentations ordinaires en cuves découvertes, par suite de la formation du chapeau.

La supériorité dans la finesse du goût et le surcroît de velouté sont dûs principalement à la compression des gaz et à la dissolution complète des matières mucilagineuses.

La plupart des grands vins rouges du Médoc, les premiers Saint-Émilion et les premières Graves fermentent en cuves couvertes ; nous disons la plupart, car un certain nombre de viticulteurs suivent encore les anciens usages, en faisant leur vin dans des cuves découvertes. Quoi qu'il en soit, nous allons indiquer les dispositions à prendre pour obtenir une bonne fermentation dans l'un et l'autre cas.

1° *Cuves foncées*. — La fonçure des cuves peut s'établir de plusieurs manières ; voici celle qui nous paraît préférable : on cloue solidement, à environ 6 centimètres de l'orifice intérieur et supérieur de la cuve, un liteau en chêne ou

Derapage et Pressoir

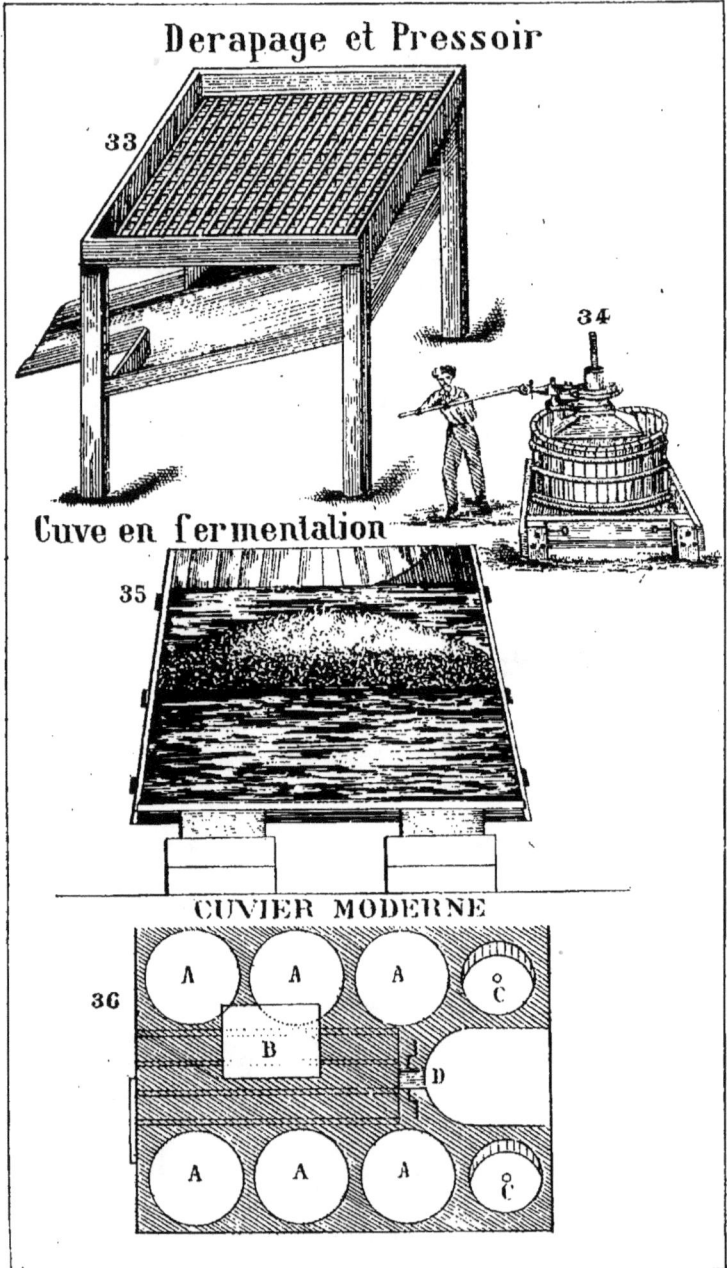

33

34

Cuve en fermentation

35

CUVIER MODERNE

36

LITH. ANDRIEU FRERES. BORDEAUX.

en châtaignier, préalablement recourbé et formant une saillie d'environ 3 centimètres ; on dresse ensuite des planches en bois de châtaignier ou de peuplier, que l'on bouvette (on évite de se servir de bois résineux) ; on trace la circonférence de la cuve, et on met les chanteaux en place ; on peut même les laisser à demeure ; le maître-fond reste mobile, et, au lieu d'être bouveté, il porte des couvre-joints.

On a le soin ensuite de faire un double-fond à claire-voie, destiné à être placé aux trois quarts environ de la hauteur totale de la cuve. Ce double-fond a la forme de deux chanteaux appuyés sur un fort liteau de châtaignier, ayant en longueur le diamètre intérieur, aux trois-quarts de la hauteur de la cuve ; on y rattache, par des clous, de petits liteaux ou même des cercles pelés et aplatis ; l'autre extrémité est clouée sur un liteau cintré ; on forme ainsi un treillage semi-circulaire, qui, à l'aide de pitons, peut facilement se fixer à la hauteur que l'on désire.

On peut encore poser la fonçure sur l'extrémité des douves de la cuve, après les avoir dressées ; mais cette fermeture offre moins de précision que celle qu'on obtient à l'aide du liteau intérieur, et elle se déplace plus facilement. Au centre de ces fonçures, on pratique un trou de bonde que l'on ferme hermétiquement. Quant aux fonçures qui sont garnies de tuyaux plongeant dans l'eau, etc., on reconnaît que ces précautions sont inutiles et gênantes, et qu'une fonçure non enjablée, mais lutée hermétiquement, est préférable et que la compression est plus sensible.

Nous donnons ci-dessous le tableau des dimensions des cuves à fermentation et leur contenance totale brute de vendange de bord à bord. Il faut, dans leur construction, tenir compte de la partie supérieure, qui doit rester vide, ainsi que du volume du marc, ce qui équivaut à environ un tiers de contenance en plus. La forme de ces cuves est

celle qui offre le plus de facilité pour retirer le marc ainsi
que pour leur remplissage; mais lorsque la vendange est
hissée directement sur un grenier établi au-dessus des
cuves, comme dans les *cuveries* modernes, il vaut mieux
leur donner *une hauteur égale à leur diamètre de fonçure.*

**Dimensions des cuves à fermentation de 6 à 100 hectolitres
de contenance de vendange.**

Contenance des cuves	Hauteur ou longueur depuis le jable	Diamètre intérieur à la Tête	Diamètre intérieur en bas au jable	Contenance des cuves	Hauteur ou longueur depuis le jable	Diamètre intérieur à la Tête	Diamètre intérieur en bas au jable
Hect.	Mèt. Cent.	Mèt. Mill.	Mèt. Mill.	Hect.	Mèt. Cent.	Mèt. Mill.	Mèt. Mill.
6	0 76	0 950	1 070	52	1 54	1 957	2 203
7	0 79	1 007	1 133	54	1 55	1 986	2 234
8	0 82	1 055	1 185	56	1 58	2 004	2 256
9	0 85	1 102	1 238	58	1 59	2 033	2 287
10	0 89	1 140	1 280	60	1 62	2 052	2 308
12	0 95	1 205	1 355	62	1 63	2 080	2 340
14	1 00	1 270	1 430	64	1 65	2 098	2 362
16	1 04	1 327	1 493	66	1 67	2 117	2 383
18	1 08	1 384	1 556	68	1 68	2 146	2 414
20	1 12	1 430	1 610	70	1 69	2 165	2 435
22	1 15	1 478	1 662	72	1 71	2 184	2 456
24	1 19	1 515	1 705	74	1 73	2 202	2 478
26	1 23	1 552	1 748	76	1 74	2 222	2 498
28	1 26	1 590	1 790	78	1 76	2 240	2 520
30	1 29	1 627	1 833	80	1 78	2 258	2 542
32	1 31	1 665	1 875	82	1 79	2 277	2 563
34	1 33	1 704	1 916	84	1 80	2 296	2 584
36	1 35	1 742	1 958	86	1 82	2 315	2 605
38	1 38	1 770	1 990	88	1 83	2 334	2 626
40	1 41	1 798	2 022	90	1 84	2 353	2 647
42	1 43	1 826	2 054	92	1 86	2 362	2 658
44	1 45	1 854	2 086	94	1 88	2 380	2 680
46	1 47	1 882	2 118	96	1 89	2 400	2 700
48	1 49	1 912	2 148	98	1 90	2 418	2 722
50	1 52	1 930	2 170	100	1 91	2 438	2 742

Préparation des Vases. — Lorsque les vaisseaux vinaires (les cuves) auront été lavés à plusieurs eaux et bien épongés, on les imbibera, au moment d'y introduire la vendange, avec quelques litres *d'eau-de-vie vieille d'Armagnac.* On doit éviter de se servir de trois-six, car, à un titre élevé, l'évaporation est tellement rapide, que les parois des vases sont sèches au moment où la vendange y est mise. En outre, la séve particulière de l'armagnac doit le faire préférer.

Mise en cuve. — Tous les genres de vins ne peuvent pas subir avec avantage les méthodes de vinification employées dans une partie des grands crûs : ainsi, les vins mous et de peu de durée, et les vins provenant de raisins sucrés, mais peu chargés de tannin, donnent des résultats supérieurs lorsqu'on les fait fermenter *sans être dérâpés et entièrement foulés.* Le premier procédé que nous indiquons ci-après *est celui qui est adopté dans plusieurs crûs classés du Médoc, pour les années de maturité parfaite;* le deuxième procédé est employé dans les mêmes vignobles, pour les années ordinaires.

1° Les vases vinaires étant imbibés de vieil armagnac, on dérâpe entièrement les graines après avoir fait un dernier triage, et on jette les graines choisies dans la cuve, *sans les fouler.* La cuve a été préalablement garnie d'un *jau* (cannelle en bois), ou d'une bonde attachée à une corde fixée au haut de la cuve et descendant à l'intérieur, et qui sert à la refouler facilement; à l'ouverture on fixe un griffon destiné à empêcher que la râpe n'arrête l'écoulement du vin; on fabrique cet ustensile de plusieurs manières, avec deux morceaux de bois recourbés, se fixant aux parois de la cuve, près de l'orifice du trou de bonde, ayant de 30 à 45 centimètres de hauteur sur 25 de largeur. On cloue, sur ces bois recourbés, des liteaux au milieu desquels on entrelace des lattes flexibles, des sarments ou de l'osier pelé, ou mieux encore une toile métallique en fer galvanisé.

La cuve doit se remplir le plus promptement possible, mais on laisse à la partie supérieure un vide d'environ 50 centimètres dans les grandes cuves (afin que la dilatation ne force pas le couvercle), entre la surface de la vendange et le liteau supérieur ou l'extrémité des douves. On ne place pas le réseau intérieur, et la cuve reste découverte jusqu'au moment de la fermentation ; le lendemain, lorsque le chapeau commence à se former, on couvre la cuve de son couvercle, on lute tout le pourtour et les joints avec de la terre glaise, ou mieux avec du plâtre. On recouvre ensuite les planches d'une forte couche de paille ou mieux de joncs, que l'on arrose, et chaque jour on continue à rafraîchir le dessus du couvercle. Au moyen d'un petit robinet à déguster, ou petit jau en bois, on peut voir chaque jour les progrès de la fermentation, et, afin de conserver la compression jusqu'au dernier moment, on ne découvre la cuve que lorsque le vin est prêt à écouler.

2° Dans les années ordinaires, on opère d'une manière différente : les raisins sont triés et les vases préparés comme dans les bonnes années, mais on foule les graines à plusieurs reprises, les pieds nus, afin de ne pas écraser les pepins et de pouvoir diviser et pétrir plus facilement les pellicules; puis, avant que la cuve soit remplie, on y assujettit, au niveau de la vendange, le réseau intérieur qui est destiné à retenir le chapeau constamment immergé. On vide le reste du moût, et on opère ensuite comme dans le premier procédé.

Les vins faits par le premier procédé (nous parlons de vins d'une même année, provenant d'un même vignoble, et qui sont aussi le produit de raisins triés) ont un goût plus délicat et sont plus légers que ceux qui ont été traités par le deuxième procédé; mais en revanche ceux-ci sont plus fermes, plus colorés. C'est pour ces motifs que les propriétaires qui recherchent tous les moyens possibles de perfectionner leur vinification emploient le premier procédé dans les années où la maturité est parfaite; ils font ainsi des vins qui ont beaucoup de finesse et qui vieillissent plus vite que les vins foulés, et ils mettent en usage le deuxième procédé dans les années médiocres; ils ont alors des vins plus fermes.

Par le premier procédé, il y a environ un tiers de plus de *treuillis* (vin de presse). Ce vin, qui renferme toujours quelque peu de sucre de raisin en dissolution, doit toujours être traité, surveillé et clarifié à part. Dans aucun cas, il ne doit être mélangé avec le premier vin, qu'il pourrait faire entrer en fermentation, à cause des mucilages qu'il renferme.

De la décuvaison. — La fermentation ne s'effectue pas toutes les années dans le même temps : elle est plus rapide dans les années chaudes que dans les années froides, à part l'influence du degré de température du moût au sortir du pressoir, température qui augmente pendant la fermentation. La méthode des cuves découvertes ou closes, la densité du moût, sa composition, l'immersion intermittente ou constante du chapeau ou son libre séjour à la surface, le dérâpage partiel, complet, ou l'introduction des râpes, influent sur la durée de la fermentation.

La fermentation est généralement plus rapide, avec le même moût et dans les mêmes conditions atmosphériques, lorsque l'on fait fermenter le moût en cuves découvertes avec les râpes et que le chapeau est immergé, que lorsque les raisins sont dérâpés et que la cuve est close, avec le chapeau laissé librement à la surface du moût.

On reconnaît que la fermentation est terminée : par le goût, lorsqu'on a une grande pratique ; par l'épreuve de la densité du moût ; par la température du liquide et sa limpidité, lorsque le gleuco-œnomètre de Cadet de Vaux ou l'aréomètre pèse-sirop de Baumé ne marquent plus que de 0 à 1°, et que le liquide est à peu près froid et limpide. La fermentation est incomplète, lorsque le gleuco-œnomètre marque encore plusieurs degrés de densité, et que le liquide est chaud, douceâtre et trouble.

Les propriétaires doivent veiller avec le plus grand soin à ce que la fermentation tumultueuse soit entièrement achevée dans la cuve. On ne doit pas mettre en barriques des vins en fermentation et encore douceâtres, ni les laisser en cuve après que la fermentation est terminée. Dans le premier cas, les vins restent longtemps doux en barriques, et, leur fermentation alcoolique terminée, il y reste souvent en suspension des ferments qui les rendent difficiles à clarifier, à conserver sans fermentation secondaire, et susceptibles de s'acidifier. Dans le deuxième cas, si les cuves sont découvertes et le chapeau non retenu, celui-ci s'affaisse, et, en tombant dans le vin, l'imprègne d'acidité et lui donne un goût désagréable de râpe.

Vinification des crûs inférieurs. — La plupart des propriétaires des crûs ordinaires de la Gironde et du midi de la France négligent les soins à donner à l'acte si important de la fermentation. Ils font vendanger en une seule fois leurs vignes, qui sont presque partout plantées de cépages de maturité inégale ; il en résulte que les raisins des cépages précoces sont mûrs et même en partie pourris, lorsque ceux des cépages tardifs sont encore verts. Le moût provenant d'une vendange cueillie dans ces conditions n'est jamais parfait : les raisins verts introduisent dans le moût

un excès d'acide tartrique, qui donne aux vins de la verdeur; et les raisins pourris, dont la pellicule est en partie
détruite, ne donnent que peu de matière colorante.

Les raisins ainsi cueillis sont foulés non dérâpés et jetés
dans une cuve découverte, où ils fermentent plus ou moins
rapidement, selon que la température de l'air ambiant est
plus ou moins élevée.

Lorsque la fermentation tumultueuse est bien établie
(c'est-à-dire de huit à douze heures après la mise en cuve),
les grappes et pellicules sont rendues plus légères par les
bulles d'acide carbonique qui les enveloppent et les élèvent
à la surface du liquide, où elles forment une croûte que l'on
appelle *chapeau*.

Quand la cuve est remplie, le chapeau se trouve en contact immédiat avec l'air atmosphérique, dont l'oxygène
l'acidifie et l'aigrit, et, lorsque la fermentation se prolonge,
la surface du chapeau passe de l'acidité à la putridité, le
gaz acide carbonique se dégage librement et se répand dans
le cuvier.

Si la cuve n'est pas remplie, le gaz se dégage librement;
mais comme sa pesanteur spécifique est plus grande que
celle de l'air, il en reste naturellement dans la cuve une couche qui protége en partie le chapeau contre l'action de l'air.

Lorsque la fermentation est terminée, le chapeau, n'étant
plus maintenu à la surface par le dégagement de l'acide
carbonique, s'affaisse dans le liquide, et, à moins qu'on ne
décuve aussitôt (voyez *Décuvaison*), lui communique l'acidité, le mauvais goût et même la putridité dont il est imprégné.

Cet accident arrive surtout dans les années où les vendanges se font par un temps chaud. La fermentation est
alors très-rapide, et il peut se faire qu'elle soit terminée
dans une période de temps moitié moindre que dans les

années ordinaires. Malgré cela, des propriétaires peu soigneux laissent cuver tout aussi longtemps.

Les propriétaires qui font fermenter en cuves découvertes doivent, pour éviter ces accidents, *surveiller attentivement l'instant du décuvage, ne remplir les cuves que jusqu'à 50 centimètres de l'orifice dans les grandes cuves, et 30 centimètres dans les petites,* et le lendemain de la mise en cuve *recouvrir le chapeau* qui commence à se former, non avec des râpes qui s'acidifient trop facilement, *mais avec de la paille,* dont on fait *une couche de 20 centimètres* environ.

Certains propriétaires, dans le but de donner à leur vin une couleur plus intense, refoulent chaque jour dans la cuve le chapeau. Les pellicules abandonnent ainsi toute leur matière colorante. Mais cette immersion intermittente ne se fait pas sans danger lorsque la température est élevée, car la surface du chapeau peut éprouver, par vingt-quatre heures de contact avec l'air, un commencement d'altération susceptible de se communiquer au vin. On ne doit toucher au chapeau qu'au moment de décuver.

Il y a des propriétaires qui ont la mauvaise habitude de charger leurs cuves à plusieurs reprises et à plusieurs jours d'intervalle : la première portion de vendange est en pleine fermentation lorsqu'ils y déversent du moût pour finir de la charger. Ils s'exposent ainsi, en refoulant le chapeau, à faire aigrir leur vin, à troubler la fermentation, et à faire des vins douceâtres ou qui prennent un goût de râpe par leur long séjour en cuve.

Lorsque le vin est écoulé, le marc reste dans la cuve. On exprime le vin que contient ce marc en le soumettant à l'action du pressoir jusqu'à siccité, après avoir eu soin toutefois d'enlever les croûtes supérieures du chapeau qui se sont acidifiées.

Le vin ainsi obtenu, nommé vin de *treuillis*, est très-trouble, très-âpre, et quelquefois acide, surtout quand le dessus du chapeau n'a pas été bien enlevé.

La plupart des propriétaires des crûs ordinaires ont la déplorable habitude de répandre, sans le clarifier, leur vin de treuillis sur la partie limpide extraite de la cuve. Ils devraient mettre ce vin à part, car, en agissant autrement, ils rendent le meilleur de leur vin louche et difficile à clarifier.

Dans la fermentation à cuves closes, outre la supériorité des produits, on ne risque pas de voir des vins altérés par l'acidité du chapeau, quand même la fermentation ne serait pas rigoureusement surveillée ; car si l'œne est retenue par un treillage, la formation du chapeau n'a pas lieu.

Ces remarques ont une importance trop majeure pour n'être pas prises en considération par les propriétaires. Il faudrait être ennemi de ses intérêts pour les négliger.

Pressoirs. — Il existe un grand nombre de modèles de pressoirs, depuis le pressoir à levier, dont la construction fort simple peut s'exécuter sans frais dans les petits vignobles et dont nous indiquerons les détails de construction au chapitre de la description des planches, jusqu'aux pressoirs perfectionnés des systèmes Delaunay, Troyen, Guillory, etc. Nous avons donné la figure du pressoir Mabille par le motif que ce système peut s'appliquer sur les anciennes vis et maies, qu'il est simple, facile à manœuvrer, d'une grande puissance et d'un prix relativement peu élevé.

VINIFICATION DES VINS BLANCS.

Observations générales. — Les raisins blancs sont foulés et pressés dès leur entrée au pressoir. (Nous parlerons plus loin des précautions à prendre avant de les cueillir.) Le moût obtenu par le foulage et la pression est réuni dans une petite cuve placée sous le pressoir et versé, sans autre préparation, dans les barriques neuves destinées à le loger ou dans les foudres.

La vinification des vins blancs diffère de la vinification des vins rouges, en ce qu'elle s'opère sans le concours des pellicules et pepins dont le moût est entièrement dégagé.

La fermentation s'établit dans les fûts, plus ou moins rapidement, selon la température du moût et du local, et la richesse du liquide en matière sucrée. En général, les vins blancs sont en pleine fermentation vingt-quatre heures après leur mise en barriques. La fermentation commence, comme dans les vins rouges en cuves, par le dégagement de nombreuses bulles d'acide carbonique, qui s'élèvent à la surface du liquide, le dilatent et entraînent avec elles les matières légères (telles que débris de pellicules, matières ligneuses, etc.), qu'elles rencontrent. Ces matières diverses qui, dans la fermentation des vins rouges, forment le chapeau, produisent dans celle des vins blancs une écume qui, s'élevant sur le liquide, est rejetée hors de la barrique par la bonde, au fur et à mesure qu'elle arrive à la surface, si toutefois on a eu soin de maintenir les barriques pleines en les ouillant tous les jours. Par cette défécation, les vins se dépouillent d'une partie de leur lie et des ferments surabondants. Lorsque les fûts ne sont pas pleins, l'écume retombe dans le vin, la fermentation est plus active, et le vin a moins de moelleux que lorsqu'on a aidé à sa défécation en maintenant les fûts pleins.

L'élévation de la température du moût est généralement moindre dans la fermentation des vins blancs en fûts que dans celle des vins rouges.

Le dédoublement de la matière sucrée et sa transformation en alcool exigent un temps beaucoup plus long que pour les vins rouges, surtout lorsque le sucre se trouve en abondance dans les moûts ; cette fermentation se prolonge quelquefois jusqu'au mois de mars. Afin de faciliter la sortie de l'écume et le dégagement irrésistible de l'acide carbonique, pendant que la fermentation tumultueuse s'accomplit, le trou de la bonde doit être recouvert d'un simple copeau, ou de feuilles de vigne chargées de sable, lorsque la fermentation est moins active ; enfin, on bonde légèrement dès que l'écume ne se déverse plus.

Les vins blancs doivent se maintenir sur bonde et être ouillés régulièrement tous les jours lorsque la fermentation est forte, et au moins deux fois par semaine lorsque la fermentation a diminué d'intensité.

Des diverses sortes de vins blancs. — On distingue trois sortes de vins blancs : 1° les vins blancs secs ; 2° les vins blancs moelleux ; 3° les vins blancs liquoreux.

Les différentes constitutions des vins blancs dépendent essentiellement de la *densité du moût.*

Les vins blancs secs sont ceux dont la fermentation alcoolique a été *complète,* et dont toute la matière sucrée, appréciable au goût et à l'aréomètre, a été transformée en alcool. Tels sont les vins de graves des environs de Bordeaux, de Villenave, Martillac, Blanquefort, etc., ainsi que la plupart des vins de côtes ordinaires et de l'Entre-deux-Mers, etc.

Ces vins sont vendangés dès que les raisins sont parfaitement mûrs (sans toutefois les laisser pourrir). La densité des moûts varie selon les années, les expositions et les cépages ; mais le maximum s'élève rarement au-dessus de 13° à l'aréomètre de Baumé.

Les vins blancs moelleux sont ceux qui, après la fermentation tumultueuse, conservent encore une petite quantité de sucre de fruit non·transformé en alcool ; cette petite quantité de mucilage donne aux vins de l'onctuosité, de la moelle.

Pour l'obtenir, il est nécessaire d'augmenter la densité du moût. Dans la Gironde, on y parvient en laissant *pourrir* les raisins blancs et en ne les vendangeant, à plusieurs reprises, que lorsque la pellicule a acquis une teinte brune.

La densité des moûts est de 12 à 15° ; telle est la pesanteur spécifique des moûts des *centres* et des *queues* des vins de Sauternes, Barsac, Bommes, Preignac, etc., dans une année favorable à la maturité. Ces vins tiennent le milieu entre les vins secs et les vins de liqueur.

Les vins blancs liquoreux sont ceux qui conservent, après leur fermentation alcoolique, une partie considérable de matière sucrée, qui leur donne une grande douceur. Il faut que la densité du moût soit plus forte que celle qui est nécessaire pour obtenir des vins simplement moelleux, et pour que ces vins conservent leur douceur en vieillissant, elle doit être de 15 à 20°. C'est ce qui a lieu pour les *têtes* des grands vins blancs des communes de la Gironde citées plus haut pour leurs vins moelleux, ainsi que pour la plupart des vins de liqueur naturels, français et étrangers.

Donc, en augmentant, par l'action de la chaleur solaire, la densité du moût produisant des vins secs, on obtiendra des vins moelleux. Les vins moelleux seront à leur tour transformés en vins de liqueur en augmentant leur densité. C'est ce que s'efforcent de mettre en pratique les propriétaires des grands crûs de vins blancs de la Gironde. Nous allons donner des détails sur leur méthode de vinification.

Vinification des grands vins blancs de la Gironde. — Les grands vins blancs se récoltent sur les communes de Sauternes, Barsac, Bommes et Preignac ; ces quatre communes sont limitrophes. La nature du sol et les expositions varient. Barsac et Preignac sont deux communes mitoyennes, séparées par la petite rivière du Ciron. Elles bordent toutes les deux la Garonne ; leurs territoires forment deux vastes plateaux sans monticules sensibles, s'élevant, par une pente très-douce, des bords de la Garonne jusqu'à la limite extrême des deux communes, près du village de la Pinesse dans le haut Barsac, et près de celui de Boutoc dans le haut Bommes. Le sol, qui est rougeâtre, et qui renferme des traces d'oxyde de fer, est pierreux et rocailleux ; les vignes des deux communes, surtout celles du haut Barsac, n'ont pu être plantées qu'après que la surface du sol a été débarrassée des débris de roches, de pierres dures, dont la décomposition forme une partie du sol. Nous avons remarqué une grande similitude entre le sol de Barsac et celui de Saint-Émilion.

Les deux communes de Sauternes et Bommes sont contiguës ; elles sont situées entre Preignac et Pujos ; le sol est, en grande partie, formé de graves de cailloux ; ce sont des coteaux formant des ondulations en tous sens, comme dans les graves du Médoc, dont le sol a beaucoup d'analogie avec celui des deux communes dont nous parlons.

Cépages. — Les cépages produisant les grands vins sont le *sauvignon* et le *sémillon ;* on y trouve quelques pièces de vignes plantées en *raisinotte,* ou muscadet doux.

Le sauvignon. — Ce cépage donne des raisins petits, dont les grains, également petits, sont serrés les uns contre les autres ; leur goût musqué est très-fin ; le vin qu'il donne réunit à beaucoup de séve et de bouquet un titre alcoolique élevé.

Le sémillon. — Raisin de grosseur et de grains moyens :

goût fin, moelleux. Le vin qu'il donne conserve, à densité de moût égale, plus de moelleux que celui de *sauvignon*; il s'évente promptement et *roussit* si on néglige de le tenir et de le soutirer à l'abri du contact de l'air, ou si on le transvase à l'avance des bouteilles dans des carafons.

La réunion de ces deux cépages forme la base des grands vins blancs et réunit les qualités dont l'ensemble constitue des vins parfaits : finesse de goût, séve et bouquet agréables et très-prononcés, réunis à beaucoup de moelleux.

La raisinotte, nommée aussi muscadel doux. — Ce cépage, que quelques propriétaires de Barsac cultivent avec les deux premiers cités, donne des raisins de grosseur et de grains moyens, dont le goût participe de celui du *muscat* et de celui du *sauvignon*. Parvenus à leur maturité les grains sont tachetés de brun ; la pellicule, très-mince, se crève facilement, s'il survient des pluies à l'époque des vendanges ; les guêpes y font aussi beaucoup de ravages. Le vin qui en provient participe des qualités des vins des deux cépages précédents.

Les trois cépages que nous venons de désigner sont les seuls qui soient cultivés actuellement dans les crûs produisant les meilleurs vins. Autrefois, on mélangeait dans les crûs ordinaires quelques pieds des cépages dont nous allons donner l'énumération, et qui produisent des raisins en plus grande abondance, mais en donnant des vins secondaires, plus communs et moins moelleux. Plusieurs de ces cépages ont des raisins de maturité tardive ou dont l'épiderme (la pellicule), très-dure, se pourrit difficilement et donne des moûts trop aqueux. Les propriétaires ayant intérêt à obtenir des moûts très-riches en matières sucrées et de la plus grande finesse de goût possible, ont arraché ces cépages, qu'ils ont remplacés par le *sauvignon,* le *sémillon* et la *raisinotte.*

Cépages produisant les vins secondaires. — Les cépages dont l'énumération suit sont le plus souvent mélangés avec les cépages déjà cités, surtout dans les communes voisines de Barsac et de Sauternes, telles que Cérons, Podensac, Pujos, Toulenne, etc. Ces cépages sont : le *prue-ras,* la *malvoisie,* le *verdot blanc,* le *cruchinet,* le *blanc-muscat* et la *chalosse dorée* ou *petite chalosse.*

Les cépages produisant les vins communs d'Entre-deux-Mers sont : l'*enrageat,* appelé aussi *pique-poule* et *folle-blanche,* qui est très-productif ; le *blagnais ;* le *verdot gris,* le *jurançon* et la *grosse chalosse,* qui produisent abondamment, mais ne donnent que des vins communs.

Soins à donner à la culture. — Les soins généraux donnés à la culture varient peu entre les communes produisant les grands vins et les communes voisines qui donnent les vins secondaires.

La généralité des vignes (surtout dans les petites propriétés) produisant les vins secondaires est cultivée en joualle.

Cette méthode, qui, sous le rapport de la production, est bonne, consiste à laisser, entre deux rangs de vignes (les deux rangs ou réges forment une joualle), un espace vide qui est utilisé pour la culture du blé, du maïs ou des pommes de terre nécessaires à la consommation du cultivateur et à la nourriture des bestiaux pendant l'année. On rencontre aussi dans les vignes des arbres fruitiers, tels que des cerisiers, des pêchers, etc.

Les grands propriétaires évitent la culture des céréales dans les joualles, ainsi que celle des arbres fruitiers, qui, par l'étendue de leurs racines et leur ombrage, nuisent à la végétation et à la bonne maturité du raisin (1). Les cultu-

---

(1) Les joualles existent, mais ne sont pas ensemencées ; elles se labourent et servent à aérer davantage les vignes.

res diverses en joualles, outre l'inconvénient de l'ombrage, de la trop grande humidité qu'elles entretiennent aux pieds des ceps, du défaut d'aération, peuvent modifier à la longue la nature du sol, par les débris des fumures trop fréquentes, des racines, tiges, etc., qui restent sur le sol et dont les eaux pluviales entraînent les sucs contre les racines de la vigne.

Vendanges. — Manière d'essayer la densité du moût. — Lorsque la maturité est près de s'accomplir, que les raisins sont verrés complétement, on opère l'effeuillage d'après les indications déjà données (page 170), et on laisse, non-seulement terminer naturellement la maturité, mais *pourrir* le raisin, sans chercher à arrêter l'ascension de la séve en tordant la grappe ou en effeuillant trop tôt.

Il ne faut pas croire que les raisins soient gâtés parce qu'on les laisse pourrir ; la pourriture que l'on recherche est une sorte de dessiccation naturelle effectuée par la chaleur solaire, qui évapore une partie de l'eau de végétation, concentre les parties sucrées ainsi que les principes séveux et aromatiques, et rôtit le raisin pour ainsi dire.

Lorsque le temps est sec à l'époque des vendanges, les raisins restent quelque temps, une quinzaine de jours environ, parfaitement mûrs sans que la pellicule se détériore, mais, peu à peu, par suite de l'excès de maturité, la chaleur du *soleil,* transformant, *comme on sait,* l'acide tartrique en sucre, exerce son action sur l'épiderme ; la pellicule, de rousse ou dorée qu'elle était, devient brune, perd sa consistance et se pourrit. C'est alors que commence la dessiccation : la chaleur solaire pénètre à travers les pellicules amincies et volatilise l'eau de végétation. Il en résulte que les vins blancs sont d'autant plus alcooliques et sucrés, que la densité du moût est plus grande.

Essai de la densité du moût. — Il est facile,
avant de vendanger, de se rendre compte du degré de dessiccation du raisin, par l'essai de la densité du moût. Il
suffit pour cela de cueillir quelques grappes (de quoi obtenir
trente centilitres, deux verres de moût). On prend des
grains de plusieurs cépages, qui ne soient ni trop rôtis ni
trop aqueux, enfin tels que serait l'ensemble de la trie (1).
Il faut exprimer le moût et en constater la densité à l'aréomètre pèse-sirop de Baumé, ou au gleuco-œnomètre de
Cadet de Vaux. Ces deux instruments sont basés sur les
mêmes principes, et les degrés de densité correspondent
l'un à l'autre. Toutefois, la plupart des gleuco-œnomètres
n'étant gradués que de 0 à 15°, il est préférable d'employer
le pèse-sirop pour les moûts très-riches en matières sucrées.

On observe la densité. Si le moût essayé ne pèse que 12,
13 ou 14°, il ne faut pas espérer faire des vins qui conser-
veront leur douceur, leur moelleux en vieillissant ; si on
veut faire des vins de *tête* doux, *ayant cette saveur inimitable de rôti* qui est si estimée, il est nécessaire de laisser
augmenter la densité du moût jusqu'à ce qu'il marque à
l'aréomètre de 18 à 20°. Donc, on ne peut faire des vins se
conservant doux qu'en renonçant à la quantité.

Il résulte d'observations nombreuses faites sur la densité
du moût des grands vins blancs des années favorables à la

(1) La récolte des vins blancs supérieurs se divise en plusieurs tries ou
vendanges partielles ; chaque trie présente des moûts de densité inégale et
est *mise en barriques à part*, ce qui fait que la même récolte, dans la même
propriété, produit des vins qui diffèrent essentiellement entre eux de goût,
de densité et de valeur. On désigne à Barsac et à Sauternes, sous le nom de
têtes, les vins les plus liquoreux ; de *centres*, les tries ayant produit des vins
moelleux ; les *queues* sont le produit des tries les moins riches en sucre de
raisin, et, lorsque les vendanges sont pluvieuses ou que les raisins ne sont
pas pourris, ces derniers vins sont secs.

.maturité et au cueillage des raisins, que cette densité varie de 12 à 20°.

Ce n'est qu'à partir de la moyenne (16° de densité), que ces vins peuvent être susceptibles de conserver de la douceur en vieillissant ; à 12, 13 et 14°, la fermentation transforme les parties sucrées en alcool d'une manière à peu près complète ; à part quelques rares exceptions, on ne rencontrera pas de vins blancs de ce genre, faits dans ces conditions, et ayant, en vieillissant, conservé de la douceur.

La moyenne de densité des *centres* des grands vins blancs est de 16°. A ce titre, ils peuvent se conserver longtemps moelleux; mais leur degré alcoolique étant très-élevé, ils laissent à désirer sous le rapport de la douceur. Une densité de 18 à 20° est bien préférable. C'est, du reste, le maximum des *têtes* (tries les plus sucrées) des mêmes propriétés.

Par exception, on a constaté, en 1865, que quelques barriques ont présenté une densité de 30° couverts, mais cette concentration extrême du moût est trop forte : les vins sont trop longs à se développer ; ils restent pâteux pendant plusieurs années.

Voici quel est le rapport du titre alcoolique obtenu des *têtes* des grands vins blancs après leur fermentation et la densité des vinasses après la distillation ; en un mot, *quelle est la quantité d'alcool pur et la quantité de sucre de raisin qu'ils renferment, lorsqu'ils ont entièrement terminé leur fermentation sensible,* c'est-à-dire après leur première année. Nous avons constaté les résultats suivants dans les *têtes* des vins du château du Haut-Vigneau (Haut-Bommes), 1er crû classé, appartenant à M. le vicomte de Pontac, récolte de 1862, deuxième trie. L'expérience en a été faite par nous, en février 1864 (seize mois après la récolte).

Les moûts des *têtes* avaient atteint 20° de densité au gleuco-œnomètre (1), au sortir du pressoir.

Le titre alcoolique obtenu a été de. . . . . 15° 6/10ᵉˢ

La densité des vinasses (sucre de raisin contenu dans le vin après sa fermentation et distillation) . . . . 8° 5/10ᵉˢ

On peut se rendre compte très-facilement du titre alcoolique et de la densité avec le même échantillon. Nous avons opéré de la manière suivante :

Titre alcoolique. — Nous avons mis dans une éprouvette graduée en verre, 20 centilitres de vin destiné à être distillé ; nous avons ensuite versé ce vin dans la chaudière d'un alambic d'épreuve de Collandeau (on peut se servir de tout autre appareil, de celui de Salleron, d'Arnal, etc.) ; puis, après avoir vissé le col du *chapiteau* de la chaudière et rempli le *réfrigérant* d'eau froide, nous avons allumé une lampe à esprit de vin, que nous avons placée sous la chaudière ; la distillation s'est effectuée à petit feu ; nous avons placé sous le serpentin l'éprouvette, après l'avoir rincée à l'eau distillée et rafraîchi l'eau du réfrigérant à

---

(1) M. le vicomte de Pontac est un de ces rares viticulteurs qui cherchent tous les moyens possibles d'améliorer leurs produits. Ses vins ont gagné beaucoup en qualité depuis plusieurs années, par les soins qu'il apporte à la culture et à la vinification. On tient note au Haut-Vigneau de la densité du moût de chaque trie. La densité se constate lorsque tout le moût d'une trie pressée, en sortant du pressoir, a passé dans la gargouille (petite cuve placée sous le pressoir) et avant de le mettre en barriques. On a soin d'agiter le liquide et d'en prendre un échantillon. On est en quelque sorte fixé dès les vendanges sur l'avenir des vins, et, en outre, on peut bien mieux apprécier dans les années chaudes le degré de dessiccation que doit acquérir le raisin que lorsqu'on opère le cueillage à tâtons, sans se rendre compte des densités.

Il est ainsi très-facile, connaissant le plus ou le moins de densité des moûts avant leur fermentation, de mieux apprécier les vins et de comparer les différences produites dans leur constitution.

plusieurs reprises ; la distillation a été arrêtée en éteignant la lampe lorsqu'il y a eu 8 centilitres (les 2/5es) de liquide distillé dans l'éprouvette. Nous avons alors versé dans celle-ci de l'eau distillée jusqu'à la limite des 20 centilitres de vin versés dans la chaudière ; le mélange a été agité. Il ne restait plus qu'à constater son titre alcoolique. Nous y avons plongé un thermomètre centigrade à esprit-de-vin et un alcoomètre centésimal ; la température du liquide distillé étant de 11°, nous l'avons amenée à 15° en chauffant légèrement l'éprouvette et en agitant le liquide ; le titre alcoolique du vin distillé était de 15° 6/10es d'alcool pur pour 100.

Densité. — La vinasse restant dans la chaudière de l'alambic a été retirée et versée dans l'éprouvette. Il y a été ajouté avec précaution de l'eau distillée jusqu'à la limite des 20 centilitres de vin versés dans la chaudière ; le liquide a été agité, refroidi à 15° centigrades. La densité, constatée au pèse-sirop de Baumé, a été de 8° 5/10es.

On sait que l'on ne peut se rendre compte de la densité exacte d'un vin, par rapport à la matière sucrée qu'il renferme en suspension, que lorsque l'alcool en a été extrait, parce que l'alcool qu'il renferme, étant plus léger que l'eau, détruit les indications données par l'aréomètre ; il est donc nécessaire de l'extraire.

Si l'appareil distillatoire est très-petit, tel que l'appareil Salleron, on ne peut utiliser les vinasses, se rendre compte de leur densité qu'en les dédoublant avec assez d'eau pour que l'aréomètre puisse flotter dans le liquide ; on tient compte alors de la quantité d'eau employée.

On peut, sans distiller, se rendre un compte exact de la quantité de matière sucrée qu'elles renferment. Pour cela, on en mesure une petite quantité, 30 centilitres par exemple,

que l'on met ensuite dans un vase en faïence ou en métal
étamé, près d'un feu doux, jusqu'à ce que, par l'ébullition,
le liquide ait diminué d'un tiers ; l'alcool étant entièrement
volatilisé, on retire le vase du feu, on ajoute de l'eau jusqu'à
la limite des 30 centilitres, on laisse refroidir, on agite le
mélange, on constate sa densité. A part la matière sucrée,
il existe dans tous les vins des sels végétaux et minéraux,
des matières colorantes, etc., qui augmentent leur densité,
et dont il faut tenir compte ; les vins nouveaux en renferment plus que les vieux. Ces matières donnent parfois de 1
à 2° de densité, mais en laissant refroidir et reposer les
vinasses d'un jour à l'autre, une grande partie des sels se
cristallise ou se dépose.

Cueillage. — Lorsque les raisins qui ont été effeuillés
avec soin vers leur maturité sont pourris et parvenus au
degré de dessiccation convenable, on commence à vendanger. Les vendanges ne peuvent se faire que partiellement,
et par tries. On cueille à la première trie les grains pourris
et assez desséchés. Il arrive souvent qu'une partie du
raisin, la partie supérieure, celle tournée du côté du sud,
et par conséquent la plus exposée au soleil, est pourrie,
lorsque la queue et la partie exposée au nord sont encore
intactes ; on vendange alors grain par grain et on laisse
sur pied les parties de raisins non pourries.

On fait une seconde trie dès qu'il y a assez de raisins ou
de grains convenablement pourris ou desséchés. Le nombre
des tries est indéterminé : cela dépend de la température
plus ou moins chaude, sèche ou pluvieuse de l'année, de
l'étendue et des expositions plus ou moins favorables des
vignobles, etc. Lorsque la température est favorable, on
fait au moins *trois* grandes tries ; mais lorsque la température est froide, que le temps est très-humide, de crainte

de voir perdre la récolte, on est obligé de cueillir les raisins non-seulement sans qu'ils soient assez pourris, mais
même parfois sans qu'ils aient atteint leur maturité complète, car l'humidité, en dilatant et crevant la pellicule,
livre la partie charnue et liquide du raisin au contact de
l'air. Dans de telles conditions, ces grains fermentent et
passent rapidement de la fermentation alcoolique à l'acidité et même à la putridité, surtout si les pluies continuent.

Il faut, dans ces mauvaises années, surveiller attentivement la récolte, *détacher les grains gâtés,* afin que la con-
tagion ne se propage pas. Toutefois, il ne faut pas trop se
hâter de vendanger : un changement brusque de température, de conditions atmosphériques, peut survenir, la pluie
peut cesser ; en un mot, le propriétaire ne doit sacrifier la
qualité que lorsque tout espoir de l'obtenir est perdu, et
que la récolte menace de se perdre sur pied.

Foulage, mise en barriques. — Les précautions et
soins de lavage du pressoir sont les mêmes que pour les
vins rouges, si ce n'est que l'on éponge avec de l'eau, et
non avec de l'alcool.

Les grains et les parties de raisins pourris sont mis, du
baquet en bois des coupeurs, dans des comportes, où on les
tasse et presse légèrement avant de les porter au pressoir,
dans lequel on les foule complétement à plusieurs reprises.
Le moût coule du pressoir dans un *douil,* en passant à travers un panier à claies en osier, où sont retenus les grains
et les pellicules qu'il aurait pu entraîner. On relève la vendange en tas et on opère une première pression ; lorsqu'il
ne coule presque plus de moût, on desserre, on défait le tas
et on foule de nouveau pour presser une seconde fois ; on
taille ensuite le marc à plusieurs reprises et on l'exprime
jusqu'à siccité.

Le moût provenant du foulage et des pressions est réuni dans un douil ; le moût provenant du foulage n'est pas toujours le plus riche en matière sucrée, surtout lorsque les raisins sont bien pourris ; c'est, dans ce cas, le moût des premières pressions qui est le plus riche. La vinification des grands vins blancs ne diffère de celle des vins blancs ordinaires que par les triages.

Les barriques destinées à recevoir les vins doivent être préparées à l'avance ; cette préparation consiste à les laver à l'eau bouillante, à les rincer ensuite à l'eau fraîche et à les laisser égoutter.

Le moût réuni dans le douil (*gargouille*) est versé le soir même dans les barriques que l'on emplit jusqu'à 5 centimètres de la bonde, afin de laisser l'espace nécessaire à la dilatation provoquée par la fermentation ; mais dès que l'écume apparaît, le lendemain, à la surface, on ouille, afin de la faire déverser hors de la barrique et de dégager ainsi le vin d'une partie de ses ferments naturels.

Procédés divers pour augmenter la densité des moûts. — Voici divers moyens d'augmenter la densité des moûts des raisins blancs ou rouges, dans le but de faire des vins de liqueur ou moelleux, sans employer de matières sucrées étrangères à la vigne :

Les procédés que nous allons décrire sont employés surtout dans les contrées froides, en Allemagne, etc., soit pour faire des vins de liqueur, ou simplement pour améliorer les vins ordinaires, les rendre moelleux et détruire l'acide tartrique que les raisins verts contiennent en excès. On fait des vins de liqueur lorsque la densité des moûts dépasse 14° au pèse-sirop ; au-dessous de 14°, les vins ne se conservent pas liquoreux ; il est d'ailleurs très-facile de régler la densité que l'on veut obtenir par des essais préalables.

On ne doit employer ces procédés que lorsqu'il y a impossibilité d'augmenter naturellement la densité par la chaleur solaire, ou lorsque les cépages cultivés sont de maturité tardive ou qu'ils ont la pellicule épaisse. On ne les emploie par conséquent que pour l'amélioration des vins ordinaires. Nous avons obtenu de bons résultats en traitant des raisins du Brannais, du cépage blanc le plus commun de la Gironde, l'*enrageat,* par la dessiccation au four jusqu'à ce que le moût ait atteint 17° : le vin avait conservé beaucoup de moelleux, il avait perdu son acidité, il laissait seulement à désirer sous le rapport du bouquet et de la séve.

1° Les raisins sont cueillis aussi mûrs que possible ; on trie les grains gâtés, et on les expose au soleil sur de la paille ou des planches pendant plusieurs jours. On a soin de les placer, la nuit, dans des greniers secs et aérés.

2° Lorsque le temps est pluvieux, ou que la température est froide, on remplace la chaleur solaire par la chaleur d'un four. A cet effet, on place les raisins sur des claies, et on les introduit dans un four après que l'on a sorti le pain. Une étuve dont la chaleur serait maintenue à environ 50 ou 60° remplirait le même but. On arrête la dessiccation lorsque la densité a été convenablement augmentée par la volatilisation d'une partie de l'eau de végétation, et par la transformation de l'acide tartrique en glucose.

Quant à l'augmentation de la densité par une matière sucrée étrangère, outre les dépenses que ces opérations occasionnent et le mauvais goût communiqué au liquide par quelques-unes de ces matières, nous désapprouvons leur emploi, parce que ces substances ne remplissent pas le but : nous parlons des vins ordinaires des contrées froides, où les raisins, moins mûrs, sont chargés d'acide tartrique. La chaleur, comme on sait, transforme en glucose (sucre de fruit) cet acide qui donne la verdeur. A défaut de chaleur naturelle, la chaleur artificielle remplit le même but. Le sucre ou le sirop ne s'emploie que pour augmenter la densité des vins de liqueur du Midi de qualité commune. L'introduction, dans les moûts pauvres en densité, d'une certaine quantité de sirop vierge, ou mieux de sirop de sucre candi, donne, il est vrai, un vin moelleux sans mauvais goût; mais cette douceur est fade, on n'y trouve pas *ce goût de rôti que le soleil seul peut donner* (1), et qui fait que les vins blancs de tête des premiers crûs de la Gironde n'ont pas de rivaux. D'ailleurs, en siropant des vins déjà faits, on est forcé de les viner en leur donnant de 15 à 16° d'alcool, parce qu'au-dessous de ce titre on ne peut les conserver dans les conditions ordinaires sans qu'ils fermentent et louchissent.

(1) Cette saveur inimitable paraît due à une sorte de caramélisation de la matière sucrée par l'action de la chaleur du soleil, qui a lieu lorsque, dans nos climats, l'automne est sec et chaud, et que les premiers cépages de raisins blancs ont été laissés sur pied jusqu'à ce que la pellicule, par l'excès de maturité, brunisse et se fende. Dans ces conditions, lorsque le temps se maintient chaud, une partie de l'eau de végétation se volatilise rapidement, la matière sucrée se concentre dans ces raisins à demi desséchés et acquiert ce goût si recherché.

CHAPITRE XI.

HUILES ET VINAIGRES.

Diverses huiles comestibles. — Fabrication. — Soins. — Épurations. — Traitement de la rancidité. — Décoloration. — Tirage en bouteilles et expéditions. —
Huile de pepins de raisins, comestible et à brûler. — Vinaigres. — Méthodes
diverses de fabrication. — Manipulations. — Soins. — Expéditions.

Huiles comestibles. — Les principales huiles comestible sont : l'huile d'*olive, d'œillette* ou *pavot, d'arachide*. Un grand nombre de végétaux donnent des huiles qui
pourraient servir à l'alimentation, mais qui se trouvent
rarement dans le commerce. Tels sont les *noix*, les *pepins
de raisin*, le *sésame*, le *madia saliva*, la *faine*, etc.

L'huile d'olive est la plus connue ; elle se prépare avec
les fruits de l'*olea curopœa*, ou olivier, dont il existe plusieurs variétés. L'olivier se cultive en Provence, en Italie,
en Espagne, en Grèce, etc. La manière d'extraire l'huile
influe beaucoup sur sa qualité. Nous allons indiquer les
meilleurs procédés d'extraction.

Les olives mûrissent dans le midi de la France, en Italie,
en Espagne et en Grèce, de la fin du mois d'octobre à celui
de décembre, selon le climat. La couleur de l'olive mûre est
bleu-noirâtre. Pour obtenir des huiles surfines, il faut
cueillir les olives sans leur laisser dépasser leur point de
maturité, parce que, dans cet état, elles donnent à l'huile
un *goût de fruit* plus prononcé que lorsqu'on les laisse

plus longtemps sur les arbres. On opère la cueillette à la main, autant que possible ; on met à part les olives tombées de l'arbre avant d'être mûres, etc. Le fruit est porté dans un cellier planchéié, sur le sol duquel on a étendu des sarments et de la paille. Les olives se mettent en tas sur cette paille ; là, elles ne tardent pas à s'échauffer et à laisser écouler une partie de leur eau de végétation. Lorsqu'elles ont acquis un degré de chaleur suffisant pour accélérer l'extraction de l'huile, on doit les presser sans les laisser *moisir* sur les tas.

Il existe plusieurs genres de presses et de moulins à huile. Un des plus simples, et qui donne néanmoins de bons résultats, est celui de M. Marquisan ; il permet de presser la pulpe du fruit séparément, ce qui donne une huile vierge supérieure. La pulpe et l'amande se passent deux fois au moulin et à la presse.

Dans le sud de l'Italie, en Espagne et en Grèce, on suit, pour l'extraction de l'huile d'olive, les procédés les plus défectueux. Nous avons vu, en Morée, fabriquer l'huile de la manière suivante : les olives, mûres déjà depuis longtemps, sont cueillies vers la fin du mois de novembre (1) ; on ramasse tout sans triage : olives tombées de l'arbre, olives pourries, etc. Ces fruits sont mis en tas dans des celliers, où on les laisse pendant des mois entiers. Ces olives fermentent, s'échauffent, finissent par acquérir un odeur forte et un goût âcre, et enfin se moisissent. C'est alors qu'on les porte au moulin. L'huile qu'on en retire a un goût fort et âcre, qui prend à la gorge ; elle est souvent rance, et il faut y être habitué pour pouvoir en faire usage.

Soins, épuration ; traitement des huiles rances ; décolo-

---

(1) Les habitants du pays préfèrent laisser passer la maturité, parce qu'ils retirent un peu plus d'huile que lorsque l'olive est à point.

ration. — Les huiles exigent, pour se conserver, les mêmes soins que les vins, c'est-à-dire qu'il faut les garder dans des locaux à température régulière, et en fûts bien bondés ; il faut les préserver avec soin du contact de l'air, car l'oxygène les ferait promptement rancir, surtout si la température du local était élevée. Les huiles s'épurent d'elles-mêmes par le repos ; elles déposent des *crasses,* qui ont une couleur noirâtre et dont il convient de les débarrasser par la décantation ; mais elles gardent souvent pendant très-longtemps des corps en suspension, et on est presque toujours forcé de les filtrer pour accélérer leur épuration.

Filtration. — Les filtres les plus ordinaires sont formés de cuves à doubles fonds très-épais, et percés de trous coniques. Ces trous forment autant d'entonnoirs que l'on garnit de coton. Le coton doit se placer sans trop le tasser, et bien régulièrement. Sur ce double fond, on met plusieurs couches de paille et de noir animal lavé. Lorsqu'on a ainsi traité des huiles louches et trop chargées en couleur, on obtient un produit décoloré et limpide ; mais il faut avoir une grande pratique pour bien disposer le filtre.

Lorsque les huiles sont *rances,* on y ajoute un vingtième de carbonate de magnésie, et on les fouette fortement, plusieurs fois par jour, pendant une semaine. On décante ensuite et on filtre.

On rend la filtration plus facile en fouettant, au préalable, l'huile louche avec un vingtième d'eau : l'eau louchit et entraîne avec elle, en se séparant de l'huile, une partie des mucilages.

On rencontre souvent, dans le commerce, des huiles, dites *d'olive,* et mélangées, falsifiées avec des huiles communes d'œillette, d'arachide, etc. Plusieurs moyens ont été proposés pour reconnaître ces fraudes : les différences de densité, l'acide hyponitrique, l'acide nitrique, etc. ; mais

le plus souvent les négociants n'ont recours qu'à la dégustation comparative des échantillons présentés. Dans la pratique, ce moyen suffit pour éviter de se charger de marchandises suspectes.

Expédition des huiles. — Les huiles s'expédient en fûts
et en caisses; l'expédition en fûts n'offre rien de particulier, si ce n'est le rebattage, qui est parfois assez difficile à
exécuter, parce que l'huile a rendu les parois des douves
très-glissantes. On remédie à cet inconvénient en essuyant
l'huile avec du sable bien sec. Les bouteilles d'exportation
varient beaucoup de forme et de capacité; les expéditions
les plus fréquentes se font en bouteilles de verre blanc, de
forme bordelaise (petits frontignans contenant de 65 à 70
centilitres). Pour certains pays, on demande des demi-
bouteilles de 35 centilitres et quelquefois d'une contenance
moindre. Les expéditeurs doivent conformer leurs envois
aux habitudes et aux usages des pays de consommation.
Nous avons expédié des huiles dans des flacons carrés, des
bouteilles allongées, etc.

Tirage en bouteilles. — L'huile doit être d'abord parfaitement épurée; on perce la pièce avec une tarière, et on y
adapte deux robinets, afin de donner assez de bouteilles au
boucheur, car l'huile coule très-lentement, surtout si la
température est basse. Pour accélérer le tirage, on adapte
un soufflet à la pièce, et, par la pression, on force le
liquide à sortir plus vite. On gardera l'huile, en hiver surtout, dans des caves, et si elle était figée, on remplirait un
peu moins les bouteilles. Les bouchons doivent être de
bonne qualité et bien souples. On choisira les bouchons
surfins et courts.

Presque toujours les bouteilles d'huile sont capsulées.
On emploie deux genres de capsules : les capsules en feuilles d'étain (dites *estagnoles*), et les capsules à la mécanique.

Les capsules en feuilles se découpent selon la grandeur
des flacons, et *se collent* à l'aide d'un pinceau, comme pour
les bouteilles champenoises, autour du col de la bouteille et
en recouvrant le bouchon. Les capsules à la mécanique se
placent de la même manière que les capsules à vin ordinaire. Il en est de même des étiquettes, du papier, de l'emballage et des caisses. Toutefois, pour certains pays, on
demande des paniers de douze bouteilles ; mais, à moins de
commande spéciale, la caisse bien emballée offre plus de
garantie, de solidité que le panier.

Huile de pepins de raisins. — On peut retirer des
pepins de raisins de l'huile comestible et de l'huile excellente pour la lampe, car elle brûle sans odeur désagréable.
Après avoir extrait des marcs, par la pression, le lavage,
la distillation, ou par un moyen quelconque, tout l'alcool
qu'ils renferment, au lieu de jeter ces résidus sur le fumier,
on les réunit dans une petite cuve plate contenant déjà un
quart de sa contenance d'eau et que l'on remplit de marc
jusqu'à moitié ; on brasse ensuite fortement le résidu avec
un rable, afin de séparer les pepins des pellicules, puis on
finit de les faire tomber au fond de la cuve, en les brassant
sur une claie en fils métalliques ou un panier en osier dont
les mailles ont un écartement de 5 millimètres environ,
afin de laisser passer les pepins et de retenir les pellicules.
Les pepins étant triés et lavés, on les fait sécher en les
étendant, par couches très-légères, dans des greniers aérés,
ou mieux au soleil, sur des toiles ; on les remue très-
souvent ; lorsqu'ils sont secs, on les vanne et on les passe
à la meule, en ayant soin de les humecter d'eau chaude,
afin d'éviter l'empâtement de la meule ; on les réduit ainsi
en farine aussi fine que possible ; car, plus la farine est
divisée, plus grand en est le rendement en huile.

Huile comestible. — On délaie la farine de pepins avec de l'eau froide, en petite quantité, de manière à en former une pâte de moyenne consistance ; on soumet ensuite cette pâte à la presse, en l'ensachant, au préalable, dans de petits sacs en crin. L'huile qui s'écoule est mélangée d'eau ; on sépare ces deux liquides par décantation. Le produit de cette première pression à froid, que l'on pourrait appeler huile vierge de pepins, est très-bon pour la table.

Huile à brûler. — On retire la pâte des sacs et on la délaie dans une chaudière avec de l'eau préalablement chauffée à 50° environ (on y délaie directement la farine de pepins lorsque l'on n'a pas retiré l'huile comestible à froid) ; on en forme ainsi une sorte de pâte de consistance molle et bien homogène ; on doit éviter, en remuant constamment, qu'il ne se forme des grumeaux ; puis on allume le feu sous la chaudière. La chaleur doit être modérée (environ 75° au centre de la pâte), et, pendant son action, on remue constamment avec une spatule, jusqu'à ce que l'on s'aperçoive, à son brillant, de la présence de l'huile à la surface. On presse la pâte sans retard, avant qu'elle se refroidisse ; on reprend ensuite ce marc, que l'on délaie et presse de nouveau afin d'en retirer l'huile le plus complétement possible.

Les tourteaux servent à plusieurs usages : pour la nourriture du bétail, comme combustible, etc.

On a obtenu un rendement de 10 p. 100 d'huile sur 100 parties en poids brut de pepins, ce qui est considérable pour des matières premières à peu près sans valeur commerciale.

Vinaigres. — *Méthodes diverses de fabrication.* — Les vinaigres peuvent se fabriquer avec tous les jus fermentables et les alcools ; c'est ainsi que, dans certains pays, on en fabrique avec de la bière, du cidre, du poiré, du bois (acide pyroligneux), des mélasses, des sucres, de l'acide acétique étendu d'eau, des alcools, etc.

On sait que la base du vinaigre est l'acide acétique ; nous n'avons à nous occuper ici que de la fabrication des *vinaigres de vin,* dont les meilleurs, les plus recherchés pour la table, se font avec des *vins blancs droits de goût.*

Dans la préparation du vinaigre de vin, l'alcool que renferme celui-ci se transforme, par l'action de l'oxygène de l'air, en acide acétique. Cet effet a lieu par une sorte d'oxydation. Le vinaigre fait avec des vins blancs corsés et francs de goût est recherché à cause de *l'arome agréable qu'il exhale,* et qui est dû à des principes éthérés. Il doit être acide sans être âcre. Ce sont ces qualités qui le font apprécier par les connaisseurs.

A Bordeaux, on fabrique les vinaigres par deux méthodes principales, que l'on emploie quelquefois simultanément. La première est la méthode dite *orléanaise,* qui consiste à installer un chai de manière à ce qu'il soit bien clos, et qu'au besoin on puisse y renouveler l'air à volonté et y maintenir une température constante d'environ 25 à 30° centigrades. Pour ce faire, le chai doit être plafonné, et le sol bien affermi ou plutôt dallé ; on y établit un calorifère se chauffant à l'extérieur, et des ventilateurs se fermant et s'ouvrant à volonté. On y place, à différents endroits, des thermomètres pour s'assurer de l'invariabilité de la température. Cela fait, on pose des chantiers assez élevés pour pouvoir soutirer facilement ; on garnit ces chantiers de barriques fortes à cercles de fer de forte épaisseur et peints à cause de l'oxydation ; elles ont une large bonde et sont percées sur le maître-fond, aux trois-quarts environ de sa hauteur, d'une ouverture semblable à celle de la bonde. Ces barriques sont d'abord remplies de vinaigre de premier choix ; on les dégarnit d'un demi-quart de leur contenance, puis on met dans chacune 10 litres de vin blanc ; on laisse les deux ouvertures de la barrique ouvertes, on chauffe l'atelier, et tous les huit jours on retire 10 litres de vinaigre des *mères,* que l'on remplace par 10 litres de vin blanc, ainsi de suite. Lorsque l'on n'emploie que des vins blancs corsés et francs de goût, les *mères de vinaigre* deviennent très-acides et acquièrent une odeur pénétrante. Quelquefois on ajoute des ferments sur les *mères,* afin d'activer l'acétification.

Cette méthode est facile et donne des vinaigres excellents, mais elle a l'inconvénient d'être longue et beaucoup plus coûteuse qu'on ne le pense généralement, à cause du capital nécessaire au premier achat du matériel et à l'établissement de locaux spéciaux, capital dont on perd l'intérêt, sans compter le coût de la chauffe.

La seconde méthode est, à quelques modifications près, celle de Boerhaave. Ce procédé n'exige pas de locaux particuliers ; l'appareil se compose de trois cuves et d'une pompe ; l'ensemble de ces cuves se nomme, en termes du métier, *carreau.* On fait des carreaux de diverses dimensions, mais l'expérience a démontré que les carreaux qui dépassent la contenance de 20 à 40 hectolitres sont très-longs à acidifier les vins.

On construit et on installe un carreau de 30 hectolitres de la manière suivante : on fait faire une cuve réservoir qui peut se recouvrir à volonté, de la contenance de 30 hectolitres ; cette cuve, pour la commodité du service, est placée en contre-bas du sol, et on y verse ainsi très-facilement les vins destinés à faire du vinaigre. Près de cette première cuve, on en établit deux autres contenant chacune un peu plus de la moitié du réservoir, soit 18 hectolitres. Ces cuves ont une disposition spéciale : elles ont un ou plusieurs doubles fonds criblés de trous ; il est bon aussi d'y pratiquer le plus grand nombre possible d'ouvertures communiquant d'un côté à l'autre de la cuve par le moyen de tubes en bois et cannelés à jour, afin de faire circuler l'air avec facilité. Les cuves, qui se cerclent généralement en bois, se garnissent en partie avec des râpes aigres, bien vannées (ou que l'on a fait tremper pendant plusieurs jours dans de bon vinaigre) ; les râpes doivent être placées sans trop les tasser. Les deux cuves étant garnies (1), l'appareil est prêt à fonctionner. Pour cela, on remplit de vin la cuve-réservoir et on pompe ; le vin monte dans les cuves qui communiquent ensemble. On laisse séjourner le vin un jour sur les râpes, et chaque soir on le remet dans le réservoir en lâchant les robinets; ce sont de gros jaux en buis pour éviter l'oxydation dangereuse du cuivre ; on ouvre toutes les ouvertures, afin que l'oxygène de l'air agisse rapidement sur les râpes humides, et, le matin, on pompe les carreaux. En moyenne, il faut de vingt à quarante jours pour acidifier complétement un carreau, selon la température, la disposition des appareils et le titre alcoolique des vins. Ce système donne d'excellents résultats pratiques. Souvent on le combine avec le procédé d'Orléans, c'est-à-dire que l'on passe d'abord les vins à acidifier sur un carreau garni de râpes aigres avant de le vider dans les *mères*, et qu'un carreau spécial reçoit les vinaigres faits ; celui-ci se maintient garni de râpes imprégnées de vinaigre très-fort, ce qui finit de l'acidifier. La pompe servant à élever le vin à la surface des *carreaux* est en bois.

On accélère l'acidification en ajoutant à certains vins *des ferments*, tels que la levure de bière, le levain, etc., et en multipliant les surfaces en contact avec l'air. Nous

---

(1) Elles doivent contenir, une fois installées, 15 hectolitres de vin chacune.

avons obtenu de bons résultats de l'emploi auxiliaire des ferments, surtout dans les contrées chaudes et sur des vins très-spiritueux. C'est par le système de multiplication des surfaces que l'on parvient à fabriquer le vinaigre très-rapidement, et, pour ainsi dire, d'un jour à l'autre, mais en petite quantité, à moins d'employer des appareils très-vastes. Ainsi, en ajoutant au vin des ferments et en le forçant à parcourir lentement des surfaces ventilées et chargées de matières avides d'oxygène, l'acidification s'accomplit avec une rapidité extrême.

Beaucoup de gens considèrent comme des produits analogues tous les vinaigres dont *l'acide acétique* forme la base. Il est certain que la base est la même; toutefois, le bon vinaigre de vin renferme autre chose que *l'acide acétique*. Il renferme un peu d'alcool, des acétates divers, des acides tartrique, malique, etc., *des huiles essentielles et des éthers* qui lui donnent une odeur et un goût plus agréables.

Manipulations, soins. — Le vinaigre doit se conserver dans des fûts bien pleins, à l'abri du contact de l'air et se clarifier complétement. Ce dernier résultat est très-difficile à obtenir sur certains vinaigres; on y arrive cependant en y ajoutant, avant de les coller, 20 à 30 grammes de tannin par barrique. On peut préparer, pour le même usage, du vinaigre fortement tannifié avec du tan de chêne et en mettre quelques litres par barrique à clarifier. On les colle ensuite à la gélatine ou à la colle de poisson.

La clarification s'opère aussi à l'aide de la filtration à la chausse ; mais ce procédé est beaucoup plus coûteux que le collage et affaiblit les vinaigres. Leur décoloration s'obtient en les traitant par le noir animal lavé, comme les eaux-de-vie.

Beaucoup de vinaigres renferment des animalcules visi-

bles à l'œil nu : ce sont des anguillules très-vivaces.
M. Pasteur conseille de faire chauffer les vinaigres à 55°,
afin de détruire ces germes et d'aider ainsi à leur conservation.

Les vinaigres faibles doivent, lorsqu'ils ne renferment
plus d'alcool, être mélangés ou plutôt repassés sur des
mères très-acides. Quelques fabricants les remontent avec
le vinaigre radical ou l'acide acétique étendu ; mais ce
procédé les rend plus âcres et moins odorants que le premier. Lorsque les vinaigres faibles renferment encore
plusieurs centièmes d'alcool, on les remet en travail ; dans
ce cas, ce ne sont pas réellement des vinaigres faibles,
mais bien des vins non entièrement acidifiés. Le bon vinaigre de table doit peser 2° 1/2 couverts à l'acétomètre
ordinaire.

Les expéditions de vinaigres se font en fûts et en bouteilles, selon les pays. Dans le premier cas on les exporte
le plus souvent en barils ferrés, qui varient de contenance
selon les pays, les commandes des destinataires ou les
tarifs des douanes. Dans le second ils reçoivent les mêmes
soins que les vins ; ils sont capsulés, étiquetés, enveloppés
et emballés de la même manière, en bouteilles bordelaises,
en demi-bouteilles, quelquefois en flacons, selon les demandes.

CHAPITRE XII.

DISTILLATION; HISTORIQUE DE CET ART.

Appareils simples. — Chauffe-vin d'Argand. — Rectificateur d'Adam, de Bérard. — Appareil continu de Cellier-Blumenthal. — Appareil continu rectificateur de Derosne, etc.

DISTILLATION.

En quoi consiste cette opération. — La distillation consiste à recueillir les principes volatils d'un liquide en ébullition et à condenser ces vapeurs ; le liquide qui est formé par leur condensation est le produit distillé.

On obtient par cette opération des résultats très-différents, selon les liquides ou matières fluides soumises à l'ébullition, le degré de chaleur donné, etc. Tout le monde sait que l'eau de mer distillée produit de l'eau douce ; le vin, de l'eau-de-vie ; certains produits résineux, des essences, etc. Les sels minéraux et végétaux ne se volatilisent pas, ils restent dans la cucurbite ainsi que les combinés qui exigent une haute température pour se volatiliser ; dans le commencement de l'opération, les vapeurs les plus subtiles se dégagent, et ensuite, si le degré de chaleur est augmenté, le résultat offre une grande différence avec les premiers produits obtenus. Nous nous occuperons surtout de la distillation des matières fermentées dans le but d'en retirer de l'alcool, et des préparations avec l'alcool des liqueurs de table.

Toute matière à distiller dans le but d'en retirer de l'alcool, doit être préalablement fermentée et exige pour sa préparation préliminaire des procédés qui, tout en conduisant au même résultat, diffèrent selon les matières premières employées. Nous indiquerons les divers procédés pratiques en usage pour chacune.

Origine, historique de la distillation. — On ne connaît pas celui qui, le premier, a eu l'idée de recueillir les vapeurs dans un appareil fermé, ni l'époque de l'apparition de cet appareil. Les ouvrages de chimie et de distillation de MM. Lavoisier, Chaptal, Liebig, Lenormand, Girardin, Gay-Lussac, etc., s'accordent à dire que l'origine de la distillation se perd dans la nuit des temps. Afin de suivre pas à pas les progrès obtenus dans cet art, nous allons, aidé par les auteurs cités plus haut, indiquer les époques et les inventeurs à qui l'on doit les diverses améliorations et les perfectionnements des appareils modernes.

Les premiers écrits sur la distillation à l'aide d'appareils fermés datent du Ier siècle de l'ère chrétienne ; Dioscoride, qui vivait dans la première moitié de ce siècle, sous Tibère, parle d'appareils distillatoires qu'il désigne sous le nom d'*ambic*. Morewood a également décrit les appareils à distillation.

On croit que ce sont les Arabes qui ont les premiers perfectionné les appareils primitifs, nommés par eux *al-hambic*, expression formée de la réunion de deux mots. Dans les temps anciens, les procédés employés étaient très-imparfaits ; ainsi on raconte que les anciens Grecs, les premiers navigateurs de l'Archipel, employaient, pour se procurer de l'eau douce, le procédé qui suit : ils remplissaient des vases d'eau de mer, mettaient cette eau en ébullition et en recevaient les vapeurs avec des éponges ou de la laine placée au-dessus des vases. Rhazès, médecin de Carthage, et Albucasis, médecin arabe, ont, dans leurs écrits, parlé des procédés employés de leur temps pour extraire les principes aromatiques des plantes. Les vapeurs qui s'élevaient de la cucurbite se rendaient dans des chapiteaux, où la condensation s'opérait à l'aide de linges mouillés. Selon Albucasis, on distillait de son temps de trois manières différentes :

1. *Per ascensum,* c'est-à-dire par en haut (c'est ainsi que les appareils modernes à col de cygne opèrent) ;

2. *Per latus,* ou de côté, comme on opère avec les cornues ou les têtes de more ;

3. *Per descensum,* par en bas. On n'emploie plus cette méthode, qui consiste à mettre des aromates sous une plaque chauffée et, sous cette plaque, un vase qui ferme exactement et reçoit dans le fond le produit.

Avicenne, médecin-chimiste et philosophe arabe, qui naquit près de Bokara, vers 980 de l'ère chrétienne, et dont on a plusieurs écrits, compare le rhume de cerveau à une distillation : « L'estomac, dit-il, est la cucurbite, la tête est le chapiteau, et le nez est le réfrigérant par lequel s'écoule goutte à goutte le produit de la distillation. »

Ce récit établit qu'à cette époque, l'alambic, composé de ses trois principales pièces, était connu ; mais ce n'était encore que dans les laboratoires des alchimistes qu'il était employé. L'eau-de-vie, à cette époque, était regardée comme un remède possédant des qualités extraordinaires et dont la fabrication était, en outre, un grand secret.

Le premier auteur qui indiqua d'une manière précise la manière de distiller le vin fut Arnault de Villeneuve, né à Villeneuve, en Provence, en 1240, professeur à l'Université de médecine de Montpellier, lequel appliqua l'eau-de-vie et divers composés de vins à la médecine et aux préparations pharmaceutiques.

« Qui le croirait, dit-il, que du vin on pût tirer, par des procédés chimiques, une liqueur qui n'a ni la couleur du vin ni ses effets ordinaires ? Cette eau de vin, ajoute-t-il plus bas, est appelée par quelques-uns *eau-de-vie*, et ce nom lui convient puisque c'est une véritable eau *d'immortalité*. Déjà on commence à connaître ses vertus : elle prolonge les jours, dissipe les humeurs peccantes ou superflues, ranime le cœur et entretient la jeunesse ; seule ou jointe à quelque autre remède, elle guérit la colique, l'hydropisie, la paralysie, fond la pierre, etc. » (Arnaldi Villanovani Praxis, *Tractatus de vino,* cap. *de potibus,* etc. Édit. Lugduni, 1586.)

Arnault de Villeneuve mourut en 1313 ; un de ses élèves, Raymond Lulle, né à Majorque, en 1235, a écrit beaucoup sur l'eau-de-vie, et il enseigne les moyens à employer pour la rectifier et en retirer de l'alcool ou esprit ardent.

M. Girardin, professeur de chimie à Rouen, a écrit (*Chimie élémentaire,* p. 188) : « L'histoire de Raymond Lulle, un des plus célèbres alchimistes du moyen âge, est assez curieuse. Né d'une famille noble et riche, il passa les années de sa jeunesse dans les fêtes et les plaisirs ; l'amour le fit moine, chimiste et médecin. Éperdument amoureux d'une jeune fille de Majorque, la signora Ambrosia de Castalla, qui refusait obstinément de céder à ses vœux, il la pressa tellement qu'elle lui découvrit son sein que ravageait un affreux cancer. Raymond Lulle, frappé d'horreur, renonça au monde et rentra dans un cloître à l'âge de trente ans. Là, il se livra à l'étude de la théologie et à celle des sciences physiques avec l'ardeur qu'il avait mise dans ses folies de jeune homme. Bientôt après, ayant conçu l'idée d'une croisade, il entreprit d'immenses voyages en France, en Angleterre, en Allemagne, en Italie et en

Afrique, où il fut lapidé, prêchant le christianisme. Tout en voyageant sans cesse, il trouva le moyen d'écrire dans presque tous les pays, et souvent simultanément, sur la chimie, la physique, la médecine et la théologie. C'est sous Arnault de Villeneuve, professeur de médecine et alchimiste non moins célèbre, qu'il apprit la médecine et la chimie. Ses contemporains l'avaient surnommé le *docteur illuminé*. »

Après eux, du XIIIe au XVIIIe siècle, un grand nombre d'auteurs ont parlé de la distillation. Michel Savonarole, de Padoue, au commencement du XVe siècle ; Joseph Rubee, qui parle des serpentins plongés dans l'eau froide, et annonce avoir trouvé ce procédé dans les ouvrages des anciens, et Matthiole, ont aussi traité ce sujet; Nicolas Lefèvre, le docteur Arnaud de Lya, en parlent dans l'*Introduction à la chimie ou à la vraie physique* (Lyon 1655). A Amsterdam, en 1658, se publiait *Descriptio artis distillatoriæ novæ*, où J. Rodolphe Glauber indique plusieurs procédés très-ingénieux.

Philippe-Jacques Sachs, en 1661, publiait à Leipsick un traité complet de la culture des vignes, vinification et distillation de vins, *Vitis viniferæ ejusque partium consideratio*, etc.

Athanase Kircher, savant jésuite, parle de la distillation dans son traité de chimie publié en 1663; en 1690, J.-B. Pota, chimiste napolitain, a imprimé un traité sur la distillation, qui, à l'époque (fin du XVIIe siècle), fut en grande renommée.

En 1676, C. Lefèvre fit connaître un appareil qui donnait un titre plus élevé que les autres; Moïse Charas en parle dans sa *Pharmacopée* publiée dans la même année.

Berchusen, en 1718, Boerhaave, en 1733, indiquent dans les *Éléments de chimie* plusieurs procédés d'après

lesquels on pouvait obtenir, par une seule chauffe, un titre
plus élevé que par les procédés ordinaires.

Toutefois, jusque vers la fin du XVIIIe siècle, on ne
connaissait et ne se servait dans la pratique que de l'appareil simple, composé d'une cucurbite plus ou moins grande,
surmontée d'un chapiteau simple ou à réfrigérant, et d'un
serpentin faisant cinq à six tours, plongé dans une cuve
d'eau froide. C'est ce que nous appelons l'appareil simple
ou appareil ancien. En pharmacie la distillation au bain-
marie était connue, et la distillation à la vapeur indiquée
par plusieurs auteurs.

Argand, en 1780, commença la série des améliorations
en inventant le chauffe-vin, qui permettait d'accélérer
beaucoup les distillations, en les rendant presque continues
par l'introduction du vin bouillant dans la chaudière.

Édouard Adam, en 1800, imagina d'appliquer l'appareil
de Woulf à la distillation des vins, et il obtint ainsi d'une
seule chauffe des trois-six, et à volonté des eaux-de-vie à
tous les degrés commerciaux.

M. Lenormand écrit à ce propos, dans son *Traité sur la
distillation* : « Ce fut un Français qui donna naissance à la
distillation des vins ; ce fut encore un Français qui per-
fectionna cet art, ou, pour m'exprimer avec plus d'exacti-
tude, qui renversa tout le système pratiqué jusqu'à lui et
lui en substitua un nouveau. Le chimiste le plus distingué
du XIIIe siècle créa l'art de la distillation. Dès la première
année du XIXe siècle, Édouard Adam, homme obscur,
étranger à la science, ne connaissant point l'art qu'il a
entrepris de réformer, se fraie une route nouvelle, établit
un nouveau système et arrive à pas de géant au but que
les génies les plus exercés et les plus profonds n'avaient pu
atteindre par des travaux soutenus pendant plusieurs
siècles. Que les Arnault de Villeneuve, les Raymond

Lulle, les Porta, les Lavoisier, les Meusnier, les Fourcroy, eussent fait une pareille découverte, on aurait admiré leur génie sans être surpris que leur science et l'habitude qu'ils avaient de manipuler, les eussent conduits à des résultats aussi avantageux. Mais qu'un homme qui n'avait pas même les premières notions de l'art sur lequel il s'exerçait, qui n'avait jamais encore mis la main à l'œuvre pour faire la plus simple distillation, qu'un homme qu'on avait vu peu d'années auparavant vendre de la toile et de la mousseline, qu'un homme enfin tel que je viens de le dépeindre s'élève, pour son coup d'essai, avec la rapidité de l'aigle, au plus haut degré de la science, en pénètre les replis les plus cachés, et fasse en un instant ce que les génies les plus profonds n'ont pu faire en six siècles, voilà ce qui paraît invraisemblable, et nos neveux auront de la peine à croire un pareil prodige. Il ne cache pas la source dans laquelle il a puisé ses nouveaux procédés. « J'assiste » par hasard, dit-il, à une leçon de chimie, je vois fonction- » ner un appareil de Woulf, et de suite je conçois la pos- » sibilité d'en faire l'application à la distillation des vins. »

Les premiers appareils d'Adam se composaient d'une cu- curbite de contenance variable (pour nous fixer sur ses dimensions, prenons une contenance de 100 veltes, environ 750 litres), surmontée d'un chapiteau d'environ 30 pouces de haut, sur 18 de diamètre, renfermant huit calottes en cuivre, dont quatre sont concaves et *persillées,* c'est-à-dire percées de trous, et quatre convexes et pleines, mais ayant de petits passages de vapeur par un diamètre moindre d'un pouce, et une petite pince de 5/8 de pouce pour retenir les vapeurs. Deux cylindres de 30 pouces de haut sur 11 à 12 pouces de diamètre, garnis d'une double enveloppe que l'on remplit d'eau, reçoivent douze calottes chacun, dont six persillées et six pleines. Ces cylindres sont munis d'un

tuyau de rétrogradation qui renvoie les phlegmes sur la
première calotte supérieure du chapiteau, et de deux serpentins, dont un, le premier, sert de chauffe-vin et alimente
la chaudière, et le deuxième, plein d'eau, termine la condensation.

Il est facile de se rendre compte de la marche de cet appareil. Les vapeurs, s'élevant de la chaudière, se rendent
sous les calottes, où elles se condensent ; les parties les plus
spiritueuses passent seules dans le premier cylindre et se
liquéfient aussi en opérant leur rétrogradation jusqu'à ce
qu'elles aient assez échauffé les calottes pour arriver rectifiées dans le deuxième cylindre, au gré du distillateur. Selon le refroidissement de l'eau qui entoure le cylindre et le
degré qu'il désire obtenir, il laisse parcourir aux vapeurs
un ou deux cylindres ; le vin que renferme le serpentin
supérieur s'échauffe et sert à recharger la chaudière.

Adam modifia ensuite cet appareil et il prit un brevet, le
2 juillet 1801 ; mais, bientôt, il se monta de tous côtés
des appareils qui donnaient les mêmes résultats que le sien.
Une suite de procès s'engagea entre Adam et ses contrefac-
teurs ; ceux-ci gagnèrent, et l'homme qui avait tant mérité
de l'industrie vinicole du Midi mourut de misère et de
chagrin, en 1807.

C'est, hélas! la fin de presque tous les inventeurs ; rarement ils profitent de leurs idées.

En 1805, Isaac Bérard construisit un appareil plus
simple que celui d'Adam, moins coûteux et qui rectifiait
également à tous les degrés désirables. Voici ce que
M. Lenormand dit à ce sujet :

« Quatre ans après la découverte d'Adam, Isaac Bérard,
cultivateur au Grand-Callargues, homme simple et modeste,
ayant tout l'extérieur d'un paysan, mais cachant sous son
habit grossier un génie extraordinaire pour son état, Bé-

rard construisit un appareil d'une grande simplicité, qui donne abondamment des produits d'une excellente qualité. Par une seule chauffe, il extrait du vin, comme Adam, non-seulement de l'eau-de-vie, du trois-cinq, du trois-six, du trois-sept, mais même du trois-huit, et à volonté, de manière qu'en tournant plus ou moins un robinet, il obtient par des moyens différents de ceux qu'avait employés Adam, le degré d'alcool qu'on lui demande. »

Bérard prit un brevet le 16 août 1805 et, le 25 avril 1816, un brevet de perfectionnement de dix ans. Son système consistait à faire passer la vapeur sortant de la chaudière dans un réservoir, puis, de là, dans des cylindres placés sur le réservoir et ayant au dessus un dernier condensateur entouré d'eau, garni de platines obliques, percé de trous. Les phlegmes retournent dans le réservoir par des tuyaux recourbés à leur base et sont volatilisées de nouveau par les vapeurs qui s'élèvent de la chaudière.

Un grand nombre d'appareils rectificateurs ont été établis sur le système de condensation, rétrogradation et redistillation. Nous parlerons plus loin des rectificateurs modernes, qui sont beaucoup plus simples que les appareils primitifs. Mais, dès 1801, deux grands perfectionnements étaient acquis déjà :

1. L'emploi du chauffe-vin Argand, 1780 ;
2. L'appareil rectificateur Adam, 1801.

Le 24 octobre 1813, Cellier-Blumenthal prit un brevet de quinze ans, et, le 12 janvier 1818, un brevet de perfectionnement pour un appareil *à marche continue*. Avant lui, Baglioni, de Bordeaux, avait pris, le 24 août 1813, également un brevet pour le même objet ; mais, de tous les appareils brevetés à cette époque, celui de Blumenthal, qui le céda la même année (janvier 1818) à M. Derosne, est le plus satisfaisant. Le cessionnaire prit plusieurs brevets d'additions et perfectionnements successifs, 28 août 1818, 19 juin 1821, 30 mars 1822, qui en ont fait un appareil *continu rectificateur* donnant d'excellents résultats, en ce sens qu'il rectifie et épuise en même temps les vinasses complétement, lorsqu'il est conduit avec intelligence.

Cellier-Blumenthal eut l'idée d'augmenter considérablement la surface du vin en ébullition en le faisant arriver, sortant d'un chauffe-vin et par conséquent presque bouillant, sur une série de douze plateaux formant, dans l'appareil primitif de l'inventeur, une colonne, et placés les uns sous les autres. Des tuyaux de trop-plein maintenaient sur les plateaux une épaisseur d'un pouce de vin (27 millimètres) ; les plateaux étaient en outre garnis de cinq tubulures, qui dépassaient de quelques lignes la hauteur du tuyau de trop-plein et qui étaient recouvertes par des capsules de forme demi-sphériques, supportées par le plateau sur lequel elles étaient assujetties par des bandes soudées ou rivées, et dont les bords descendaient un peu au-dessous du niveau du tuyau de trop-plein, afin que les vapeurs ne pussent pénétrer dans le plateau que par barbottage.

Dans la marche de cet appareil continu, le vin suit une *route rétrograde et inverse de celle des vapeurs : il sort presque bouillant du chauffe-vin et est introduit au-dessus du plateau le plus élevé, sur lequel il se répand à une hauteur ne dépassant pas 27 millimètres;* les vapeurs arrivant sur les plateaux en barbottant autour des calottes immergées, mettent bientôt le vin en ébullition, le divisent et en entraînent les vapeurs alcooliques, qui, comme on sait, sont plus légères que les vapeurs aqueuses. Le vin en ébullition et de plus en plus affaibli descend par les tuyaux de trop-plein d'un plateau sur l'autre; ces tuyaux sont disposés à contre-sens, c'est-à-dire que si le trop-plein du plateau supérieur est placé du côté droit, celui du plateau

Appareil Continu Cellier Blumenthal

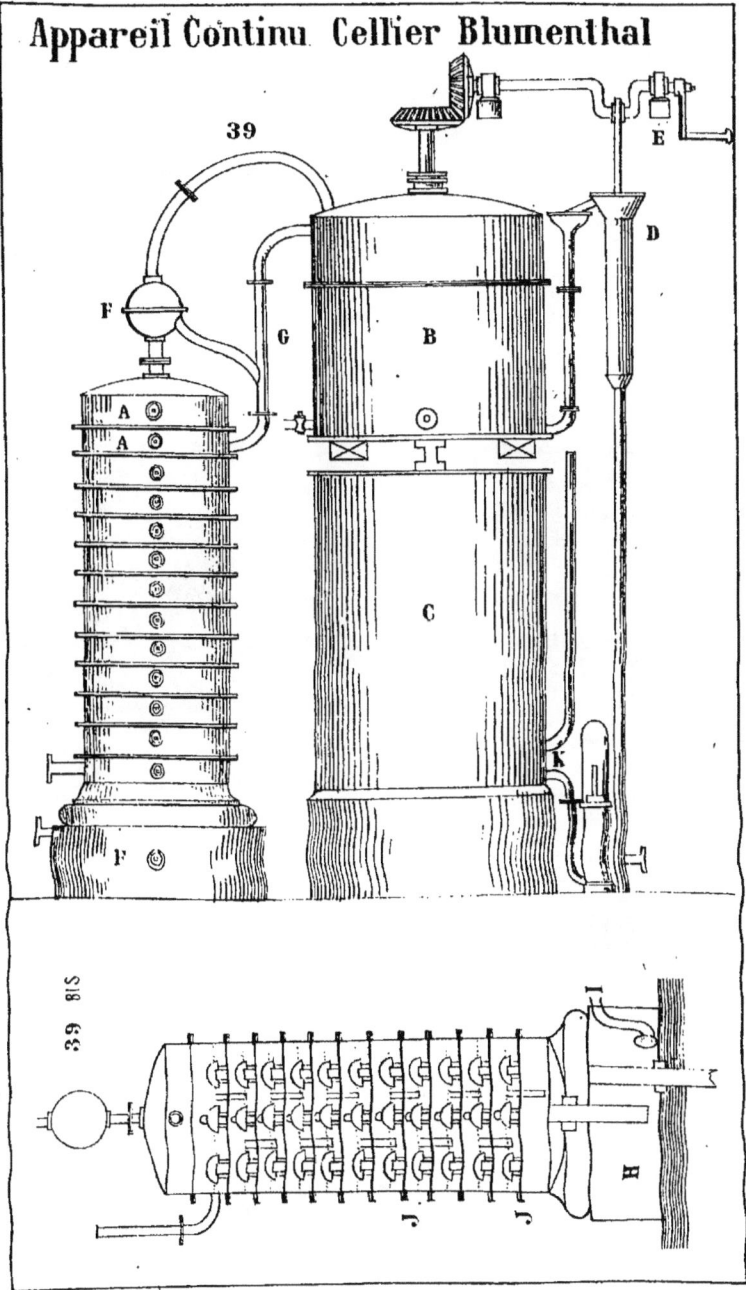

39

39 BIS

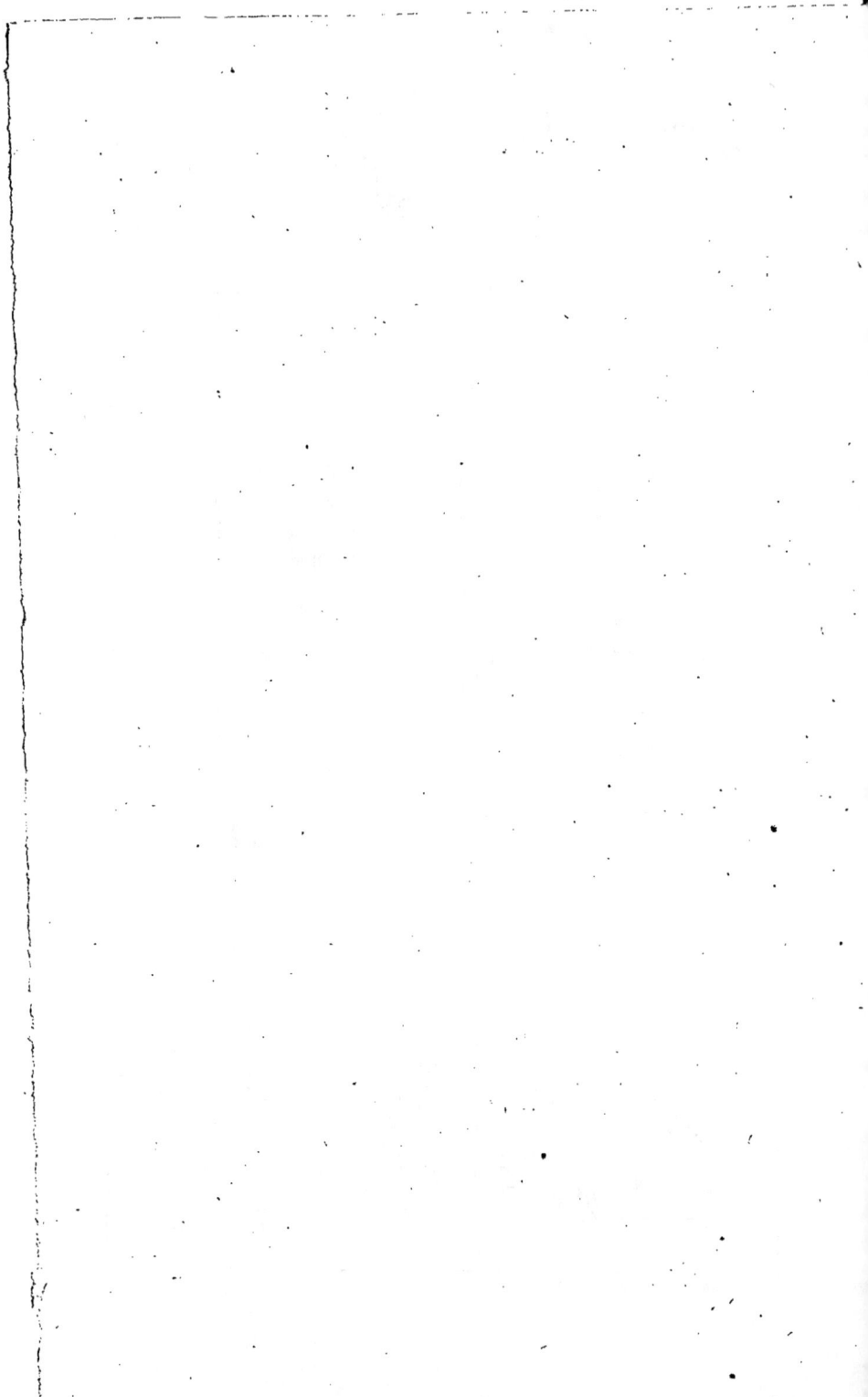

au-dessous est placé à gauche, et ainsi de suite, afin que le liquide soit forcé de parcourir la plus grande surface du plateau avant de descendre plus bas. Or, en descendant, il est dépouillé par les vapeurs de tout l'alcool qu'il renferme et arrive épuisé sur les derniers plateaux, c'est-à-dire à l'état de vinasse. D'un autre côté, les vapeurs qui sont aqueuses en sortant de la chaudière, deviennent de plus en plus alcooliques en montant sur les plateaux et s'enrichissent pendant leur ascension, tandis qu'en descendant le vin s'appauvrit.

Cet appareil continu (dont nous donnons le dessin sur les planches) s'emploie encore dans la grande fabrication des alcools. Il est d'une conduite très-simple et n'a pas de tuyau de rétrogradation. Lorsqu'il est alimenté par la vapeur d'un générateur, cette vapeur est introduite par le bas de la colonne, qui, au lieu de douze, a dans ce cas dix-huit tronçons formant 5 mètres de haut sur un diamètre de 1ᵐ 25ᶜ. On peut y distiller, en vingt-quatre heures, la quantité de 1,000 hectolitres de liquide fermenté. L'alcool obtenu marque 50° environ lorsque l'on distille des jus fermentés ne dépassant pas 5 p. 100 d'alcool pur.

Cet appareil offre l'avantage, à l'aide d'une modification très-simple que nous indiquerons sur les planches, de pouvoir distiller d'une manière continue les moûts épais tels que ceux provenant de la fermentation des farines, etc., qui n'ont pas subi de filtration et dont les matières restent en suspension dans le jus.

Derosne a, ainsi que nous le disions, acquis cet appareil, qu'il a successivement perfectionné et qui est aujourd'hui construit par la maison Cail de Paris. L'appareil Derosne est depuis longtemps connu de tous les distillateurs qui s'intéressent aux progrès de leur art, et il a servi de type

à la plupart des constructeurs modernes, qui se sont surtout attachés ou à le simplifier (appareils continu Egrot et
rectificateur, du même constructeur) ou à régulariser la
chaleur (appareil Savalle). Il offre l'avantage de distiller
d'une manière continue, soit à feu nu pour les petits appareils, soit à la vapeur pour les grands, et quelle que soit
la faiblesse des jus fermentés soumis à la distillation,
seraient-ils au-dessous de 5° d'alcool pur, on peut du premier jet en obtenir à volonté des eaux-de-vie ou des esprits
au-dessus de 90°. De plus on peut faire servir cet appareil
à la rectification des phlegmes; cette opération, qui n'exige
qu'un changement de tronçon de colonne, peut s'effectuer,
soit d'une manière intermittente, soit même d'une manière
continue.

On reproche à l'appareil Derosne d'être d'un prix élevé
et d'exiger, pour le faire fonctionner, un contre-maître
habitué à s'en servir, à cause de sa complication; c'est ce
qui en borne l'emploi. Indépendamment du dessin, nous
donnerons, au chapitre des appareils modernes marchant
par la vapeur, des détails sur son fonctionnement, ainsi
que sur ceux d'Egrot, de Coffey (anglais) et de Savalle.

L'historique de la distillation s'arrête à ces appareils,
qui d'ailleurs ne sont que des modifications plus ou moins
heureuses de celui de Cellier-Blumenthal.

CHAPITRE XIII.

PETITES DISTILLATIONS AGRICOLES SANS APPAREILS COUTEUX.

Observations préliminaires. — Construction des fourneaux, chaudières; petit fourneau, fourneau de moyenne grandeur. — Alambics simples, chauffe-vin. — Manière pratique de distiller; tableau des températures d'ébullition des mélanges d'eau et d'alcool. — Rectificateurs. — Différences d'emploi des appareils simples ou perfectionnés. — Accidents de distillation à éviter, incendies, coups de feu, fuite de vapeur; luts divers. — Emplois des résidus. — Fruits et jus sucrés. — Fermentations vicieuses, visqueuses, lactiques, acides; moyens de les éviter. — Marche normale de la fermentation. — Eaux-de-vie de vin, poires et pommes; baies d'arbrisseaux et sèves d'arbres. — Fruits à noyau; variétés de kirsch; kirsch de la Franche-Comté. — Jus sucrés, sucre de canne et mélasses; fermentation; rhums et tafias; fabrication. — Esprit de mélasses indigènes. — Sorgho, miel, racines de réglisse et chiendent; betteraves, alcoolisation de la pulpe; macération à chaud et à froid; carottes et racines diverses. — Substances saccharifiables. — Grains, orge, préparation du malt ou orge germée; mouillage; germination, séchage et touraillage; blutage et mouture. — Fermentation des grains; moût épais, moût clair. — Fécules; matières féculentes; procédés divers de mise en fermentation. — Extraction et traitement des fécules; leur alcoolisation. — Cellulose, son alcoolisation; résultats obtenus.

Observations préliminaires. — Un grand nombre de propriétaires des pays vinicoles perdent une partie de leurs revenus en négligeant d'utiliser les fruits et les plantes fournissant des matières saccharifiables, qui croissent autour de leurs vignobles. Dans les contrées où l'on cultive la vigne plus spécialement dans le but d'en retirer de l'eau-de-vie, beaucoup de propriétaires ont des alambics; mais ceux qui récoltent des vins destinés à être vendus en nature ou qui se livrent à des cultures diverses n'ont généralement pas d'appareil, et cependant un alambic leur serait très-utile dans une foule de circonstances, pour utiliser les *bas-vins*, les marcs des fruits fermentés, etc. Les appareils modernes continus et rectificateurs dont nous avons déjà parlé coûtent fort cher, et comme ils n'en auraient qu'un emploi momentané, ce serait sacrifier en pure perte le capital employé à leur achat. D'autres plus nombreux n'ont pas de fonds disponibles. Mais dans toutes les maisons de campagne, aussi bien dans le château que dans la ferme, une chaudière simple est utile, elle sert à des usages multiples : cuisson de la nourriture des bestiaux, buanderie, bains, etc. On l'établit de la grandeur que l'on veut et pour l'usage dont on a l'emploi le plus fréquent. Partant de ce principe d'établissement d'une chaudière destinée aux usages domestiques, nous allons parler de sa construction et de celle du fourneau. Souvent, dans les campagnes, on ne trouve que difficilement des ouvriers spéciaux, et il nous est arrivé d'être forcé d'en diriger la construction. La bonne disposition du fourneau influe beaucoup sur l'économie du combustible, la régularité des opérations, etc. On ne saurait donc prendre trop de soin à le bien établir.

Après avoir décrit les formes et les accessoires des appareils simples, leur conduite et modification économique, nous traiterons de l'alcoolisation de toutes les substances et de l'emploi des résidus par les procédés les plus simples, c'est-à-dire ceux qui exigent le matériel le moins coûteux, afin qu'ils puissent être employés par le plus grand nombre de cultivateurs.

Les matières utilisables sont très-nombreuses ; on les divise en deux classes : la première comprend les fruits contenant la glucose, dont le sucre de raisin donne le type le plus pur, c'est-à-dire les raisins, les poires, les pommes, les figues, les dattes, les arbouses, les caroubes, les baies d'arbrisseau, de sureau, d'hièble, etc., la groseille, les fraises, les framboises ; les séves de divers arbres, d'érable, de noyer, d'acacia, de bouleau, de frêne ; les bourgeons et feuilles de tilleul, etc., qui, bien traités, peuvent donner des eaux-de-vie de bouche ; puis viennent les fruits à noyau, cerises ou merises, prunes, abricots, pêches et mûres, qui produisent les diverses variétés de kirsch. On assimile à cette classe les jus de plantes renfermant du sucre de canne, dont la canne à sucre et ses mélasses offrent le meilleur type, et dont le produit distillé est connu sous les noms de *rhum* et de *tafia ;* viennent ensuite la betterave, le sucre et les mélasses de betterave, le jus de sorgho, le miel, les racines de réglisse et de chiendent, les carottes, potirons, melons, citrouilles ; les tiges de maïs, de millet ; les topinambours, navets, rutabagas, panais, asphodèle, garance, dahlia ; ces trois dernières substances renferment surtout de la *pectosine.*

La deuxième classe comprend les substances qui ne renferment pas assez de glucose pour fermenter sans préparations préalables, mais qui contiennent de l'amidon, de la dextrine, de la fécule, etc., en grande quantité ; de sorte que, par la *saccharification,* on transforme ces matières en glucose. De ce nombre sont les grains d'orge, seigle, blé, riz, avoine, maïs, les fécules, les pommes de terre, le sarrazin, les légumes, fèves, féverolles, pois, haricots, lentilles, vesces, les châtaignes, marrons d'Inde, glands, cassaves, igname de Chine, et enfin la cellulose, c'est-à-dire le ligneux pur qui constitue la charpente des végétaux, tel qu'on le trouve dans les chiffons, le papier, la paille, les feuilles, le foin, les bois de toute espèce.

Ces matières si nombreuses qui embrassent en un mot tout le règne végétal exigent pour leur alcoolisation des procédés différents. Nous les indiquerons en signalant les matières les plus avantageuses à traiter et les procédés les plus simples; car il ne suffit pas de produire de l'alcool, il faut surtout que le prix de revient n'atteigne pas le cours commercial.

Construction des fourneaux. — Les fourneaux se construisent avec des briques réfractaires, c'est-à-dire fabriquées avec des terres qui ont la propriété de durcir à la chaleur sans prendre de retrait; ces briques ont le plus souvent les dimensions suivantes : longueur 225 millimètres, largeur 115 millimètres, épaisseur 55 millimètres. Toute la partie du fourneau en contact avec la flamme ou les *tours à feu*, appelés aussi *carnaux de chauffe*, doit se construire avec ces briques qui se maçonnent avec une pâte réfractaire faite avec la même nature de terre qui a servi à la fabrication des briques. On pétrit ou malaxe cette terre en y ajoutant de l'eau froide peu à peu jusqu'à consistance convenable. Les parties extérieures du fourneau, ne recevant pas directement la chaleur, se relient avec le mortier ordinaire, composé de chaux mélangée de sable et d'eau.

Pour établir le plan d'un fourneau il faut connaître : 1° Le diamètre du fond de la chaudière; 2° la hauteur de la chaudière; 3° fixer la hauteur que doit atteindre le liquide vers la fin d'une opération. On n'oubliera pas non plus que les fourneaux de ce genre doivent pouvoir brûler toute espèce de combustibles, bois gros ou menu, charbons et tourbes.

Connaissant les trois conditions ci-dessus et le combustible employé, on base ordinairement la construction des fourneaux sur les données suivantes :

On donne à la grille une longueur ne dépassant pas le tiers du diamètre de la chaudière; à partir de son devant, les barreaux ne doivent pas occuper plus des deux tiers ou des trois quarts de la surface totale de la grille, afin de ne pas empêcher l'air de pénétrer au centre de la combustion. L'ouverture du foyer, c'est-à-dire le cadre de la portière, doit se rapprocher le plus possible de la dimension cubique des carnaux de chauffe et du cube intérieur de la cheminée. En suivant ces données on économisera du combustible, en utilisant le plus possible la chaleur produite, et on obtiendra un bon tirage; il est utile aussi de ménager une ouverture à coulisse au centre de la portière : elle sert à régulariser le tirage.

Chaudières. — Les chaudières se font ordinairement en cuivre rouge. Pour construire celles de petites dimensions dont le diamètre de fond ne dépasse pas 70 centimètres, on emploie des feuilles de cuivre d'une épaisseur de 1 millimètre et demi à 2 millimètres et les fonds sont brasés; pour les chaudières de plus grand diamètre, on se sert de feuilles de 3 millimètres d'épaisseur et le fond est en outre rivé sur les flancs.

Nous allons donner le plan de deux genres de fourneaux : soit une chaudière de forme cylindrique, à fond brasé et très-légèrement convexe; le bord supérieur est garni d'un cercle formé par un fer d'angle dont la partie verticale est rivée aux flancs de la chaudière et la partie horizontale se trouve à plat sur le fourneau; de sorte qu'en présentant dessus un autre cercle également à plat et rivé à un chapiteau ou couvercle, on peut, à l'aide de pinces, le fixer sur la chaudière; il suffit de le *luter* et de le mettre en communication avec un serpentin réfrigérant pour former un alambic.

Cette chaudière a un tuyau de vidange. Nous en donnons le plan sur les planches; elle a 1 millimètre et demi d'épaisseur, 70 centimètres de diamètre, sur 78 centimètres de hauteur totale. Passons maintenant à la construction du fourneau destiné à la recevoir :

Petits fourneaux. — La chaudière est placée au centre d'une surface carrée ayant 1 mètre 17 centimètres en tous sens. On établit des fondations en moellons reliés avec de bon mortier, à une profondeur moyenne de 30 centimètres ; selon que le terrain est ferme ou mouvant, on diminue ou augmente cette profondeur. Arrivé au niveau du sol, on pose des briques à plat sur cette surface en ménageant sur le devant du fourneau et au centre un espace de 33 centimètres de largeur sur 45 de longueur, pour établir le cendrier ; on monte ainsi jusqu'à la hauteur de 20 centimètres, hauteur où doit être établie la grille (on trouve des barreaux de grilles en fonte ainsi que des emboîtures et des portières pour fourneaux de cette dimension chez les industriels qui s'occupent de la vente des fontes moulées ou les fondeurs). La grille a 35 centimètres de long sur 33 de large, et la portière a une emboîture ou cadre de 21 centimètres carrés. On pose les barreaux de la grille sur deux *sommiers* en fer ou en fonte de 4 centimètres au moins en carré qui la soutiennent à chaque extrémité ; on continue à monter sur ce plan jusqu'à la hauteur de 19 centimètres au-dessus de la grille ; c'est à ce niveau que doit être établi l'*autel ;* on nomme ainsi la partie du foyer qui se trouve vers le fond de la chaudière et qui, dans le fourneau que nous décrivons, embrasse les deux tiers de son diamètre. Cette disposition a pour but d'économiser le combustible. On arrondit les angles des briques du devant de l'autel qui touche la grille ; il y a une égale distance entre la surface de la grille et celle de l'autel, et la surface de l'autel et celle du fond de la chaudière. On présente alors la chaudière sur le milieu du fourneau, ou

la cale, à l'aide de briques, à 19 centimètres au-dessus de
l'autel, c'est la hauteur où elle doit être établie, et elle doit
avoir la surface entière de son fond en contact avec la
flamme du foyer. On trace alors sur les briques déjà en
place la circonférence exacte, on place l'emboîture de la
portière et, après avoir retiré la chaudière, on continue à
monter en évasant les briques du foyer que l'on taille avec
l'angle de la truelle de manière à arriver insensiblement à
la largeur du diamètre établi, sur lequel on ménage une
retraite de 1 centimètre au plus afin de maintenir la chaudière bien d'aplomb. Au-dessus de l'emboîture de la portière et à son niveau, il est nécessaire de soutenir le briquetage par deux bandes de fer mi-plat; sur le derrière de
l'autel, à 15 centimètres du centre vers la droite, on a ménagé une ouverture de 20 centimètres pour servir de départ
aux carnaux de chauffe. Arrivé au niveau supérieur de la
chaudière, on la met en place, à demeure, bien nivelée,
son tuyau de décharge calé et garni de terre réfractaire.
Il ne reste plus qu'à dresser les tours à feu : on commence
par niveler la pente de l'ouverture du premier tour dont le
point de départ est sur l'autel; arrivé à la hauteur du fond
de la chaudière, on établit le tour à feu de 12 centimètres
de large sur 22 centimètres de hauteur, on laisse ainsi un
espace de 22 centimètres entre la chaudière et le briquetage
qui sera léché par l'excédant de flammes sortant de l'autel.
Arrivé au centre, sur le derrière, on commence à établir
la pente qui doit conduire au deuxième tour, qui n'est séparé du premier que par une simple épaisseur de brique ;
il est urgent de ménager sur les côtés des tours à feu, au
moins sur le devant et un des côtés, ou mieux, si l'on
peut, sur les trois, des regards ayant en carré l'épaisseur
de deux briques et que l'on ferme avec des bouts de briques et de la terre réfractaire, afin de ramoner les tours à

feu lorsque l'on reconnaît au tirage qu'ils sont obstrués de suie ou de cendres ; le deuxième tour à feu a la même hauteur et largeur que le premier ; on ménage une pente qui le dirige vers le tuyau de la cheminée, qui est en fonte et dont le diamètre est de 17 centimètres. Sur le premier bout de tuyau, il y a une clef qui permet de régler le tirage du foyer ; la portière ferme exactement, et on peut en outre fermer le cendrier avec une plaque en tôle, à poignée. Ces fourneaux ont un tirage régulier.

Voici la récapitulation des diverses dimensions :

Surface carrée du fourneau 1m 17c
Hauteur totale du fourneau 1   38
Hauteur du sol à la chaudière { Cendrier . . . . 0 22 }
                               { Foyer. . . . . . 0 21 } 0   60
                               { Chambre à feu . 0 17 }
Hauteur totale de la chaudière 0   78
Longueur du bord du fourneau à l'autel. 0   45
  —   du bord à l'extrémité de l'autel 0   90
Diamètre de la chaudière 0   70
Hauteur du liquide (contenance, 250 litres) 0   63
Hauteur au dessus du 2e tour à feu (contenance, 180 litres). 0   51
Chambre à feu ou foyer { Hauteur de l'autel. . . . . 19 }
                       { —   du foyer à l'autel. 19 } . . 0   38
Largeur du bord du fourneau contre la chaudière. 0   22
Diamètre du tuyau de cheminée 0   17
Tour à feu : hauteur, 22 ; largeur, 12 ; grille : longueur, 35 ; largeur, 33 ; portière, 21c carrés.

On sait que les chaudières évaporent d'autant plus rapidement les liquides qu'elles sont plus larges ; on a calculé que 1 mètre de surface de chauffe volatilise 1 litre par minute. Une petite chaudière, dans les dimensions que nous venons de donner, a été établie dans un but économique ; plus large, il eût fallu employer pour son fond du cuivre plus épais, et le fourneau aurait nécessité beaucoup plus de matériaux.

Lorsque l'on n'a qu'un emploi éventuel de ces appareils, qui, organisés comme nous l'indiquerons plus loin, peuvent distiller 1,000 litres par jour, ils peuvent rendre de grands services, eu égard à leur faible prix de revient.

Fourneau de moyenne grandeur. — La chaudière à y établir a un diamètre intérieur de 1 mètre 52 centimètres ; sa hauteur totale est de 62 centimètres. Elle dépote 10 hectolitres et peut en distiller facilement 8 à 8,50. Son fond, en cuivre de 3 millimètres d'épaisseur, est légèrement convexe ; elle est munie d'un tuyau et robinet de décharge, avec un tube indicateur en verre, et son orifice supérieur est, comme à la petite, garni d'un fer d'angle posé à plat qui permet de l'utiliser pour tous les usages domestiques, industriels ou agricoles, auxquels l'eau chaude est nécessaire.

Nous ne reviendrons pas sur la nature et la pose des matériaux, qui sont les mêmes que celles que nous avons précédemment décrites. La construction de ce fourneau diffère du précédent par le nombre des tours à feu, qui, pour cette chaudière qui est plus large et plus plate que la précédente, est réduit à un tour unique.

Les principales dimensions sont les suivantes :

Portière, encadrement intérieur, carré de.	0ᵐ	30ᶜ
Tour à feu, hauteur, 30 ; largeur.	0	20
Longueur de la grille.	0	55
Hauteur de l'autel.	0	25
Hauteur de la grille au fond de la chaudière.	0	50
Diamètre intérieur de la cheminée.	0	25

Alambics simples. — La transformation en alambics des deux chaudières que nous venons de décrire s'effectue ainsi : on rive sur un fer d'angle dont le plat a le même diamètre et la même largeur que celui de la chau-

dière qui est enchâssée dans le fourneau, un couvercle
bombé ayant au centre une grosse tubulure servant de base
à un tuyau en forme de siphon et servant de col de cygne ;
on assujettit ce couvercle-chapiteau à la chaudière en le
lutant, c'est-à-dire en étendant de la pâte de farine de blé
délayée à froid avec de l'eau sur le cercle de la chaudière ;
on entoure ensuite ce cercle de bandelettes de papier chargées de colle dessus et dessous, et l'on y présente le couvercle que l'on serre avec de petites pinces en fer placées
tout autour de la circonférence et que l'on laisse en place.
Pour plus de sécurité on peut, lorsqu'il s'agit d'installer
ainsi des chaudières de grandes dimensions, recouvrir les
joints des cercles, jusqu'au-dessus de celui du couvercle, de
briques liées avec de la terre réfractaire, ou remplacer les
pinces par des boulons. On peut aussi remplacer les bandes
de papier par des cartons frits dans de l'huile. Le col de
cygne s'adapte à l'orifice supérieur du serpentin, dont les
dimensions intérieures doivent être en rapport avec la
grandeur de l'appareil : avec la petite chaudière, un serpentin ayant un diamètre intérieur de 3 centimètres dans
le haut, qui serait muni d'une *lentille,* et de 12 millimètres
dans la partie inférieure, et dont les six tours se développeraient sur une hauteur de 80 centimètres et une largeur
de 55 centimètres, suffirait à la condensation des vapeurs,
s'il était immergé dans un fût ou une cuve contenant 3 hectolitres d'eau froide maintenue fraîche par un filet d'eau ;
avec la chaudière de grandeur moyenne dont nous avons
parlé, il faudrait un serpentin et un réfrigérant dont la
puissance de réfrigération serait double puisque la volatilisation serait également doublée.

La marche de la distillation avec les appareils simples
est la même qu'avec les appareils munis du chauffe-vin,
dont nous allons indiquer ci-après le fonctionnement ; seu-

lement elle est beaucoup plus longue, plus coûteuse en combustible et plus fatigante, surtout lorsque l'on a une série d'opérations à faire, parce qu'il faut à chaque chauffe recharger la chaudière avec du vin froid, et renouveler constamment l'eau du réfrigérant, qui s'échaufferait trop ; tandis qu'avec l'emploi du chauffe-vin c'est le liquide qui doit se distiller à la suite de celui qui est dans la chaudière qui sert de réfrigérant ; il ne faut que très-peu d'eau, et de plus le vin tombe presque bouillant dans la chaudière. On sait que cette innovation est due à Argand.

Chauffe-vin. — Nous donnons sur les planches le plan d'un chauffe-vin, desservant la petite chaudière dont nous avons décrit en détail l'installation : c'est une cuve ou chaudière de même diamètre et de même hauteur que celle qui est placée dans le fourneau ; elle est hermétiquement fermée, traversée par le serpentin, et peut contenir facilement la charge de la chaudière ; un tuyau y conduit le vin par le bas ; un second tuyau s'élève au-dessus en se coudant, et conduit les vapeurs qui se dégagent vers la fin d'une opération dans le serpentin réfrigérant placé en contre-bas ; ce tuyau est muni d'un robinet qui doit rester ouvert lorsque l'appareil est chargé de vin, car sans cette précaution on risquerait de le faire éclater. Le niveau inférieur du chauffe-vin étant établi à la hauteur de la chaudière, il suffit d'ouvrir un robinet pour que son contenu s'écoule dans cette dernière ; un robinet indicateur, soudé vers la partie supérieure du chauffe-vin, indique le niveau de la charge lorsqu'on le remplit de nouveau. L'extrémité inférieure du serpentin est coudée et rentre dans un réfrigérant alimenté d'eau froide, de même diamètre que le chauffe-vin, mais n'ayant que le tiers de sa hauteur ; le serpentin y fait quatre tours avant que son bec ressorte par

A. 16

la partie la plus basse. Il est facile de comprendre l'économie de combustible et de temps que procure cette disposition : lorsque l'on a une série d'opérations à faire, le
chauffe-vin alimentant la chaudière de vin chaud, la distillation est presque continue.

Manière pratique de distiller. — La première
précaution à prendre, c'est de bien nettoyer l'appareil. S'il
y a longtemps qu'on ne s'en est servi, il est bon d'y distiller
d'abord de l'eau clarifiée ; on vide ensuite l'eau encore
chaude, on éponge et on verse le vin dans la cucurbite jusqu'à environ 6 pouces (15 centimètres) de son col ; on met
ensuite le chapiteau, on lute la jointure avec une sorte de
colle faite à froid et composée de farine et d'eau, et on recouvre les joints de bandes de toile imbibées des deux côtés
avec la même pâte. A défaut de pâte, on peut luter avec de
l'argile, des blancs d'œufs, etc. Si l'on a une série d'opérations à faire, on introduit le vin par une tubulure, ce qui
évite de démonter l'appareil à chaque chauffe.

On remplit le réfrigérant d'eau fraîche (de pluie ou de
rivière), et, dans un bassin supérieur muni d'un robinet,
on verse d'autre eau destinée à renouveler constamment
celle du réfrigérant, lorsqu'elle se chauffe dans le cours de
l'opération ; l'eau froide coule au fond du réfrigérant à
l'aide d'un tuyau, et l'eau chauffée s'écoule par une ouverture pratiquée dans le haut du réfrigérant. On place
ensuite un vase sous le bec inférieur du serpentin, pour
servir de récipient.

Tout étant ainsi disposé, on allume le feu sous la cucurbite, après avoir ouvert la clef du tirage de la cheminée.
Les sarments sont excellents pour *commencer* une chauffe ;
on entretient un feu vif jusqu'à ce que la distillation commence ; mais, dès que l'opération arrive à ce point, on

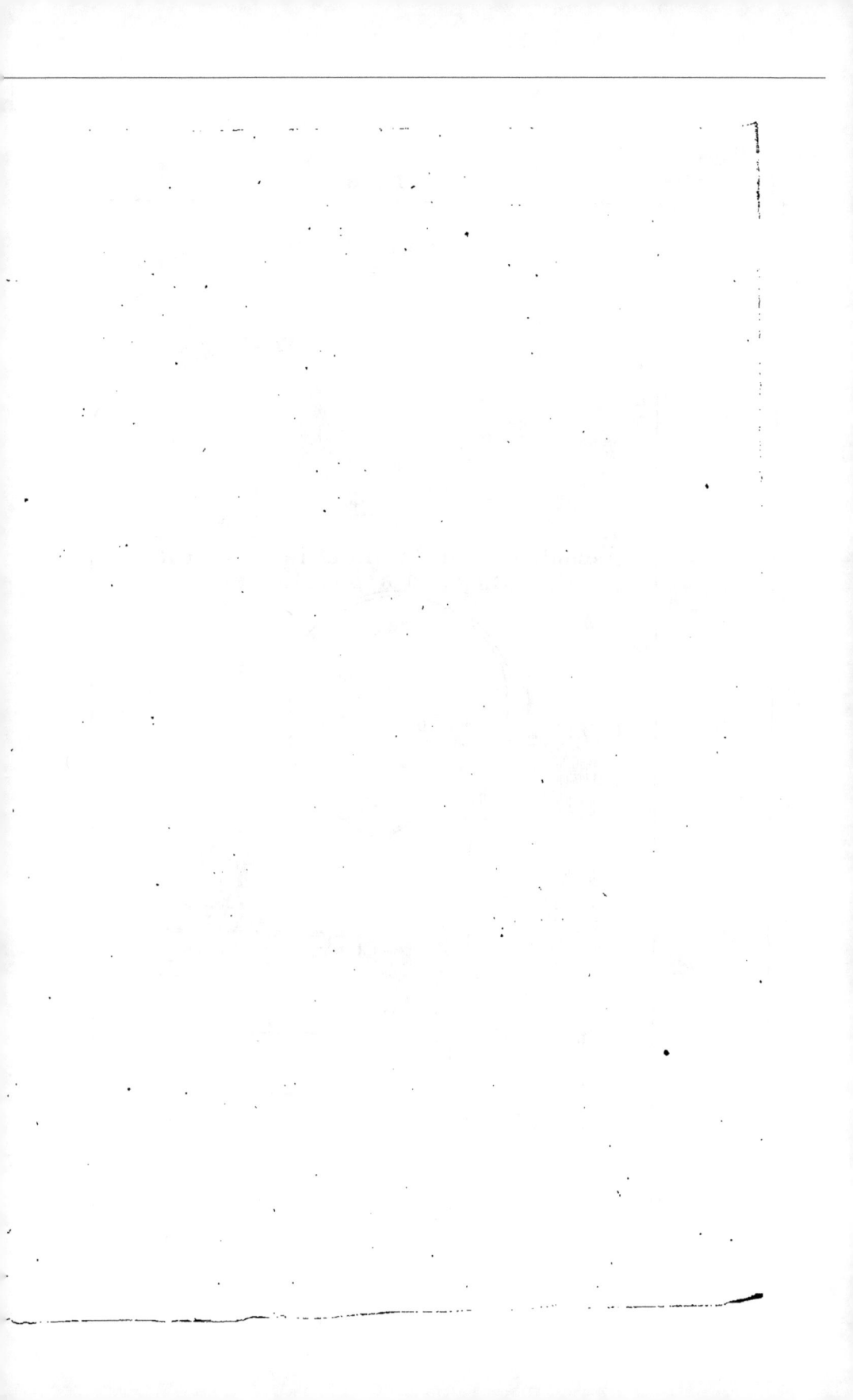

Alambic simple

37

Alambic à chauffe Vin et Rectificateur
(simple et a bain Marie)

38

ferme la portière du fourneau, qui est alors garni de gros bois, et, au moyen de la soupape, on règle le tirage de manière à avoir un filet régulier. La portière (et c'est un point essentiel) doit fermer exactement; car, avec un fourneau mal construit, où l'air peut pénétrer, il est très-difficile de conduire le feu et de s'en rendre maître. Si, malgré la fermeture du fourneau, le filet d'écoulement de l'eau-de-vie est trop fort, on mouille, avec un linge, le dessus du chapiteau. On doit apporter un grand soin à maintenir fraîche l'eau du réfrigérant.

A la sortie du serpentin, on pèse l'eau-de-vie ; on met à part les premiers litres. L'eau-de-vie qui s'écoule lorsque la distillation est bien réglée est la meilleure : c'est l'eau-de-vie première. Lorsque le titre est descendu au-dessous de 45° d'alcool pur, on retire *à part* le deuxième produit, jusqu'à ce que l'alcoomètre ne marque plus que 5 à 6°.

Après plusieurs chauffes, on réunit les phlegmes, c'est-à-dire les eaux-de-vie faibles, et on les rectifie selon les degrés commerciaux de vente de chaque vignoble.

Lorsque les vins sont très-pauvres en esprit, on retire tout l'alcool, sans mettre à part l'eau-de-vie première, et l'on rectifie à la fois le produit de plusieurs chauffes. On obtient ainsi le degré marchand de vente, parce que les phlegmes sont encore mises à part, si le titre exigé est élevé.

La conduite de la distillation est la même avec les appareils simples pour toutes les sortes d'eaux-de-vie, qui, du reste, ne diffèrent que par leur séve, les huiles essentielles et les divers éthers qui se forment en vieillissant. Mais chaque genre d'appareil a un fonctionnement spécial que nous expliquerons plus loin.

La distillation des vins ou jus fermentés est fondée sur la propriété que possède l'alcool de se volatiliser à la température de 78°,40 centigrades, tandis que l'eau exige une température de 100°, sous la pression barométrique de 0m 76c de mercure.

Les vins et les mélanges d'eau et d'alcool bouillent à des températures d'autant plus basses qu'ils renferment plus d'alcool; ainsi si nous distillons des vins dont le titre en alcool pur soit de 9°, l'ébullition aura lieu à la température de 89°,90; si ces vins renferment 16°,6 d'alcool pur, ils bouilliront à une température plus basse, à 86°,20, tandis que les queués qui ne renferment plus que 1°,63 d'alcool, ne bouillent qu'à 97°,20. C'est ainsi que M. Ure a trouvé les chiffres suivants :

Poids de l'eau pour 1 d'alcool pur	Température d'ébullition sous la pression barométrique de 0m 76.	
0.	78o 40 C.	(alcool pur).
1,5.	82o 85	
3.	84o 05	
5.	86o 20	(16o 60 alcool pur).
8.	87o 25	
10.	89o 90	(9o 09 alcool pur).
20.	93o 20	
30.	94o 45	
60.	97o 20	(1o 63 alcool pur).
Eau pure	100o 00	

On voit qu'un mélange de 1 d'alcool et 60 d'eau dont le titre est de 1°,63 alcool pur, bout à une température plus basse que 100, à 97°,20, tandis qu'un mélange de 1 d'alcool et 5 d'eau, qui représente un titre de 16°,60 d'alcool pur, bout à 86°,20.

Voici quelle est la marche de la distillation avec un appareil simple, c'est-à-dire sans rectificateur ni plateaux : aussitôt que l'ébullition s'établit, il s'élève de la chaudière des vapeurs dont le degré alcoolique est en rapport avec la richesse du vin, et dont nous indiquons les titres dans le tableau qui suit ces observations. Ces vapeurs se condensent,

d'abord, contre le couvercle ou chapiteau et retombent dans
la chaudière ; ce mouvement rétrograde s'arrête quand le
chapiteau et le col de cygne deviennent plus chauds ; alors
les vapeurs se rendent dans le serpentin, lequel étant
plongé dans l'eau froide, les condense. Avant que l'eau-de-
vie vienne à couler par le bec du serpentin, il s'en dégage des éthers dont l'odeur est très-forte ; les premiers
litres qui s'écoulent renferment des produits éthérés, des
crasses ; on les met à part. On observe ensuite qu'au fur et
à mesure que la distillation s'opère, le degré s'affaiblit de
plus en plus ; ainsi, si nous distillons des vins ayant
10 p. 100 d'alcool, nous obtiendrons au commencement
de la distillation des eaux-de-vie qui auront 55° d'alcool
pur ; mais peu à peu ce degré descendra à 50, 40, et enfin
la queue de l'opération se terminera par des phlegmes qui
ne pèseront plus que 6°. Quand on distille des vins avec
l'appareil simple, on a l'habitude de mettre de côté les
eaux-de-vie de tête, c'est-à-dire qui ont un titre marchand
et qui s'écoulent lorsque la distillation est bien établie ; leur
titre varie selon les contrées : ainsi, il est de 60 à 70°
dans les Charentes, et de 52° dans l'Armagnac et le pays.
Lorsque les vins sont faibles, on ne fait pas d'eau-de-vie
de tête à la première chauffe, on en retire simplement les
petites eaux ou phlegmes que l'on réunit et dont le degré
moyen est de 25° ; ensuite, par une seconde chauffe ou
rectification, on en obtient des eaux-de-vie à 70°. Si, vers
la fin d'une rectification, le niveau du liquide descend
dans la chaudière au-dessous des carnaux de chauffe, au
lieu de continuer à distiller les queues, ce qui risquerait de
brûler les parois de la chaudière, on la remplit avec des
vins destinés à être distillés ; on nomme cette opération, en
terme de chimie, *cohober*. Dans la distillation des vins, on
ne cohobe que pour ne pas brûler la chaudière.

On peut se rendre compte des degrés moyens que l'on obtiendra au commencement d'une opération lorsque l'on connaît déjà la quantité d'alcool pur que renferment les vins destinés à être distillés. Nous reproduisons ici un tableau d'expériences qu'on doit à Grœning, et qui indique la température d'ébullition, le titre alcoolique du liquide bouillant et de la vapeur qui se dégage.

TEMPÉRATURE de l'ébullition en degrés centigrades.	TITRE ALCOOLIQUE		TEMPÉRATURE de l'ébullition en degrés centigrades.	TITRE ALCOOLIQUE	
	du liquide en ébullition en centièmes.	de la vapeur qui se dégage en centièmes.		du liquide en ébullition en centièmes.	de la vapeur qui se dégage en centièmes
77 6	92	93	87 7	20	71
77 7	90	92	88 9	18	68
77 8	85	91	90 0	15	66
78 2	80	90 5	91 3	12	61
79 0	70	90	92 5	10	55
79 3	70	89	93 9	7	50
80 0	65	87	95 0	5	42
81 3	50	85	96 3	3	36
82 7	40	82	97 6	2	28
83 9	35	80	98 9	1	13
85 0	30	78	100 0	0	0
86 3	25	76			

Nous avons contrôlé les expériences ci-dessus qui se rapportent à la marche d'un appareil simple ; ainsi les jus fermentés ou piquettes qui avaient donné, par un essai à l'appareil Salleron, 4°,5 d'alcool pur, ont émis des vapeurs qui, par la condensation, ont produit des petites eaux à 40° d'alcool pur ; la réunion des petites eaux ou phlegmes qui pesaient 20° a donné à la rectification 70° et même un peu plus au début. Bien entendu, ces chiffres se rapportent au début de la distillation ; car on sait que la température

de l'ébullition augmente au fur et à mesure que l'alcool
est évaporé, et que, par contre, les vapeurs qui se dégagent s'affaiblissent de plus en plus.

On utilise dans les appareils continus rectificateurs cette
différence des points d'ébullition et de condensation entre
l'eau qui bout à 100° et l'alcool qui bout à 78 ; on peut
également l'utiliser en employant des appareils simples
munis d'un rectificateur.

Rectificateur. — On peut appliquer, sans frais considérables, à un appareil simple fonctionnant déjà avec une
cuve de vitesse ou chauffe-moût, un rectificateur qui dou-
blera la richesse des produits et permettra de retirer des
alcools à 90° par la première rectification des phlegmes
provenant des bouillées faites à l'aide du chauffe-vin ;
cet appareil ainsi modifié est surtout utile lorsqu'on traite
des jus fermentés qui ont des huiles essentielles désagréables, de mauvais goût, et que l'on a en vue de fabriquer
des alcools très-rectifiés. Nous en donnons le dessin sur les
planches : il consiste en un vase intermédiaire en cuivre
étamé, placé au-dessus du chapiteau ; il renferme trois
plateaux divisés par une cloison en deux parties ayant
un niveau différent, ce qui forme six compartiments ;
des tuyaux de trop plein font descendre le liquide de
l'un à l'autre, et des capsules barbottant dans ce liquide
y introduisent les vapeurs venant de la chaudière. Un
tuyau siphon, partant du troisième tour du serpentin, à
peu près vers le milieu du chauffe-vin, fait rétrograder
sur le plateau supérieur les petites eaux déjà condensées
et encore assez chaudes pour ne pas interrompre la distillation. Ces petites eaux, en parcourant les plateaux bouillants, se volatilisent de nouveau et enrichissent ainsi le
produit distillé ; mais, pour fonctionner ainsi, il faut que

le chauffe-vin soit rempli d'eau, tout comme le réfrigérant. Le distillateur doit veiller surtout à conserver une
chaleur régulière à la partie correspondante au tuyau
de rétrogradation. La conduite de la rectification s'opère
ainsi : après avoir luté la petite colonne à plateaux sur la
tubulure du couvercle de la chaudière, à la base du col de
cygne, on remplit la chaudière de phlegmes à rectifier,
puis on remplit également d'eau le chauffe-vin et le réfrigérant inférieur, ensuite on lute le tuyau de rétrogradation,
on ouvre son robinet et on allume le feu ; lorsque les plateaux et le col de cygne sont assez chauds, ils commencent
à distiller ; mais, tant que la partie du chauffe-vin et l'eau
qui l'entoure ne seront pas assez échauffées, la distillation
s'opérera par voie de rétrogradation sur les plateaux ; il ne
s'écoulera pas de liquide par le bec du serpentin. Lorsque
le courant ou filet de liquide sera établi, si l'on traite des
phlegmes ayant des goûts défectueux, on mettra à part les
produits éthérés de *tête* pour ne recueillir que les *centres,*
et dès que le degré s'affaiblira, on surveillera avec attention
afin de couper encore l'opération, c'est-à-dire de recueillir
à part les queues, car ce n'est qu'en fractionnant avec soin
que l'on peut espérer obtenir des produits marchands.

**Différences d'emploi des appareils simples ou
perfectionnés.** — Les alambics simples que nous venons
de décrire offrent l'avantage de conserver aux eaux-de-vie
de vin ainsi qu'aux kirschs, aux rhums et en général à tous
les produits qui ont un arome ou une sève particulière, le goût
qui les caractérise et par conséquent les fait rechercher
par le commerce et les consommateurs ; mais, par contre,
si l'on distille des jus ayant mauvais goût, on en retirera
des alcools ayant une saveur d'origine plus prononcée que
si on les eût extraits avec les appareils rectificateurs dont

nous parlerons au chapitre suivant. Les brûleurs expéri-
mentés atténuent ces inconvénients, soit en faisant plusieurs
rectifications et en fractionnant les produits, soit en adaptant aux appareils simples un rectificateur, lorsqu'ils ont
à distiller et à rectifier des phlegmes de mauvais goût,
lequel est bien moins sensible à un fort degré que dans les
eaux-de-vie faibles ; et s'ils ont des vins à distiller dans le
but d'en faire des eaux-de-vie fines et qu'ils aient à se servir d'appareils continus rectificateurs, ils ont soin de ne
pas dépasser le titre de vente, parce qu'ils savent qu'au-
dessus de 75°, on obtient des produits bien moins moelleux
et surtout ayant moins de séve et de bouquet. Ainsi, distillez avec l'appareil Derosne des vins blancs nouveaux des
Charentes, et recueillez-en le produit à 90°, qu'obtiendrez-
vous? de l'alcool neutre ; fermez les robinets de rétrogradation, le degré diminuant, vous obtiendrez une eau-de-vie
beaucoup plus séveuse. En résumé, les appareils simples
doivent être préférés pour la distillation des eaux-de-vie
fines directes, des kirschs et des rhums, parce qu'ils conservent mieux les séves et bouquets qui caractérisent ces
spiritueux ; tandis que pour la distillation des alcools à
mauvais goût, les appareils continus-rectificateurs sont
plus aptes à en éliminer les défauts d'origine, en un mot à
les neutraliser.

☞Accidents de distillation à éviter.—1. *Incendies.*
— On doit s'attacher à éviter que le filet d'eau-de-vie qui
s'écoule du bec du serpentin subisse trop longtemps le contact de l'air, surtout si l'on rectifie à un fort degré, parce
que lorsqu'on commence ce genre d'opérations, il s'échappe,
par le bec du serpentin, des vapeurs éthérées très-inflam-
mables; on devra ne rectifier autant que possible que le
jour, éviter d'approcher des lumières près du bec du ser-

pentin et le séparer ou l'éloigner le plus possible du foyer,
ne pénétrer dans la distillerie la nuit qu'avec une lanterne
et surtout ne pas y garder d'alcool rectifié à un fort degré;
lorsque l'air est trop chargé d'esprit, il |est prudent de ne
faire de manipulations qu'avec des lampes de sûreté comme
celles des mineurs ; les bassins qui alimentent les réfrigérants doivent être constamment pourvus d'eau, surtout
lorsqu'on rectifie, et les alcools doivent être recueillis froids,
car le défaut de condensation, outre la perte, peut occa-
sionner un incendie en répandant dans l'air des vapeurs
alcooliques inflammables.

2. *Coups de feu.* — Il arrive parfois que la surchauffe
est tellement forte, par suite de l'ardeur du foyer, que l'appareil *vinasse :* on appelle ainsi le passage du vin par le bec
du serpentin, son mélange avec les vapeurs condensées. On
doit en ce cas fermer hermétiquement la portière du fourneau, le cendrier et la clef de la cheminée. Si le foyer était
trop chargé de combustible, il faudrait en sortir. Cet accident est dû aussi quelquefois à la nature des jus fermentés,
de certains vins muqueux, qui, étant visqueux, se bour-
souflent et forment au début de l'ébullition de grandes
quantités de bulles qui montent dans le col de cygne. On
obvie à cet inconvénient en ne remplissant pas autant les
chaudières que si l'on traitait des vins parfaitement vinifiés.

3. *Fuite de vapeurs; luts divers.* — Le meilleur lut pour
éviter les fuites aux appareils se fait avec de la céruse en
pâte mélangée avec du minium. On prépare en outre, pour
recouvrir les jointures, des luts ordinaires avec plusieurs
matières ; la plus communément employée est la farine de
froment, mélangée avec de l'eau froide en consistance de
pâte ; on en enduit des bandelettes de papier, ou mieux de
toile fine. On peut employer au même usage la farine de

graine de lin bien délayée avec une colle d'amidon, ou le blanc d'œuf délayé avec de l'eau de chaux éteinte. Ce même lut est plus adhérent lorsqu'on délaie préalablement l'albumine ou blanc d'œuf avec de l'eau en battant vivement le mélange, que l'on épaissit ensuite en le saupoudrant de chaux vive pulvérisée. Il est bon, en outre, de ficeler les tubulures et tuyautages au-dessus et vis-à-vis les bandes lutées, et de les imprégner de lut ordinaire, à la farine ou à l'albumine. La farine de seigle mélangée avec de la cendre bien tamisée, et que l'on délaie à froid avec de l'eau, donne également un lut ou *farinail* qu'à défaut d'autre on peut employer.

4. *Défaut de condensation et d'épuisement.* — L'eau-de-vie qui s'écoule par le bec du serpentin doit être froide; on obtiendra ce résultat en renouvelant constamment l'eau du réfrigérant, car si la température du liquide distillé était supérieure à 30°, la condensation serait incomplète, on perdrait par conséquent une partie du produit. Quant à l'épuisement des vinasses, on peut s'en assurer en appréciant les dernières vapeurs qui s'élèvent de la chaudière. Pour cela on les dirige, par un robinet placé sur le couvercle-chapiteau, dans le serpentin réfrigérant d'un petit alambic d'essai, et l'on pèse le titre du liquide obtenu, en tenant compte de sa température, à l'aide d'un alcoomètre à peser les vins, tel que celui de Salleron, dont les degrés sont très-appréciables. Lorsque ces derniers produits n'ont pas plus de 5° d'alcool pur, le bois que l'on brûlerait et le temps employé vaudraient souvent davantage que les traces d'alcool que l'on recueillerait.

Emploi des résidus. — Les vinasses doivent être utilisées, elles constituent un engrais liquide très-actif : dans les exploitations agricoles bien tenues, on les dirige dans une fosse à compost qui doit être revêtue de ciment et couverte par un hangar. On remplit la fosse de débris ligneux de toute espèce, feuilles, joncs, etc., on les arrose avec les vinasses. Cette opération s'exécute à l'aide d'une pompe ayant un tuyau en bois. Ces débris entrent bientôt en fermentation et augmentent les engrais qui souvent font défaut et coûtent fort cher, surtout sur les hauts plateaux.

Ces observations s'appliquent aux vinasses liquides; quant aux résidus épais, nous avons déjà dit qu'il valait mieux les presser à l'aide de l'appareil décrit et employé pour les lies; toutefois, comme il y a des marcs de fruits et certaines matières végétales qu'il serait difficile de passer à la presse comme les lies, on devra, si on en a à alcooliser, placer un treillage dans la chaudière et le disposer de telle façon que ces matières ne puissent brûler en s'attachant contre le fond ou les parois latérales.

Les vinasses épaisses qui renferment des marcs de fruits, de céréales, etc., servent à la nourriture des bestiaux; il arrive souvent même que certains produits dont nous allons parler ci-après ne se ramassent que dans le but de les donner crus au bétail, qui n'en digère qu'une partie, tandis que, fermentés et cuits, plusieurs des éléments qu'ils renferment seraient plus assimilables; de sorte qu'il y a dans leur alcoolisation double bénéfice, car si, par la fermentation, le sucre est déjà utilisé, d'un autre côté certains principes se digèrent plus facilement, leur division étant plus parfaite.

FRUITS ET JUS SUCRÉS.

Fermentations vicieuses : visqueuses, lactiques, acides; moyens de les éviter. — La fermentation des fruits, jus sucrés, matières saccharifiables, n'a pas toujours lieu d'une manière normale ; il peut arriver que les moûts en fermentation éprouvent une dégénérescence et qu'au lieu d'un liquide franchement vineux, on n'obtienne qu'un liquide glaireux, dans lequel le sucre a déjà subi une transformation qui nuit au rendement alcoolique et qui, en outre, rend ces jus très-disposés à former des mousses, à se boursoufler pendant la distillation. On évitera cet inconvénient grave : 1° en tenant les cuves très-propres par des lavages faits avec de l'eau de chaux et renouvelés à chaque opération ; 2° en ajoutant, par hectolitre de moût, un litre de décoction de tan, que l'on obtiendra en faisant bouillir de l'écorce pilée, du bois de chêne ou des noix de galle dans les proportions de 1 kilog. de tan pour 5 litres d'eau que l'on réduit, par l'ébullition, à environ 3 litres et que l'on conserve pour servir au besoin. 3° L'acide sulfurique délayé dans six fois son poids d'eau, versé et bien mélangé dans les moûts avant leur fermentation, remplit le même but. Quant à la fermentation acétique, on l'évite en couvrant les cuves, en surveillant avec attention la fermentation alcoolique qui précède toujours la fermentation acide ; en soutirant les vins des cuves dès que la fermentation tumultueuse a cessé, et en ayant soin de ne se servir que de fûts bien propres et tenus constamment pleins dans des locaux clos. Lorsque, par négligence, on laisse au contact de l'air des jus fermentés dont le titre alcoolique est faible, ils s'acidifient très-promptement, et comme ils renferment encore des ferments non décomposés, qu'ayant peu d'alcool ils n'ont pu produire que peu d'acide, cet acide est à son tour détruit, et le liquide passe à la fermentation putride, c'est-à-dire qu'il se décompose et ne forme plus qu'un liquide infect.

Marche normale de la fermentation. — Une fois

le moût mis en cuve, avec ou sans marcs selon les matières, on ne devra ajouter de la levûre de bière qu'aux jus
sucrés qui *manquent de ferments naturels,* c'est-à-dire qui
ne pourraient pas subir de fermentation sans être excités,
parce que la levûre introduite dans un moût qui renferme
déjà des ferments (la plupart des fruits sont dans ce cas) ou
qui est employée en trop grande quantité, le prédispose à
la fermentation acide. En effet, la levûre, après avoir
excité la fermentation alcoolique, n'a pu être utilisée entièrement et il en reste encore beaucoup d'active en suspension.
Ce ferment attaque l'alcool formé et le transforme rapidement en acide acétique. Dans les fermentations normales,
le moût versé dans la cuve ne fait aucun mouvement immédiat : ce n'est qu'au bout de quelques heures (1) que le
liquide commence à se troubler. Il s'y forme une grande
quantité de bulles qui montent à la surface en même temps
que le volume augmente et que la chaleur du moût s'élève ;
on sent une odeur piquante due au gaz acide carbonique
qui commence à se dégager : c'est le moment de couvrir les
cuves. Bientôt il se forme à la surface une écume, et si le
moût renferme des matières solides, une croûte de marc se
maintient à la surface, gonfle ; le mouvement tumultueux
augmente et continue plus ou moins selon la richesse du
moût en sucre, l'activité des ferments, la température am-
biante. On ne peut préciser le temps que dure cette fermentation bruyante, qui est sujette à une foule de variations.
On doit surveiller activement cette période ; si on goûte
le moût, on le trouve chaud, trouble et ayant encore une
saveur sucrée, mais sensiblement diminuée ; enfin, on

---

(1) Cet état transitoire ne peut se fixer ; on sait que plus la température
du cuvier se rapprochera de 22° centigrades, plus il y aura d'activité et
de régularité dans la fermentation ; tandis qu'au-dessous de 15°, elle sera
beaucoup plus lente à s'établir et moins active.

constate que le volume a diminué, que la chaleur du liquide
s'abaisse et que le moût a perdu son goût sucré, qu'il a acquis une odeur et un goût vineux.

On décuve lorsque le liquide est froid et que sa densité
se rapproche celle de l'eau, ce que l'on reconnaît à l'aide
d'un gleucomètre ; mais, dans la pratique, on ne trouvera
pas constamment ces conditions aux décuvages, parce que
la plupart des vins ou jus fermentés renferment, au sortir
de la cuve, une foule de matières qui influent sur leur densité ; de sorte que souvent on serait induit en erreur sur le
sucre qui reste encore à décomposer. Les praticiens reconnaissent à la dégustation, bien que le pèse-sirop indique
plusieurs degrés au-dessous de zéro, la fin de la fermentation
tumultueuse. Il est imprudent de laisser en cuve, surtout
pendant l'été, le jus d'un fruit quelconque s'il a terminé sa
fermentation bruyante, car il se piquerait rapidement; on
doit donc saisir le moment où le mouvement a cessé pour
soutirer sans retard.

Eau-de-vie de vin. — Nous avons déjà parlé dans le
cours de cet ouvrage de la vinification de chaque genre de
vin. Ceux que l'on destine à brûler ne subissent aucune
préparation spéciale ; nous dirons seulement que pour obtenir des eaux-de-vie moelleuses, il faut les distiller dès
que la fermentation tumultueuse est terminée. On a observé
dans les Charentes et l'Armagnac que les eaux-de-vie faites
avec des vins nouveaux étaient plus douces que celles que
l'on distillait plus tard avec les vins de la même année ;
cela tient au mucilage que ces vins renferment encore
lorsqu'ils sont récemment vinifiés. La distillation s'opère
ainsi que nous l'avons déjà dit plus haut et quel que soit le
jus fermenté, elle n'offre rien de particulier, si ce n'est
que l'on doit éviter, lorsque l'on va employer des *résidus*

de vins, de vider dans la chaudière des bourres épaisses, des lies, des marcs, parce que ces matières brûlent au fond de la cucurbite et donnent des goûts d'empyreume détestables, et que de plus on détériore les appareils. Lorsqu'on aura des marcs à traiter, on procédera par leur lavage, c'est-à-dire qu'on les émiettera dans une cuve, on y versera de l'eau dessus, on les brassera bien avec un râble ; après les avoir laissés tremper un jour, on écoulera cette eau dans des fûts soufrés ; on aura eu soin de garnir le robinet de la cuve d'un *griffon,* afin qu'il ne puisse s'obstruer ; on continuera d'épuiser le marc par des trempes successives, et on le pressera ensuite jusqu'à siccité. Quant aux lies, on les pressera, et les vins et les piquettes ainsi obtenus seront mis au repos et soutirés avant de les passer à la chaudière. Nous savons, par expérience, que les produits qu'on en retirera seront bien meilleurs que lorsque ces résidus sont distillés en nature, à l'état plus ou moins épais.

Poires et pommes. — Ces fruits se traitent de la manière suivante : après les avoir cueillis (1), on les rassemble dans un cuvier, on les met en tas sur un plancher de treuil ou pressoir, ou dans des greniers. On a soin de diviser les tas selon les espèces et le degré de maturité : cela est essentiel pour obtenir de bon cidre et en retirer une plus grande quantité. Les fruits mis en tas se flétrissent, jaunissent et commencent à se pourrir; bientôt on reconnaît, à l'odeur qu'ils répandent, que la fermentation a commencé dans le tas; c'est le moment de les écraser. Cette opération se fait, soit dans une auge circulaire dans

---

(1) On ne doit les cueillir que lorsqu'ils sont en pleine maturité et que déjà une partie est tombée de l'arbre, alors on secoue vivement les branches qu'on évite de briser en se servant de *gaules* pour abattre les fruits qui restent.

laquelle tourne une meule mue par un manége, soit à l'aide
d'un petit moulin composé de cylindres cannelés et sur-
montés d'une trémie. Dans les pays à cidre, ces appareils
font partie du matériel d'exploitation d'une propriété ru-
rale ; mais dans les contrées où les pommes et poires ne se
cultivent que pour être vendues en nature, on ne traite
pour l'alcoolisation ou pour la boisson (le procédé est le
même dans les deux cas) que les fruits inférieurs, ou l'excédant que l'on ne peut vendre avec avantage, et généralement
on ne possède pas d'appareils spéciaux pour les écraser. En
ce cas on jette une couche de fruits *bien mûrs* dans le fond
d'un *douil* ou petite cuve solidement foncée que l'on en-
châsse de 15 centimètres dans le sol afin qu'elle ne remue
pas, et on pile et écrase les fruits en les remuant en tous
sens, afin de les diviser le plus possible. Cette opération se
fait au moyen d'une demoiselle ou pilon à deux manches,
qui peut n'être qu'un simple morceau de bois dur dont le
bout est scié carrément de manière à former une grosse
tête plate. Un trou de tarière est pratiqué au milieu pour
y faire passer le manche.

La pulpe du fruit étant complétement écrasée, on la porte
sur le pressoir, préalablement garni d'une couche de paille
de seigle (ou d'une étoffe de crin) ; on y dispose une première couche de pulpe de 2 pouces d'épaisseur, puis une
couche de paille, et ainsi de suite jusqu'à ce que la cage du
pressoir soit pleine. On met au-dessus une dernière couche
de paille et on presse comme à l'ordinaire. Lorsqu'il ne
s'écoule plus de jus on démonte la presse et on retire le
marc, qui se reporte dans le douil, l'auge ou la trémie, où
on le délaie en y ajoutant de l'eau peu à peu, on l'écrase
une seconde fois et on le soumet à la presse ; puis on reprend le marc de nouveau, on le délaie, on l'écrase encore,
et enfin on le presse une troisième fois. Lorsque le cidre ou

le poiré doit se vendre en nature, le jus de la première pression, qui produit le *gros cidre,* est mis à part dans des fûts,
où il fermente, comme le vin blanc, et on réunit ordinairement le produit des deux dernières pressées, que l'on met en
fermentation en les coupant ensemble, et qui donnent le *petit
cidre,* c'est-à-dire la piquette du gros cidre, puisqu'il a été
obtenu par le lavage du premier marc. Lorsqu'on ne veut
pas faire de gros cidre ou poiré, on réunit les trois pressées.

En sortant du pressoir, le moût de cidre passe à travers
un tissu de crin ou un tamis, ou bien on met un panier
garni de paille à l'orifice de la presse, afin de ne pas introduire de débris de pulpe dans les barriques.

La fermentation du cidre ou poiré se fait comme celle
des vins blancs, sans addition de ferment ; mais généralement elle est très-longue, elle dure de deux à trois mois.

Figues, dattes, arbouses, caroubes. — On écrase
ces fruits au pilon lorsqu'on les traite à l'état frais ; s'ils
sont secs, on les humecte d'abord avec une petite quantité
d'eau tiède, afin de les ramollir ; on les remue bien, on les
laisse tremper cinq à six heures dans cette eau, puis on les
écrase et les divise le plus possible ; enfin on les met en fermentation en les jetant en cuve et en les recouvrant d'eau
de manière que la pulpe soit entièrement recouverte. Ils
fermentent naturellement. On surveille alors la fermentation, et lorsqu'elle est terminée, on écoule la cuve et on
presse le marc, comme on le fait pour le marc de raisins.
Si l'on veut retirer l'alcool qu'ils renferment encore après
leur pression, on l'obtient par le lavage ou par la distillation directe.

Baies d'arbrisseau et séves d'arbre. — *Groseille, fraises, framboises, baies de sureau, hièble, séves*

d'érable, de noyer, d'acacia, de bouleau, de frêne, bourgeons et feuilles de tilleul. — Les baies des arbrisseaux devront être en parfaite maturité ; toutes celles qui pourront être foulées et bien triturées, de préférence sans employer le pilon, seront ainsi traitées avant d'être jetées dans la cuve à fermentation, et on ne devra pas mettre d'eau dans la cuve. La séve des arbres s'obtient de deux manières : 1° en faisant dans le tronc, à l'aide d'une tarière, un trou d'un diamètre de 1 centimètre et demi à 2 centimètres et ayant une profondeur de 5 à 10 centimètres selon le diamètre du tronc. On met à l'orifice du trou une cannelle de roseau ou de sureau ayant un diamètre un peu plus fort que celui de la tarière, afin qu'elle ferme exactement le trou et qu'elle puisse se maintenir sans qu'il soit nécessaire de l'enfoncer profondément. On en dirige l'écoulement dans une tourie dont on entoure le goulot, afin d'éviter que la pluie ou les insectes ne s'y introduisent. Cette opération se fait à la fin de l'hiver, et la séve découle pendant tout le printemps ; certains arbres en donnent plus de 200 litres par an. 2° Quelquefois, au lieu de trou, on fait une incision ou saignée, et on établit à la partie inférieure une sorte de dalle qui recueille la séve et la conduit dans un vase placé au-dessous ; mais il est plus difficile en ce cas d'empêcher l'eau de pluie de pénétrer dans ce vase. La fermentation de ces séves se fait de la manière suivante : on les verse dans une cuve ou cuveau approprié aux quantités que l'on a à traiter, et on y délaie, pour chaque hectolitre de séve, 20 centilitres de levûre fraîche ou 100 grammes de levûre sèche préalablement délayée dans un sceau de moût. On brasse bien le liquide, afin de mélanger intimément la levûre et la masse fermentable, et on couvre ensuite la cuve. Pour que la fermentation s'accomplisse rapidement, il convient que la température du cuvier soit en moyenne de 20° centigrades.

Fruits à noyau. — *Cerises ou merises, prunes, abri-*
cots, pêches et mûres cultivées où mûres sauvages qui pro-
duisent les diverses variétés de kirsch. Alcoolisation de ces
fruits à l'état frais. — On les cueille lorsqu'ils sont parfaitement mûrs, on les écrase avec un pilon de la manière
que nous avons déjà indiquée en parlant des poires, et on
les jette dans une cuve où l'on brasse bien ensemble le jus
et le marc. On constate la densité du moût : si elle est supérieure à 8° au gleucomètre, on la réduit ; afin que la fermentation soit plus rapide, on a soin d'opérer à la
température de 20°, qui est la plus favorable. On couvre la
cuve dès que la fermentation est bien établie. Enfin on
écoule le vin et on le garde une quinzaine de jours en
fûts, afin de laisser terminer la fermentation insensible,
qui, le plus souvent, reprend dans les tonneaux, qu'on doit
maintenir pleins. On distille en employant un grillage afin
d'éviter le contact du marc avec le fond de la chaudière, et
on divise le marc selon le nombre de chauffes et la quantité
de jus dont on dispose, ou bien on le presse jusqu'à siccité,
et par plusieurs lavages, on l'épuise, absolument comme le
marc de raisins ; mais alors le goût de noyau est moins
prononcé. On peut utiliser le marc pour la nourriture des
animaux en en ôtant les noyaux.

Le kirsch donnant lieu à un certain commerce, nous
croyons utile de reproduire ici la notice de MM. Boré et
V. Rendu sur la culture du cerisier et la fabrication du
kirsch dans les départements formés de l'ancienne Franche-Comté :

« **Kirsch.** — De grandes superficies sont consacrées,
dans les départements du Doubs et de la Haute-Saône, à la
culture du cerisier pour la fabrication du kirsch. Quoique
cette industrie, pratiquée sur une grande échelle, soit li-

mitée à certaines localités, il est cependant un grand nombre de propriétaires, dans le département du Doubs surtout,
qui possèdent des cerisiers ; ainsi, dans les environs de
Besançon, dans les arrondissements de Baume et de Mont-
béliard, la plupart des cultivateurs ont dans leurs champs
quelques cerisiers dont ils distillent le fruit. Mais cette distillation, insignifiante et même nulle depuis quelques années, n'est l'objet d'aucun commerce : les propriétaires en
consomment exclusivement le produit.

» Dans le département du Doubs, la fabrication en grand
est pour ainsi dire circonscrite à la vallée de la Loue ; les
communes de Mouthier, Loos, Vuillafans, situées sur la
Loue, rivière non navigable, en sont les principaux centres. La Loue prend sa source à 5 ou 6 kilomètres au-
delà de Mouthier, coule jusqu'à la ville d'Ornans dans un
étroit vallon, qui tantôt s'élargit assez pour former de petites vallées où sont groupées quelques usines métallurgi-
ques, tantôt se resserre et s'élargit de nouveau, jusqu'au
moment où, arrivée à la petite ville de Quingey, elle coule
dans une assez large plaine. C'est sur tout ce parcours de
Mouthier à Quingey, c'est-à-dire sur un trajet de 50 à
60 kilomètres environ, que l'on rencontre le plus de cerisiers cultivés pour la fabrication du kirsch.

» C'est donc dans la partie nord de la Haute-Saône, sur
la limite des Vosges, que le cerisier se cultive spécialement
en grand pour la fabrication du kirsch : Luxeuil, Fougerolles et Valdajot doivent leur renom à cette industrie lu-
crative. Toutes les communes situées entre Luxeuil et
Valdajot s'y livrent avec activité ; à l'ouest, elle s'étend
jusqu'aux communes d'Aillevillers et de Clerjus (Vosges).
Fougerolles, située à mi-chemin entre Luxeuil et Valdajot,
est le centre le plus important de cette fabrication.

» *Espèces cultivées spécialement pour le kirsch.* — Dans

le département du Doubs, le merisier *(prunus avium)* est seul cultivé en vue de la fabrication du kirsch. Le fruit, de grosseur moyenne, peu charnu, est assez doux. A la saveur seule du fruit, il est facile de reconnaître le lieu de provenance : les cerises qui proviennent des coteaux élevés sont noires, peu charnues et ont un goût de merise très-prononcé ; les cerises des bas-fonds sont moins noires, mais plus charnues et d'une saveur plus douce. Il y a une dizaine d'années, lorsque les récoltes étaient toujours abondantes, les cerises venues dans les bas-fonds se vendaient toutes à Pontarlier. Aujourd'hui que les récoltes sont faibles, on les distille comme les autres, mais le kirsch est bien inférieur ; aussi sont-elles toujours rejetées ou distillées à part par ceux qui ne veulent avoir que du kirsch de première qualité. A Mouthier, on connaît surtout deux variétés de cerises : les *pavillardes* et les *marcottes.* Les pavillardes sont les plus généralement cultivées ; les marcottes offrent l'avantage de résister beaucoup mieux à la coulure, mais leur produit, plus abondant que celui des pavillardes, est inférieur en qualité. A Lods, commune distante de Mouthier de 4 kilomètres, on préfère la variété dite *catelle.*

» Chaque commune a, pour ainsi dire, sa variété qui, en somme, diffère très-peu des autres ; le mode de greffage, l'époque de la mise en place, la nature du terrain, l'exposition, paraissent être la cause des différentes variétés qu'on observe.

» Dans la Haute-Saône, les cerises rouges sont préférées ; doit-on les ranger parmi les griottes ? Je ne saurais me prononcer à cet égard. Le fruit est rond, charnu et bon à manger. Les principales variétés cultivées à Fougerolles et aux environs portent les dénominations suivantes : les *longues queues* (cerises rouges) ; les *tinettes* (cerises rouges) ; les *châteaux* (cerises noires) ; les *carrières* (cerises rouges).

Les tinettes et les longues queues, très-bonnes à manger, sont considérées comme les meilleures.

» *Sol*. — Dans toute la vallée de la Loue, le calcaire domine ; les coteaux sont calcaires et la vallée argilo-calcaire. Depuis Mouthier jusqu'à Vuillafans, la formation géologique est la même.

» A partir de Vuillafans, la formation géologique est différente.

» Puis, après Ornans, le lias jurassique inférieur reparaît.

» Partout où le terrain est calcaire, friable, peu profond, le cerisier réussit parfaitement. Dans les terrains secs et marneux, comme les coteaux de Mouthier, on a toujours de beaux produits. L'humidité est très-préjudiciable aux cerisiers. Depuis plusieurs années, dans la vallée de la Loue, ainsi que du côté de Fougerolles, on en a perdu un grand nombre. Le voyageur qui parcourt la vallée de la Loue est étonné de la quantité de cerisiers morts qu'il rencontre sur son chemin : de tous côtés ce sont des arbres dépouillés de feuilles et tellement noirs, qu'on les croirait brûlés. Cette grande mortalité, qui peut être d'un cinquième, est attribuée dans le pays à l'humidité et aux gelées tardives. La maladie des cerisiers a fait éprouver plus de pertes dans le Doubs que dans la Haute-Saône ; cela tient au trop grand rapprochement des arbres ; il est des endroits où les cerisiers sont tellement voisins les uns des autres, qu'on est obligé de transporter ailleurs l'herbe fauchée au-dessous, pour que le soleil puisse la sécher. Ce rapprochement excessif tient au morcellement du sol, tout héritier voulant avoir, après le partage, son champ bordé de cerisiers.

» Du côté de Fougerolles, les terrains formés par la décomposition des grès sont assez argileux. Il est à remarquer aussi que là où se trouve de la marne, les cerisiers sont beaucoup plus beaux. Le dépérissement général que l'on observe chez les cerisiers doit encore être attribué à un certain effritement du sol, fatigué sans doute de porter ces arbres ; car, dans la Haute-Saône, les communes qui jusqu'alors n'avaient point eu de cerisiers, les ont vus prospérer et donner des récoltes abondantes dès qu'elles en ont tenté la culture.

» *Exposition.* — L'expérience a prouvé depuis longtemps que c'est sur le versant des coteaux, dans les endroits en pente, bien aérés et exposés au midi, que le cerisier réussit le mieux. Dans la vallée de la Loue, les cerisiers occupent surtout les penchants qui sont toujours gazonnés. Dans la Haute-Saône, aux environs de Fougerolles, pays plutôt montueux que montagneux, les cerisiers, quoique toujours placés de préférence sur les coteaux et sur leurs versants, existent en grand nombre dans la plaine qui traverse cette partie, à tel point qu'en tirant vers Luxeuil, ces arbres donnent au pays l'aspect d'une véritable forêt ; seulement, au lieu d'être dispersés au hasard sur les coteaux et dans les champs, comme du côté de Mouthier, les cerisiers ici sont presque toujours en ligne, espacés entre eux de 10 en 10 mètres ; l'intervalle qui les sépare est livré à la charrue.

» *Altitude.* — L'altitude n'est pas indifférente pour la culture du cerisier ; elle influe beaucoup sur la qualité. Mouthier est à 500 mètres au-dessus du niveau de la mer. Les cerisiers qui servent à faire le bon kirsch de Mouthier, le plus réputé du département dans le Doubs, mûrissent sur les versants, à 7 à 800 mètres ; on en rencontre aux alentours à 850 mètres. A 900 mètres, point où commence la région des sapins, on ne voit plus de cerisiers. L'altitude de 700 à

850 mètres est donc le point le plus favorable pour la production du bon kirsch, et partant, plus l'on descend, plus
le kirsch perd en qualité ; à Lods (400 m.), la différence
est déjà très-sensible, et à Vuillafans (300 m.) on est obligé,
pour avoir du bon kirsch, de mêler les cerises du pays avec
celles achetées à Mouthier. J'ignore quelle est l'altitude de
Fougerolles, mais on peut établir cette hauteur, d'abord
pour Valdajot, tout près de Plombières, puis approximativement pour Fougerolles, plus bas que Valdajot, d'après la
hauteur de Plombières, où le cerisier ne vient plus.

» *Choix des sujets.* — Les cerisiers ne sont jamais pris
dans les pépinières. A Mouthier, celui qui veut planter des
cerisiers se rend dans les bois, y cherche des sujets de l'âge
de quatre à cinq ans, les arrache et les replante dans sa
vigne ou dans un autre endroit près de son habitation ; là
ils restent encore quatre et cinq ans, puis ils sont mis définitivement en place. Quand on trouve dans les bois des
sujets de dix à douze ans, on les met immédiatement en
place. Quelquefois, mais rarement, on sème des noyaux
dans les vignes. Ce n'est que lorsqu'on taille la vigne, en
février, qu'on donne des soins aux cerisiers ; ils n'occupent
jamais cette place que temporairement. Afin que le sujet
soit bien dressé, on coupe les branches inférieures et on ne
laisse qu'une seule tige. On greffe tantôt dans la vigne,
tantôt lorsque le cerisier est déjà mis en place. Quelques-
uns prétendent que, greffé dans le premier cas, il réussit
beaucoup mieux. A Fougerolles, les sujets sont toujours
pris dans les bois à l'âge de cinq ou six ans et placés immédiatement dans les champs.

» *Greffe-traitement.* — C'est toujours la greffe en fente
qui est pratiquée. La greffe est entourée avec de la marne
et de la mousse ; le tout est retenu à l'aide d'un brin
d'osier. A Fougerolles, on greffe deux ou plusieurs années

après que les sujets ont été pris dans la forêt, presque toujours à deux têtes, rarement à quatre. A Mouthier, les
arbres sont dressés très-haut, à 2 mètres du sol, afin d'éviter le maraudage. A Fougerolles, on les dresse de façon à
ce qu'un homme, en labourant, puisse facilement se mouvoir autour. Les cerisiers sont de temps en temps élagués,
surtout pendant les années qui suivent la greffe ; on a soin
qu'aucune branche sauvage ne pousse au-dessous de la
greffe. Lorsque les cerisiers sont vieux, on les rajeunit au
moyen de l'ébranchage. L'espèce dite pavillarde (Mouthier)
a plus spécialement besoin d'être régénérée quand elle commence à décliner. Quelquefois le pied des arbres est marné ;
à Mouthier, ils sont rarement labourés. D'autres fois, on
dépose au pied des cerisiers le marc de distillation ; cette
pratique s'observe plutôt du côté de Fougerolles qu'à
Mouthier.

» *Floraison et cueillette.* — La floraison des cerisiers a
lieu dans les premiers jours de mai ; la cueillette commence
avant la fin de juin ou dans la première quinzaine de
juillet. La floraison redoute les printemps humides, les gelées et la trop grande chaleur ; elle ne peut se passer de
quelques petites pluies. Quand celles-ci font défaut, la
récolte est moins abondante. Les pluies de juin sont redou-
tées : elles font tomber le fruit. Le cerisier est attaqué par
la même chenille que le pommier, mais son feuillage seul
souffre de ses atteintes. Lors de la cueillette, les cerises
doivent être bien mûres, et leur maturité doit s'être faite
naturellement, et surtout uniformément. Les orages souvent exercent une influence fâcheuse sur le fruit, ils l'empêchent de se conserver aussi bien.

» La cueillette nécessite l'emploi d'échelles de 7 à 10
mètres. La personne chargée de ce soin est toujours munie
d'un bâton dont chaque extrémité est garni d'un crochet.

L'un des crochets est en bois et sert à amener la branche à portée de celui qui cueille ; l'autre est en fer et est accroché à l'un des barreaux de l'échelle, afin de maintenir la branche. Les cerises sont déposées dans un seau fabriqué avec l'écorce du tilleul; on l'appelle *ruche*. Ce seau, qui peut contenir 10 litres, se fixe, au moyen d'un crochet, à proximité de celui qui cueille. Le seau rempli est vidé dans une douve qui porte le nom de *bouille*. Rentrées à la maison, les cerises sont mises dans des tonneaux, où elles commencent à fermenter au bout de trois à quatre jours.

» *Rendement.* — Le cerisier donne quelques fruits dès la seconde année qui suit la greffe, mais son produit ne prend une certaine valeur que vers quinze ou vingt ans ; entre quarante et cinquante ans, il est à son maximum de production. Le cerisier vit très-longtemps ; on en connaît qui ont trois à quatre cents ans. Un cerisier séculaire donne encore beaucoup de fruits. Depuis 1849, époque à laquelle a commencé la maladie des cerisiers, beaucoup de ces arbres, âgés seulement de quarante à cinquante ans, ont péri.

» Avant la maladie, un cerisier rapportait à Mouthier 25 kilogr. de cerises; aujourd'hui, seulement 10 et 15 kilogr. A Fougerolles, le rendement, après avoir été de 3 à 400 kilogr., n'est plus que de 40 à 50 kilogr.

» A Fougerolles, les |50 kilogr. de cerises coûtent 10 à 12 fr. En 1855, ils ont coûté jusqu'à 30 et 33 fr. En 1856, 20 fr.

» Les cerises de Mouthier se sont vendues, pendant ces dernières années, de 15 à 16 fr. les 50 kilogr.

» *Distillation.* — Les cerises ne peuvent être distillées qu'après avoir subi une fermentation préalable qui se produit plus ou moins vite, selon la température. Par un temps chaud, elle commence presque aussitôt la mise en tonneaux, tandis que par un temps ordinaire, elle ne se déclare qu'au bout de quatre ou cinq jours. La durée de la fermentation est aussi très-variable ; toutefois, après un mois de séjour en tonneaux, les cerises peuvent être dessé-chées, c'est même alors qu'elles rendent le plus en quantité et en qualité. On sait qu'elles se conservent indéfiniment quand elles sont mises dans des fûts ou des tonneaux de couche et que ceux-ci ont été hermétiquement clos après la fermentation ; des fabricants de Fougerolles, qui distil-lent toute l'année, en conservent ordinairement d'une année à l'autre. A Mouthier, on distille avant les vendan-ges, de manière que les tonneaux soient libres pour rece-voir la vendange. D'après les vignerons, le vin mis dans ces tonneaux s'y bonifie, cela se comprend aisément.

» La distillation des cerises destinées à être converties en kirsch peut se faire au moyen d'alambic à serpentin ou d'alambic à tube droit.

» A Mouthier, Lods, Vuillafans, on se sert généralement de l'alambic à serpentin ; à Fougerolles, au contraire, l'a-lambic à tube droit est le plus employé. Le premier, plus expéditif, est considéré par les distillateurs, même par ceux de la vallée de la Loue, comme donnant un kirsch un peu inférieur.

» A part la forme des réfrigérants, les alambics de Mouthier et de Fougerolles sont les mêmes. Sur un foyer élevé de 40 à 50 centimètres est placée une cucurbite mo-bile en cuivre avec chapiteau, un tonneau placé à côté est traversé par le tube.

» Dans les autres alambics, le serpentin ne décrit que deux tours dans l'intérieur de la cuve.

» Les alambics varient de contenance suivant l'impor-tance de la distillation ; il y en a de 20, 30, 40 et 50 litres et plus. A Fougerolles on fait grand usage d'alambics pou-vant contenir 50 litres, c'est la capacité qu'on préfère pour une bonne distillation. Les alambics de 20, 30, 40 et 50 litres peuvent, en réalité, contenir le double de cette quantité; aussi on ne doit jamais les emplir qu'à moitié. On donne le nom de *charge* à la quantité que peut contenir un alambic à chaque distillation, de là le nom de *charger,* qui, dans le pays, signifie remplir; par le mot *cuite,* on entend la durée de distillation d'une charge.

» Pour qu'une distillation se fasse dans de bonnes conditions, il faut qu'elle marche nuit et jour, c'est ce qui a lieu à Fougerolles, dans les grandes distilleries. Un homme surveille deux alambics, chacun de 50 litres, et après chaque cuite (la cuite dure environ six heures), il est remplacé par un autre ouvrier. A Mouthier, comme chaque propriétaire distille, et comme depuis quelques années on n'a que de faibles quantités de cerises, on arrête chaque soir la distillation. Cette manière de procéder est défectueuse et influe désavantageusement sur la qualité du kirsch. Chaque matin on est obligé de faire passer dans le serpentin de l'huile de vitriol ou acide sulfurique pour le nettoyer et enlever les sels qui ont pu se former pendant la nuit; de cette manière, le kirsch tend à prendre un goût de cuivre plus ou moins prononcé, qu'il conserve longtemps.

» A quel degré doit-on chauffer? C'est ce qu'il est difficile de dire, d'autant plus que le degré de chaleur varie selon les alambics employés. Ainsi, avec les alambics à serpentin, on peut faire un feu plus fort qu'avec les autres. Dans tous les cas, le distillateur est guidé par le filet de kirsch qui tombe dans le récipient. Lorsqu'il commence, il fait un feu assez fort, jusqu'à ce que le contenu de la cucurbite soit en ébullition; alors il modère son feu, de façon que le filet qui coule dans le récipient soit extrêmement mince, car plus il est mince, mieux on opère. Si, par une

cause quelconque, la vapeur vient à s'échapper par l'extrémité du serpentin, il faut reverser le tout dans la cucurbite, sous peine de donner au kirsch le goût de *trule* (terme
local). La distillation avec les alambics à tube droit
demande plus de soins et de précautions, car le moindre
coup de feu fait franchir au jus le col de l'alambic.

» La durée de la fabrication varie suivant l'alambic
qu'on emploie ; on opère ainsi qu'il suit : lorsque l'alambic
est près d'être chargé, deux hommes vont chercher la
charge au tonneau. Si les cerises sont dans des tonneaux
droits, ils plongent le seau dans l'intérieur ; mais si c'est un
fût ou tonneau de couche, ils en usent autrement : ils sou-
tirent d'abord tout le jus, auquel on donne le nom de *clair,*
et ils le mettent à part; puis le tonneau, placé sur des
poulains, est renversé de telle sorte que les cerises puissent
sortir par la bonde et tomber dans le seau placé au-dessous ; mais on ne le remplit qu'à moitié. Ainsi, si le seau a
une contenance de 20 litres, on met 10 litres de cerises ou
d'*épais* et 10 litres de jus ou de clair ; l'expérience, en
effet, a prouvé que, pour une bonne distillation, il faut
moitié de l'un et moitié de l'autre.

» L'alambic chargé, le chapiteau placé, l'homme ranime
le feu et procède, ainsi qu'il vient d'être dit, en se fixant
d'après le filet de kirsch qui coule dans le récipient. La
distillation du bon kirsch, c'est-à-dire de celui qui marque
à l'aréomètre Cartier de 18 à 21°, dure environ deux
heures. Le distillateur a pour guide l'état apparent de la
liqueur, qui reste incolore tant qu'elle marque au moins
18°, mais qui blanchit immédiatement dès qu'elle tombe
au-dessous. Ce second produit, la liqueur blanche, est re-
cueilli à part, car il doit être reversé dans la cucurbite à la
cuite suivante pour servir de *ferment,* comme disent les
distillateurs. La distillation pour ce second produit dure

également deux heures environ, jusqu'à complet épuisement
de l'alcool ; on s'en assure en en jetant quelque peu dans le
foyer ; si le feu ne *claire* plus, la distillation est terminée.
Cette espèce de ferment est indispensable ; sans lui, on obtiendrait un produit bien moindre. C'est ce qui s'observe
au commencement de la distillation : la première cuite,
toujours moindre de moitié, est reversée dans la cucurbite
pour servir de ferment à la suivante ; on fait de même à
l'égard de la troisième et souvent encore pour la quatrième
cuite. Plusieurs distillateurs gardent le ferment de la dernière distillation pour l'année suivante. Dès qu'une cuite
est terminée, on procède au nettoyage de l'alambic. Le
chapiteau mis de côté, la cucurbite est enlevée de dessus le
foyer et jetée au dehors pour être vidée et nettoyée. Pour
cela faire, on se sert de l'eau chaude prise de la cuve et on
frotte l'intérieur de la cucurbite avec un bouchon de paille.
Le fond est ensuite garni avec de la paille, que l'on maintient au moyen de deux morceaux de bois mis en croix. La
paille de seigle est ordinairement préférée, parce qu'elle
est plus souple ; qu'elle résiste plus longtemps et peut par
conséquent servir pour plusieurs cuites. Ce lit de paille a
pour but d'empêcher que les cerises ne brûlent, ce qui
aurait lieu infailliblement si elles étaient en contact immédiat avec le cuivre. La cucurbite bien lavée, garnie de
paille dans le fond, est replacée sur le foyer et chargée
avec les cerises ; avant de poser le chapiteau, on verse le
produit de la seconde distillation, cette liqueur blanche qui
marque moins de 18° Cartier, et que les distillateurs considèrent comme un ferment. Dès que l'alambic est prêt, on
remplace l'eau chaude de la cuve par de l'eau froide. Pour
une cuite complète, c'est-à-dire pour tout préparer et distiller, il faut environ six heures avec les alambics à tube
droit, et quatre heures seulement avec les autres, ce qui

fait un tiers de temps en plus pour les premières. A Mouthier, le kirsch qui vient d'être distillé est mis dans des
bouteilles en verre, espèce de petites dames-jeannes, qu'on
laisse débouchées pendant plusieurs jours pour *vieillir* le
kirsch et lui faire perdre le goût de cuivre. A Fougerolles,
chez les grands fabricants, on le met immédiatement en
fûts. Les cerises épuisées n'ont aucun emploi à Mouthier ; à
Fougerolles, plusieurs personnes s'en servent pour fumer
le pied des cerisiers ; d'autres les étendent sur les prairies.
Il est à remarquer qu'après la distillation, les noyaux de
cerises n'ont plus le moindre goût.

» Le kirsch de Fougerolles est un peu plus riche en
alcool que celui de Mouthier, mais il contient moins d'huile
essentielle ; la nature de la cerise explique cette différence.
Moins charnue, plus amère, la cerise de Mouthier contient
une huile essentielle qui lui communique un goût d'acide
prussique très-prononcé ; la cerise de Fougerolles, plus
douce, plus charnue, plus rouge, en diffère notablement au
goût et est moins riche en huile essentielle. Il est impossi-
ble de s'y méprendre en dégustant le kirsch extrait récemment de l'une et de l'autre : le kirsch de Mouthier a un
goût de noyau très-accusé, quelquefois même le goût du
cuivre ; celui de Fougerolles, plus doux, prend moins à la
gorge et rappelle davantage le goût de la cerise. L'aspect
des deux liqueurs est aussi très-différent : le kirsch de
Fougerolles a l'air plus onctueux, plus gras, et *forme parfaitement chapelet* dans le vase ; celui de Mouthier ressemble à de l'eau distillée.

» Le produit de la distillation varie beaucoup avec les
années ; il y a quinze et vingt ans, lorsque les cerises étaient
abondantes et qu'elles étaient venues dans des conditions
favorables, on obtenait un sixième, quelquefois un cinquième, tandis que maintenant on n'obtient plus qu'un sep-

tième, rarement encore, et le plus souvent un huitième, ou
12 à 13 pour 100. En 1852, sur 40 litres, on a obtenu en
moyenne 8 litres ou 20 pour 100.

» Le prix a naturellement subi les mêmes variations que
les produits. On a vu le bon et véritable kirsch descendre
jusqu'à 90 centimes le litre. En 1847, il s'est vendu 1 fr.
25 c. à 1 fr. 50 c. le litre. En 1854, année assez abondante, la *choue* (mesure de 2 lit. et 1/2) s'est vendue, à
Mouthier, 3 fr. Mais, depuis cette époque, son prix a toujours été en augmentant ; cette année, le kirsch qui vient
d'être distillé n'est pas vendu moins de 3 fr. 50 c. à 4 fr.
le litre. Le vieux kirsch de dix, quinze et vingt ans se vend
7, 8 et 10 fr. le litre. J'insiste sur le mot de vrai kirsch,
parce que tout à l'heure il sera question du kirsch de fabrication, ou plutôt de falsification.

» Le prix de revient, au taux où sont les cerises, peut
être évalué actuellement à 2 fr. par litre.

» Les hommes chargés de la distillation reçoivent par
jour de 1 fr. 25 à 1 fr. 50 c. à Fougerolles ; à Mouthier,
c'est un autre mode de paiement : l'homme qui distille se
charge de la cueillette, garde le fruit chez lui après vérifi-
cation des quantités, et, lorsqu'il a distillé, le produit est
partagé par moitié entre lui et le propriétaire.

» *Principaux débouchés.* — Avant de parler des débouchés, disons un mot de la sophistication, car la presque
totalité du kirsch mis en vente est altérée.

» Dans la partie qui traite de la distillation du kirsch,
j'ai donné comme prix de revient, pour le litre, le chiffre
de 2 fr., et, comme valeur commerciale, celui de 3 fr.
50 c. à 5 fr. ; si maintenant on ajoute le droit perçu, on a,
comme prix du litre, 4 fr. à 4 fr. 50 c. Ainsi, en comptant
le bénéfice que tout commerçant a le droit de prélever, le
litre de kirsch ne peut guère se vendre, en dehors des cen-

tres de fabrication, moins de 4 fr. 50 à 5 fr. le litre, et cependant on en rencontre dans le commerce depuis 1 fr. 25 c. jusqu'à 5 et 6 fr. le litre. A Mouthier, où chaque propriétaire est producteur et tient à honneur de ne livrer que du bon kirsch, les sophisticateurs restent inconnus. A Vuillafans, plusieurs propriétaires, dit-on, rougissent à peine d'augmenter par ce moyen leur récolte.

» A Fougerolles, la fabrication du kirsch à bas prix se fait ouvertement et est soumise aux mêmes droits que le véritable kirsch, pourvu qu'il ait le même titre, c'est-à-dire 50°. Faire du kirsch à bas prix, à Fougerolles, n'est point considéré comme une fraude, on obéit seulement aux besoins du commerce : l'alcool du kirsch est rare, celui de la betterave est assez commun ; remplacer l'un par l'autre passe donc pour être très-naturel, permettant à tout le monde de boire du kirsch, ce qui autrement serait réservé aux seuls riches.

» La sophistication est faite soit par le fabricant, soit par le commerçant. Dans le premier cas, lors de la distillation, on met dans l'alambic une quantité d'alcool qui varie selon la valeur commerciale que l'on veut donner au kirsch.

» Veut-on produire du kirsch au plus bas prix? On met beaucoup d'alcool et assez de cerises pour lui donner le goût ; la distillation terminée, comme la liqueur manque d'onctueux, on ajoute un peu d'essence d'amandes, et l'on a du *kirsch du meilleur goût*.

» Si c'est le commerçant lui-même qui se charge du soin de la sophistication, il achète à Mouthier ou à Fougerolles du kirsch pur, et, une fois dans ses magasins, il lui fait subir la même altération que dans son pays d'origine.

» Les deux modes de sophistication varient avec les débouchés. Le kirsch doit-il être expédié dans l'Est, ou du côté de Paris ? le fabricant achète du 3/6 du Nord; il fait son kirsch et l'expédie prêt à être consommé. Le kirsch, au contraire, doit-il aller dans le Midi ? On l'envoie pur à Montpellier ; là, mêlé à des esprits du Midi, il donne un *très-bon kirsch*. Lyon a aussi sa prétendue fabrication de kirsch. Dans le Doubs et dans la Haute-Saône, pays de véritable fabrication, on ne vend dans les cafés et chez les débitants que du kirsch de Lyon. Avis aux consommateurs ?

» Les principaux débouchés du kirsch fabriqué dans l'ancienne Franche-Comté sont Paris, Marseille, Bordeaux et la Belgique. Le kirsch dit de la Forêt Noire ne surpasse pas, si même il égale le véritable kirsch fabriqué loyalement à Mouthier et à Fougerolles ainsi que dans quelques vallées des Vosges. — BORÉ et V. RENDU. »

Jus sucrés. — *Sucre de canne.* — Pour mettre en fermentation le sucre raffiné de canne ou de betterave, il faut le faire fondre dans de l'eau et lui donner une densité de 10° au pèse-sirop de Baumé. Le sucre est sujet à éprouver une fermentation visqueuse ; pour éviter cet inconvénient, M. Basset conseille de verser, par 100 kilog., un litre de dissolution saturée de tartrate de chaux et 2 millièmes d'acide sulfurique préalablement étendu de quatre fois son volume d'eau ; on brasse le mélange et on le met en levûre avec 250 grammes de levûre fraîche par hectolitre ; on agite et on laisse en repos. La fermentation doit être établie à la température de 20 à 25°. Elle dure environ huit jours, pendant lesquels on couvre la cuve. Il est assez rare que le sucre de canne, raffiné ou brut, soit employé pour la distillation, à cause de sa cherté ; mais ses résidus, c'est-à-dire les mélasses, font l'objet d'une grande industrie.

Mélasses. — On trouve dans le commerce deux genres de mélasses : 1° les mélasses des sucreries de canne, qui arrivent des colonies et qui sont des plus estimées ; elles

s'emploient pour la fabrication des rhums et tafias. On met
au second rang celles des raffineries de sucre de canne, dont
le goût de canne, c'est-à-dire d'origine, est moins prononcé
que dans les mélasses exotiques. 2° Les mélasses des sucreries de betteraves ; ce sont les plus inférieures ; elles ont
un mauvais goût *d'origine* qui décèle leur provenance ; de
plus, elles sont âcres, salées et renferment des sels de potasse ; on ne peut les utiliser pour l'alcoolisation que dans
le but d'en faire des trois-six du Nord qui devront être
rectifiés avec soin. Les mélasses de raffineries de sucre de
betterave sont moins chargées de sels de potasse et ont un
goût d'origine moins prononcé ; la mise en fermentation des
mélasses ne différant, quelle que soit leur provenance, que
par le plus ou le moins d'acide sulfurique à employer pour
neutraliser les sels alcalins, nous allons parler de la mise
en fermentation des mélasses exotiques propres à faire les
tafias.

Rhums et tafias. — *Les rhumeries d'habitation em-*
ploient, outre les mélasses de sucre brut, les eaux de lavage des bacs, les marcs de cannes ; nous ne nous occuperons
ici que de la fermentation de la mélasse pure. On trouvera
à la deuxième partie de cet ouvrage (chapitre des spiritueux) les divers procédés d'amélioration et de vieillissement des rhums.

100 kilog. de mélasse à 40° Baumé étant vidés dans le
fond d'une cuve, on y verse 1 hectolitre d'eau chauffée à
50° environ et on brasse vivement avec un râble ; ensuite
on y ajoute 2 hectolitres d'eau froide et on continue à brasser pour bien mélanger la matière sucrée. On pèse le moût,
qui doit marquer de 8 à 9° au pèse-sirop ; il est indispensable d'acidifier ce moût, qui, surtout lorsqu'on emploie
des mélasses *indigènes*, est très-alcalin ; à cet effet, on étend

dans dix fois son volume d'eau froide de l'acide sulfurique
à 66°, et on verse peu à peu cette solution dans la cuve, en
remuant constamment. La quantité à employer varie selon
le plus ou le moins d'alcalinité des mélasses. Il est nécessaire qu'il y ait une légère réaction acide ; on doit la
surveiller en trempant dans le moût, après chaque mélange
d'acide dilué, le papier bleu de tournesol, qui, comme on
sait, rougit instantanément au contact d'un acide et sert de
réactif. Dans la pratique, on a observé que la quantité
moyenne d'acide à employer sur les mélasses indigènes
était de 1 kilog. 500 gr. par 100 kilog. de mélasse. Cette
moyenne est moindre lorsque l'on traite les mélasses exotiques.

Il ne s'agit plus alors que de mettre le moût en levûre ;
sa température doit être de 23° en moyenne ; on y ajoute
de bonne levûre pressée dans la proportion de 1 kilog. par
100 kilog. de mélasse ; on a soin de la délayer d'avance
dans un seau de moût, et de rebrasser ensuite avec le
râble ; enfin, on couvre la cuve.

On doit laisser aux cuves à fermentation un espace libre
entre le bord supérieur et le niveau du liquide, afin de pouvoir brasser avec facilité ; cet espace doit être proportionné
à la contenance, il est de 30 centimètres environ pour les
grandes cuves ; car, outre la dilatation causée par la chaleur
et les bulles d'acide carbonique, il se produit beaucoup
d'écume qui se déverserait au dehors. Malgré cette précaution, on est quelquefois forcé de la faire diminuer : pour
cela, il suffit d'y projeter avec un balai du savon noir ou
vert dissous dans de l'eau bouillante. La fermentation est
rapide, surtout lorsque le moût est fortement étendu d'eau ;
elle est alors terminée en deux jours ; il faut la surveiller,
parce que, si elle traînait en longueur et qu'elle durât plus
de quatre jours, elle pourrait devenir visqueuse, et, de plus,

le vin de mélasse se piquerait très-rapidement. C'est donc une bonne pratique que de neutraliser, avant l'écoulage, l'acide sulfurique et les autres acides que renferme le jus fermenté. A cet effet, on répand sur ce jus, en remuant avec le râble, de l'eau de chaux, et on s'arrête lorsque le réactif (le papier bleu de tournesol) ne vire plus au rouge ; on couvre la cuve et on la laisse en repos jusqu'au lendemain pour la soutirer en laissant au fond le dépôt d'acétate de chaux, que l'on retire ensuite pour laver la cuve à grande eau avec de nouvelle eau de chaux.

Les vins de mélasses et de lavages des marcs de cannes se distillent immédiatement après leur écoulage ; on se sert dans les colonies de l'appareil simple, qui conserve mieux le goût d'origine. Après avoir extrait les phlegmes, on rectifie afin de donner le degré marchand, qui est de 54 à 70°, suivant les types. En recueillant les vinasses dans des fûts méchés, les mettant au repos dans des fûts pleins et les tirant au clair, on s'en sert pour délayer d'autres mélasses ; le produit alcoolique est ainsi augmenté, car il reste encore des traces de sucre que l'on utilise dans de nouvelles fermentations.

Esprit de mélasses. — Les mélasses indigènes, ayant un goût de betterave prononcé, ne se distillent que dans le but d'en retirer de l'esprit. A cet effet, une fois la fermentation terminée, on distille pour obtenir des phlegmes qui sont rectifiées avec soin en fractionnant les produits afin de retirer des esprits dits *surfins du Nord.* Les vinasses, mises au repos et soutirées au clair, sont employées, au lieu d'eau, à étendre d'autres mélasses, et après avoir servi plusieurs fois à cet emploi, on retire la potasse brute qu'elles contiennent et dont la densité a été augmentée par leur passage réitéré à l'alambic.

Sorgho ; tiges de maïs et millet. — Les tiges de ces cannes renferment du sucre et possèdent des ferments naturels; pour en établir la fermentation, il suffit de les couper en morceaux, de les écraser et de les mettre à fermenter dans des cuves ou grands fûts défoncés que l'on recouvre ensuite et dont on surveille la fermentation, qui, pour s'accomplir régulièrement, exige une température de 20 à 25°.

Miel. — Le miel offre quelque difficulté pour son alcoolisation, parce que la dégénérescence visqueuse du moût se produit souvent dans la pratique. Selon M. Basset, on évite cet inconvénient en faisant bouillir le miel dans une partie de l'eau destinée à l'étendre, et cela pendant cinq à six minutes, après avoir ajouté 1 litre d'eau de chaux par 100 kil. de miel. On écume ensuite, on laisse reposer et on décante. On doit répandre de l'eau sur le miel en le remuant bien jusqu'à ce qu'il atteigne 9° de densité; on y ajoute alors, sur 100 kil. de miel à traiter, 1/2 p. 100 d'acide sulfurique préalablement dilué avec six fois son poids d'eau; on remue bien le mélange et on le met en levûre avec 1 kil. de bonne levûre pressée. La température doit être de 20°.

Racines de réglisse et de chiendent. — Ces racines renferment des matières sucrées qu'il serait possible d'utiliser, mais les frais de manipulation seraient souvent trop considérables pour la valeur du produit obtenu; car il faudrait bien laver ces racines, les écraser, les faire bouillir pendant deux heures avec de l'eau acidulée de 1/2 p. 100 d'acide sulfurique, neutraliser ensuite l'acide par l'eau de chaux, et mettre en levûre pour obtenir en moyenne de 3 à 5 litres d'eau-de-vie à 50° par 100 kil. de matière traitée.

On croit que le chiendent renferme du sucre cristallisable, de la glucose, de la mannite et de la fécule ; si on le
lave à froid, écrasé et simplement infusé à l'eau froide, on
n'obtient la dissolution que d'une partie de ses principes,
mais il y a moins de manipulation. Le résidu pressé sert
ensuite de nourriture au bétail.

Betteraves. — Il existe un grand nombre de procédés
pour alcooliser la betterave, mais la plupart exigent l'emploi d'un générateur. Nous n'avons à nous occuper ici que
des procédés agricoles les plus simples ; dans le chapitre
suivant, nous parlerons des appareils perfectionnés.

Les racines de betteraves peuvent se traiter à froid et à
chaud ; mais quel que soit le traitement adopté, il faut
préalablement les laver, ensuite les découper ou les râper.

Traitement par le râpage à froid. — Les racines étant
lavées on les râpe ; la pulpe obtenue est pressée immédiatement (lorsqu'on a peu de racines à traiter on opère
comme pour la pulpe des pommes et avec un pressoir à
vendange). Le jus sucré est porté immédiatement dans
une cuve, on examine le degré qu'il donne au pèse-sirop,
et s'il dépasse 9° on le réduit à ce titre avec de l'eau
chaude ; car, pour que la fermentation s'établisse promptement, il est nécessaire que la température du moût soit
à 25° ; ensuite il convient de l'aciduler, afin d'éviter la fermentation visqueuse. On y jette à cet effet 250 grammes
d'acide sulfurique à 66° préalablement dilué dans cinq fois
son poids d'eau, on mélange et ajoute un peu de levûre,
100 grammes de levûre sèche par hectolitre de moût ; car
la betterave ayant un ferment naturel, il en faut moins
qu'aux jus sucrés qui n'en contiennent pas ; il ne reste plus
qu'à couvrir la cuve. On doit se munir à l'avance de savon
noir pour asperger la surface des cuves d'où la mousse dé-

borde parfois; un peu de dissolution de savon dans l'eau
bouillante la fait affaisser.

La pulpe pressée est bien émiettée et vidée au fond d'un
cuveau avec le double de son volume d'eau froide; on la
represse et lui fait subir un deuxième lavage, après quoi
on la jette dans une cuve et on la recouvre d'eau pendant
un jour. On presse la pulpe épuisée, toutes les eaux des
lavages sont mises en tonneaux pour être fermentées lorsqu'elles marquent 6 à 8° au pèse-sirop, ou bien on les
réunit au jus vierge de pulpe.

Ce traitement des betteraves à froid produit des alcools
qui ont moins de mauvais goût que par la macération à
chaud, dont nous allons parler, mais il exige des manipulations plus longues.

Macération à chaud et à froid. — Les betteraves sont
lavées dans un débourbeur et découpées ensuite, à l'aide
d'un coupe-racine, en lanières minces de 2 millimètres et
larges de 1 centimètre. On jette la pulpe dans des cuves
ayant un double fond criblé de trous et placé à quelques
centimètres du fond inférieur. On dispose ordinairement
pour cet usage trois cuveaux que l'on remplit de pulpe
non tassée; on y verse, lorsqu'on procède à froid, de l'eau
non chauffée, acidulée dans la proportion de 2 kilog. d'a-
cide sur 1,000 kilog. de pulpe à traiter. Une fois le
cuveau plein, on laisse macérer deux heures, puis on soutire le liquide, que l'on verse sur le deuxième cuveau ou
macérateur, où il reste deux heures, pour être ensuite
reversé sur le troisième macérateur, également garni de
pulpe, où il reste encore deux heures. Enfin on le soutire
et on le vide dans la cuve à fermentation. On repasse une
deuxième, puis une troisième charge d'eau acidulée sur les
mêmes pulpes afin de les épuiser complètement; lorsque
l'on a beaucoup de racines à traiter, on évacue les pulpes

épuisées au fur et à mesure et on les remplace par des pulpes fraîches ; on forme ainsi un roulement continu ; l'eau du macérateur épuisé est versée sur le macérateur voisin, qui a déjà reçu une charge et qui sera par conséquent épuisé avec une troisième charge d'eau acidulée, ainsi de suite.

On procède de cette manière à froid ou à chaud ; à froid, l'alcool, comme nous avons déjà dit, est meilleur ; mais il faut chauffer le moût à 23° environ avant de le mettre en fermentation et d'y mélanger la levûre dans la proportion de 150 grammes par hectolitre.

En opérant à chaud, on obtient une quantité d'alcool un peu plus forte, mais il est plus infecté de mauvais goût ; néanmoins le résidu est préférable pour la nourriture des bestiaux, ce qui est un grand avantage. On verse une charge d'eau bouillante sur le premier macérateur, qui reste garni une heure ; on soutire dans le deuxième, puis dans le troisième, en laissant macérer une heure chaque fois. En sortant du troisième macérateur, le moût est encore assez chaud pour être versé dans la cuve à fermentation sans être chauffé de nouveau. On emploie aussi à cet effet les vinasses bouillantes, ce qui économise le temps employé à faire chauffer l'eau et améliore les pulpes; c'est le système employé par M. Champonnois.

Carottes, potirons, melons, citrouilles, topinambours, navets, rutabagas, panais, asphodèle, garance, dahlia. — Toutes ces plantes sont susceptibles d'alcoolisation, et on peut leur appliquer les deux méthodes de traitement à froid et à chaud que nous avons décrites pour la betterave, en acidulant les jus dans la proportion de 200 grammes d'acide par 100 kilog. de matière à traiter. Il est à remarquer qu'en opérant à froid l'alcool obtenu sera meilleur.

SUBSTANCES SACCHARIFIABLES.

Grains ; orge. — Nous avons déjà dit que toutes les substances qui renferment de la fécule, de l'amidon, de la dextrine, en un mot presque toutes les plantes, ne contiendraient-elles que du ligneux pur, comme le bois, la paille, les broussailles, pouvaient servir à la production de l'alcool, puisque la cellulose peut se saccharifier.

La saccharification est une opération chimique qui consiste à transformer la *fécule* en *glucose ;* cette réaction a lieu par l'orge germée ou *malt,* ou par l'acide sulfurique. Il ne nous appartient pas de parler de la théorie de ces transformations, dont on doit la première découverte au chimiste Kirchhoff ; nous engageons les viticulteurs désireux de s'instruire à les étudier dans les livres et les traités de chimie moderne ; nous ne parlerons que des résultats pratiques obtenus par l'emploi des procédés connus. La préparation du malt ou orge germée doit être préférée à l'acide sulfurique pour deux motifs : le premier, parce que les résidus de la fabrication ont une valeur nutritive bien supérieure pour la nourriture du bétail à ceux que l'on traite par l'acide, et ensuite parce qu'ils sont d'une manipulation plus simple.

Préparation du malt. — Pour préparer l'orge germée qui sert de base aux diverses sortes de bières ou vins de grains, on lui fait subir une série de manipulations qui consistent dans le *mouillage des grains,* leur *germination,* leur *séchage* et *touraillage,* le *blutage* et enfin la *mouture ;* la *trempe* et la *macération,* qui précèdent la *fermentation.* Ces opérations se font dans les brasseries ; les plus compliquées sont celles qui ont trait à la préparation du malt, car avec un cinquième de farine ou de malt concassé, on met en fermentation quatre fois autant de farines ou de matières féculentes. Si l'on n'a qu'une faible quantité de ces matières à traiter, on pourra se procurer du malt dans les brasseries ; il se prépare de la manière suivante :

Mouillage. — On place l'orge, préalablement bien nettoyée et vannée, dans une cuve en bois très-propre et garnie d'un robinet muni d'un griffon intérieur afin de pouvoir vider l'eau sans entraîner le grain. Cette cuve doit être plutôt plate que trop profonde ; on ne la remplit de grains qu'aux trois quarts, on y verse de l'eau froide très-limpide et douce, telle que l'eau de rivière filtrée ou l'eau de fontaine ; cette eau doit recouvrir le grain de 10 à 20 centimètres. On remue le grain à la pelle, afin de séparer les grains avortés, cassés, etc., qui viennent sur l'eau et qu'on enlève de la surface parce qu'ils sont impropres à la germination, ainsi que les matières étrangères. L'orge, en contact avec l'eau, ne tarde pas à gonfler, surtout lorsque la température est élevée ; il convient de renouveler cette eau, l'été, toutes les quatre heures, en l'écoulant par le robinet et la remplaçant par de l'eau fraîche, afin que la fermentation ne puisse commencer à s'établir ; il faut surtout éviter de remuer le grain. Le trempage dure environ un jour, en été ; en automne, trente heures, et plusieurs jours en hiver ; on reconnaît que le grain est à point lorsqu'il est bien gonflé et qu'il s'écrase aisément entre les doigts. Il ne faut pas prolonger cette opération, parce qu'elle ferait perdre au grain une partie de sa matière sucrée. Après avoir écoulé l'eau de la cuve sans remuer l'orge, on laisse égoutter, le robinet étant ouvert, deux heures en été, et quatre heures quand la température est moins élevée, puis on porte le grain au germoir.

Germination. — Le germoir doit être dallé ou carrelé, et il importe d'y conserver une température uniforme (celle de 15° est la plus convenable), et qu'il puisse au besoin se ventiler. On y répand l'orge par couches de 10 centimètres, et on le laisse ainsi jusqu'à ce que le grain commence à s'échauffer et que le germe paraisse ; alors on retourne les tas à la pelle ; ce pelletage doit se faire très-fréquemment, toutes les trois heures, et vers la fin de la germination, toutes les heures. On reconnaît qu'elle est terminée à la longueur de la plumure et des radicelles ; le germe a ordinairement une longueur d'un peu plus de la moitié du grain ; la germination dure un temps plus ou moins long, selon la température, de huit à vingt jours dans les climats froids.

Séchage et touraillage. — En sortant du germoir, les grains sont portés dans un grenier aéré et répandus en couche très-mince que l'on retourne à la pelle souvent ; lorsqu'ils sont bien essuyés, on les porte dans une *touraille :* c'est une sorte d'étuve à air chaud qui peut s'établir d'une foule de manières ; pour commencer, on règle la chaleur de la touraille à 30° centigrades, les grains sont répandus sur des planchers ou toiles métalliques que l'on dispose quelquefois en étages, et on les remue à la pelle de temps à autre ; ensuite on augmente progressivement la chaleur jusqu'à 50° environ ; on la maintient à ce point jusqu'à ce que la dessiccation soit fort avancée, enfin on peut alors chauffer à 65° pour la terminer.

Blutage et mouture. — On nettoie les radicelles en passant au blutoir l'orge sortant de la touraille ; puis on la conserve dans des greniers aérés en la pelletant souvent : on ne la moud qu'au moment de s'en servir. La mouture du malt se fait très-grossièrement avec des cylindres ; les grains sont simplement concassés, écrasés.

Le malt récemment touraillé est meilleur et plus avantageux que celui que l'on conserve déjà depuis plusieurs mois dans les greniers.

Fermentation des grains. — La méthode qui nous paraît la plus facile est celle que M. Dubrunfaut a indiquée dans son *Traité complet de l'art de la distillation,* où il s'exprime ainsi :

« 1° Supposons que l'on veuille opérer sur 100 kil. de grains. Ce grain étant mélangé dans la proportion de 80 kilog. de seigle et 20 kilog. de malt, on le réduit en grosse farine, puis on le dépose, avec 2 ou 3 kilog. de courte paille (1), dans une cuve de fermentation contenant 12 hectolitres; on le trempe avec 3 hectolitres d'eau à 35° Réaumur environ, puis on le fait macérer en y ajoutant 4 hectolitres d'eau bouillante et d'eau froide, mélangées de manière que la masse mise en repos porte une température de 50 à 55°. On recouvre la cuve et on l'abandonne à elle-même pendant trois ou quatre heures. A cette époque on achève de l'emplir jusqu'à six ou huit pouces du bord, avec de l'eau froide et de l'eau chaude, mélangées dans une proportion telle que toute la masse porte 20° de température environ; on met en levûre avec un litre de bonne levûre de bière liquide.

» Quelques heures après, la fermentation commence, et parcourt toutes ses périodes dans l'espace de trente heures environ : alors il est temps de mettre en chaudière.

» Si l'on a bien opéré et que la qualité du grain soit bonne, on doit retirer d'un semblable travail 45 à 50 litres d'eau-de-vie à 19° (50° centésimaux).

---

(1) C'est l'enveloppe du grain que l'on recueille après le battage du froment ; cette enveloppe facilite la saccharification.

» Beaucoup de distillateurs sont loin d'en retirer autant, et il en est même qui n'obtiennent pas plus de 30 à 35 litres.

» Plusieurs causes peuvent concourir à cette exiguïté de produits ; mais une des plus influentes est la proportion d'eau employée, c'est-à-dire qu'au lieu d'employer 11 hectolitres environ d'eau par 100 kilog. de grains, ils n'en emploient que 6.

» Dans un travail continu, les vinasses qui sortent de la chaudière doivent être déposées dans des tonneaux ou dans une citerne construite à cet effet : là les matières solides gagnent le fond, et le liquide surnage. Ce liquide peut être employé avec succès dans d'autres travaux ultérieurs pour étendre le grain après la macération. On trouve dans cette pratique l'avantage de ramener à la fermentation une liqueur qui contient encore des matières fermentables échappées à un premier travail. On peut suivre cette marche pendant plusieurs opérations successives, c'est-à-dire pendant trois, quatre et même cinq ; et on retire ainsi du grain jusqu'à 60 litres d'eau-de-vie à 19° par quintal métrique, produit considérable, que l'on ne peut pas obtenir autrement. On cesse d'employer les clairs de vinasse lorsque après plusieurs opérations ils sont devenus tellement acides qu'ils nuiraient à la fermentation vineuse, au lieu de lui fournir des aliments.

» Si l'on opérait avec une moindre proportion d'eau on ne pourrait pas suivre la même marche, ou du moins on ne pourrait pas lui donner la même extension, parce qu'alors la fermentation, exigeant trois ou quatre jours au lieu de trente heures, donne des vinasses fortement acides. »

Cette méthode qui, comme nous disions, est la plus simple, celle qui exige le moins de matériel, puisqu'une seule cuve suffit, a l'inconvénient de produire des *moûts épais* que l'on est obligé de distiller avec les marcs ; de sorte qu'il faut prendre des précautions en distillant, afin d'éviter que la matière pâteuse ne brûle au fond de l'alambic. En opérant à *moût clair*, c'est-à-dire par les procédés employés dans les brasseries, les dépôts restent dans la cuve qui a servi à faire la trempe ; mais pour cela il faut avoir une cuve spéciale, ayant un double fond séparé du fond inférieur de quelques centimètres. Ce double fond se fait de plusieurs manières : anciennement on le faisait en bois, et percé d'une infinité de trous en forme d'entonnoir dont le petit diamètre était tourné vers le fond. On vidait sur ce faux fond quelques kilog. de courte paille, afin de garnir les entonnoirs et pour que les grains grossièrement concassés ne puissent s'y engager et empêcher la filtration. Aujourd'hui on fait les faux fonds en fonte. Voici la manière d'opérer avec la cuve à double fond :

2° On délaie 100 kilog. de farine (80 kilog. seigle et 20 kilog. orge germée) dans 200 litres d'eau à la température de 40° Réaumur, en brassant énergiquement pendant dix minutes ; on laisse ensuite la matière en repos une demi-heure, et on y fait arriver 400 litres d'eau bouillante. Pendant que l'eau coule, on brasse avec les râbles et l'on continue environ un quart d'heure. On laisse la cuve en repos pendant deux heures, puis on soutire le moût par le robinet, placé entre les deux fonds, et on le porte dans la cuve à fermentation. Ensuite on fait une deuxième trempe avec 300 litres d'eau bouillante, on brasse pendant un quart d'heure, on laisse reposer une heure, et on soutire le moût de cette deuxième trempe, que l'on porte dans la cuve qui a déjà reçu le premier moût.

On finit d'épuiser le marc par une troisième trempe ; mais souvent ce moût faible est mis en réserve pour être employé à une autre opération.

Les marcs sont retirés de la cuve ; ils servent à la nourriture des bestiaux, soit à l'état frais, soit après avoir été
pressés et à l'état de tourteaux.

Les procédés à moûts clairs par trempes successives comportent une installation bien plus considérable que ceux à
moûts épais, et parfois ils exigent un appareil spécial à filtrer ; ensuite, pour bien opérer par ce système, il faut une
grande quantité d'eau bouillante et un brassage plus énergique et plus continu ; nous en reparlerons au chapitre
suivant.

Tous les grains peuvent se traiter par ces procédés : les
riz, les variétés de froment, l'avoine, le maïs, le sarra-
sin, etc. ; ils doivent être réduits en farine.

Fécules ; matières féculentes. — *Pommes de
terre, fèves, pois, haricots, lentilles, vesces, châtaignes,
marrons d'Inde, glands, cassaves, ignames, etc.*— Les procédés agricoles d'alcoolisation de ces matières ne diffèrent
des procédés employés pour les grains que par les détails
qui suivent : 1º On fait cuire ces légumes à la vapeur ; dans
ce but, on installe au-dessus de la chaudière une grosse
barrique ayant une portière près du jable, et dont le fond
est percé de fentes d'une largeur de 15 millimètres. Cette
barrique est maçonnée sur des briques fermant l'issue de
la vapeur qui s'élève de la chaudière. C'est ainsi que
sont installés en Amérique, selon Mathieu de Dombasle,
les appareils à cuire les pommes de terre. On peut opérer
également au moyen d'un tuyau partant du chapiteau, à
l'orifice inférieur du col de cygne, et amenant les vapeurs
dans le fond d'une petite cuve, par son trou d'esquive ; cette
cuve a un faux fond criblé d'ouvertures et se remplit des
matières à cuire que l'on place sans les tasser au-dessus
du faux fond ; il suffit de couvrir cette cuve d'une couver-

A 19

ture de laine en chauffant ensuite la cucurbite aux trois-
quarts pleine d'eau; les vapeurs se rendent dans la cuve
qui a près du jable un robinet de sûreté qui sert aussi à
évacuer l'eau produite par la condensation des vapeurs.
Lorsque les légumineuses ou autres matières féculentes sont
cuites, on les écrase à l'aide de cylindres placés sous une
trémie; puis on délaie cette bouillie ou pulpe dans une
cuve. On répand, sur 100 kilog. de pulpe brute, 8 kilog. de
malt concassé avec 1 hectolitre d'eau chaude et d'eau
froide; le mélange fait, la chaleur doit être d'environ 40°.
On brasse énergiquement la pâte au fur et à mesure que
l'eau arrive, puis on couvre la cuve et la laisse en repos
une demi-heure; après quoi on fait arriver sur la pâte de
l'eau bouillante jusqu'à ce qu'elle ait acquis la température
de 65°, on brasse de nouveau et on laisse la macération
s'accomplir pendant quatre heures, en couvrant la cuve;
enfin on finit d'étendre le mélange avec de l'eau froide, de
manière que le volume égale 350 litres et que la cuvée soit
à 25°, température la plus favorable pour mettre en fermentation. On met alors en levûre en délayant 250 grammes de levûre sèche ou 30 centilitres de bonne levûre fraîche. La fermentation s'établit et marche à peu près comme
celle des grains dont nous avons déjà parlé. Le moût obtenu
ainsi est épais et l'eau-de-vie retient un goût prononcé de
fusel. On atténue ce mauvais goût, soit par le râpage à
froid et la macération dans une cuve à double fond (dont
nous parlerons au chapitre suivant), soit en traitant séparément la fécule obtenue.

    2° *Extraction et traitement des fécules*. — C'est princi-
palement des pommes de terre, et des marrons d'Inde, qui
n'ont aucune valeur commerciale, que s'extrait la fécule.
Les procédés sont les mêmes, si ce n'est que le marron renfermant une résine extrêmement amère, on en débarrasse la

fécule en mélangeant 1 pour 100 de carbonate de soude à l'eau de lavage, où on la laisse macérer en remuant fréquemment ; on renouvelle le traitement à chaque lavage. Pour obtenir la fécule, on commence par laver les pommes de terre ; si on traite des marrons, on les fera préalablement tremper dans l'eau froide ; on les réduit ensuite en pulpe fine à l'aide d'une râpe, puis on porte cette pulpe sur des tamis ou toiles métalliques; au-dessus des toiles garnies de pulpe, on fait couler un filet d'eau tout en malaxant la pulpe, en la froissant rapidement entre les mains : par ce mouvement, la fécule qui est renfermée dans le tissu fibreux est mise en liberté par le déchirement du tissu et tombe entraînée par l'eau dans le vase placé sous les toiles. On continue l'opération jusqu'à ce que la pulpe soit épuisée, et on la remplace par une nouvelle couche de pulpe, et ainsi de suite.

La fécule ainsi obtenue ne reste pas en suspension dans l'eau, elle se dépose au fond du vase ; on décante, on met de l'eau propre dans le vase et on remue, après quoi on laisse reposer encore, puis on renouvelle l'eau. On fait ainsi trois lavages; ensuite on met la fécule obtenue à égoutter sur des toiles. Si on veut la conserver longtemps, on la fait sécher complétement avant de l'ensacher.

Dans les féculeries, ces diverses opérations se font automatiquement, par les machines, et le séchage s'effectue à l'aide d'une étuve; c'est le procédé agricole que nous avons décrit.

Mise en fermentation. — Pour traiter 100 kilog. de fécule sèche, on commence par vider dans une cuve 200 lit. d'eau froide; ensuite, peu à peu et en brassant continuellement, on y videra la fécule qui doit rester en suspension, et, sans lui laisser le temps de se déposer au fond, on vide dans la cuve, en remuant continuellement, et par un jet continu, 350 litres d'eau bouillante. Cette eau fait d'abord épaissir le mélange, qui se convertit en empois ; mais en continuant le brassage et l'eau ne cessant pas d'arriver, la masse devient moins laiteuse. On y vide alors 20 kilog. de malt réduit en farine ; on continue à agiter une dizaine de minutes, après avoir versé l'eau chaude et le malt, et on couvre la cuve pour la laisser en repos quatre heures. Après la macération, on ajoute de l'eau dans des proportions telles que le moût marque 7° au pèse-sirop et que sa température soit à 23° ; on ajoute au liquide 60 grammes de levûre sèche par hectolitre de moût ; on mélange et on couvre ensuite la cuve ; la fermentation s'établit d'une manière plus régulière qu'avec les pulpes brutes, et le produit distillé donne un alcool supérieur à celui que l'on obtient par les premiers procédés.

Cellulose. — On nomme ainsi la partie celluleuse des éléments ligneux des végétaux ; ainsi le bois et la paille pulvérisés, le linge, le chiffon, le papier, le coton, les feuilles, le foin, etc., en un mot la charpente des végétaux, renferme la cellulose, qui est presque pure dans les chiffons, le papier, le coton.

On doit à Braconnot la découverte du procédé de transformation de la cellulose en sucre par l'action de l'acide sulfurique ; la première expérience fut faite, en 1819, sur des chiffons. Orfila décrit ainsi ce procédé :

Sucre de chiffons. — On prépare cette variété de glucose en ajoutant, par petites portions, 17 parties d'acide sulfurique concentré sur 12 parties de chiffons en petits morceaux ; le mélange ayant été abandonné à lui-même pendant deux jours, on le traite par une grande quantité d'eau, puis on fait bouillir pendant huit ou dix heures, on sature par du carbonate de chaux ; on évapore jusqu'à consistance sirupeuse, et on laisse cristalliser.

Depuis que ce procédé est connu, on a cherché à le rendre pratique. Ainsi, un chimiste distingué, M. Pelouze, communiqua, dans la séance du 23 octobre 1854, à l'Académie des sciences, les résultats des recherches d'un de ses élèves, M. Arnould, sur la production de l'alcool de bois, et en présenta même un échantillon.

Dans la communication lue à l'Académie, M. Arnould s'exprime ainsi :

« Je vais vous indiquer sommairement la préparation de l'alcool avec le bois blanc.

» Le bois est réduit en sciure grossière ; dans cet état, il est desséché jusqu'à 100°, de manière à lui faire perdre l'eau qu'il contient, car cette eau entre souvent pour la moitié de son poids. On laisse refroidir le bois, puis on verse avec beaucoup de soin, et par très-petites quantités à la fois, de l'acide sulfurique concentré ; cet acide est versé très-lentement pour empêcher la matière de s'échauffer. On mêle l'acide avec le bois au fur et à mesure qu'on le verse, puis, pendant douze heures, on abandonne le mélange ; ensuite, on le broie avec beaucoup de soin jusqu'à ce que cette masse, d'abord presque sèche, devienne assez liquide pour couler. Ce liquide, étendu d'eau, est porté à l'ébullition ; l'acide est saturé par la craie, et la liqueur, après une filtration, est soumise à la fermentation, ensuite l'alcool est distillé par les procédés ordinaires.

» Dans cette expérience, la quantité d'acide sulfurique employé peut être égale, mais ne peut pas être moindre de 110 pour 100 du poids du bois sec. »

M. Arnould terminait sa communication en disant que le bois devenait une nouvelle source alimentaire presque inépuisable, puisqu'on pourrait en faire d'une *manière très-économique* de la *dextrine,* du *sucre* et de l'*alcool.*

Mais il parlait d'après des expériences de laboratoire ;

lorsqu'on a voulu pratiquer un peu plus en grand et contrôler les résultats obtenus, on a reconnu que *le prix de revient de l'alcool serait trop élevé.* C'est l'opinion qui a d'abord été émise par le savant chimiste Regnault et qui a été confirmée ensuite par les hommes pratiques.

En effet, il ne suffit pas de trouver, d'avoir sous la main, en tous lieux, une matière première à bas prix ou même sans aucune valeur commerciale. Si, pour la transformer, les manipulations et les substances nécessaires équivalent ou dépassent la valeur du produit fabriqué, il n'y a que de la perte à l'exploiter : tel est le cas de la cellulose. Jusqu'à ce que quelque *chercheur* trouve un procédé plus pratique et surtout plus économique, ces matières si variées ne pourront s'alcooliser par les agriculteurs.

CHAPITRE XIV.

APPAREILS DISTILLATOIRES PERFECTIONNÉS.
APPLICATION DE LA VAPEUR.

Observations préliminaires. — Appareil continu rectificateur Derosne; distillation continue des vins. — Rectification; observations sur la conduite de cette opération et la préparation préalable des phlegmes; rectification intermittente, continue.— Appareil continu Égrot; rectificateur du même constructeur. — Emploi de la vapeur d'eau dans la distillation et les diverses manipulations préparatoires. — Générateurs, forme et fonctionnement; diverses applications de la vapeur. — Chauffage à contact indirect; appareils distillatoires simples, continus et rectificateurs; cuite des sirops. — Barbotage; chauffage des cuves à macération; armoires à conserves, etc. — Fonctionnement des appareils marchant par barbotage ou injection. — Chaleur de la vapeur selon la pression observée au manomètre. — Appareil Savalle continu et rectificateur du même constructeur. — Appareil continu anglais de Coffey. — Appareil continu à moût épais de Cellier-Blumenthal. — Appareils divers actionnés par la vapeur. — Monte-jus. — Laveurs. — Cuves mécaniques anglaises *(mash-ton)*. — Saccharification des grains par les acides. — Saccharification de la fécule par les acides. — Pompes, transmissions. — Râpes et presses.

Observations préliminaires. — Les grands appareils modernes appliqués à la distillation ont pour moteur la vapeur d'eau fournie par un générateur, leur fonctionnement en est ainsi singulièrement régularisé et simplifié, car il suffit d'entr'ouvrir plus ou moins ou de fermer entièrement un robinet pour suspendre ou accélérer à son gré une opération. Il en résulte que les appareils étant indépendants du fourneau générateur, on peut à volonté en faire fonctionner plusieurs avec le même foyer. De plus, ce générateur peut servir à des emplois multiples : indépendant des chauffes simples, il peut actionner

des *monte-jus*, des *pompes*, et par *transmission* servir à
exécuter tous les gros travaux lorsqu'on y annexe des machines dont la disposition et l'agencement ont été combinés
selon la distribution des locaux et les travaux à exécuter.

La facilité et l'économie de temps et de combustible
qu'offre l'emploi de la vapeur sont indiscutables, mais pour
en profiter, il faut pouvoir l'utiliser d'une manière constante; car l'établissement d'un générateur entraîne à des
dépenses considérables, et un emploi momentané ou éventuel de la vapeur ne couvrirait même pas l'intérêt du
capital de première installation. Il ne faut pas, en agriculture surtout, se laisser éblouir par les prix exagérés
qu'atteignent les alcools à la suite des mauvaises récoltes
de vins; il convient de prendre pour base des calculs d'établissement de distilleries agricoles, les cours moyens des
alcools dans les années d'abondance. Cet écart est très-
grand; ainsi, dans les années de grandes récoltes, les
cours des trois-six de vin ne dépassent pas, sur les marchés de l'Hérault, 45 à 50 fr. l'hectolitre, logé, au titre
de 86°, et dans ces années les trois-six sont supérieurs à
ceux que l'on fabrique dans les années de disette, parce
que, dans les années d'abondance, on brûle de grandes
quantités de *petits vins*, francs de goût, qui produisent des
alcools plus moelleux que ceux que l'on obtient dans les
années stériles, où on ne livre à la chaudière que des vins
tout à fait impropres à la consommation. Or, pour lutter
avec les trois-six Languedoc, il faut, ou obtenir des eaux-
de-vie directes, fines de séve, qui soient fabriquées avec des
vins droits de goût, distillés peu après leur fermentation
et d'une valeur commerciale plus grande que celle des
alcools, ou rectifier des eaux-de-vie de matières diverses à
un titre dépassant 90°. Ces alcools, dits *d'industrie*, ont
une valeur moindre d'un cinquième (soit 10 fr. l'hectolitre)

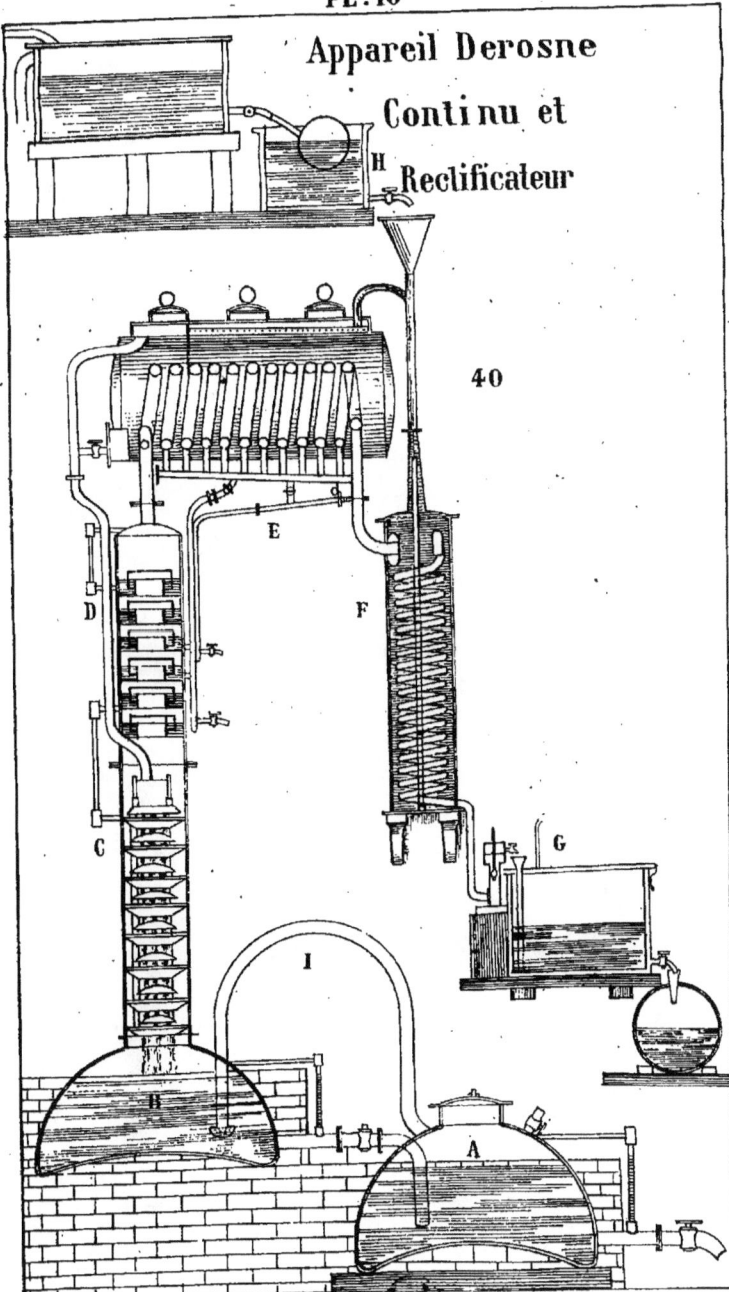

PL.10

Appareil Derosne

Continu et

Reclificateur

LITH. ANDRIEU FRÈRES. BORDEAUX.

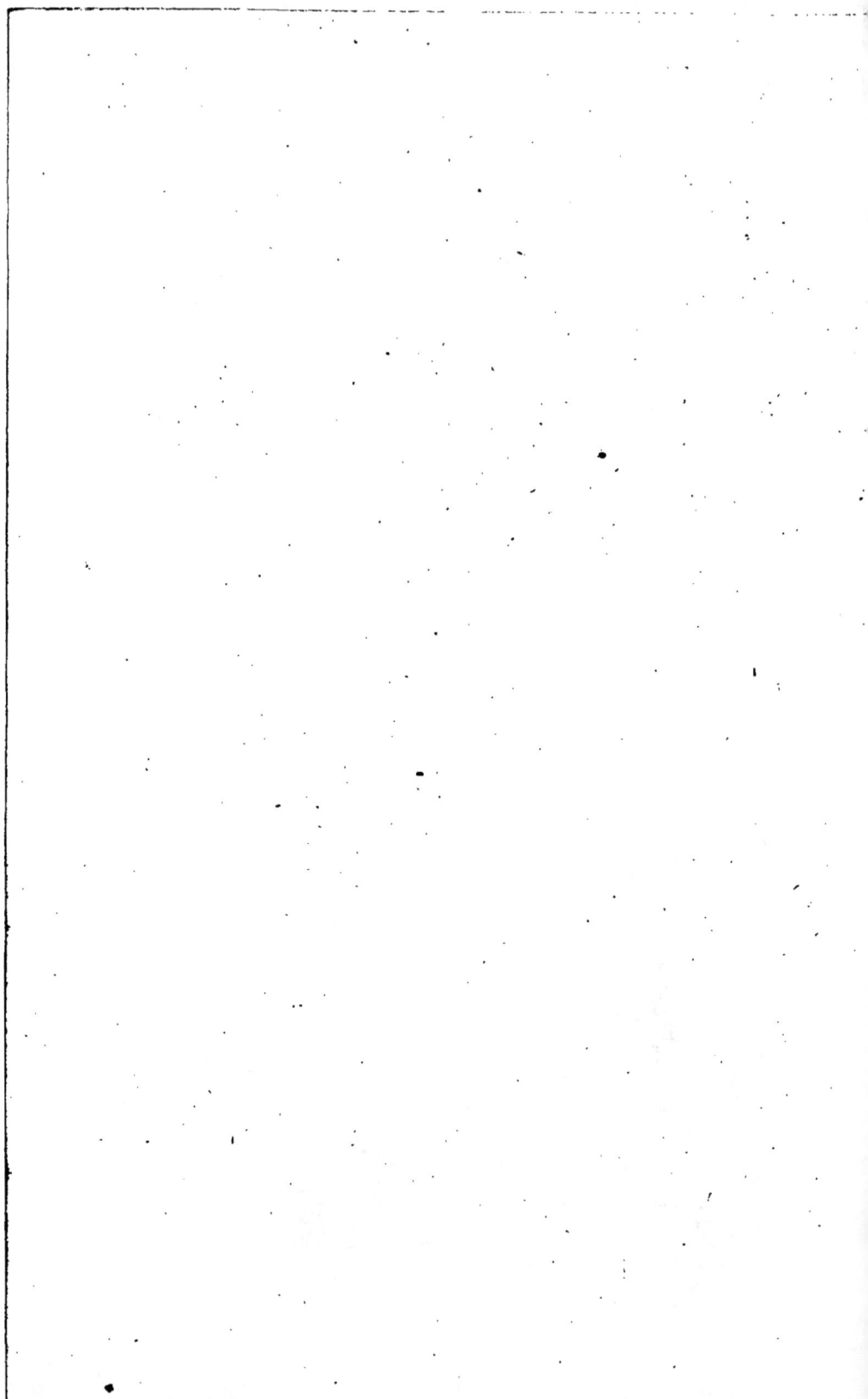

sur les cours du trois-six Languedoc, lorsqu'ils ont un certain *goût d'origine,* et ils n'obtiennent un prix égal que s'ils sont plus ou moins *neutres :* on ne peut en conséquence employer dans leur fabrication que des matières premières dont la valeur commerciale soit extrêmement faible.

Nous faisons ces observations aux agriculteurs, parce que nous avons été appelé à diriger une distillerie annexée à un établissement vinicole, placé dans les conditions dont nous venons de parler : le coût des appareils distillatoires, générateur, machine et accessoires, avait absorbé plus de 200,000 fr., de sorte que l'intérêt de la somme employée à l'achat, joint à la dépréciation du matériel, représentait plus de 30,000 fr. par an ; et cela pour travailler en moyenne un mois sur douze. Mieux eût valu, dans ce cas, installer des appareils pouvant fonctionner à feu nu, dont l'achat et l'installation n'auraient pas même exigé l'intérêt d'une année du capital engagé ; il y aurait eu de la sorte bénéfice au lieu de la perte qu'occasionnait le chômage des grands appareils. Avant de parler de l'emploi de la vapeur dans les opérations qui précèdent la fermentation, nous allons décrire le fonctionnement à *feu nu* des appareils continus et des rectificateurs.

Appareil continu rectificateur Derosne. — Cet appareil, dont nous donnons le plan, le détail des diverses parties et de leurs fonctions, au chapitre de la description des planches, peut s'employer à la distillation continue des eaux-de-vie ou esprits, et peut d'un seul jet produire, soit des eaux-de-vie, soit des alcools aux titres commerciaux que l'on désire, jusqu'au-dessus de 90°, ou servir à la rectification des phlegmes ; et cette rectification peut être à volonté, soit intermittente lorsque les phlegmes ont un goût d'origine prononcé, soit continue. Cet appareil étant compliqué,

nous renvoyons au chapitre de la description des planches
pour le détail de ses organes; nous ne parlerons ici que de
ses fonctions diverses.

Distillation continue des vins et caux-de-vie. — On remplit
de vin le réfrigérant et le chauffe-vin; lorsque ces deux pièces sont pleines, le robinet continuant à rester entr'ouvert,
le trop-plein se déverse sur les plateaux de la colonne de distillation, puis de là descend dans la deuxième chaudière. On
ouvre le robinet de décharge de cette chaudière, afin de
remplir aux trois quarts la première; on ferme alors
le robinet de communication entre les deux chaudières,
et par le moyen de tubes ou niveaux placés à l'extérieur
des chaudières, on règle la hauteur du vin également
aux trois quarts dans la deuxième, on ferme alors complétement le robinet d'écoulement du vin et on allume
le fourneau. Les vapeurs qui s'élèvent de la première
chaudière se rendent par un tuyau plongeur au milieu
du liquide de la deuxième chaudière et ne tardent pas
à la mettre également en ébullition; les vapeurs s'élèvent dans la colonne de distillation, puis dans la colonne de
rectification. Les premières vapeurs se condensent sur les
plateaux; mais peu à peu ces plateaux s'échauffent en condensant les nouvelles vapeurs qui s'élèvent de la chaudière; de sorte que lorsque la chaleur de la colonne
dépasse 60°, les vapeurs alcooliques pénètrent dans le serpentin enfermé dans le chauffe-vin, qui est plein de vin
froid, elles s'y condensent et se rendent dans le réfrigérant, et de là dans l'éprouvette. Si l'on se sert de l'appareil
pour la première fois, ou s'il n'a pas servi depuis longtemps, on ouvrira les robinets des tuyaux de rétrogradation
afin de rectifier les premières parties condensées, qui ont
toujours un goût empyreumatique très-prononcé; ensuite
si l'on distille des vins et que les eaux-de-vie ne doivent pas

avoir un titre alcoolique de plus de 60°, on fermera les
robinets de rétrogradation et on continuera à recueillir
l'eau-de-vie *sans vider de vin froid dans le réfrigérant*
jusqu'à ce que le vin qui entoure le réfrigérant du chauffe-
vin ait acquis une température de plus de 60°, ce que l'on
reconnaîtra lorsqu'on ne pourra plus appuyer la main à la
partie supérieure sans se brûler : on pourra alors entr'ouvrir le robinet régulateur, qui devra être réglé de manière
que le contenu d'une chaudière s'écoule pendant le temps
qu'elle met à finir de s'épuiser d'alcool.

Une fois la distillation en train, il est très-important de
veiller à ce qu'il ne se déverse que du vin presque bouillant
dans la colonne de distillation, car le liquide froid introduit sur les plateaux bouillants porterait la perturbation
dans la marche régulière de l'opération et de plus pourrait
compromettre la solidité des appareils. Lorsque les appareils encore chauds se remplissent de liquide froid, il faut
avoir soin d'ouvrir les reniflards des chaudières qui, sans
cela, pourraient être écrasées par la pression de l'atmosphère.

L'appareil Derosne fonctionne sans eau de réfrigération
lorsqu'on y distille des vins pour en retirer de l'eau-de-
vie ne dépassant pas 70° ou des jus fermentés pour en obtenir des phlegmes ; mais si l'on veut obtenir de premier
jet des trois-six ou alcools à un titre de 90°, et surtout
si l'on traite des vins riches en degré, il est nécessaire
d'annexer à l'appareil une pièce supplémentaire dite *évaporateur ;* elle est composée de deux cylindres concentriques
placés verticalement et laissant entre eux un espace annulaire. Sur les surfaces de ces cylindres exposées à l'air, on
fait arriver un léger filet d'eau froide : cette eau, en s'éva-
porant, refroidit les cylindres ; de cette façon, les produits
alcooliques qui s'écoulent du dernier tour du serpentin

du chauffe-vin sont rafraîchis avant de pénétrer dans
le réfrigérant, qui est alimenté dans cet appareil par du
vin froid ; on laisse écouler, par une gouttière placée dans
le bas, l'eau échauffée qui a parcouru l'espace annulaire
ménagé entre les deux cylindres et qui est divisé par de
petites cloisons qui forcent le liquide à le parcourir lentement.

Nous avons observé dans la pratique que la marche de la
distillation continue se trouve parfois gênée lorsqu'on emploie exclusivement les vins ou les jus fermentés pour réfrigérants et qu'ils ne sont versés qu'au fur et à mesure de
l'épuisement des vinasses ; il arrive un moment où, de
proche en proche, les enveloppes des chauffe-vin et réfrigérant, s'échauffant de plus en plus, communiquent la chaleur aux jus fermentés ou vins qu'ils renferment, lesquels
n'opèrent plus que d'une manière imparfaite la condensation des vapeurs, ce qui constitue une perte dans le
produit.

On obvie à cet inconvénient dans les appareils qui n'ont
pas d'évaporateur en plaçant un réfrigérant supplémentaire sous le bec du serpentin, qui est dirigé par un coude
dans un réfrigérant inférieur alimenté par de l'eau froide
et dans lequel il fait trois ou quatre tours : cette installation rend au distillateur la faculté de diriger à son gré
l'opération et lui permet de l'accélérer ; car, dans une
longue marche continue, il serait forcé sans cela, pour rafraîchir le réfrigérant, d'ouvrir outre mesure le robinet
d'alimentation du vin ; il en résulterait un affaiblissement
du degré et une perte par défaut d'épuisement des vinasses ;
de plus, si le vin arrivait sans être assez échauffé sur les
plateaux supérieurs, il y aurait un arrêt dans la marche
de l'opération.

Dans tous les appareils munis de chauffe-vin, on verse vers

la fin d'une série d'opérations le vin ou jus fermenté qu'il renferme sur les plateaux et dans les chaudières ; on ferme les robinets et tubulures qui ont servi à l'introduire, et on termine l'opération en le garnissant d'eau froide, comme si on opérait avec un appareil simple.

Rectification. — *Observations générales sur cette opération et la préparation préalable des phlegmes.* — Lorsque l'on distille des vins droits de goût, la rectification n'a pour but que d'en augmenter le degré ; mais si on a des jus fermentés ou des phlegmes acides à traiter, il convient de les désaciduler avec des matières alcalines, chaux, soude, magnésie, etc., avant de les rectifier ; à cet effet, on y répand une bouillie faite avec de la chaux vive (c'est l'alcali le moins coûteux) que l'on étend ou délaie préalablement dans de l'eau froide. La quantité à employer varie selon l'acidité des phlegmes et est d'autant moindre que la fermentation des jus a été opérée d'une manière plus normale ; on commencera par répandre 50 grammes de chaux par hectolitre à traiter, et on se servira du papier de tournesol pour réactif, après avoir brassé énergiquement le liquide. Il n'est pas absolument nécessaire de décanter les phlegmes désacidulées.

Rectification intermittente, appareil Derosne. — On remplit les deux chaudières aux trois quarts de phlegme à rectifier ; on remplit d'eau froide le réfrigérant et le chauffe-vin dont le tuyau d'écoulement est déluté et dévié, et l'ouverture qui communique avec la *colonne distillatoire* bouchée ; cette colonne à calottes mobiles est remplacée par une colonne à plateaux fixes semblables à ceux de la colonne de rectification. Cela fait, on allume le feu sous la chaudière inférieure dont les vapeurs ne tardent pas à mettre en ébullition la chaudière supérieure ; les vapeurs

se rendent dans les colonnes, sous les plateaux, s'y condensent, et les petites eaux restent sur les plateaux. Ce mouvement a lieu tant que l'appareil n'a pas été assez échauffé ;
mais peu à peu les plateaux recevant de nouvelles vapeurs,
leur température s'élève au point de volatiliser les vapeurs déjà condensées, lesquelles finissent par se rendre
dans le serpentin du chauffe-vin qui a été garni d'eau
froide ; là, elles se condensent de nouveau et retournent
sur les plateaux de la colonne de rectification par les
tuyaux de rétrogradation qui doivent être ouverts ; tant
que l'eau que renferme le chauffe-vin est assez froide pour
opérer la condensation des vapeurs, il ne passe pas de liquide dans le réfrigérant, où l'on ne doit faire couler d'eau
froide que lorsque la distillation est établie et qu'un filet
régulier d'écoulement a lieu. Quand le liquide baisse dans
la chaudière inférieure, on l'alimente en ouvrant le robinet
de communication avec la chaudière supérieure.

Fractionnement des produits. — Les premiers produits
obtenus dans l'éprouvette sont très-éthérés ; ils doivent être
recueillis à part lorsque l'on traite des phlegmes ayant un
mauvais goût d'origine ; on surveille l'écoulement en dégustant le produit, et dès qu'il est *bon goût* et que le titre
est au-dessus de 90° (entre 92 et 96°), on met à part les
centres qui donnent les meilleurs produits ; le feu doit être
régulier et doux. Dans la distillation à la vapeur, la pression ne doit pas dépasser *une atmosphère* au manomètre.
Enfin on met encore à part les *queues* de l'opération qui
doivent être constamment surveillées, et le filet d'écoulement dégusté, étendu d'eau. On remarquera que lorsque le
degré descend au-dessous de 90, le goût d'origine est plus
prononcé et le devient davantage à mesure que le degré
s'affaiblit. A partir de ce moment le titre s'abaisse de plus
en plus et finit par ne marquer que quelques degrés à l'al-

coomètre. On arrête l'opération lorsque le titre des petites eaux est descendu à 5°, car ce qui reste de traces d'alcool est fortement imprégné d'huiles essentielles et ne vaudrait pas le temps employé à le recueillir.

Pour terminer une opération et nettoyer les appareils, on ouvre les boîtes à vis des chaudières, on ferme le registre du fourneau et, par les robinets de décharge, on évacue les vinasses ; ensuite on nettoie les plateaux en y injectant de l'eau chaude par le haut de la colonne et laissant les robinets de décharge des chaudières ouverts. Ce lavage, qui entraîne les huiles essentielles, doit se faire avant que l'appareil se refroidisse et en laissant les reniflards ouverts afin d'éviter l'écrasement des chaudières par la pression de l'air. Une fois la chaudière inférieure égouttée, on est prêt à recommencer une seconde opération.

La rectification est une opération délicate, qui doit être faite avec tact et qui exige beaucoup de soins, surtout lorsque l'on opère à feu nu, à cause de la régularité de la chauffe et du fractionnement convenable des produits ; elle est toujours beaucoup plus longue qu'une distillation ordinaire.

Rectification continue. — En étendant d'eau les phlegmes, de manière que le titre n'en soit pas plus élevé que celui du vin, soit de 12 à 15°, on pourrait rectifier avec l'appareil Derosne d'une manière continue, car les huiles essentielles resteraient en grande partie dans les vinasses ; mais, outre qu'il y a peu d'économie de temps en opérant de la sorte, on obtient des produits moins *neutres* que par le fractionnement.

Appareil continu Égrot. — Cet appareil, dont nous donnons le plan ainsi que les détails de construction au chapitre de la description des planches, peut également fonctionner à feu nu pour les petits modèles ; il est d'une construction plus simple que l'appareil précédent, mais il ne s'emploie généralement que pour les bouillées continues, c'est-à-dire la distillation des jus fermentés ou des vins. Pour en obtenir de premier jet des alcools à 90°, il convient de l'établir avec cinq plateaux et d'y annexer un chapiteau rectificateur que l'on rafraîchit avec un filet d'eau.

A feu nu, l'appareil fonctionne ainsi : on remplit aux trois quarts d'eau la chaudière, puis on remplit de jus fermenté ou de vin le réfrigérant et le chauffe-vin ; le tuyau de *trop-plein* du chauffe-vin le déverse sur les plateaux, au nombre de trois à cinq, qui sont établis au-dessus de la chaudière. On arrête l'écoulement du liquide lorsque le plateau inférieur est garni de vin. Le robinet d'écoulement du vin étant fermé, on allume le feu : l'eau de la chaudière entre bientôt en ébullition, et les vapeurs qu'elle fournit, passant au travers de chacun des plateaux de distillation, échauffent ces plateaux, mettent le vin en ébullition. Ces vapeurs, mélangées d'eau et d'alcool, montent dans une colonne à rectifier garnie également de plateaux, s'y condensent jusqu'à ce que la chaleur soit assez forte pour que la condensation ne puisse s'y effectuer. A partir de l'extrémité de la colonne, un col de cygne conduit les vapeurs dans le serpentin du chauffe-vin, où la condensation a également lieu tant que le vin est froid ; un tuyau de rétrogradation ramène, à la volonté du distillateur, sur les plateaux de la colonne à rectifier, les premiers produits des trois premiers tours du serpentin ; de sorte que ce n'est que lorsque la partie supérieure du chauffe-vin est assez échauffée pour ne pas condenser les vapeurs, que l'on recueille le produit dans l'éprouvette (à moins cependant que l'on n'ait tenu fermés les robinets de rétrogradation). Dans tous les cas, on ne doit commencer à vider du vin froid dans le réfrigérant que lorsque la partie supérieure du chauffe-vin est assez échauffée, ce que l'on reconnaît lorsque l'on ne peut plus y tenir la main sans se brûler. On établit alors un filet régulier d'écoulement que l'on règle selon la puissance de l'appareil, et l'on entretient un feu régulier.

Nous avons observé, dans la pratique, que lorsqu'on garnit de vin le réfrigérant et le chauffe-vin, l'opération marche régulièrement au début, mais que, au bout de quelques heures, la condensation est imparfaite, le filet d'écoulement devient de plus en plus chaud. Il convient donc d'opérer la réfrigération par un filet constant d'eau fraîche ; sans cette précaution, on risque de perdre une partie du produit.

Le vin chaud, en sortant du trop-plein du chauffe-vin, tombe sur le plateau supérieur. Ces plateaux sont divisés en trois galeries concentriques dont le niveau s'abaisse de l'une à l'autre. Ces galeries renferment sur le parcours du liquide de nombreux bouilleurs qui introduisent les vapeurs du plateau inférieur et agitent le vin en ébullition. Après avoir parcouru les galeries du plateau supérieur, le vin se déverse sur le plateau qui est au-dessous, et il se dépouille dans sa marche rétrograde de l'alcool qu'il renferme, c'est-à-dire qu'il arrive à la chaudière à l'état de vinasse.

La chaudière a un tuyau de décharge en forme de siphon qui en expulse le trop-plein ; il est bon de s'assurer, à l'aide d'un petit serpentin d'essai, par l'analyse des vapeurs qui s'élèvent de la chaudière, s'il ne reste plus d'alcool dans les vinasses à évacuer. C'est en réglant d'une part le robinet d'écoulement du vin d'alimentation, et en surveillant le fourneau avec soin, qu'on obtiendra une distillation régulière. Il arrive parfois que certains jus un peu vis-

queux obstruent le robinet régulateur, qu'il est alors
nécessaire d'entr'ouvrir plus que ne le comporterait la
puissance évaporatoire de l'appareil. Il faut contrôler cet
écoulement par le dépotage de la cuve d'alimentation, qui
doit être marqué à l'extérieur par un tube gradué piqué
sur son robinet de décharge : de cette manière on obtiendra
un contrôle exact d'alimentation, ce qui est très-important
à observer dans le fonctionnement des appareils continus.

Rectificateur Égrot. — Cet appareil se compose d'une
chaudière garnie d'un robinet de décharge avec tube à
niveau et tubulure surmontée d'une colonne divisée en
trois tronçons garnis chacun de huit plateaux, ce qui forme
vingt-quatre plateaux. Il y a deux réfrigérants : un horizontal, qui, à l'aide de tuyaux de rétrogradation, renvoie
les petites eaux sur les plateaux du tronçon supérieur de
la colonne, et un réfrigérant vertical, qui termine la condensation des vapeurs.

La marche de cet appareil rectificateur est la même que
celle que nous avons indiquée en parlant de la rectification
intermittente à l'aide de l'appareil Derosne. La disposition
des réfrigérants, des tuyaux de rétrogradation, la forme
des plateaux, sont les mêmes que dans l'appareil déjà
décrit; il n'y a de différence notable que dans l'emploi
d'une seule chaudière, la division de la colonne en trois
tronçons au lieu de deux, et dans la spécialité, cet appareil
ne s'employant qu'à la rectification intermittente, tandis que
l'autre peut en changeant une colonne servir à deux fins.

EMPLOI DE LA VAPEUR DANS LA DISTILLATION ET LES DIVERSES MANIPULATIONS PRÉPARATOIRES.

Générateurs, forme et fonctionnement. —
Les générateurs sont des chaudières construites en tôle de

fer ; les parties en sont assemblées à l'aide de rivets très-
rapprochés de manière à pouvoir résister à une pression
très-forte. On construit des générateurs de plusieurs
formes ; ainsi il y a de simples bouilleurs horizontaux,
verticaux ; les chaudières à deux bouilleurs qui sont les
plus employées, les chaudières tubulaires, etc.

Quel que soit le système, la forme des chaudières à
bouilleurs est un cylindre rivé ayant à ses deux extrémités
des fonds convexes également rivés sur ses flancs. Cette
forme simple est celle qui résiste le mieux à la pression et
qui se déforme le moins ; c'est aussi celle qui facilite le
plus le nettoyage intérieur et extérieur.

L'économie du combustible résultant du choix et de la
forme des générateurs est très-importante ; car avec certains bouilleurs, qui ne comportent pas de retour de flamme,
on consomme plus du double de combustible qu'avec ceux
qui utilisent le mieux la chaleur du foyer. Les conditions
de fonctionnement complémentaires se composent des
accessoires suivants :

1° Un tuyau d'alimentation d'eau débouchant près du
fond de la chaudière, afin de l'alimenter sans condenser la
vapeur déjà formée ;

2° Un tube indicateur en verre communiquant par son
extrémité inférieure avec l'eau et dont la partie supérieure
débouche dans la chambre à vapeur ; les deux extrémités
de ce tube possèdent un robinet en cas de rupture. On contrôle en outre le niveau exact, qui est oscillant dans le
tube à cause du mouvement de l'ébullition, par deux indicateurs que l'on établit sur les grands générateurs à
bouilleurs. Un flotteur indicateur formé par une boule
creuse en métal, qui a à sa partie supérieure une tige en fil
métallique qui traverse une boîte à étoupe fixée dans la
paroi supérieure de la chaudière ; ce fil se rattache à un

lien qui passe dans une poulie supérieure ayant un contre-
poids indiquant le niveau au chauffeur. Un flotteur d'a-
larme est en outre disposé de manière à ouvrir une soupape
communiquant avec un sifflet dès que le niveau d'eau
descend trop bas ;

. 3° Un *manomètre* indiquant la pression exercée par la
vapeur ; .

4° Une soupape de sûreté qui se soulève lorsque la
pression est trop élevée et dont on règle à l'avance l'échappement par un contre-poids ;

5° Un trou d'homme servant au nettoyage intérieur de
la chaudière ainsi qu'aux réparations ; la fermeture en est
maintenue avec des boulons à écrou.

' Avant de faire fonctionner un générateur, on doit s'assurer par un nettoyage intérieur, s'il n'a pas d'incrusta-
tion ; on évite ces incrustations par un nettoyage men-
suel et par le mélange à l'eau d'alimentation, soit de pommes
de terre à la dose de 1 kil. par force de cheval, soit par
l'argile délayée, soit du carbonate de soude dans les proportions de 100 à 150 grammes par force de cheval ; cela
suffit pour un mois de travail lorsque les eaux ne sont pas
trop chargées de carbonate et surtout de sulfate de chaux,
auquel cas on augmenterait la dose de carbonate de soude.

Le générateur étant rempli d'eau jusqu'à la limite indiquée pour l'espace réservé à la chambre à vapeur (cette
chambre ou espace varie selon la forme et les dispositions ;
avec les chaudières à deux bouilleurs elle occupe le tiers
du diamètre de la chaudière), on doit s'assurer si le tube à
niveau n'est pas obstrué, et si le manomètre, la soupape de
sûreté et les indicateurs fonctionnent bien ; on ferme le
robinet d'alimentation d'eau ainsi que celui de prise de
vapeur, et après avoir ouvert le registre du fourneau on
allume le feu.

Dans la distillation et pour la chauffe des chaudières à sirop, etc., il suffit d'atteindre une pression d'une atmosphère à une atmosphère et demie pour pouvoir employer la vapeur à ces divers emplois ; il serait inutile et même préjudiciable d'augmenter cette pression parce que le degré de chaleur serait trop élevé, ainsi qu'on l'observera par le tableau que nous donnons plus loin. Il suffit d'ouvrir le robinet de prise de vapeur et de le mettre en communication avec les appareils pour que la chauffe commence ; le chauffeur doit veiller à alimenter sa chaudière et à maintenir sa pression régulière.

Diverses applications de la vapeur. — On emploie la vapeur de plusieurs manières : 1° par chauffage indirect, c'est-à-dire en faisant circuler la vapeur dans des tuyaux ou des doubles enveloppes ou fonds et en mettant les liquides à chauffer en contact avec ces tuyaux ou doubles fonds ; 2° par barbotage ou injection : c'est un tuyau percé de trous, par lequel on injecte la vapeur au milieu des liquides ou matières à chauffer ; chacun de ces modes a un emploi spécial.

Chauffage à contact indirect. — *Appareils distillatoires simples, continus et rectificateurs.* — On fait arriver un tuyau dans le fond des appareils ; il peut être disposé soit en spirale près du fond, ou, à cause des difficultés de nettoyage, comme un serpentin, près des parois latérales. Lorsque ces tuyaux sont éloignés du générateur, on doit avoir le soin de les entourer de lisière de laine dans tout le parcours entre la prise de vapeur et l'entrée dans les appareils ; il est bon aussi d'avoir des robinets aux extrémités des tuyaux, afin d'évacuer l'eau de condensation.

Dans la mise en marche des appareils, on doit, au début d'une opération, n'entr'ouvrir que très-légèrement le tuyau de prise de vapeur, afin de faire chauffer les tuyaux progressivement ; car, si on ouvrait brusquement, il se produirait une condensation subite qui déterminerait des craquements, des secousses, et même pourrait crever les tuyaux de conduite.

Ce genre de chauffage d'alambic convient dans la rectification et pour la chauffe des appareils simples, soit pour la confection des liqueurs, soit pour la distillation des alcools. On peut aussi l'employer pour chauffer les petits appareils continus, mais les grands appareils continus se chauffent par *barbottage*.

Cuite des sirops, etc. — Ce même genre de chauffage s'applique à la chauffe des chaudières servant à la clarification des sirops, à la concentration des jus sucrés. La disposition des chaudières varie selon l'emploi : ce sont ou des chaudières plates munies d'un tuyau de décharge où le chauffage s'effectue à l'aide d'un serpentin, ou des chaudières convexes ayant un double-fond et établies de manière à pouvoir basculer à volonté.

Chauffage par barbotage ou injection de vapeur. — On emploie ce genre de chauffage, qui consiste à introduire dans les appareils un tuyau percé de petits trous par lequel la vapeur, dans un grand nombre d'opérations, est injectée dans les vases ou barbotte dans le liquide.

Cuves à macération. — On installe au-dessus du double fond des macérateurs un tuyau courbé, percé de trous d'un petit diamètre et répartis sur toute la longueur et en tous sens ; il suffit d'entr'ouvrir le robinet pour porter le liquide au degré de chaleur que l'on désire.

Armoires à conserves. — Cet appareil, dont nous don-

nons le dessin sur les planches, consiste en une armoire
en chêne doublée à l'intérieur de plaques de cuivre ou de
zinc clouées sur les parois, se fermant exactement par
couvre-joints faciles à luter, et ayant dans son intérieur
des thermomètres centigrades à mercure qui permettent
d'en observer la température. Les flacons, boîtes ou bouteilles sont placés sur des étagères en fer mi-plat à claire-
voie : les vases fragiles sont entourés, en cas de casse, d'un
petit sac en toile peu serrée, ou entortillés de paille. La
vapeur est introduite au bas de l'armoire par un tuyau
percé de trous. On doit ouvrir le robinet de transmission
très-lentement et on observe l'augmentation de la chaleur
en consultant le thermomètre. Cette armoire s'emploie
dans la préparation des conserves, fruits au jus, etc.

*Fonctionnement des appareils marchant par barbotage ou
injection.* — L'emploi de la vapeur par barbotage est
beaucoup plus actif, c'est-à-dire transmet dans un temps
donné une plus grande quantité de chaleur que par le simple contact des tuyaux ; mais il a l'inconvénient d'introduire de l'eau dans les liquides par la condensation des
vapeurs qui ont servi à les échauffer, de sorte que l'on ne
peut employer ce système à la rectification.

Les grands appareils distillatoires continus marchent
tous par voie rétrograde, c'est-à-dire que le vin y est introduit par le haut des plateaux, s'épuise en descendant et
s'écoule de la chaudière à l'état de vinasse. On peut donc
sans inconvénient injecter la vapeur ou la faire barboter
dans la vinasse épuisée : c'est la méthode employée dans le
fonctionnement des appareils continus Savalle, Coffey
et Cellier-Blumenthal, dont nous allons parler ci-après.

Chaleur de la vapeur selon la pression obser-
vée au manomètre. — Dans l'application de la vapeur

à la distillation, il convient d'obtenir une température régulière et de ne pas dépasser sensiblement la pression d'une atmosphère à une atmosphère et demie, parce que, plus la pression est forte et plus le degré de chaleur s'élève. On trouvera dans les traités de mécanique et des applications de la vapeur des tables très-complètes sur les forces élastiques de la vapeur d'eau et les températures qui correspondent aux divers degrés de pression. Voici quel est l'écart de température que nous avons relevé de une à dix atmosphères, d'après les indications du manomètre.

Tableau des degrés de chaleur correspondant aux pressions observées au manomètre.

MANOMÈTRE — indication en atmosphères	DEGRÉS centigrades du thermomètre au mercure	PRESSION sur un centimètre carré en kilogrammes
1	100	1ᵏ033
1 1/2	112,2	1,549
2	121,4	2,066
2 1/2	128,8	2,582
3	131,1	3,099
3 1/2	140,6	3,615
4	145,4	4,132
4 1/2	149,1	4,648
5	153,1	5,165
6	160,2	6,198
7	166,5	7,231
8	172,1	8,264
9	177,1	9,297
10	181,6	10,330

Appareil continu Savalle et rectificateur du même constructeur. — L'appareil continu de MM. Sa-

PL . 11

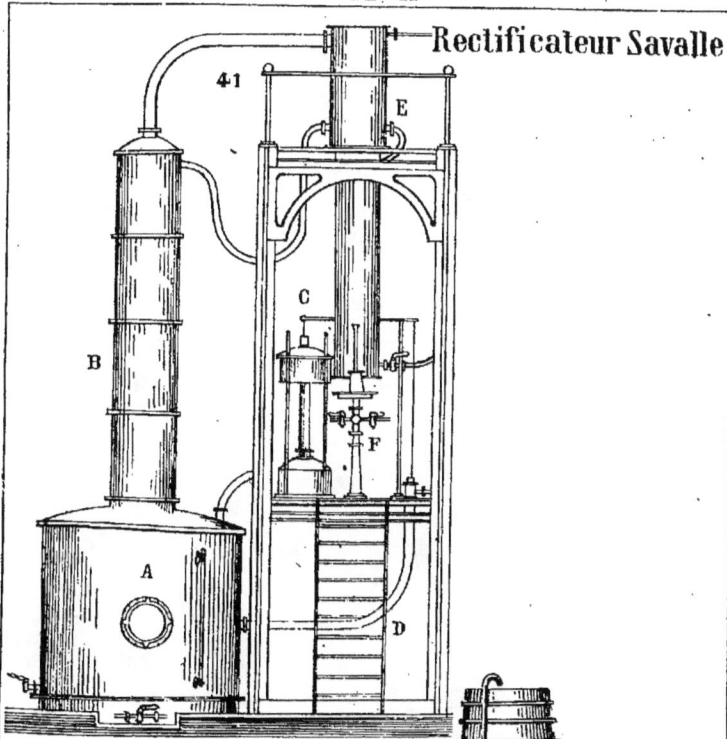

Rectificateur Savalle

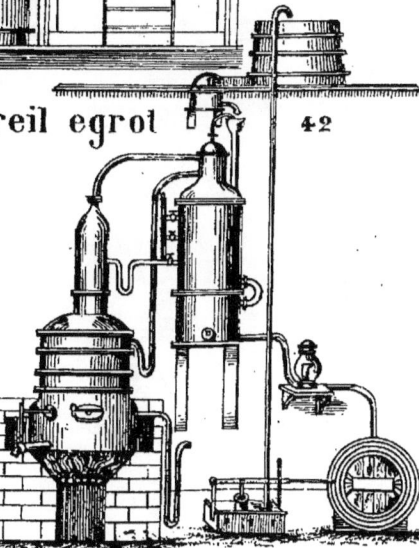

41

Appareil egrot   42

LITH . ANDRIEU FRÈRES . BORDEAUX .

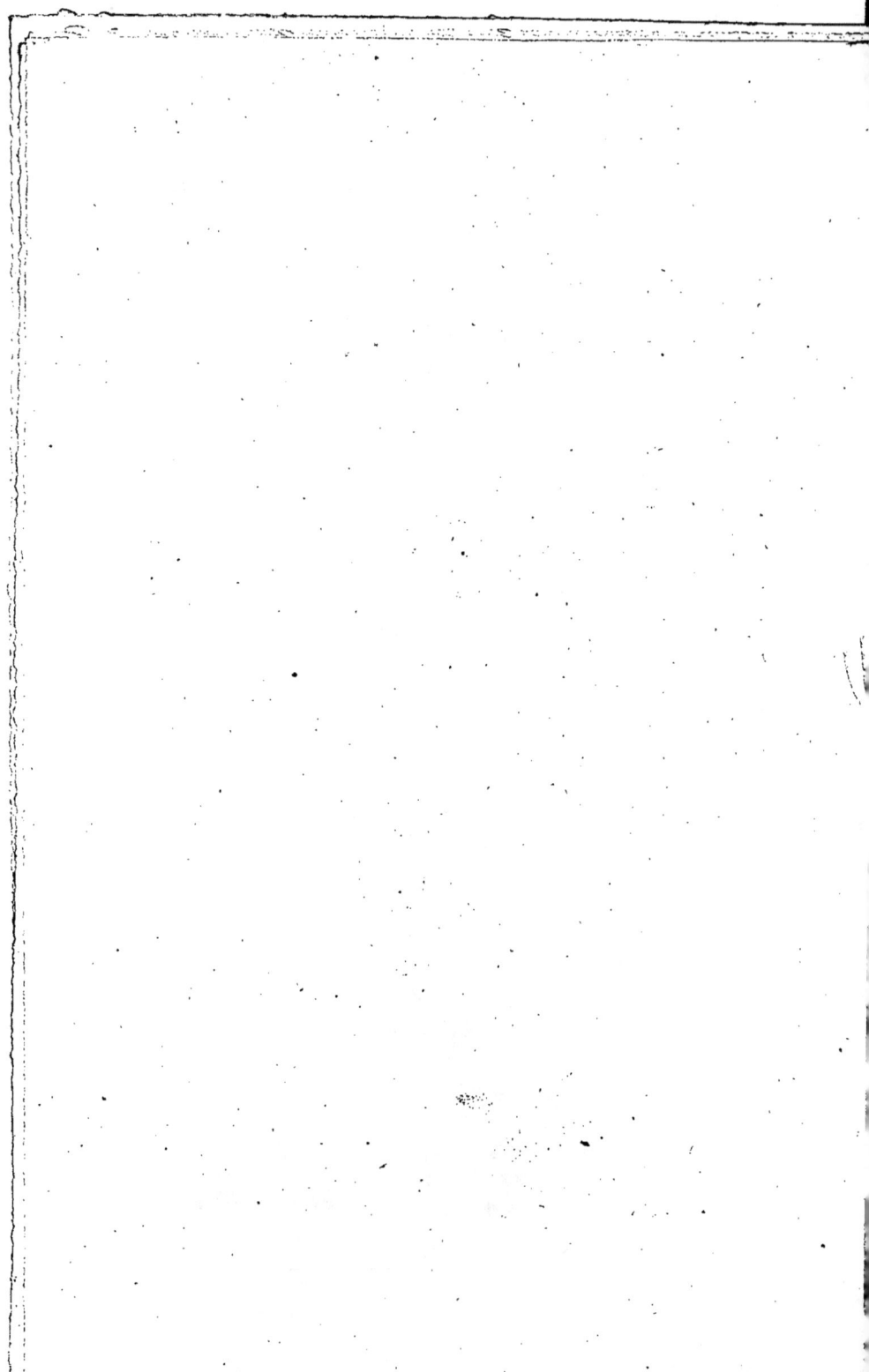

valle et Ce marche par la vapeur barbotante ; il est une modification de celui de Cellier-Blumenthal avec lequel Savalle père a travaillé longtemps. Il offre comme organe nouveau un *régulateur de vapeur* qui règle et régularise la pression à une atmosphère, quelle que soit la pression observée au manomètre du générateur. Le rectificateur du même constructeur est pourvu du même organe et a de plus une *éprouvette-jauge* qui permet de contrôler la production d'alcool par heure. Quant à la marche de l'appareil, elle ne diffère pas sensiblement de celle que nous avons indiquée en parlant des appareils rectificateurs Derosne et Égrot.

Appareil continu anglais d'Æneas Coffey. — Cet appareil a été inventé en 1832 ; il marche par la vapeur barbotante fournie par un générateur. Il se distingue surtout par les proportions colossales qu'il présente dans les grandes distilleries de grains d'Angleterre, et dont on peut se faire une idée en apprenant que la distillerie de Leith en a un de ce genre qui permet de distiller plus de 135 hectolitres de moût par heure.

L'appareil Coffey ressemble à une armoire énorme formée par des madriers reliés entre eux par des croisillons. Il est composé de plaques de cuivre soutenues par les madriers dont nous venons de parler, et il se divise en trois grandes parties : la partie inférieure, formant en quelque sorte le socle de l'armoire, a une forme rectangulaire et se nomme le *collecteur de moût fermenté ;* c'est là qu'il arrive épuisé. Au-dessus du collecteur, il y a deux colonnes : celle de gauche est l'*analysateur,* celle de droite est le *rectificateur ;* cette dernière se divise en deux parties : la partie inférieure où est le *rectificateur,* et la partie supérieure, qui contient le *condenseur.*

Le collecteur de moût reçoit à sa base la vapeur du générateur, il est divisé en deux compartiments par une forte plaque en cuivre percée d'un grand nombre de trous et de soupapes, qui, sous l'influence d'une pression trop forte de la vapeur, s'ouvrent de bas en haut. Ce collecteur a deux tubes indicateurs en verre qui permettent de voir le niveau du liquide dans les deux compartiments; lorsque le tube indique un trop-plein dans le compartiment inférieur, celui qui reçoit le premier la vapeur, on évacue la vinasse dont l'écoulement est ainsi intermittent; et au moyen d'un tuyau formant soupape au-dessus du compartiment supérieur et placé à son centre, on fait descendre le moût du compartiment supérieur qui tombe dans une capsule placée au centre de la partie la plus basse.

La colonne de gauche (ou analysateur) est divisée en douze compartiments par des plaques de cuivre percées de petits trous dont les rebords retiennent de 25 à 30 millimètres de liquide sur ces mêmes plaques. Ces compartiments sont également pourvus de soupapes en forme de T qui se soulèvent pour laisser passer la vapeur lorsque la pression est trop forte; il y a à chaque compartiment un tuyau de trop-plein qui déverse le liquide sur le plateau inférieur où il tombe dans le fond d'une cupsule, ce qui forme une fermeture hydraulique; les tubes plongeurs sont disposés alternativement comme dans l'appareil de Cellier-Blumenthal.

Le rectificateur (ou colonne placée à droite de l'appareil vu de face) se compose à sa partie inférieure de cinq chambres séparées par des plaques en cuivre, percées de trous, munies de soupapes en T et de tuyaux de trop-plein. La partie supérieure ou condenseur est composée également de cinq chambres séparées par une plaque spéciale des chambres du rectificateur; elle n'est pas percée de trous, il y a

une ouverture plus grande qui permet le passage des vapeurs, et cette plaque communique avec le réfrigérant par
une ouverture latérale qui permet d'y diriger l'eau-de-vie
condensée. Les cinq chambres du condenseur n'ont pas le
fond percé; les ouvertures ou passages des vapeurs sont
placés alternativement sur les deux côtés.

La colonne de rectification et condensation a toutes ses
chambres traversées par un tuyau en zig-zag plein de moût
froid; cependant tout en condensant les vapeurs alcooliques, il commence à s'échauffer; arrivé au bas de la
colonne, il est déjà chaud. Ce tuyau monte ensuite et se
déverse sur le compartiment le plus élevé de la colonne de
gauche ou analysateur.

Voici quelle est la marche de l'appareil : on pompe le
jus fermenté et on remplit le tuyau en zig-zag de la colonne de droite; ce jus s'écoule dans la colonne de gauche.
Cette colonne étant chargée, on injecte de vapeur le collecteur; la vapeur, en traversant le jus fermenté, le dépouille
de l'alcool qu'il renferme. Ces vapeurs s'enrichissent de
plus en plus en s'élevant dans la colonne, et le moût qui
descend par les tuyaux de trop-plein devient de plus en
plus aqueux, de sorte qu'arrivé dans le deuxième compartiment du collecteur il est épuisé. On ne met l'appareil en
pleine marche continue que lorsque le tuyau qui conduit le
jus fermenté est assez chaud pour ne pas interrompre la
distillation. On règle alors le robinet d'alimentation et on
fait mouvoir la pompe. Les vapeurs alcooliques arrivées
dans le haut de la première colonne sont dirigées dans le
bas de la colonne de rectification, où une partie se condense par le contact du tuyau plein de vin qui sert de réfrigérant. Ces petites eaux sont dirigées par un tuyau dans
le petit réservoir d'alimentation de l'appareil pour être de
nouveau pompées et versées sur la colonne de gauche.

Arrivées à la plaque qui sépare le rectificateur du condenseur, on peut recueillir l'alcool qui s'est condensé sur les
cinq plaques supérieures en le dirigeant dans le réfrigérant
par un tuyau latéral.

On obtient d'un seul jet par cet appareil de l'alcool ou
gin, au titre *overproof* de 65°.

**Appareil continu à moût épais de Cellier-Blu-
menthal.** — Cet appareil, qui est employé depuis longtemps non-seulement en France, mais en Angleterre,
en Belgique, Hollande, etc., dans la grande fabrication des
alcools, est très-simple et facile à conduire. Nous en donnons le plan sur les planches ; voici quel est son fonctionnement : on pompe les jus fermentés épais dans la cuve de
vitesse ou chauffe-vin de l'appareil. On agite la matière
tout en remplissant cette cuve puisque la manivelle fait
corps avec la pompe. La cuve étant pleine, le trop-plein se
déverse sur les plateaux et passe par les tuyaux plongeurs
jusqu'au fond de la colonne. On y dirige alors un jet de
vapeur en entr'ouvrant le robinet communiquant avec le générateur. La vapeur se condense contre le fond des plateaux, les échauffe et finit par les mettre en ébullition. Les
molécules les plus légères s'élèvent bientôt et passent par
le col de cygne dans le serpentin de la cuve de vitesse dont
elles échauffent la matière en se condensant.

On ne met la pompe d'alimentation en marche que lorsque
la surface de la cuve de vitesse est assez échauffée pour ne
pas interrompre la distillation, ce qui arrive bientôt : tout
en alimentant la colonne de matières à distiller, on agite
le contenu de la cuve de vitesse qui sert de chauffe-vin.

Les jus épais, en descendant de plateau en plateau, se
dépouillent de plus en plus et finissent par arriver dans la
cuvette de la colonne à l'état de vinasses épuisées et se dé-

versent au dehors d'une manière continue par un tuyau de sûreté.

Cet appareil n'a pas de tuyau de rétrogradation. Les plateaux sont tous de construction et de disposition identiques. Il suffit de placer les tuyaux de trop-plein à contresens, c'est-à-dire alternativement à droite et à gauche, pour obtenir une circulation normale à leur intérieur. Quelques constructeurs établissent une cloison entre la lentille centrale et la circonférence; il suffit alors d'obliquer légèrement les tuyaux de trop-plein d'une manière alterne pour qu'ils écoulent le liquide au-delà de la cloison. La colonne peut être faite en cuivre ou même en fonte, ce qui offre une grande économie d'installation.

On établit quelquefois les tuyaux de trop-plein de façon à pouvoir au besoin augmenter ou diminuer l'épaisseur de la couche de liquide ou de matières à traiter ; cette disposition mobile du niveau du liquide sur les plateaux permet au distillateur de régler à sa volonté et selon les liquides ou les matières qu'il traite la marche régulière de l'appareil dont la conduite est, du reste, très-simple, et, selon la puissance de l'appareil, on sait ce qu'il peut distiller par heure. On donne en conséquence un écoulement régulier à la pompe alimentaire afin de pouvoir y verser les matières d'une manière continue et régulière; d'un autre côté, on maintient la pression du générateur entre une atmosphère et une atmosphère et demie dans les appareils de grande dimension. Quant aux vapeurs elles se réunissent au-dessus du dernier plateau, dans un brise-mousse, puis se rendent dans la cuve de vitesse où elles commencent à se condenser. En sortant de la cuve de vitesse le serpentin plonge dans un vaste réfrigérant plein d'eau froide qu'il suffit d'alimenter par un filet d'eau pour obtenir l'alcool froid en sortant de l'éprouvette.

APPAREILS DIVERS ACTIONNÉS PAR LA VAPEUR.

Monte-jus. — Cet appareil très-simple remplace les pompes avec avantage ; il est établi d'après le même système que les siphons à levier d'eau de seltz. C'est une chaudière en tôle ayant la même épaisseur et pouvant résister à une pression égale à celle du générateur qui l'actionne ; elle est de forme cylindrique, bombée à ses deux extrémités et placée verticalement au-dessous du niveau du sol. Au centre du couvercle supérieur se trouve un tuyau qui descend jusqu'à la partie inférieure, mais qui ne touche pas tout à fait le fond ; il doit être établi de manière à pouvoir aspirer tout le liquide sans que l'écoulement en soit gêné, et il faut qu'il soit placé très-solidement. Ce tuyau a dans le haut de l'appareil un robinet à trois eaux, ou bien un embranchement de tubes qui permettent de diriger les liquides aux étages supérieurs selon leur nature. Au-dessus du monte-jus il y a un robinet de prise de vapeur, un robinet à air et un trou d'homme pour le nettoyer. On le remplit en ouvrant un robinet qui communique avec un bassin d'alimentation que l'on place à son côté et au même niveau. Comme il est nécessaire, pour qu'il fonctionne bien, qu'il y ait une chambre à vapeur, c'est-à-dire un peu d'espace entre le liquide et les parois supérieures où la vapeur vient presser le liquide, on établit sur un des côtés un robinet de trop-plein qui prévient lorsque le niveau le plus convenable a été atteint, car si on remplissait trop le monte-jus il ne pourrait fonctionner d'une manière convenable. Lorsqu'on a négligé d'ouvrir le robinet de trop-plein, on entr'ouvre le robinet de communication afin de dégorger l'appareil dans le vase intermédiaire.

Voici quelle est la marche de l'appareil : on vide dans
le bassin d'alimentation les jus ou liquides destinés à
remplir le monte-jus. Le bassin ou vase intermédiaire
peut être construit en divers matériaux : tôle, fonte,
cuivre, ciment, bois, etc., selon les liquides que l'on a à
élever; on ouvre le robinet de prise d'air placé sur le
monte-jus, puis le robinet de communication du bassin
d'alimentation, ensuite on place un petit vase sous le robinet de trop-plein, on l'entr'ouvre, et on ferme le robinet de
communication entre le bassin d'alimentation et le monte-
jus dès que le robinet de trop-plein commence à couler,
ce qui indique que le niveau a été atteint; on ferme le robinet de trop-plein et celui de prise d'air, ensuite on ouvre
le robinet à trois-eaux ou le robinet d'embranchement, s'il
y en a plusieurs, de manière à diriger le liquide où l'on
veut; il suffit alors d'entr'ouvrir le robinet de prise de vapeur pour que la pression fasse remonter le liquide avec
rapidité par le tuyau central; l'ascension est très-rapide,
surtout si le tuyau est assez gros. Lorsqu'il ne reste plus
de liquide dans le monte-jus, la vapeur remplace dans le
tuyau de sortie le liquide qui est monté, ce que l'on reconnaît lorsqu'il s'est échauffé au point de ne pouvoir plus y
tenir la main.

Lorsqu'on a des jus visqueux ou épais, tels que des sirops, etc., à monter à l'aide du monte-jus, on accélère
l'écoulement entre le vase intermédiaire et le monte-jus en
faisant le vide dans le monte-jus, de sorte que la pression
atmosphérique active le mouvement en agissant à la surface
du vase intermédiaire. On chasse l'air que renferme le monte-
jus en fermant tous les robinets et en ouvrant ensuite un
des robinets de conduite du centre, puis on ouvre le robinet de prise de vapeur qui, en s'introduisant dans l'appareil, en chasse l'air; on ferme le robinet d'écoulement

dès que l'on reconnaît à la main qu'il est échauffé, et l'on
ferme simultanément le robinet de vapeur. Au bout de
quelques minutes, cette vapeur se condense et fait le vide ;
il suffit d'ouvrir cinq minutes après le robinet de communication pour que le liquide soit rapidement aspiré par le
vide qui existe dans l'intérieur.

Les monte-jus agissent d'une manière très-rapide, et
leur simplicité de fonctionnement fait qu'ils sont peu sujets
aux réparations, lorsqu'ils ont été établis dans les mêmes
conditions que les générateurs.

Laveurs. — Il existe de nombreux modèles de *laveurs*
ou *débourbeurs*. Cet appareil est indispensable lorsque l'on
traite des racines ou des tubercules. Il existe des modèles
qui peuvent se mouvoir à bras ; dans les sucreries de betteraves et les féculeries de pommes de terre, on se sert de
débourbeurs dont le mouvement rotatif est donné au moyen
d'une poulie, qu'une transmission ou courroie raccorde
avec un moteur à vapeur. C'est un cylindre formé par des
tringles en fer ou en bois dur écartées entre elles de trois
centimètres environ (l'écartement est augmenté ou diminué selon la nature des matières à laver). Ce cylindre a
un axe en fer qui est supporté à ses extrémités par des
coussinets en cuivre fixés sur une très-forte caisse en
bois de chêne ; les tringles sont fixées de distance en distance sur des cercles en fer que deux rayons relient à
l'axe. Le lavage des racines se fait de la manière suivante :
on incline la table qui porte le cylindre selon les matières
que l'on a à traiter ; les tubercules ronds ou presque ronds,
tels que les pommes de terre, etc., en exigent moins que les
racines longues, telles que les betteraves, etc. ; cette
pente est d'environ 3 à 6 centimètres par mètre, afin que,
par le mouvement de rotation, les racines puissent traver-

ser le cylindre qui doit plonger d'un tiers dans l'eau ; on jette dans une trémie, placée à l'extrémité du cylindre et ayant un fonds incliné, les racines destinées à être lavées, et on met le cylindre en mouvement ; il faut qu'il fasse une vingtaine de tours par minute pour pouvoir laver d'une manière convenable ; les racines, tout en tournant dans le cylindre immergé, se frottent les unes contre les autres et avancent peu à peu vers l'extrémité opposée du cylindre où une grille en hélice en facilite la sortie.

L'eau de lavage doit se renouveler dès qu'elle est trop chargée ; la caisse doit être assez profonde pour que la terre et les graviers tombent au fond de l'eau et ne soient plus repris ou entraînés par le mouvement rotatif du cylindre.

Cuve mécanique anglaise (mash-ton). — Pour préparer la fermentation des grains destinés à la fabrication de la bière ou à la distillation, on installe, en Angleterre et sur le continent, des cuves de macération où le brassage s'opère par un moulinet intérieur. Ces cuves ont un double fond percé de trous coniques dont l'évasement se trouve dans la partie supérieure ; au-dessus du double fond, un tuyau communiquant avec le générateur y injecte de la vapeur, ce qui permet de porter rapidement le liquide au degré que l'on désire ; un robinet et une portière placés au niveau du faux fond permettent l'écoulement du dépôt et le nettoyage, et un second robinet avec portière sert à l'écoulement du liquide clair et facilite le nettoyage de cette partie. Dans l'alcoolisation des grains par l'orge germée ou malt, on opère de la manière qui suit : on délaie, à l'aide du moulinet mécanique actionné par une poulie reliée au moteur à vapeur, 1,000 kilogr. de farine de céréales avec 4,000 litres d'eau ; ensuite on ouvre le robinet de prise de vapeur placé sur le faux fond et on continue à laisser le moulinet en mouvement ; on ferme alors ce robinet et, jusqu'à ce que le mélange ait atteint 80° centigrades, on verse (en continuant de laisser le moulinet en action) 150 kilogr. de farine d'orge germée ou malt ; on laisse le moulinet en mouvement pendant quatre heures en suspendant l'injection de vapeur et maintenant le liquide à la température de 70° centigrades. Après ce temps, on laisse reposer, et en ouvrant le robinet placé entre le faux fond, le liquide se rend dans un monte-jus, qui le renvoie soit dans la cuve à fermentation, soit au-dessus de cette cuve, dans un appareil à filtrer. On fait ensuite une seconde trempe avec 2,000 litres d'eau que, par injection de vapeur, on chauffe à 90°, tout en mettant le moulinet en mouvement ; on laisse macérer deux heures seulement et on soutire le liquide pour le réunir au premier et le mettre en fermentation. Après avoir été clarifiée, l'eau de lavage du résidu qui reste sur la cuve sert à la macération qui suit

Saccharification des grains par les acides. — Nous avons déjà dit que les grains pouvaient se saccharifier par les acides, mais que ce procédé n'était pas agricole, parce que l'acide doit être saturé et que le résidu ne convient pas à la nourriture du bétail ; de plus, ce procédé exige l'emploi d'un barbotage de vapeur prolongé.

On opère ainsi qu'il suit : le grain entier est mis à tremper dans deux fois son poids d'eau contenant 2 centièmes d'acide sulfurique à 66°, le trempage dure vingt-quatre heures ; au bout de ce temps, les grains ramollis sont jetés dans une trémie au bas de laquelle ils passent entre deux cylindres qui les broient, ensuite on jette le tout dans une cuve où, par le moyen d'un barbotage de vapeur prolongé pendant quinze heures environ, on en obtient la saccharification. On s'assure qu'elle est complète au moyen de la teinture d'iode. On laisse refroidir l'échantillon du mélange : la saccharification est complète lorsqu'il ne se produit plus de coloration violette par l'iode. Ensuite on sature l'acide par la craie, et on laisse le liquide déposer pendant douze heures, en l'écoulant dans des bacs-plats placés au bas de la cuve où le refroidissement s'opère plus rapidement. On soutire alors le liquide clair que l'on étend d'eau froide, de manière que le mélange ait une température moyenne de 23° et une densité de 8 à 9°, et on le met en levain.

Le dépôt qui reste sur les bacs est lavé à plusieurs reprises avec de l'eau et filtré : il sert à étendre de nouvelles fermentations.

Saccharification de la fécule par l'acide. — La cuve doit être en bois de pays de 10 centimètres d'épaisseur ou doublée en plomb à cause de l'action de l'acide sulfurique ; elle a, à sa partie inférieure, un tuyau de barbotage en plomb qui sert à y injecter la vapeur, et sur son fond supérieur un entonnoir qui sert à y vider la fécule, car il est utile de diriger dans un tuyau les émanations qui se produisent. On opère de la manière suivante : on vide dans la cuve de l'eau acidulée d'acide sulfurique à 66° dans les proportions de 2 pour 100 de fécule sèche. La quantité d'eau à employer correspond, par 1 000 kilog. de fécule, à 4,000 litres, dont 3,000 litres sont versés dans la cuve avec 20 kilog. d'acide. (On règle cette quantité selon la contenance de la cuve, qui doit être aux deux tiers remplie.)

On réserve, par 1,000 kilog. de fécule, 1,000 litres d'eau sur la quantité totale à employer ; elle sert à délayer la fécule que l'on vide dans la cuve peu à peu par l'entonnoir disposé à cet effet.

On commence l'opération en envoyant dans la cuve l'eau froide acidulée ; puis on ouvre le robinet de prise de vapeur qui doit mettre cette eau en ébullition. Plus l'ébullition sera tumultueuse et mieux s'effectuera l'opération ; en conséquence, on augmentera la pression, que l'on portera à trois atmosphères. Lorsque l'eau acidulée sera en ébullition, on versera dans l'entonnoir (en maintenant sans cesse un barbotage énergique) la fécule délayée dans le double de son poids d'eau et par 20 litres environ à la fois.

Toute la fécule étant versée, on laisse la macération s'accomplir environ une heure et, au moyen de l'iode, on s'assure qu'elle est terminée. On ferme alors le robinet de vapeur et on procède à la désacidification avec de la craie que l'on a délayée dans un peu d'eau et que l'on projette par une portière pratiquée sur le fond de la cuve ; on remue entre temps et on s'assure de la désacidification au moyen du papier bleu de tournesol, dont nous avons déjà indiqué l'emploi (page 278). Il ne reste plus qu'à laisser la cuve en repos et à la soutirer douze heures après pour mettre le moût en fermentation.

Pompes, transmissions. — Tous les systèmes de pompes peuvent être actionnés par la vapeur ; à l'aide d'excentriques, on peut faire fonctionner plusieurs pompes à la fois. Les pompes Japy et les pompes rotatives sont les plus usitées ; on doit d'ailleurs n'employer que les plus simples possible. Les transmissions servent, à l'aide de poulies et de courroies, à faire fonctionner les diverses machines agricoles dont on a dans une ferme des emplois multiples.

Râpes et presses. — Les bonnes râpes à racines exigent une force motrice considérable, car pour que le travail soit parfait, il faut que le cylindre fasse au moins mille tours par minute ; la division de la pulpe doit être complète, parce que, dans le traitement à froid, plus la pulpe est divisée, plus grand en est le rendement en jus sucrés. Avec une bonne râpe, on obtient jusqu'à 20 pour 100 de plus qu'avec un râpage imparfait. La râpe est un cylindre creux en fonte, tournant sur son axe ; des lames dentées entrent à coulisse dans une rainure et sont fixées par des traverses en bois qui en maintiennent l'écartement ; on presse les racines contre la surface du cylindre à l'aide d'un *sabot* ou *pressoir* en bois, et la pulpe tombe dans une caisse doublée en cuivre placée sous l'appareil.

Les *pressoirs* agricoles suffisent d'ordinaire dans le traitement des fruits et des pulpes macérées. Une presse plus puissante est la presse hydraulique, dont on se sert pour l'extraction de l'huile des graines oléagineuses, et dans la dessiccation de diverses pulpes à l'état frais ; mais, dans l'alcoolisation des fruits, les marcs étant utilisés, on peut se passer de son emploi. L'installation de la presse hydraulique est d'ailleurs fort coûteuse ; on ne l'établit que lorsqu'on doit s'en servir fréquemment.

CHAPITRE XV.

FABRICATION DES LIQUEURS DE TABLE.

Observations préliminaires. — Classification des liqueurs. — Analyse commerciale des liqueurs. — Évaluation de l'alcool et des matières sucrées qu'elles renferment. — Laboratoire, dispositions générales; alambics divers : simples, à col de cygne, à tête de more, à plateaux rectificateurs. — Bains-marie simples, percés; grillages, conges, filtres divers; chauffage à feu nu, au bain-marie, à la vapeur; chaudières et bassines à sirops et conserves; armoire à conserves; accessoires divers, presse, mortier, etc. — Préparation et conservation des eaux aromatiques distillées; eau distillée simple. — Observations préliminaires sur la distillation des eaux aromatiques; fleurs d'oranger, roses, plantes, fruits, graines et bois aromatiques. — Extraction des huiles essentielles; observations préliminaires. — Essences obtenues par expression, par distillation; autres procédés employés. — Infusions et teintures aromatiques. — Esprits parfumés obtenus par distillation. — Sucre; diverses variétés de sucre, sucre raffiné de canne et de betterave; sucre brut; glucoses diverses; glycérine.— Clarification du sucre, sirop vierge, sirops rafraichissants. — Confection des liqueurs non sucrées. — Observations.— Absinthe, bitter, kirsch. — Fabrication des liqueurs de table par tous les procédés connus. — Confection. — Clarification. — Conservation, vieillissement. — Coloration des liqueurs. — Anisettes, curaçao, cacao à la vanille, menthe, moka, noyau, vanille, rose, fleurs d'oranger, angélique, élixir Raspail, Garus, chartreuse, liqueurs similaires à la chartreuse. — Séves de pin et sapin; crème de thé, œillet, eau-de-vie de Dantzig, kummels, cassis, fraises, framboises, marasquins, eau de noix, rosolio, alkermès, huile de rhum, kirsch, absinthe, cognac, armagnac; punch au rhum, à l'armagnac, au cognac, au kirsch; parfait amour, vespetro, liqueur d'or, scubac, china-china, liqueur des îles; crèmes, huiles et baumes de divers noms. — Fruits à l'eau-de-vie et fruits au sucre.

Observations préliminaires. — Les liqueurs de table peuvent se préparer par six procédés différents :

1º Par la distillation directe des aromates avec l'alcool, après avoir préalablement laissé infuser les aromates plus ou moins longtemps dans l'alcool simple ;

2° Par la distillation séparée de chaque variété d'aromate avec l'alcool, et le mélange de ces divers esprits au moment de la confection des liqueurs ;

3° Par la distillation séparée des aromates avec de l'eau, et le mélange de ces eaux aromatiques distillées avec l'alcool et le sucre ;

4° Par les infusions alcooliques ou teintures des substances aromatiques dans l'alcool ;

5° Par l'emploi de sucs de fruits en infusions alcooliques ou fermentées ;

6° Par la dissolution des huiles essentielles ou essences dans l'alcool simple.

La plupart des liqueurs surfines sont fabriquées par l'emploi combiné de plusieurs des procédés énumérés plus haut : ainsi le *cacao à la vanille* est le produit de la distillation directe du cacao joint à une infusion de vanille ; l'*anisette surfine* est le produit de la distillation alcoolique de divers aromates auxquels on ajoute de l'eau de fleurs d'oranger et des infusions ; le *curaçao* se fabrique par distillation directe et on y ajoute une infusion, etc.

Dans la première édition de cet ouvrage, nous ne décrivions que la fabrication des principales liqueurs d'exportation. Les renseignements qui nous ont été demandés depuis nous obligent à parler de la fabrication de toutes les liqueurs de table par les divers procédés connus. On choisira le mode le plus approprié à l'*outillage* que l'on possède, selon que l'on aura sous la main les matières premières destinées à fournir les parfums ou que l'on se trouvera forcé de les acheter toutes préparées. On sait que sous des noms très-différents il y a un grand nombre de liqueurs qui ont les mêmes bases aromatiques ; nous nous attacherons à décrire surtout les modes de préparation de la liqueur la plus connue du groupe, en écartant celles à noms par trop fantaisistes, ou dont les aromes sont peu demandés.

Classification des liqueurs. — Malgré leurs différents genres de fabrication, la composition générale des liqueurs est toujours la même, et de quelque nom bizarre ou pompeux qu'elles soient décorées, ce sont constamment des mélanges *d'alcool, d'eau, de sucre et d'aromates* en diverses proportions. Leur qualité dépend principalement de la base qui a servi à leur fabrication, c'est-à-dire de la qualité et de la quantité d'alcool pur qu'elles renferment, jointe aux proportions et à la qualité des matières sucrées, au choix des aromates employés, à leur mode de préparation et à leur vieillesse.

La classification de la qualité commerciale des liqueurs repose sur les proportions d'alcool pur et de sucre qu'elles renferment; ce classement est tout arbitraire, car une liqueur peut avoir un titre alcoolique moins élevé et une densité moins forte qu'une autre et être néanmoins infiniment supérieure. Ainsi, prenez d'une part des eaux-de-vie rassises d'Armagnac de bonne nature, faites-y infuser les aromates pendant une huitaine, et distillez ensuite lentement au bain-marie à l'aide d'un alambic rectificateur; ajoutez-y du sirop vierge de canne et faites votre liqueur de manière qu'elle renferme 28 pour 100 d'alcool pur et 375 grammes de sucre. D'autre part, prenez du trois-six de betterave, faites-y dissoudre les essences qui donnent le parfum que vous recherchez, et ajoutez-y du sucre et de la glucose de manière que la liqueur renferme 35 pour 100 d'alcool pur et que sa densité soit de 23°, ce qui représente 560 grammes de sucre par litre. Comparez ensuite les deux produits, surtout lorsqu'ils auront quelques mois de repos, vous trouverez alors la liqueur dont l'eau-de-vie directe d'Armagnac forme la base et dont les aromates ont été combinés par la distillation infiniment supérieure à celle faite avec le trois-six du Nord et dont le mode de préparation a été la dissolution des essences.

Les meilleures liqueurs sont faites par la distillation directe des aromates dans l'alcool ou l'eau, ce qui forme des esprits ou des eaux aromatiques; et les plus inférieures, par infusion et dissolution d'essences. Dans les premières, les aromes se combinent intimement pendant la distillation; tandis qu'en procédant par infusion, on introduit souvent dans le liquide, outre les principes aromatiques, des éléments amers, âcres, qui nuisent à la délicatesse du goût. Préparées par dissolution d'essences, ces liqueurs ont, en outre, l'inconvénient de perdre de leur parfum en vieillissant, d'avoir une certaine âcreté, et, si les huiles essentielles sont vieilles, de contracter un goût de rance.

Pour pouvoir se conserver longtemps et subir, sans se détériorer, l'influence de températures irrégulières, supporter les longs voyages d'exportation et acquérir de la qualité en vieillissant, il faut que les liqueurs aient *un titre minimum de 25 pour 100 d'alcool pur;* on verra que certaines liqueurs destinées à être consommées à l'intérieur ont une moyenne moindre. Quant au maximum, il n'y a à cet égard aucune règle fixe; ainsi certaines liqueurs ou élixirs renferment jusqu'à 60 pour 100 d'alcool pur (la chartreuse verte du couvent atteint ce titre et ne renferme que 125 grammes de sucre); toutefois, à part quelques élixirs spéciaux qui sont plutôt des médicaments que des boissons de table et qui renferment jusqu'à 72° d'alcool pur, la généralité des liqueurs a un titre moyen qui dépasse rarement 35 pour 100 d'alcool pur.

Beaucoup de fabricants abusent des titres de *qualité supérieure,* ou de *surfin, extra-fin, superfin,* etc., qu'ils appliquent à des produits bien inférieurs. (Nous ne parlons pas des liqueurs dites *doubles* que certains débitants dédoublent avec de l'eau pour en faire des liqueurs ordinaires, à cause de l'infériorité de ce procédé.) On ne peut se rendre un compte exact de la quantité d'alcool pur et de matière sucrée qu'une liqueur renferme qu'en l'analysant; nous parlerons ci-après de cette opération.

La désignation des liqueurs, ainsi que leur titre alcoolique, la quantité et la qualité des matières sucrées qu'elles renferment, varient chez chaque fabricant. On les divise en liqueurs ordinaires, dont il y a trois variétés : *ordinaire, tiers-fine* et *mi-fine;* et en liqueurs fines, dont il existe également pour le dosage trois variétés : *fine, surfine* et *extra-fine.* Toutefois la plupart des désignations adoptées se rapportent au tableau suivant pour les doses de sucre et d'alcool pur.

QUALITÉ RÉELLE.	DÉSIGNATION ARBITRAIRE DE LA QUALITÉ.	ALCOOL PUR.	SUCRE.	DEGRÉ DES VINASSES après distillation. Pèse-sirop Baumé (1).
Ordinaire. . .	Mi-fine	20	125gr.	6
Tiers-fine. . .	Fine.	22	200	9
Mi-fine	Surfine	24	250	11
Fine.	Extra-fine. . .	28	375	15
Surfine	Superfine . . .	30	500	21
Extra-fine. . .	Qualité supér^{re}	35	560	23

A part les désignations de qualité, on applique le nom d'*eau* et de *crème* aux liqueurs blanches, d'*huile* aux

---

(1) On observera que le pèse-sirop introduit dans la liqueur avant la distillation marque un degré moindre, ce qui est dû à la présence de l'alcool, qui rend la liqueur moins dense.

liqueurs blondes ou rousses ; d'*élixir* aux liqueurs très-aro-
matisées ; de *ratafia* à celles où il entre plus spécialement
des infusions ou des sucs de fruits.

**Analyse commerciale des liqueurs, évaluation
de l'alcool et des matières sucrées qu'elles renferment.** — Le prix des liqueurs surfines dépend, non-
seulement de leur bonne confection, de la qualité de l'alcool
qui a servi de base à leur fabrication, mais encore et surtout *de leur vieillesse*. Le temps donne aux liqueurs bien
confectionnées, après plusieurs années, une uniformité de
saveur, un rancio, un goût de vieux, qui font les délices
des amateurs.

Les liqueurs les plus renommées, les chartreuses, les
anisettes surfines, les liqueurs des îles, etc., doivent surtout leur supériorité à ce que leurs fabricants ne les livrent à
la consommation que lorsqu'elles sont vieilles. A cet effet,
*au lieu de fabriquer au fur et à mesure des besoins ou des
commandes,* comme beaucoup de liquoristes sont obligés de
le faire, faute d'avances suffisantes ou de place, ils ont en
réserve une rangée de foudres pleins de liqueurs confectionnées qui ont vieilli, et dès qu'un foudre est vide, on le
remplit immédiatement de liqueur nouvelle. De cette manière, on peut faire face même à de fortes commandes, sans
être obligé de livrer des produits récents et de fabriquer
à la hâte. Les liqueurs qui ont vieilli dans les foudres ont
été filtrées et parfaitement clarifiées avant d'y être intro-
duites ; elles déposent un peu dans les foudres sans perdre
leur limpidité, et, mises ensuite en bouteilles, elles ne
forment plus, en cours de voyage, de dépôt sensible.
Au contraire, les liqueurs récemment faites et filtrées
peu avant l'expédition, sont susceptibles *de déposer dans
les bouteilles.* D'ailleurs, la différence de goût entre les

liqueurs nouvelles et les liqueurs vieilles est très-grande.

En 1852, on vendit, par voie judiciaire, dans un magasin de Bordeaux, de fortes parties de liqueurs, que nous
goutâmes avant la vente. Il y avait un lot considérable
d'anisette dite *surfine*. Cette anisette, dont nous prîmes
un échantillon, était très-chargée de sucre, puisqu'elle en
renfermait 560 grammes par litre, et avait 27 pour 100
d'alcool pur ; mais elle laissait à désirer sous le rapport de
la saveur : bien que très-aromatique, elle avait un goût
prononcé de feu, qui la rendait commune et qui provenait
du manque de soin dans la distillation.

Nous avions ordre d'acheter, pour le compte d'une maison qui s'occupait de l'exportation des liqueurs, si toutefois
les prix d'enchères ne dépassaient pas le prix de revient.

Ces anisettes nous restèrent à peu près au prix de fabrication des anisettes communes. Transportées en magasin
(elles étaient en caisses), on les plaça dans un coin et on ne
s'en occupa plus. Près de dix-huit mois après, ayant ordre
d'expédier des anisettes assorties, ordinaires et surfines,
on songea à les déguster, afin de les classer dans l'expédition, et nous fûmes bien étonné du changement qui s'était
opéré en elles : elles avaient perdu leur goût de feu et pos-
sédaient ce moelleux, ce ranciò tant recherchés des amateurs ; elles avaient, en un mot, la finesse de goût des
anisettes surfines vieilles ; elles ne laissaient à désirer que
sous le rapport de la limpidité : le dépôt était considérable
au fond des bouteilles ; nous fûmes obligé de les filtrer.

Alcool. — On se rend un compte exact de l'alcool que
renferme une liqueur en la distillant à l'aide d'un petit
alambic d'essai. Comme la manière d'opérer est exactement
la même que celle que nous indiquons p. 232, t. II, il est
inutile d'y revenir ; disons seulement que la plupart des
petits alambics d'essai n'ont pas d'alcoomètre marquant au-

dessus de 25° : dans ce cas, on devra diviser le liquide, en diminuer le titre de moitié ; il suffit pour cela de n'en mettre dans l'éprouvette que la moitié de sa contenance, de finir de la remplir avec de l'eau et de distiller ensuite : le titre accusé par ce mélange sera la moitié seulement de l'alcool pur que renferme la liqueur à analyser.

Matière sucrée. — Après la distillation, il ne restera dans la cucurbite que de la vinasse. On la laissera refroidir et on en mettra dans l'éprouvette qui a déjà servi à mesurer la liqueur avant sa distillation ; on rincera la cucurbite avec de l'eau distillée afin d'enlever le peu de matière sucrée qui aurait pu rester contre ses parois, puis on remplira jusqu'au trait qui a déjà servi à mesurer la liqueur avant de faire la distillation d'essai ; on agitera le liquide et on constatera sa densité à l'aide du pèse-sirop de Baumé. Si l'éprouvette n'avait été remplie qu'à moitié avec la liqueur, la densité serait double de celle qu'indiquerait le pèse-sirop.

Évaluation de la quantité de sucre que renferment les solutions sucrées. — On reconnaît, à l'aide du pèse-sirop de Baumé, la densité des sirops et des solutions sucrées, selon le degré marqué à l'aréomètre ; on se rend ainsi approximativement compte de la quantité de matière sucrée qu'ils renferment, mais non de la qualité de cette matière, qui peut avoir été augmentée par des glucoses, de la dextrine, de la glycérine. Ce mode d'analyse ne peut donner que des résultats peu rigoureux, parce que la pesanteur spécifique des sirops et des autres liquides renfermant des matières sucrées peut être augmentée par la qualité de l'eau qui a servi à dissoudre le sucre, par la présence de sels calcaires et d'autres matières en dissolution dans l'eau, par la dextrine que renferment les sirops de fécule, etc. Ainsi, nous avons fait souvent la remarque que l'eau distillée donnait, sur les eaux potables les plus limpides et les moins chargées de sels calcaires, une différence en moins de 0° 25 à 1° à l'aréomètre.

La meilleure manière pratique d'opérer serait de constater la quantité de sucre au moyen du *saccharimètre optique;* mais, dans le commerce des liqueurs, on ne peut pas toujours avoir cet instrument sous la main. Néanmoins, on se rendra un compte assez exact (pour des données commerciales) des quantités de sucre que renferment les solutions sucrées, les liqueurs, les vins ou les sirops, en *faisant évaporer leur alcool,* en laissant précipiter et cristalliser les sels végétaux par le refroidissement, et en constatant ensuite la densité du liquide à l'aide du pèse-sirop. D'autre part, on prend de l'eau distillée, en quantité déterminée, on y fait dissoudre du sucre en poudre, préalablement séché et *pesé ;* on s'assure de la densité en pesant de temps en temps la solution, et on ajoute, avec précaution, du sucre *pesé,* jusqu'à ce que la densité des deux liquides soit égale. Connaissant la quantité de sucre qui a été nécessaire pour donner à l'eau la même densité qu'à la liqueur essayée, on en déduit naturellement que celle-ci renferme une dose de sucre égale.

Par des solutions de sucre en poudre dans de l'eau distillée, nous avons constaté les degrés suivants au pèse-sirop. Nous ferons observer que l'état hygrométrique du sucre peut influer sur le résultat.

Voici la quantité approximative de sucre contenu dans le liquide, selon le degré trouvé à l'aréomètre, pèse-sirop de Baumé, à la température moyenne de 15° centigrades (1) :

---

(1) Les fractions de degré se calculent par la différence en poids d'un degré à l'autre.

DEGRÉ DU PÈSE-SIROP.	SUCRE.	DEGRÉ DU PÈSE-SIROP.	SUCRE.	DEGRÉ DU PÈSE-SIROP.	SUCRE.
1o	20gr	15o	359gr	28o	692gr
2o	40	16o	385	29o	720
3o	60	17o	411	30o	745
4o	80	18o	436	31o	775
5o	100	19o	462	32o	800
6o	125	20o	488	33o	825
7o	151	21o	512	34o	805
8o	177	22o	538	35o	875
9o	203	23o	554	36o	900
10o	229	24o	590	37o	925
11o	255	25o	615	38o	950
12o	281	26o	640	39o	975
13o	307	27o	666	40o	1000
14o	333				

LABORATOIRE.

Dispositions générales. — L'installation d'un laboratoire dépend des travaux que l'on se propose d'y exécuter, de la grandeur des appareils, de leur mode de *chauffage,* de l'importance de la fabrication autant que de son mode d'exécution ; mais, quel que soit le genre d'exploitation, il doit être parfaitement éclairé et aéré, et comme il doit être souvent lavé à grande eau, il faut qu'il soit cimenté, carrelé ou dallé en pierres dures reliées avec du ciment, ce qui est préférable dans les grands établissements à cause des chocs violents que reçoit le sol.

La confection des liqueurs s'exécute de plusieurs manières quant à la préparation préalable des *aromates ;* mais le mélange de l'alcool, des aromates et des matières sucrées

se fait presque toujours à la température de l'atmosphère ;
il suffit pour l'effectuer de vider dans un vase l'alcool parfumé, puis les eaux aromatiques, et ensuite la matière sucrée, et de remuer le tout ensemble ; il ne reste plus ensuite qu'à clarifier la liqueur ; cela peut se faire dans un
vase quelconque ; mais pour faciliter le dosage, on se sert
de *conges* et de *filtres fermés* qui accélèrent la clarification.
Les conges et filtres forment le laboratoire mobile des liquoristes qui travaillent à froid, c'est-à-dire sans appareil
distillatoire.

Laboratoire ; travail à froid. — On comprend que
pour ce genre d'installation le choix du local importe peu ;
pour accélérer la besogne, il suffit d'avoir un *conge,* un
filtre fermé et des décalitres.

Conge. — Le conge est un vase parfaitement cylindrique,
en cuivre, étamé à l'intérieur, ayant un diamètre de
50 centimètres sur 75 centimètres de hauteur ; il dépote
environ 150 litres, et le mélange d'un hectolitre de liquide
s'y fait avec facilité. Son orifice supérieur est muni d'un
couvercle mobile ; à son extrémité inférieure, rasant la
surface du fond, est soudé un gros robinet sur lequel est
piqué un second robinet vertical qui supporte un tube de
verre fixé près d'une échelle graduée litre par litre : il
suffit d'ouvrir le petit robinet vertical pour mettre le tube
en communication avec l'intérieur du conge ; la contenance
étant accusée par l'échelle, les mélanges se font ainsi avec
beaucoup plus de régularité et de facilité ; les conges servent aussi pour dépoter les fûts, etc. Pour ces divers
emplois, on les place sur un chantier mobile que l'on établit
à hauteur de décalitre (à 50 centimètres du sol), afin de
les vider plus facilement. (Voir sur les planches le plan
d'un conge.)

Filtre fermé. — Il existe plusieurs modèles de *filtres fermés :* les petits sont des entonnoirs coniques en cuivre étamé ou fer-blanc, etc., ayant un robinet à leur extrémité, et recouverts à leur orifice supérieur. Pour les faire fonctionner, on accroche à l'intérieur, par des crochets placés près de la partie supérieure, une manche conique de plus petite dimension que le filtre et disposée de manière qu'elle ne puisse toucher les parois. Les *filtres fermés* desservant un grand conge sont plus grands : ils sont formés d'un bassin qui renferme les manches gonflées, maintenues par l'entonnoir qui est au dessus ; nous avons donné le plan d'un de ces filtres à la planche 11, figure 130 du tome II. Leur fonctionnement est décrit à la page 54 du même volume ; nous donnons de plus, à la planche 12, figure 46, du présent volume, un modèle de filtre à récipient et entonnoir fermé qui permet d'obtenir la filtration des liqueurs sans les laisser en contact avec l'air.

Laboratoire; travail à chaud. — Les laboratoires travaillant à chaud devront être très-élevés de plafond, l'air doit pouvoir s'y renouveler en bas comme en haut; ils doivent être constamment pourvus d'eau qu'un tuyautage intelligent doit diriger au-dessus des réfrigérants d'alambic ; au-dessus du niveau et à proximité des chaudières, enfin partout où l'emploi de l'eau est utile, en établissant des robinets d'un débit assez fort afin qu'en cas d'accident on puisse rapidement étouffer un commencement d'incendie, et, dans les divers travaux, remplir promptement les vases. Pour assurer ce service, qui doit être largement pourvu, il est indispensable d'avoir un grand bassin dont le niveau de fond soit au-dessus de la partie supérieure des réfrigérants desservant les alambics.

Un laboratoire séparé par des galeries couvertes ou des avant-chais des magasins renfermant les alcools et les

A. 22

liqueurs fabriquées, est mieux placé que celui qui fait corps avec ces magasins. Toutefois, comme on ne peut changer les dispositions des anciens locaux, on évite les dangers d'incendie en isolant, par des murs d'épaisseur, les locaux attenant au laboratoire, en voûtant celui-ci, en établissant une large hotte au-dessus des fourneaux.

Les matières premières destinées à la fabrication des liqueurs, à la composition des aromes, c'est-à-dire les plantes, les fleurs, les graines et bois aromatiques, seront conservées dans un magasin exempt d'humidité et annexé au laboratoire. Tous les liquides, fruits, conserves, etc., sujets à subir la fermentation, seront placés dans des caves à température régulière, et on observera dans leur conservation les soins que nous avons déjà indiqués en parlant des locaux. (Voir t. II, p. 7.)

La dimension d'un laboratoire dépend de l'importance de la fabrication ; dans les petits établissements, on place les fourneaux sur le même côté, au-dessous d'une vaste hotte de cheminée, et en laissant entre eux un espace d'environ 2 pieds (66 cent.) pour faciliter le ramonage des tours à feu. Nous avons parlé au chapitre XIII, p. 234, de la construction des fourneaux ; pour ceux destinés à chauffer les alambics et chaudières à l'usage d'un liquoriste, on doit s'attacher à leur donner *le moins de hauteur possible,* car plus faible en sera la hauteur, plus faciles seront les opérations de *lutage* des alambics, la surveillance de *la cuite des sucres* et les opérations de chargement et rechargement des appareils ; on ne doit donc pas perdre l'espace inutilement et faire partir le cendrier du niveau du sol, car au-dessus de 80 centimètres de hauteur, on est forcé, pour desservir les appareils, d'y placer des gradins.

Les dispositions générales des laboratoires sont d'avoir en ligne et séparés entre eux les divers *fourneaux* sur un des côtés ; sur le côté opposé, on installe les *filtres*, les *conges*, des *bassins* placés au-dessus des filtres et les alimentant. Près d'un des côtés, on a une forte table en chêne servant au triage des plantes ; elle est placée de manière à ne pas gêner les opérations ; près de cette table est une presse ; des étagères supportent en outre les divers accessoires dont nous parlerons ci-après.

Emploi de la vapeur. — Lorsqu'on emploie la vapeur au chauffage des alambics, chaudières et armoires à conserves, on peut placer le générateur à une des extrémités du laboratoire ; on peut même, ainsi que nous l'avons vu pratiquer, établir le générateur dans un local mitoyen et faire traverser le mur par le tuyau de prise de vapeur. Le chauffage des alambics et des chaudières à sucre s'opère par un double-fond ; une pression d'une atmosphère à une atmosphère et demie suffit largement à leur fonctionnement. Les armoires à conserves se chauffent par une injection de vapeur que l'on y introduit d'une manière progressive. Cette méthode de chauffage simplifie singulièrement les opérations. On ne conserve alors que de petits appareils pour marcher à feu nu lorsqu'on n'a pas de grands travaux à exécuter. Pour les grandes opérations, un tuyau de vapeur, établi le long du laboratoire et sur lequel sont embranchés les tuyaux desservant spécialement chaque appareil, permet de mettre en marche instantanément les appareils dont on a l'emploi, en ouvrant le robinet qui correspond à leur fond.

Alambics employés par le liquoriste. — On n'emploie généralement dans la fabrication des liqueurs que des appareils simples, distillant soit au bain-marie, à la vapeur ou à feu nu. Ces appareils sont construits en

cuivre rouge étamé à l'intérieur. Les serpentins sont ordinairement construits en étain; on en connaît de trois
genres : 1° *à col de cygne*, 2° *tête de more*, 3° *col de cygne
à colonne avec plateaux rectificateurs*. Ces trois sortes
d'appareils ne diffèrent que par la forme des chapiteaux,
les cucurbites, bains-marie et serpentins étant de forme à
peu près identiques, et on peut y adapter également des
grillages, des bains-marie percés, et transformer un appareil à colonne avec plateaux rectificateurs en un appareil à
tête de more, en enlevant la colonne et la remplaçant par
la tête de more qu'il suffit de raccorder avec le serpentin,
et réciproquement transformer les alambics à tête de more
en alambics rectificateurs en y adaptant une colonne. Les
alambics à col de cygne simples dont on trouvera un dessin
planche 12, figure 44, sont peu employés dans la fabrication en grand : on ne s'en sert le plus souvent que comme
alambics d'essais ou pour remplacer dans les petites opérations les *cornues* et *retortes* en verre dont l'emploi devient
fort coûteux à cause de leur fragilité. On préfère se servir
de l'alambic à colonne, à plateaux rectificateurs, avec
lequel on obtient d'un seul jet des produits plus purs et on
évite les queues (voir le plan de cet appareil planche 12,
figure 43), et de l'alambic à tête de more (planche 12,
figure 45), lorsqu'on tient à recueillir la plus grande quantité possible d'huile essentielle, comme dans la distillation
de l'absinthe et des eaux aromatiques. Nous allons décrire
ces deux appareils.

Alambic à tête de more. — La chaudière ou *cucurbite
des appareils à distiller les liqueurs a un diamètre à peu
près égal à sa hauteur. La partie qui repose sur le fourneau forme bourrelet; on voit cette partie bombée dans les
figures 43, 44 et 45. Au-dessus de la partie bombée un
cercle-collet en cuivre, qui a été préalablement tourné et

PL . 12

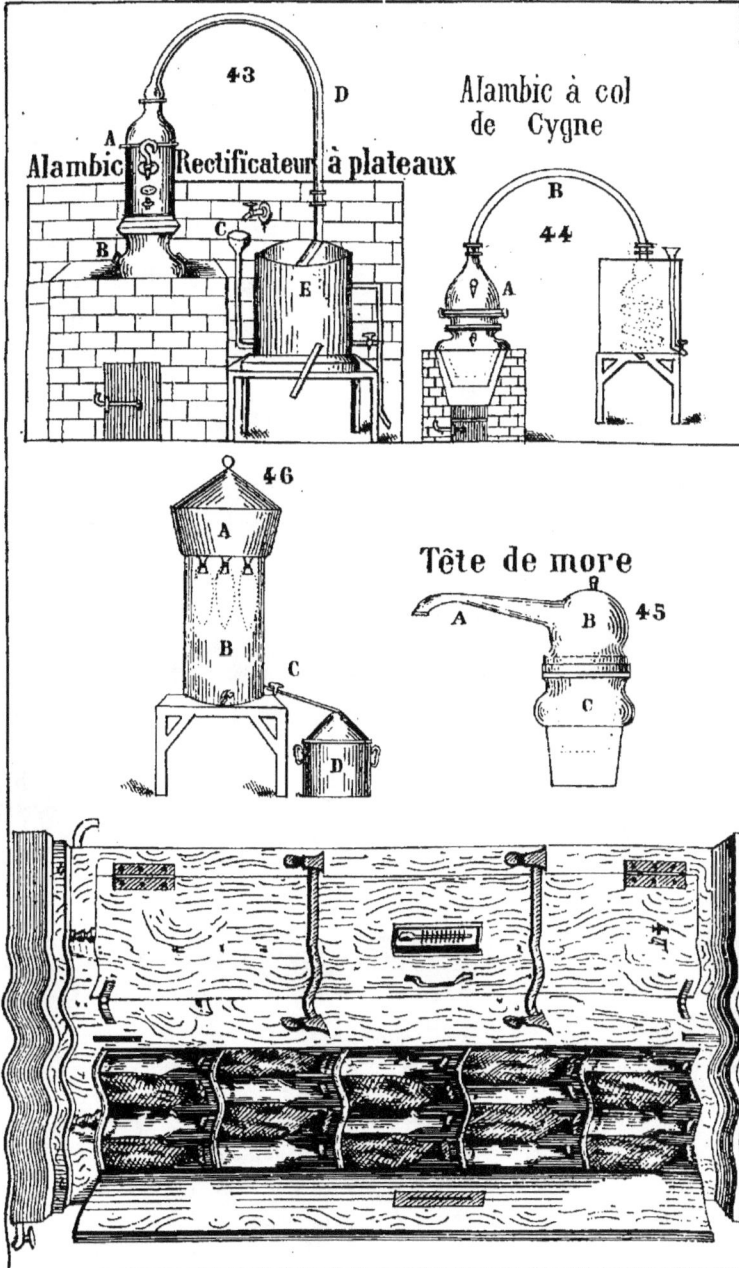

43

Alambic à col
de Cygne

A
Alambic Rectificateur à plateaux

B
44

C

D

E

B

A

46

A

B

Tête de more

A
B
45

C

C

D

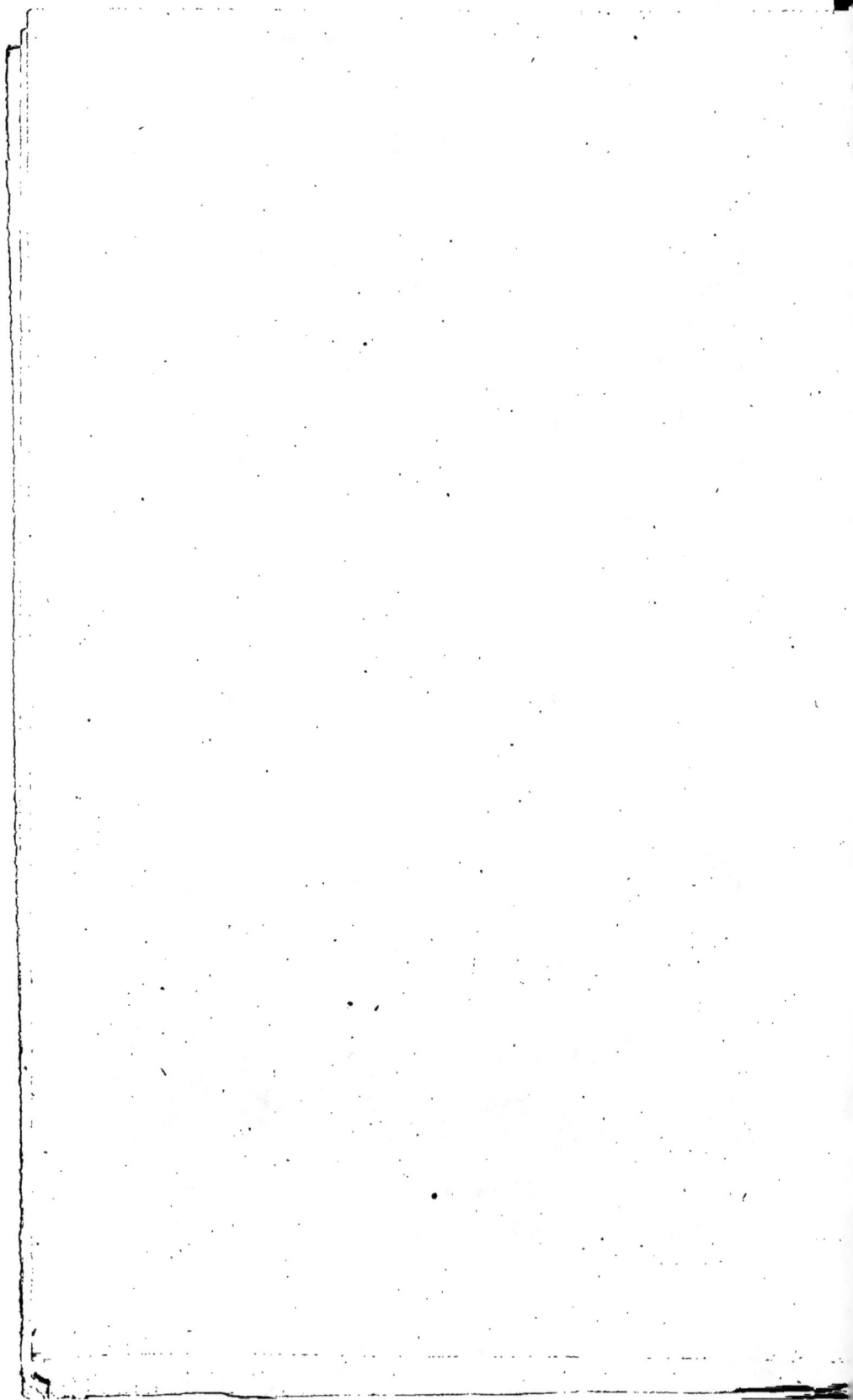

ajusté sur un autre cercle double qui garnit le *bain-marie,* termine le bord supérieur de la *cucurbite,* qui est garnie de deux anses en cuivre pour faciliter son enlèvement du fourneau, et d'une tubulure ou douille fermant avec un bouchon à vis.

Le *bain-marie* est de forme cylindrique; l'intérieur en est étamé à l'étain. Il a à son extrémité supérieure un cercle double dont la partie inférieure se raccorde avec le cercle de la cucurbite, et la partie supérieure avec le cercle du chapiteau. Entre ces deux parties, au centre du double cercle, il y a deux anses. Lorsqu'on emploie le bain-marie à l'infusion préalable des matières à distiller, on le recouvre d'un couvercle en cuivre étamé à l'intérieur, fermant exactement et muni d'une poignée.

Le *chapiteau* de l'alambic à *tête de more* a une forme demi-sphérique et se prolonge sur un côté par un long bras allant en se rétrécissant jusqu'au *manchon* ou cercle-collet qui le raccorde avec la partie supérieure du serpentin ; sur le chapiteau, il y a une tubulure avec bouchon à vis qui sert au besoin à remplir le bain-marie en place, ou à cohober. (Voir le plan d'un chapiteau à tête de more, planche 12, figure 45.) Il résulte de ces dispositions que les vapeurs qui s'élèvent de la cucurbite ou bain-marie s'engagent immédiatement dans la lentille du serpentin, comme dans la distillation avec les cornues ; c'est le mode de distillation que les anciens appelaient *per latus* ou de côté. Cette disposition, n'offrant aucun obstacle à l'ascension des vapeurs, est employée de préférence lorsque l'on tient à recueillir d'un seul jet tous les principes volatils ; nous indiquerons les distillations où ce genre d'appareil est avantageux à employer. Les chapiteaux se construisent en cuivre, ils sont étamés à l'intérieur ; on a remarqué que lorsque les pièces d'alambic qui ne sont pas en contact direct avec le feu, telles que les *bains-marie*, les *cols de cygne* et les *serpentins*, sont construits en *étain fin*, les produits sont exempts du goût empyreumatique que l'on observe dans les distillés provenant des appareils en cuivre de fabrication récente ; mais, d'un autre côté, si l'étain des serpentins contient un alliage de plomb, les premiers produits qui s'écoulent renferment des sels de plomb et sont insalubres ; ils ont un aspect louche et laiteux.

Le *serpentin* est un tube tourné en hélice ; le diamètre doit en être plus gros à la partie supérieure qu'à la partie inférieure ; le développement des hélices, c'est-à-dire leur écartement, est en rapport avec le diamètre. Ces serpentins font cinq à six tours complets sur une hauteur à peu près double de leur diamètre. A la partie supérieure du serpentin, on forme une chambre à vapeur ou *lentille :* ce sont deux demi-sphères soudées et plus ou moins aplaties. Les serpentins sont construits en cuivre ou en étain ; toutefois, pour la distillation des liqueurs, l'étain fin est préférable.

Le *réfrigérant* est une cuve, ou un seau, dans les petits appareils ; il peut être en cuivre, en tôle ou en bois ; il n'a d'autre fonction que celle de rafraîchir le serpentin, qui doit plonger entièrement dans l'eau qu'il renferme. L'eau froide est introduite dans le réfrigérant par le fond, soit au moyen d'un tuyau intérieur garni d'un entonnoir, comme on le voit à la figure 44, planche 12, soit par un tuyau extérieur, ce qui est préférable, car alors le filet d'eau introduit, ne traversant pas les couches chaudes du haut du réfrigérant, n'a pas le temps de s'échauffer. Cette disposition est indiquée figure 43, planche 12.

Le *récipient* est un vase quelconque que l'on place sous le bec à corbin de l'alambic ; il y en a de spéciaux, dont nous parlerons plus loin. Pour éviter l'évaporation et la volatilisation des arômes, il y a avantage à se servir de récipients en cuivre, étamés à l'intérieur et munis d'un couvercle ; ils sont garnis de deux anses. Nous en donnons un spécimen à la figure 46, planche 12.

L'alambic complet à *tête de more* se compose : 1° d'une *cucurbite,* 2° d'un *bain-marie,* 3° d'un *chapiteau,* 4° d'un *serpentin,* et enfin, comme pièces complémentaires, 5° d'un *réfrigérant* et 6° d'un *récipient.* On raccorde les diverses pièces avec des cercles à collet et des manchons, et on les enduit de lut.

Alambic à colonne à plateaux rectificateurs. — Cet alambic est à *col de cygne;* la cucurbite et le bain-marie sont de même forme que ceux de l'appareil à tête de more; il n'en diffère que par la forme du chapiteau qui surmonte le bain-marie et dont nous donnons le dessin, planche 12, figure 43. Ce chapiteau s'élève en forme de colonne au-dessus du bain-marie ; il renferme à l'intérieur deux plateaux qui ne laissent pénétrer la vapeur que par un tube central qui est recouvert d'une capsule ou godet maintenu par deux brides près de leur surface. Il s'établit sur les plateaux un commencement de rectification par la condensation des premières vapeurs qui retombent liquides sur ces plateaux. Ensuite, vers la fin de l'opération, les vapeurs finissent par barboter entre les godets qui baignent dans les petites eaux et sont encore rectifiées. Dans bien des cas, ces appareils peuvent dispenser de la rectification ; ils sont en outre plus faciles à conduire, ont une marche plus régulière que ceux à col de cygne, sans colonne ni plateaux ; ce qui s'explique par les dimensions de la colonne qui, offrant plus d'espace à l'expansion de la vapeur, rendent moins sensibles les coups de feu et empêchent que l'appareil ne *vinasse* (1).

---

(1) Cet accident arrive quelquefois avec les alambics à col de cygne ordinaire ou à tête de more. Lorsque le feu est trop violent, les vapeurs en-

Les plateaux ont un robinet établi au niveau de leur surface et qui permet de vider à la fin d'une opération les petites eaux qu'ils contiennent ; certains appareils ont un
robinet vertical soudé sur le chapiteau afin de pouvoir,
après une opération, laver à grande eau les deux plateaux,
en y injectant de l'eau chaude. La tubulure de cohobation
est placée sous les plateaux.

Au-dessus des plateaux est soudé le chapiteau, qui a la
forme d'un entonnoir renversé se raccordant avec le *col de
cygne,* sorte de tube courbe qui s'élève au-dessus du chapiteau et conduit les vapeurs dans le serpentin.

Bain-marie percé. — Ce bain-marie, dont le cercle-collet
a le même diamètre que celui du bain-marie ordinaire, est
moins profond que ce dernier, et son fond, de forme convexe,
est percé d'une infinité de petits trous ainsi que ses parois ;
on doit en établir la profondeur de manière que la cucurbite étant aux trois quarts pleine d'eau, le fond du bain-
marie percé n'y baigne pas. On emploie le bain-marie percé
dans la distillation des eaux aromatiques ; nous en parlerons
plus loin.

Grillage. — Pour distiller à feu nu et éviter que les
substances ne s'attachent au fond de la chaudière, on y
place un grillage supporté par des pieds qui l'écartent de
5 à 10 centimètres du fond de la cucurbite ; ce grillage est
divisé en deux parties ou *chanteaux,* un anneau en facilite
la mise en place et la sortie. Il y a des grillages de plusieurs formes : les uns sont des plaques de cuivre perforées,
d'autres sont des treillages en cuivre ayant des rebords qui

---

traînent dans le serpentin le liquide qui est en ébullition : on dit alors que
l'appareil *vinasse,* on se hâte dans ce cas de rafraîchir le chapiteau et de
fermer le registre du fourneau ; puis, lorsque l'écoulement anormal a cessé,
on reverse le produit dans la chaudière par la tubulure, afin de le
cohober.

s'élèvent le long des parois de la cucurbite, ce qui permet de les charger de marcs, de fruits, etc., sans que les matières puissent s'attacher contre les parois de la chaudière.

Conges et filtres. — Nous avons déjà indiqué, à la description des laboratoires travaillant à froid, les formes et installations de divers genres de ces deux ustensiles. Pour les grandes opérations, on remplace les conges par une vaste cuve ayant à l'extérieur un indicateur en verre qui permet de contrôler exactement les quantités de liquides au fur et à mesure qu'ils y sont introduits. Quant aux filtres, nous en avons indiqué trois modèles qui sont d'un emploi fréquent dans les opérations usuelles. Le *filtre fermé* dont nous donnons le dessin, planche 11, figure 130, au tome II de cet ouvrage, est d'un usage très-commode et permet de filtrer de grandes quantités de liquide ; on peut établir un réservoir au-dessus de son bassin et, par un robinet flotteur, régulariser l'écoulement du liquide d'une manière automatique.

Chauffages divers. — On emploie, dans les diverses manipulations des liqueurs, le chauffage à *feu nu*, au *bain-marie* et à la *vapeur ;* l'application de chacun de ces modes dépend des matières à traiter et des liquides dans lesquels les aromates sont dissous.

Chauffage à feu nu. — Ce genre de chauffage s'applique à la distillation des liquides aqueux, à la clarification des sucres, etc. Il offre l'avantage d'une plus grande rapidité d'exécution, mais, par contre, la conduite de l'opération est plus difficile à cause de l'habitude qu'il faut en avoir pour obtenir une chaleur régulière, empêcher que les matières ne s'attachent contre les parois ou le fond de la chaudière ; on évite cet inconvénient en plaçant un grillage au fond de la cucurbite, et dans les opérations où l'on

a à faire chauffer des matières épaisses, en remuant constamment ces matières avec une spatule. Il faut surtout
éviter les coups de feu en ne mettant pas trop de combustible à la fois lorsque l'opération est déjà en marche, et
avoir un fourneau dont le tirage puisse se régulariser, car,
sans cela, si l'action du foyer est trop forte, on est forcé de
retirer le combustible de dessus la grille ; avec un fourneau bien construit, il suffit de fermer la portière, le cendrier et le registre de la cheminée, pour modérer le tirage.

Chauffage au bain-marie. — Pour ce genre de chauffage, on met le bain-marie, après l'avoir rempli aux trois
quarts environ de liquide à distiller, dans la cucurbite,
qu'on remplit ensuite d'eau aux trois quarts de sa hauteur
et de manière que le niveau de l'eau arrive de 5 à 10 centimètres environ au-dessous de la tubulure, selon la grandeur des appareils ; on doit observer de *laisser la tubulure
ouverte,* afin que la vapeur puisse se dégager librement ;
sans cette précaution, on s'exposerait à des accidents,
produits par la pression de la vapeur. Le chapiteau étant
luté au-dessus du bain-marie ainsi que les manchons de
raccord du col de cygne, ou dans les appareils à *tête de
more* le manchon du serpentin, on allume le feu ; l'eau en
ébullition communique la chaleur au bain-marie qui y
est immergé ; on obtient ainsi une transmission de chaleur
plus uniforme. L'eau bouillant à 100°, pour que l'opération
puisse marcher d'une manière régulière, il faut que le liquide que renferme le bain-marie puisse bouillir à une
température moindre ; on sait que l'alcool pur bout à 78°,2,
et qu'un mélange de 1 d'alcool et 5 d'eau, qui représente
16°,60 d'alcool pur, bout à 86°,20 ; conséquemment, les
infusions alcooliques, par suite de la présence de l'alcool,
peuvent bouillir facilement dans un bain-marie immergé
dans l'eau bouillante ; mais si le bain-marie renfermait

de l'eau, la transmission de la chaleur serait trop lente.

On obtient par l'emploi du bain-marie une chaleur régulière, et lorsqu'on opère lentement, à l'aide d'alambics à plateaux rectificateurs, les produits sont très-agréables à l'odorat. Il y a même plus de régularité dans ce genre de chauffage que dans celui à la vapeur, car si la pression du générateur augmente, la chaleur augmente aussi. Il est vrai qu'on éviterait cet inconvénient par un *régulateur* dont l'échappement serait réglé à une atmosphère.

Chauffage à la vapeur. — La vapeur d'eau peut être produite de plusieurs manières. Lorsqu'on remplit d'eau aux trois-quarts la cucurbite, que l'on place dessus un bain-marie percé dans lequel on a mis sans les tasser soit des fleurs, soit des plantes aromatiques, on opère une distillation à la vapeur, car la vapeur d'eau en pénétrant ces plantes leur enlève l'arome.

On doit à M. Soubeiran un système de distillation à vapeur applicable aux appareils simples. Il se pratique de la manière suivante : on place un grillage criblé de trous et supporté par trois pieds au fond du bain-marie, on établit ensuite un tuyau recourbé sous le grillage, qui remonte le long des parois intérieures du bain-marie et aboutit à la tubulure du chapiteau. Cette tubulure est mise en communication avec la tubulure de la cucurbite par un tuyau recourbé en forme d'anse et ayant un robinet. La vapeur de l'eau en ébullition dans la cucurbite passe par le tuyau recourbé jusqu'au fond du bain-marie, et par son ascension enlève l'arome des plantes. L'emploi de ce système exige une chauffe beaucoup plus longue qu'avec le bain-marie percé. Lorsque l'on distille des plantes fraîches très-volumineuses, on les place dans une colonne ayant plusieurs diaphragmes criblés de trous qui en empêchent le tassement : la vapeur les traverse ainsi plus facilement.

La vapeur d'un générateur peut, par barbotage, être introduite dans le bas d'un appareil à colonne chargé de plantes ; en ce cas il faut avoir une certaine pratique pour bien opérer, car le robinet de prise de vapeur doit être réglé de manière à ne fournir que la vapeur nécessaire à l'entretien d'un filet régulier d'écoulement et sous une pression uniforme ; il convient aussi de ménager un écoulement hors de l'appareil des eaux condensées que l'on reçoit par un tuyau placé en contre-bas de l'alambic.

La chauffe des alambics à distiller les esprits aromatisés s'opère le plus souvent au moyen d'un double fond, ce qui dispense de l'emploi du bain-marie. Ce double fond peut être établi de plusieurs manières ; ainsi il peut envelopper entièrement la cucurbite, qu'un tuyau de décharge et une grosse tubulure permettent de vider et de remplir sans démonter le chapiteau, si un trou d'homme facilite l'introduction et la sortie des plantes ainsi que le nettoyage intérieur, ce qui économise beaucoup de temps, surtout avec les grands appareils.

Chaudières et bassines à sirops et conserves. — Lorsque ces chaudières sont chauffées par la vapeur, les opérations se font d'une manière bien plus facile ; les chaudières à sirop peuvent être chauffées par un double fond, ou bien, quelle que soit leur forme, par un serpentin circulant près de leurs parois et communiquant avec le générateur, elles ont un tuyau de décharge ou sont basculantes sur pivots ; la vapeur s'introduit dans le double fond par une des poignées qui est renforcée et dont l'intérieur est creux. Cette installation est beaucoup plus coûteuse que celle des chaudières qui ont un tuyau de décharge dans le bas ; mais en certains cas, lorsqu'on a des liquides à décanter, elle peut être très-utile. Pour la préparation des conserves et le blanchiment des fruits à feu nu, les chaudières sont plates. Dans le traitement à la vapeur, on emploie l'appareil suivant, déjà mentionné page 310 :

Armoire à vapeur. — C'est une caisse oblongue en forme d'armoire ; on l'établit à demeure contre un mur ; elle doit être construite solidement en bois de chêne, d'ormeau ou autres bois d'essence dure, n'éprouvant pas beaucoup de retrait à la chaleur ni de dilatation à l'humidité. L'intérieur est tapissé de plaques de cuivre clouées contre les parois ; le fond doit former bassin, afin que les eaux condensées puissent s'écouler facilement par le robinet établi à la partie inférieure. Cette armoire est maintenue d'aplomb par des pattes. Les portières doivent avoir de fortes charnières et des couvre-joints métalliques intérieurs et extérieurs. On ménage vers le centre de l'appareil un regard fermé par une glace épaisse afin de voir les degrés de chaleur marqués par les thermomètres à mercure placés en dedans. Des étagères en fer mi-plat divisent l'intérieur et servent à placer les bocaux ou bouteilles que l'on a préalablement enveloppés de sacs ; cette armoire se ferme avec deux barres de fer formant verroux (voir planche 12, figure 47).

Pour cuire les conserves on garnit d'abord les étagères de bocaux ou bouteilles enveloppés dans des sacs à tissus pas trop serrés, puis on ferme les portières ou la portière selon les dimensions de l'armoire, ensuite on place les verroux, on lute les jointures avec des bandes de toile ou de papier encollées, après quoi on entr'ouvre très-lentement le robinet de prise de vapeur, qui s'injecte par le bas, et on observe le thermomètre. On n'ouvre le robinet en grand que lorsque le thermomètre accuse 50°, à cause de la casse qu'une augmentation trop brusque de température pourrait provoquer.

Accessoires divers. — Un laboratoire doit être pourvu des divers ustensiles indispensables dans la grande fabrication pour mieux utiliser les résidus ou préparer les matières premières. Les instruments les plus employés sont les suivants :

Presses. — On se sert de presses pour exprimer le suc que renferment les marcs des fruits : cassis, groseilles, framboises, les plantes infusées, etc. Dans les petits établissements on emploie les petites presses à vis ; dans les grandes fabriques on se sert de pressoirs à cages rondes, avec maies, et construits d'après les mêmes principes et avec les mêmes accessoires que les pressoirs à vendanges. Les petits modèles de pressoir Mabille peuvent très-bien remplir cet emploi.

Mortiers. — On emploie, pour pulvériser les substances dures, des mortiers en fonte, ou mieux en fer, avec pilon de même métal. Les grands mortiers sont recouverts d'une poche en peau qui empêche que les matières pilées ne soient projetées au dehors. On doit avoir des mortiers en marbre, en bois et en verre, que l'on utilise selon la nature des substances à pulvériser.

Moulins et sébiles. — Le café, le cacao et les amandes peuvent être moulus à l'aide de moulins spéciaux dont il y a un grand nombre de modèles. Les amandes se réduisent en pulpe à l'aide d'un moulin à moutarde, ou d'une sébile suspendue en l'air par quatre cordes et dans laquelle un boulet du poids de 24 livres environ les écrase en faisant tourner la sébile entre les mains.

Brûloirs à café, cacao, amandes amères, etc. — Il y a des cylindres de toutes grandeurs ; ils opèrent tous de la même manière : on y vide les substances et on place ensuite le brûloir sur un feu doux en imprimant un mouvement continuel de rotation au cylindre fermé jusqu'à ce que les matières aient acquis la teinte brune désirable, ce que l'on reconnaît en les examinant de temps en temps.

Appareils de pesage et de mesurage. — On doit avoir sous la main des bascules et des balances de laboratoire très-sensibles, trébuchant à un centigramme. Un assortiment d'alcoomètres et de pèse-sirops est indispensable, ainsi que des doubles décalitres, des décalitres, litres et leurs subdivisions.

Appareils de transvasage. — Indépendamment des ustensiles de chai nécessaires pour les grandes opérations, on doit avoir pour les dégarnissages et travaux à chaud et pour alimenter les filtres un *pochon* ou *puisard* à sirops, avec *plateau*, ainsi que des *poêlons à bec*, des *brocs* et *terrines* de plusieurs dimensions.

Ustensiles complémentaires. — On doit avoir sous la main des *écumoires* assorties et emmanchées selon la profondeur des chaudières, des *spatules* plates, des *tamis* en crin et en soie, des *couteaux* à zester, à trancher et ordinaires ; des *râpes* de plusieurs grandeurs et modèles, des *étamines* ou poches en laine servant à passer les sirops. L'assortiment de *manches* à filtrer doit être composé de tissus de laine de plusieurs formes, de manches en coton ; on doit avoir des pompes à main (voir planche 3, figure 44, tome II), et les outils de transvasage, de dégustation et d'analyse commerciale utilisés dans les chais. Mais à part les ustensiles, ce qu'il importe le plus d'avoir ce sont des vases de toute sorte tels que *pièces, fûts, jarres, barils, terrines, dames-jeannes, bouteilles, entonnoirs* de toute forme et grandeur, munis de leurs bondes, bouchons ou couvercles.

On ne garde dans le laboratoire à chaud que les préparations en cours de travail ; les infusions et macérations qui ne doivent pas s'employer de suite sont placées dans

des magasins annexes, afin que rien ne vienne encombrer
ni embarrasser les travaux courants.

Des lavages fréquents sont indispensables, l'été surtout.
On doit prendre l'habitude de nettoyer les chaudières à
sucre tant qu'elles sont encore chaudes ; le travail se fait
ainsi plus vite et mieux. Tous les vases qui ne servent pas
seront nettoyés, bien essuyés, et mis en place à égoutter
ainsi que les ustensiles ; car, outre que les opérations faites
dans des vases sales sont moins bonnes et parfois insalubres, elles sont bien plus difficiles à clarifier.

PRÉPARATION ET CONSERVATION DES EAUX AROMATIQUES DISTILLÉES.

Eau distillée simple. — Dans les diverses opérations du liquoriste, telles que confection de liqueurs, cuite
des sirops, etc., on emploie de l'eau simple. Cette eau doit
être très-pure. Quelle que soit la limpidité apparente des
eaux de source, elles renferment toujours en plus ou moins
grande quantité des sels calcaires qui déposent après le
mélange, ce qui en trouble la limpidité ; les eaux de puits
sont encore plus chargées de matières nuisibles à la qualité
des liqueurs.

Nous avons observé dans la pratique, que l'on peut éviter
cet inconvénient en employant l'eau distillée pour toutes
les opérations qui ne comportent pas de distillation. Pour
distiller l'eau, il suffit, après avoir rincé la cucurbite d'un
alambic, de luter le chapiteau et de mettre l'eau en ébullition. On jette les premiers litres obtenus qui entraînent
toujours des crasses métalliques, et on recueille le reste.
On peut cohober lorsque le niveau de l'eau baisse dans la
cucurbite, en employant l'eau chaude qui s'écoule par le

haut du réfrigérant. Les fûts dans lesquels on loge l'eau
distillée doivent être très-propres, afin qu'ils ne colorent pas
l'eau ; ils doivent avoir servi à loger des eaux-de-vie blanches, car l'eau distillée conservée dans des fûts neufs, en
chêne, se colore rapidement et devient roussâtre par la dissolution du tannin et des matières solubles que renferment les merrains ; ce n'est qu'après avoir servi plusieurs
fois à cet emploi que cet inconvénient disparaît.

L'eau distillée peut se conserver en fûts quelques mois
sans altération, surtout s'ils sont pleins ; mais on remarque qu'à la longue il se forme, comme du reste dans toutes
les eaux distillées aromatiques simples, des flocons mucilagineux que l'on peut en séparer par la filtration ; toutefois,
si on la garde trop longtemps en vidange, elle finit par se
gâter ; il convient de ne pas laisser trop longtemps cette
eau en fûts.

**Observations préliminaires sur la distillation
des eaux aromatiques.** — Les eaux aromatiques distillées sont le produit de la distillation de plantes, fleurs,
graines et principes odorants des végétaux, que l'on a
extraits au moyen de la vapeur d'eau. Cette opération se
pratique de deux manières : 1° en plaçant les plantes sur
un bain-marie percé ne baignant pas dans l'eau, ou dans un
bain-marie installé à la Soubeiran, ou sur les diaphragmes
d'une colonne ; dans ces trois sortes d'alambics, l'opération
se fait à la vapeur, qui traverse les plantes et leur enlève
l'arome ; 2° en mélangeant les matières aromatiques avec
l'eau de la cucurbite et distillant le tout ensemble : ce mode
est employé dans certains cas que nous indiquerons.

On se sert, pour distiller les eaux aromatiques, d'un alambic à tête de more. Pour récipient, on emploie un vase spécial dit *récipient florentin ;* c'est une sorte de carafe en verre

dont le col est conique et qui a un bec qui part de la base et forme coude à une hauteur moindre que le col. Par cette disposition, si l'eau renferme des huiles essentielles, lesquelles sont généralement plus légères que l'eau, elles se réunissent au haut du col et, à l'aide d'une *pipette*, on enlève celles qui ont pu être entraînées dans la distillation. Toutefois, il y a des essences, telles que celles de cannelle, de girofle, de sassafras, qui sont plus lourdes que l'eau.

Plusieurs chimistes se sont occupés de la distillation des eaux aromatiques. MM. Chevalier et Idt ont indiqué les règles suivante :

1º Si la substance a une texture serrée, ou si elle renferme peu d'eau de végétation, il convient de la concasser, de la râper ou de la diviser en morceaux et de la laisser quelque temps en contact avec l'eau, pour qu'elle pénètre la fibre végétale et facilite la sortie des principes volatils ;

2º Si la plante est peu odorante, il faut cohober souvent, c'est-à-dire redistiller à plusieurs reprises le produit de la première distillation sur une quantité de plantes nouvelles ;

3º Si la plante est odorante, en mettre de suite dans l'alambic une quantité suffisante pour la saturation de l'eau ;

4º Avoir soin qu'il y ait dans l'alambic assez d'eau pour que les plantes en soient baignées jusqu'à la fin de la distillation : plus elles sont succulentes, moins il faut d'eau ;

5º Éviter que rien ne passe de la cucurbite dans le récipient ;

6º Si l'on craint que, par leur coction, les plantes se ramollissent au point de former une pâte au fond de la cucurbite, les soutenir à l'aide d'un panier d'osier ou d'un diaphragme métallique ;

7º Porter l'eau rapidement à l'ébullition et l'y maintenir jusqu'à la fin ;

8º Rafraîchir le serpentin le plus souvent possible ;

9º Employer les plantes fraîches de préférence aux plantes sèches, excepté la mélisse qui, par la dessiccation, acquiert de l'odeur ;

10º Filtrer les eaux aromatiques après leur distillation, pour en séparer quelques gouttes d'huile volatile, qui souvent peuvent y être en suspension et qui les rendraient même dangereuses.

Les exceptions à ces règles seront indiquées en parlant des plantes.

Conservation des eaux aromatiques distillées. — Les eaux aromatiques distillées doivent être conservées dans des locaux à température invariable, tels qu'un bon chai, clos et obscur ; elles seront logées dans des vases non transparents, bouchés avec du parchemin ou mieux à l'émeri. Il peut se faire qu'elles présentent au bout de quelques jours, comme l'eau distillée simple, des flocons mucilagineux, surtout si elles ont été distillées à trop grand feu ; car, en ce cas, une partie des mucilages sont entraînés avec la vapeur d'eau. Pour remédier à cet inconvénient et avoir des eaux de qualité supérieure et susceptibles de se conserver plusieurs années, il faudrait, après avoir obtenu des eaux simples, c'est-à-dire avec les quantités de plantes ordinairement employées dans une opération, réunir le produit de plusieurs distillations et le rectifier, ce qui donnerait une eau double ou triple. Cette rectification doit se faire en opérant lentement la distillation et en fractionnant les produits, dont les premiers, qui sont très-odorants, sont mis à part et se conservent dans des vases bouchés à l'émeri.

Eaux aromatiques non distillées. — On trouve

dans le commerce, des eaux vendues comme eaux distillées, et qui proviennent de la dissolution des essences dans l'eau ; elles sont inférieures sous tous les rapports aux eaux aromatiques distillées ; quelques-unes, telles que l'eau de menthe factice, sont le produit de la dissolution simple de l'essence dans l'eau. Les essences qui ne sont pas solubles dans l'eau y sont cependant dissoutes à l'aide de sucre en poudre trituré avec l'essence et mélangé peu à peu avec la totalité de l'eau à aromatiser ; on laisse reposer et l'on filtre. D'autres versent l'essence sur du carbonate de magnésie, et ils triturent le tout ensemble ; puis ils lavent ce mélange avec l'eau qu'ils veulent aromatiser en la versant peu à peu, et passent le tout au filtre après une heure de repos.

Plusieurs chimistes ont indiqué les moyens de se rendre compte de ces fraudes. Ainsi, si l'on évapore l'eau préparée à l'aide du sucre, il restera dans la capsule une matière sucrée à la place du mucilage et des substances extractives que renferme l'eau qui provient de la distillation. Les eaux préparées avec le carbonate de magnésie sont plus difficiles à reconnaître ; on conseille de les faire bouillir et d'y ajouter ensuite une petite quantité de dissolution concentrée d'hydrochlorate d'alumine : il se formera un précipité de carbonate d'alumine. Le moyen pratique le plus employé par le commerce pour éviter de se charger de marchandises douteuses, est la comparaison par dégustation avec des eaux aromatiques distillées pures, qui sont bien plus suaves que celles qui proviennent de la décomposition des essences.

Eau de fleurs d'oranger.—L'eau de fleurs d'oranger fait l'objet d'un grand commerce ; elle entre dans la composition d'un grand nombre de liqueurs fines et surfines ;

ses propriétés médicinales la rendent d'un emploi très-fré-quent dans les préparations pharmaceutiques. Dans le com-merce, on en rencontre de trois qualités, que l'on peut distinguer à la dégustation en les comparant avec des échantillons types :

1° L'eau de fleurs d'oranger, provenant de la distillation des pétales des fleurs, mondées de leur calice ;

2° L'eau de fleurs non mondées, distillées avec le calice et des feuilles d'oranger ;

3° L'eau de fleurs d'oranger provenant de la dissolution du *néroli* ou essence de fleurs d'oranger.

Ces trois variétés d'eau, qui sont souvent désignées sous les noms de *double* ou *triple,* offrent au goût des nuances très-distinctes : l'eau distillée provenant des pétales est très-suave, tandis que celle où il entre des feuilles de l'ar-bre a de l'amertume ; enfin celle qui provient de la disso-lution de l'essence de néroli n'a ni le même parfum ni le même goût.

Plusieurs praticiens ont observé que plus l'eau de fleurs d'oranger est concentrée, c'est-à-dire renferme d'huile essen-tielle, plus elle prend de coloration rose en y mélangeant une certaine quantité d'acide nitrique ou sulfurique. En conséquence ils proposent d'essayer les eaux de fleurs d'o-ranger en versant au préalable, dans des verres bien essuyés, une petite quantité d'acide nitrique, égale dans tous les verres, et d'ajouter dans chacun d'eux un volume égal d'une des eaux à essayer. L'eau la plus concentrée, celle qui renferme le plus d'huile essentielle, sera celle qui prendra la nuance rose la plus intense après quelques mi-nutes de mélange.

Certaines eaux de fleurs d'oranger qui ont séjourné trop longtemps dans des estagnons en cuivre, prennent un goût métallique qui est dû à ce que ces eaux contiennent toujours un peu d'acide acétique libre, qui, en contact avec le cuivre, forme un acétate dangereux pour la santé. On doit rejeter ces eaux ; on les reconnaît à l'aide de l'ammoniaque, qui forme avec l'acétate une coloration bleue. Certains chimistes ont constaté dans les eaux de fleurs d'oranger communes la présence de l'acétate de plomb, qui y avait été introduit dans le but de masquer la saveur amère de celles dans la distillation desquelles il entre des feuilles de l'arbre. Il est facile de découvrir l'acétate de plomb en le précipitant avec une dissolution d'acide tartrique, qu'on obtient en faisant dissoudre 10 grammes d'acide dans 30 grammes d'eau ; quelques gouttes suffisent pour former un précipité abondant.

L'acétate de plomb est employé dans la clarification de certaines substances, entre autres de la glycérine, dont nous aurons occasion de parler. Après la clarification, il reste toujours dans ces liquides des sels de plomb qui les rendent très-insalubres. On les reconnaît au moyen de plusieurs réactifs : la dissolution alcoolique de picromel, la dissolution aqueuse de sulfate de soude, ou la dissolution d'acide tartrique. Ce dernier réactif peut en outre être employé pour précipiter l'acétate et débarrasser ainsi le liquide des sels de plomb qu'il renferme.

L'eau de fleurs d'oranger s'obtient de deux manières, selon que l'on opère avec des fleurs fraîches ou salées.

Fleurs salées. — Ces fleurs sont expédiées d'Espagne, du Portugal, etc. On doit les employer peu après la récolte.

Fleurs salées (poids net). . . . .   5 kilog.
Eau pure. . . . .   20 litres.
Carbonate de magnésie . . . .   120 grammes.

On opère la distillation dans un alambic à tête de more ; les fleurs salées sont divisées le plus possible, après avoir

constaté leur poids; ensuite on met l'eau dans la cucurbite
de l'alambic, on remplit le réfrigérant d'eau fraîche, et on
chauffe l'eau. Lorsqu'elle a atteint 80° de chaleur environ,
c'est-à-dire qu'elle est près d'entrer en ébullition, on y
jette les fleurs et la magnésie; on remue vivement avec
une spatule et l'on couvre la cucurbite de son chapiteau.
On lute et on entretient un feu vif, car l'opération doit
marcher promptement. On place le récipient florentin sous
le bec du serpentin, et on active le feu. On retire 10 litres
d'eau de fleurs d'oranger.

Fleurs fraîches. — On opère la distillation à la vapeur
en plaçant le bain-marie percé sur la cucurbite du même
alambic.

Fleurs fraîches (pétales mondées du calice)..	2 kil. 500 gr.
Eau pure.	20 litres.
Carbonate de magnésie.	30 grammes.
Sel (sel de cuisine)	250 —

On fait chauffer l'eau de la cucurbite, on y ajoute le sel,
puis le carbonate de magnésie, et l'on place le bain-marie
percé lorsque l'on reconnaît que l'eau va entrer en ébullition. On installe le chapiteau, on le lute et on garnit le
réfrigérant d'eau, que l'on rafraîchira pendant le cours de
la distillation par un filet régulier d'eau froide. Le récipient
florentin est placé sous le bec du serpentin et on entretient
un feu vif. On retire 10 litres d'eau de fleurs d'oranger
simple. Les premiers litres qui proviennent de la distillation sont beaucoup plus aromatiques que les derniers;
ainsi, si on a le soin de fractionner les produits, de mettre
à part le premier litre qui entraîne toujours quelque crasse
métallique, et de recueillir ensemble les 5 litres qui sui-
vront, on aura une eau beaucoup plus suave que les 4 derniers obtenus, que l'on mélangera au premier litre.

Les eaux de pétales d'œillets se distillent à la vapeur de la même manière, ainsi que la plupart des fleurs et tiges de plantes dont nous parlerons plus bas ; seulement, pour avoir des eaux très-aromatiques, on doit doubler la dose indiquée à la formule de l'eau de fleurs d'oranger.

Eau de roses. — Pour obtenir une eau très-suave, il faut n'employer, comme du reste pour toutes les fleurs, que les pétales effeuillées, parce que le calice, le pistil, le pollen, sont nuisibles à la pureté de l'odeur et imprègnent l'eau distillée d'un goût herbacé. Depuis quelques années on expédie de l'Orient et des bords de la Méditerranée des eaux de roses en estagnons, comme l'eau de fleurs d'oranger ; nous croyons qu'il est préférable de la conserver dans des bonbonnes de verre noir, bouchées à l'émeri et placées dans un chai obscur, à température invariable. Les fleurs salées expédiées peu après la récolte donnent une eau de bonne qualité. Lorsqu'on a des fleurs à conserver dans le sel et qu'elles ne sont pas destinées à être expédiées, on fait dissoudre du sel gris dans de l'eau bouillante, dans les proportions de 500 grammes de sel par litre d'eau, et après refroidissement on y plonge les roses que l'on tasse et conserve dans des vases bouchés. Pour expédier, on écrase le sel bien fin et on le mélange en pilant avec son double de poids de pétales de roses fraîchement cueillies.

Fleurs salées. — On les divise le plus possible avant de les jeter dans la cucurbite de l'alambic.

Fleurs salées, poids brut . . . . 10 kilog. 500 gr.
Eau pure . . . . 20 litres.

On porte l'eau de la cucurbite à un degré voisin de l'ébullition, on y jette alors vivement les fleurs divisées et l'on remue fortement avec la spatule, puis on couvre la cucurbite avec le chapiteau que l'on lute. L'opération se conduit comme la distillation de l'eau de fleurs d'oranger. On recueille 10 litres de produit.

Fleurs fraîches :

Pétales de roses récentes. . . . . 10 kilog.
Eau pure. . . . . 20 litres.
Sel. 500 grammes.

On fait chauffer l'eau dans la cucurbite, on y jette le sel et l'on place au dessus le bain-marie percé, lorsque l'eau est près de l'ébullition ; on jette les roses dans le bain-marie, on couvre et lute le chapiteau. On retire de cette distillation 10 litres d'eau de roses.

Plusieurs auteurs anciens et modernes conseillent de faire subir aux feuilles de roses un commencement de fermentation avant de les distiller. Ce procédé se trouve décrit dans l'*Antidotarium Bononiense* (édit. de Venise, 1766), en ces termes : *Macera per aliquot dies, donec rosæ odorem ferè vinosum acquirant.* Plus récemment M. J. Cenodella l'a indiqué en ces termes : « Ayant à distiller beaucoup de roses, j'en cueillis, un matin, une quantité suffisante, que je mondais de leurs calices ; j'introduisis les pétales et les étamines dans un alambic à large ouverture dans lequel je versai l'eau nécessaire, et je le couvris de son chapiteau ; je laissai le tout en macération pendant quelques jours, jusqu'à ce qu'il se développât une odeur vineuse, en ayant soin de remuer de temps en temps le mélange ; je distillai ensuite et j'obtins une eau de roses très-odorante ; le lendemain, j'enlevai avec une petite spatule une huile essentielle qui nageait à sa surface sous forme d'écailles transparentes, luisantes et un peu jaunâtres, d'une odeur très-suave, ayant enfin tous les caractères de l'huile de roses de l'Orient. Une pareille quantité de roses distillées par le procédé ordinaire a donné une eau moins odorante, et pas la moindre trace de cette essence. »

Eaux de fleurs se distillant par le même procédé : tilleul, lis, acacia, muguet, giroflée.

Les tiges des plantes odorantes, ainsi que les graines sèches, doivent être divisées, pilées, puis mises à macérer pendant vingt-quatre heures avant de procéder à leur distillation ; ainsi les tiges fraîches d'absinthe, d'origan, de citronelle, de marjolaine, seront macérées vingt-quatre heures avant de procéder à leur distillation, qui doit se faire rapidement et dans les proportions indiquées pour l'eau de roses ; le sel est utile pour augmenter le degré d'ébullition de l'eau.

Eaux distillées d'anis vert, badiane, fenouil, carvi, aneth, genièvre. — Ces semences et baies doivent être préalablement pilées et macérées dans l'eau, en été, pendant vingt-quatre heures, et quarante-huit heures en hiver. Les proportions à employer par opération sont les suivantes :

Graines pilées.	2 kilog. 500 gr.
Eau pure.	20 litres.
Sel	200 grammes.

On place le bain-marie percé dans la cucurbite, on y jette les graines pilées avec l'eau de macération, qui s'écoule dans la cucurbite et sert à la distillation.

Contrairement à ce qui se pratique dans la généralité des distillations, où l'eau du réfrigérant doit être maintenue froide, il faut, pour la distillation de ces semences, que cette dernière soit toujours tiède, c'est-à-dire maintenue à la température de 25 à 30 degrés, parce que les huiles essentielles d'anis, de badiane, etc., se figent à quelques degrés au-dessus de zéro, et qu'en maintenant l'eau trop froide, ces huiles pourraient se concréter dans les derniers tours du serpentin, ce qui obstruerait le conduit et interromprait la distillation. Il ne faudrait pas cependant laisser l'eau du réfrigérant s'échauffer au-dessus de 40 degrés, car si le serpentin n'est pas assez refroidi pour condenser la vapeur, on perd une grande partie du produit.

Eaux distillées de sommités fleuries de plantes. — Les tiges fraîches de menthe, d'hysope, de serpolet, de sauge, de thym, de mélisse, de romarin, de lavande, se traitent de la manière suivante :

On les coupe en petits morceaux et on les fait macérer pendant vingt-quatre heures dans l'eau qui doit servir à leur distillation :

Tiges fraîches de plantes	5 kilog.
Eau pure	20 litres.
Sel	200 grammes.

On distille à la vapeur avec le bain-marie percé, on retire 10 litres d'eau aromatique. Le serpentin doit être suffisamment rafraîchi.

Eau de thé. — L'eau de thé est une infusion qui est distillée ensuite; elle est faite avec les thés les plus aromatiques, qui sont les thés noirs, tels que le kyswin. A cet effet, on prend 1 kilog. de thé kyswin, on le met au fond d'une cucurbite, on y jette 20 litres d'eau bouillante, on ferme hermétiquement en lutant le chapiteau, et on laisse infuser quelques heures; ensuite on distille rapidement pour recueillir 10 litres d'eau de thé. On peut aussi mélanger les diverses variétés de thé pékao, impérial, vert, etc.

Eaux de semences, ne se figeant pas à basse température : chervi, daucus de Crète, angélique, coriandre. — Ces semences sont pilées, et on les fait macérer dans l'eau pendant un jour; on en obtient ensuite les eaux aromatiques en les distillant à la vapeur à l'aide du bain-marie percé.

Semences pilées	5 kilog.
Eau pure	20 litres.
Sel	200 grammes.

Le serpentin doit être rafraîchi. On retire 10 litres d'eau distillée.

Eaux de café et de cacao. — On doit choisir les sortes aromatiques de cafés du Levant, tels que les moka, les bourbon, et dans les cacaos, les caraque. Ils sont torréfiés légèrement et ils doivent être concassés et infusés immédiatement sans leur laisser le temps de refroidir ; ils restent un jour en infusion.

Café ou cacao (poids net avant torréfaction)	1 kilog. 500 gr.
Eau pure.	20 litres.

On retire 10 litres d'eau aromatisée.

Eaux de substances à huiles essentielles lourdes. — De ce genre sont les eaux de girofle, cannelle, muscades, macis, et les bois de sassafras, de cascarille, de Rhodes. Ces substances se pulvérisent ou se râpent, puis on les fait tremper un jour dans la cucurbite, et on les distille à feu nu en augmentant la température d'ébullition de l'eau par une plus forte dose de sel.

Substances pulvérisées	1 kilog. 500 gr.
Eau pure.	20 litres.
Sel	500 grammes.

On fait bouillir sans précipiter l'action du foyer et en maintenant tiède l'eau du réfrigérant. C'est surtout pour obtenir les principes aromatiques de ces substances que le chapiteau à tête de more est avantageux.

Eaux de noyaux et d'amandes amères, feuilles de pêcher, etc. — Toutes ces eaux renferment de l'acide hydrocyanique. On devra être très-circonspect dans leur emploi ; On évitera même d'employer les noyaux de prunes, qui sont les plus chargés d'acide.

Les *noyaux* d'abricots, de cerises, pêches, sont écrasés et divisés le plus possible; on les jette ensuite dans l'eau de la cucurbite, qui doit être bouillante, on remue vivement et on distille à feu nu, la matière étant au milieu de l'eau. Les amandes amères auront dû être préalablement pulvérisées et passées à la presse, pour en extraire l'huile fixe qu'elles contiennent; ensuite le tourteau est de nouveau réduit en poudre. Quand on opère avec des feuilles, on les jette simplement dans l'eau bouillante de la cucurbite.

Amandes amères ou noyaux	2 kilog.500 gr.
Eau pure	20 litres.
Sel	250 grammes.

On retire 10 litres d'eau distillée.

Eaux de racines d'angélique, de calamus aromaticus, d'aunée et de cardamome. — Ces matières, coupées et divisées le plus possible, seront mises à macérer un jour dans de l'eau.

Matières divisées	1 kilog.500 gr.
Eau	20 litres.
Sel	250 grammes.

On distille ensuite pour retirer 10 litres d'eau aromatique.

Eaux distillées de fruits, prunes, merises, abricots, framboises, noix vertes, coings, etc. — On écrase les fruits et on les divise le plus possible.

Fruits écrasés	5 kilog.
Eau	20 litres.

On place un grillage au fond de la cucurbite et on distille lentement à feu nu, pour retirer 10 litres d'eau de fruits.

EXTRACTION DES HUILES ESSENTIELLES.

Observations préliminaires. — Les essences sont des aromes concentrés, extraits par plusieurs procédés des parties des plantes les plus odorantes, ou obtenus par des combinaisons chimiques dont les éléments isolés ne développent pas l'arome que l'on obtient par leur combinaison.

Depuis quelques années on est parvenu à imiter artificiellement les aromes des fruits. La première préparation de ce genre, l'essence d'amandes amères artificielle, ou essence de mirbane, ou nitrobenzine, a été découverte en 1834 par Mitscherlich; ainsi, on trouve aujourd'hui dans le commerce des essences de groseille, melon, poire, fraise, framboise, ananas, raisin, pomme, orange, citron, cerise, pêche, et de tous les fruits à noyau, qui ne sont que des mélanges de sels d'oxyde d'éthyle ou de méthyle; ces sels sont très-nombreux : butyrate, valérianate, benzoate, acétate, œnanthate, sebate, etc., combinés dans des proportions diverses et en dissolution dans de l'alcool très-rectifié, auquel on ajoute du chloroforme, des acides végétaux, de l'éther azotique et un principe onctueux extrait des huiles, la glycérine, qui sert à fondre les mélanges, à combiner les diverses odeurs entre elles. Ces préparations chimiques, très-habiles, servent principalement pour la parfumerie; elles aromatisent les savons de toilette, les pommades, etc.

Ces diverses préparations sont peu employées dans la fabrication des liqueurs, surtout dans celle des liqueurs fines, parce que les fabricants qui tiennent à livrer des produits irréprochables ont pour principe de *préparer eux-mêmes leurs aromes* avec des plantes choisies avec soin; ils sont ainsi plus sûrs de la qualité des produits qu'ils livrent, car il n'est pas de marchandise aussi falsifiée que les essences, surtout celles qui sont rares et d'un prix élevé, et malgré les moyens nombreux de découvrir les fraudes, on ne peut jamais obtenir des produits uniformes, ayant le même type. Il faut donc préparer soi-même, avec des matières premières de choix, les parfums dont on a l'emploi.

Falsification des essences. — Les essences fines sont falsifiées par leur mélange avec des huiles volatiles communes à bas prix, telles que celles de lavande, de térébenthine rectifiée. La glycérine ou principe doux des huiles, qui est soluble dans l'eau et dans l'alcool, les huiles fixes, l'alcool rectifié, servent aussi à ces falsifications.

Il est facile de reconnaître dans les huiles essentielles la présence de l'alcool ou des huiles fixes; mais il est très-difficile de constater si elles ont été *allongées* avec des huiles essentielles communes et dont l'odeur n'est pas prononcée, ou avec de la glycérine. Les huiles essentielles obtenues par expression renferment presque toujours de l'huile fixe; on le reconnaît en les mélangeant avec de l'alcool : l'essence se dissout, et l'huile reste au fond du vase. On peut faire la même expérience pour s'assurer si les huiles essentielles distillées renferment des huiles fixes.

La présence de l'alcool se révèle si l'on met dans une éprouvette cylindrique graduée, et en quantité égale en volume, de l'huile volatile suspecte et de l'eau ; on agite alors le liquide, après avoir bien bouché l'éprouvette, et on laisse reposer. Si l'huile ne renferme pas d'alcool, les deux volumes d'huile et d'eau resteront les mêmes, tandis que si elle renferme de l'alcool, cet alcool se sera uni à l'eau dont le volume aura augmenté, et celui de l'huile sera diminué d'autant.

Les essences qui ont été gardées trop longtemps en magasin perdent en vieillissant une partie de leur parfum, et même finissent par acquérir une odeur rance, qu'elles aient ou non été falsifiées.

L'achat des essences est une affaire de confiance ; on doit s'adresser à des maisons sérieuses, les recevant de première main des pays de production. On ne doit d'ailleurs employer sous cette forme que les aromes dont on ne peut se procurer les matières premières en nature.

Conservation des essences. — On doit loger les essences dans des flacons en verre. Ces flacons doivent être bien pleins et bouchés à l'émeri, c'est-à-dire avec un bouchon en verre rodé, formant une fermeture hermétique ; ils seront placés dans un local clos et dans des placards, à l'abri de la lumière. On devra de temps à autre s'assurer si les essences ne louchissent pas par l'effet du mucilage que quelques-unes renferment, et dont on devra les séparer, car c'est le mucilage qui à la longue finit par les faire rancir.

Des divers procédés d'extraction des huiles volatiles. — On obtient les essences par trois procédés différents : 1° par expression, 2° par distillation, 3° par macération.

Il est rare que le liquoriste se prépare les essences pures, parce qu'elles lui coûteraient beaucoup plus que s'il les demandait au commerce. Toutefois, comme il peut se trouver dans des centres de production des matières premières, nous allons tracer les principes généraux qu'il convient de suivre dans l'emploi des trois procédés de fabrication cités plus haut.

Essences par expression. — On retire par expression l'essence des oranges, citrons, cédrats, bergamote et autres fruits de même nature. On râpe l'écorce ou *zeste* de ces fruits jusqu'au blanc, c'est-à-dire qu'on enlève toute la partie jaune ou verdâtre qui les recouvre. On met ensuite cette râpure dans un petit sac de crin, que l'on place entre deux plaques épaisses d'étain, au-dessous d'une forte presse. Par la pression on obtient de l'huile essentielle, de l'huile fixe, du mucilage et de l'eau; on laisse reposer le liquide et l'on décante.

L'essence produite par ce procédé renferme presque toujours de l'huile fixe; elle a une odeur plus suave et plus agréable que l'essence de même nature obtenue par distillation, mais elle se conserve moins longtemps.

Essences par distillation. — On obtient les essences par la distillation des plantes avec de l'eau. A cet effet, on choisit l'époque où les végétaux sont en pleine floraison, on les cueille par un temps sec, et on laisse parvenir les fruits à leur entière maturité. Il arrive souvent que l'on n'obtient pas d'essence à la première distillation, surtout lorsque les plantes sont très-aqueuses; dans ce cas on doit cohober les premières eaux distillées sur des plantes fraîches, jusqu'à ce que l'on puisse recueillir l'essence dans le récipient florentin. Les observations relatives à la chaleur de l'eau du réfrigérant, à l'augmentation de la température d'ébullition de l'eau par une addition de sel, observations que nous avons déjà indiquées pour la distillation des eaux aromatiques, doivent être appliquées d'une manière plus rigoureuse dans l'extraction des essences; il en est de même de la division et de la macération prolongée des matières dures, qui ne doivent sortir de l'alambic qu'après qu'on en a extrait tous les principes aromatiques.

Essences par macération. — On n'emploie ce procédé

A. 24

que pour extraire l'arome des fleurs dont l'odeur est très-fugace, telles que le lis, le jasmin, le géranium, le chèvre-feuille, l'aubépine, le cassis, l'héliotrope, le réséda, la jonquille, l'hyacinthe, etc. Ces fleurs ne donnent pas d'huile volatile par la distillation. Pour obtenir l'arome des fleurs dont nous venons de parler, on en met une certaine quantité, bien mondées de leurs calices, dans une cruche de grès vernie; on les tasse légèrement et on les recouvre d'huile de pied de bœuf; on referme la cruche et on laisse macérer quatre jours. On retire alors les fleurs, que l'on exprime fortement, et on met de nouvelles fleurs dans l'huile. Au bout de deux jours, on passe ces fleurs à la presse et on laisse reposer l'huile, qui est séparée par décantation de l'eau de végétation qu'elle renferme, et enfin filtrée.

Quelques praticiens opèrent d'une autre manière : après avoir extrait l'arome au moyen de l'huile fixe, soit de pied de bœuf, de ben, d'amandes douces, d'olive, ou même de saindoux (qui, lorsqu'il est exempt de rancidité, peut aussi être employé), ils mélangent cette huile avec du trois-six, et ils agitent le mélange; au bout de huit jours ils décantent l'alcool qui s'est emparé de l'arome et ils le filtrent.

Une méthode très-ancienne consiste à mettre les fleurs par couches dans des terrines et à séparer ces couches par des morceaux de laine blanche imprégnés d'huile fixe, soit d'olive ou mieux de ben ou d'amandes douces, ou des couches de coton en rame imprégné de ces huiles. Après quatre jours de contact, on renouvelait les fleurs, jusqu'à ce que le coton ou les morceaux de laine fussent bien chargés d'odeur. On les mettait alors à digérer dans de l'alcool rectifié.

Procédé Millon. — Un chimiste éminent, M. Millon, directeur de la pharmacie militaire centrale à Alger, substitue à l'expression, la distillation ou la macération (méthodes qui avaient été employées jusqu'ici pour extraire les essences), la dissolution et l'évaporation. A cet effet, il dissout le principe odorant dans le sulfure de carbone ou dans l'éther ; ensuite il évapore la dissolution sur un feu doux ; il obtient ainsi une substance butyreuse, assez semblable à l'essence de roses d'Orient, et cette substance reproduit dans toute sa pureté, son intensité et sa suavité l'odeur primitive de la fleur ou de la plante ; le produit ainsi obtenu est inaltérable à l'air. L'auteur n'a pas indiqué les détails pratiques de ce procédé, il dit que les parfums ainsi obtenus peuvent se conserver des années entières dans des tubes ouverts sans perdre de leur propriété. Nous n'avons pas trouvé dans le commerce de parfums préparés par ce procédé.

INFUSIONS ET TEINTURES AROMATIQUES.

On nomme *teinture* l'infusion d'une substance dans l'alcool à l'aide d'une douce chaleur, et *infusion* la macération d'une substance à froid dans l'alcool ; on emploie la macération et les teintures alcooliques pour extraire les principes aromatiques de certaines matières qui n'en donneraient pas par la distillation, telles que l'iris, le musc, l'ambre, etc. Le plus grand nombre des infusions à froid se fait avec des fruits : framboises, fraises, cassis, noix, etc. On pourrait également extraire les principes aromatiques des plantes par l'infusion alcoolique ; mais par l'infusion directe dans l'alcool il se dissout, avec le principe odorant, d'autres matières qui nuisent à la délicatesse du goût ; c'est pour cela que, dans la fabrication des liqueurs fines, l'infusion est soumise à une distillation.

Nous donnons les détails de fabrication de quelques

teintures alcooliques plus spécialement employées dans les manipulations des vins et spiritueux aux chapitres VII, XIII et XIV du tome II ; nous y renverrons le lecteur.

Teintures aromatiques. — Ces préparations se font mieux à l'aide d'une chaleur tiède, d'une moyenne de 30°, que l'on peut obtenir de plusieurs manières : en plaçant les vases sur un fourneau chauffé ; en les laissant l'été dans des greniers exposés au midi ; ou par l'insolation. Dans tous les cas les substances doivent être divisées le plus possible et les vases parfaitement bouchés, et on doit agiter de temps en temps afin de faciliter la dissolution.

Teinture d'iris. — Voir sa préparation p. 189, t. II.

Teinture de benjoin :

Benjoin 1er choix en larmes.	1 kilog.
Alcool rassis à 86°.	10 litres.

Teinture d'ambre :

Ambre gris.	1 kilog.
Alcool à 86°.	10 litres.

Teinture de cachou :

Cachou.	1 kilog.
Alcool à 86°.	10 litres.

Teinture de storax :

Storax calamite en poudre.	1 kilog.
Alcool à 86°.	10 litres.

Teinture de musc :

Musc.	10 gr.
Alcool à 86°.	1 litre.

Teinture de Tolu :

Baume de Tolu en poudre	1 kilog.
Alcool à 86°.	10 litres.

Teinture de girofle. — Voir sa préparation p. 191, t. II.

On laisse les substances infuser dans l'alcool de huit à quinze jours selon leur nature ; on décante, puis on filtre, et la teinture est conservée dans des flacons ou bouteilles bien bouchées, à l'abri de la lumière et dans un local clos.

On utilise les marcs de teintures et infusions alcooliques de plusieurs manières : en faisant une deuxième teinture sur les mêmes substances que l'on a divisées de nouveau en les pilant dans un mortier, une fois bien égouttées ; puis on y verse de l'alcool plus faible (60° suffisent), et on laisse en macération quinze jours à un mois. Cette seconde teinture a moins de suavité que la première. Enfin on épuise complétement le marc de l'alcool et des principes aromatiques qu'il renferme encore, soit en le distillant, soit en y versant le double de son volume d'eau, agitant et laissant en macération une huitaine de jours, après quoi on décante et passe avec expression le marc épuisé.

Infusions à froid. — Les infusions alcooliques les plus employées sont celles qui ont les fruits pour base ; elles doivent se faire avec des alcools de vin bien droits de goût et moelleux. Les eaux-de-vie rassises directes donnent des infusions excellentes.

Infusion de brou de noix. — Cette infusion peut se faire de trois manières : soit avec la *noix morveuse,* c'est-à-dire avant que la coque soit formée, et lorsqu'une épingle peut facilement la traverser ; c'est l'infusion la plus délicate, soit avec le brou de noix seul, c'est-à-dire l'enveloppe de la noix arrivée à maturité, que l'on détache de la coque sans la laisser sécher ; soit avec le brou de noix sec, qui, par la dessiccation, a acquis une teinte brune très-foncée. Cette infusion est beaucoup plus chargée en couleur que les deux premières, mais a moins de finesse. Elle ne doit être employée qu'à défaut d'autres et lorsqu'il y a impossibilité de se procurer du *brou vert* ou mieux des *noix morveuses*. L'infusion de brou de noix verte gagne beaucoup de qualité en vieillissant; elle acquiert un goût de rancio très-développé, et lorsqu'elle a été faite avec de *bonnes eaux-de-vie directes,* on peut l'employer non-seulement pour la fabrication des liqueurs et l'amélioration des eaux-de-vie, mais encore à remonter certains vins. Cette infusion renferme beaucoup de tannin, ce qui lui donne une certaine analogie avec les vins.

Infusion vierge de brou de noix. — On écrase les noix morveuses avec un maillet en les frappant à plat sur un billot, et on les jette immédiatement dans un fût à large bonde, on les couvre avec des eaux-de-vie d'Armagnac en nature à 52°, on met un kilog. de noix par litre d'eau-de-vie, on bonde et met le fût au repos. Ce procédé donne des infusions peu colorées, d'une grande finesse de goût. Il faut attendre quatre à six mois avant de les employer ; on soutire ensuite le liquide et on verse sur le marc des petites eaux-de-vie à 25° qui acquièrent rapidement un goût de rancio ; après trois mois de séjour on peut les soutirer, mais il n'y a pas d'inconvénient à ce qu'elles restent en infusion, car leur qualité ne fait que s'améliorer avec le temps.

Infusion ordinaire de brou de noix. — On écrase les noix morveuses ou le brou de noix, ensuite on le pile dans un mortier et on le fait brunir en le laissant à l'air plusieurs jours, puis on le jette dans un fût où on le couvre avec un litre d'alcool ou dédoublé à 50° par kilog. de brou employé ; on peut laisser le brou en infusion jusqu'à ce qu'on en ait l'emploi, on ne le soutirera au plus tôt que quatre mois après la mise en macération. Cette infusion a une couleur plus foncée que la première, mais elle a moins de finesse de goût. Après le soutirage, on reverse sur le marc la même quantité d'eau-de-vie à 40°.

Infusion de cassis. — *Infusion de cassis vierge* : On choisit les fruits bien mûrs, on les jette dans un fût sans les écraser et on les couvre avec des eaux-de-vie de vin à 60°. Après quinze jours d'infusion, on soutire le liquide clair que l'on met à part et qui forme l'*infusion vierge*. On retire le marc du fût, on le foule et l'écrase complétement, puis on le remet dans la futaille et l'on y verse de l'eau-de-vie à 50°, une quantité égale à la première infusion. Après avoir bien remué, on laisse en repos quinze jours et on soutire : on obtient ainsi l'*infusion deuxième* ; on verse alors dans le fût une quantité toujours égale d'eau-de-vie à 45°, et on agite le marc complétement et à plusieurs reprises ; on laisse macérer encore un mois, en remuant de temps en temps, et on soutire de nouveau. On achève enfin d'épuiser le marc en le soumettant à la presse et en distillant les marcs ou leurs eaux de lavage.

Infusion de feuilles de cassis :

Feuilles récentes de cassis	20 kilog.
Alcool de vin à 86°	100 litres.

On laisse infuser un mois, on écoule et on passe à la presse les feuilles égouttées ; on remarquera que l'emploi de cette infusion, dans laquelle la chlorophylle des feuilles est dissoute, rendra les liqueurs sujettes à déposer, quel que soit le soin que l'on prenne dans leur clarification, parce que la couleur verte des plantes ne se maintient pas dans les liquides alcooliques qui ont moins de 70°.

Infusion de curaçao. — On en fait de deux sortes, soit avec les écorces de curaçao véritables ou dites *carton*, soit avec les rubans de bigarades qui sont zestés du blanc qui se trouve sous l'écorce ; cette partie blanche donne de l'amertume.

Écorce de curaçao en rubans	3 kilog.
Alcool à 86°	10 litres.

On laisse infuser quinze jours. Lorsque l'on emploie les écorces de curaçao non zestées, on augmente de 2 kilog. le poids des écorces et on diminue de cinq jours la durée de l'infusion. On finit d'épuiser le marc en y versant 10 litres d'alcool à 50°, et après une macération de huit jours on distille, ou on y reverse des petites eaux qui en opèrent le lavage.

Infusion de vanille. — On ne peut extraire l'arome de la vanille par la distillation; on obtiendra un bon résultat en opérant par les deux méthodes qui suivent : 1° on prend 200 grammes de vanille de bonne qualité, on la coupe en morceaux aussi petits que possible, ensuite on la met à infuser pendant un mois dans 10 litres d'alcool de vin à 86°; 2° la même quantité de vanille bien divisée est triturée avec 4 kilog. de sucre raffiné et préalablement réduit en poudre très-fine; on laisse la vanille en contact avec le sucre pendant quinze jours en mettant le tout dans un vase bien bouché, ensuite on vide sur le sucre vanillé 6 litres d'eau tiède (à 30°) par petites portions, de manière à faire fondre le sucre lentement, on décante au fur et à mesure de la dissolution, puis on fait égoutter la vanille dont on finit d'obtenir l'arome en la mettant à infuser dans l'alcool dans les proportions déjà indiquées; l'emploi combiné de ces deux méthodes donne d'excellents résultats.

Infusions de coques d'amandes amères torréfiées ou à froid. — On concasse et pulvérise le plus complétement possible les coques d'amandes, puis on les fait torréfier dans un brûloir à café; et dès qu'elles ont acquis une couleur brune (comme le café), on les jette encore chaudes dans un fût dans la proportion de 20 kilog. d'amandes torréfiées pour 1 hectolitre d'eau-de-vie à 60°, on bonde et laisse en repos deux mois. Cette infusion prend avec le temps un certain goût de vieux; elle est d'autant meilleure

que l'eau-de-vie qu'on a employée est de meilleure qualité. L'infusion de coques d'amandes amères à froid, c'est-
à-dire non torréfiées, se fait en faisant infuser les amandes
pulvérisées dans la proportion de 1 kilog. d'amandes sur
2 litres d'alcool à 86°.

Infusions de tiges sèches de plantes aromatiques. — Les
sommités sèches et fleuries de mélisse, angélique, menthe,
hysope, etc., ainsi que la plupart des graines et bois aromatiques, anis, cumin, fenouil, cannelle, muscade, macis,
cascarille, etc., peuvent dissoudre leurs principes odorants
dans l'alcool. On devra avoir soin de les trier, monder,
concasser, et enfin de les bien diviser avant de les mettre à
infuser. On emploiera 1 kilog. de plantes sur 4 litres d'alcool de vin rassis et moelleux pour la première infusion,
qui devra rester quinze jours en macération.

Infusions de framboises, fraises, merises, etc. — Voir
p. 190. t. II, la préparation de l'infusion alcoolique de
framboises. On peut employer le même procédé pour les
fraises, merises, etc.

ESPRITS PARFUMÉS OBTENUS PAR DISTILLATION; RECTIFICATION.

Observations préliminaires. — C'est principalement avec des alcools aromatisés par la distillation que se
fabriquent les liqueurs fines et surfines. Cette opération se
pratique au bain-marie ou à feu nu, selon la nature des
substances qui infusent dans l'alcool, leur degré de volatilité, etc. On distille des esprits ou alcoolats *simples,* c'est-
à-dire où il n'entre qu'une espèce de plante ou substance
aromatique ; et des esprits *composés*, dans lesquels on a mis
plusieurs plantes ou aromates divers; mais quel que soit
le genre d'esprit à distiller, on doit prendre pour base de

ses opérations des alcools de vin à 86°, moelleux et rassis ;
les règles à observer sont les suivantes :

1° Diviser les plantes, concasser les graines, bien les
choisir, les nettoyer et monder, afin qu'elles soient plus
facilement pénétrées par l'alcool ;

2° Faire macérer ces substances d'un jour à huit jours
dans l'alcool à 86° avant de procéder à leur distillation ;

3° Au moment de distiller, ajouter un tiers d'eau à
l'esprit en macération, ce qui réduira l'infusion de 86° à
56°.

4° Fractionner les produits, c'est-à-dire ne pas mélanger les queues des opérations avec les premiers produits
obtenus. On met de côté les petites eaux qui s'écoulent vers
la fin d'une opération et qui forment environ 2 pour 100
du produit obtenu.

Lorsque l'on distille les esprits avec l'appareil simple, il
est important de rectifier le produit obtenu ; cette opération
consiste à remettre l'esprit dans l'appareil avec la même
quantité d'eau, et à redistiller lentement en laissant
2 pour 100 de queues que l'on met de côté pour être re-
passées dans une autre opération ; mais lorsqu'on se sert
d'un appareil à colonnes à plateaux rectificateurs, et que
l'on a soin de mettre de côté les derniers produits, on
obtient d'un seul jet, en opérant lentement au bain-marie,
des produits beaucoup plus suaves que l'on pourra employer après un repos de quelque temps en magasin.

Conservation des esprits distillés. — Après leur distillation, les esprits sont conservés dans des chais clos et à
température uniforme, dans des vases bouchés hermétiquement. Ils sont meilleurs au bout de quelques mois de fabrication. Plusieurs auteurs conseillent de les frapper de
glace pour les faire vieillir, c'est-à-dire d'entourer les
bouteilles de glace pilée et de sel, et assurent qu'en moins

de six heures ils ont perdu le goût de feu ; ce procédé n'est pas appliqué dans la pratique.

Esprits simples. — *Fleurs et sommités fleuries* : Mélisse, menthe, fleurs d'oranger , hysope, absinthe, œillet, coriandre.

Fleurs, feuilles et sommités fleuries..	5 kilog.
Alcool à 86°.	20 litres.

Les fleurs d'oranger et d'œillet mondées de leur calice s'emploient fraîches ; les sommités fleuries de mélisse, menthe, hysope et absinthe devront être sèches (1). On laisse macérer les plantes pendant un jour dans l'alcool , ensuite on y ajoute, au moment de distiller, 10 litres d'eau, et on place le tout dans le bain-marie d'un alambic à colonne à plateaux rectificateurs. On garnit d'eau la cucurbite, on distille avec un feu régulier, et on retire 18 litres d'alcool parfumé que l'on met à part ; on continue ensuite la distillation des phlegmes, jusqu'à ce que l'alcool soit totalement épuisé.

Lorsqu'on se sert de l'appareil à col de cygne sans plateaux, on retire 19 litres d'alcool aromatisé, puis on ajoute 10 litres d'eau et on rectifie pour obtenir 18 litres.

En prenant la précaution de mettre à part les queues, on obtiendra des esprits très-fins en goût ; on utilise ensuite les phlegmes, qui, le plus souvent, sont troubles et blanchâtres, en les rectifiant et les versant sur les distilla-

(1) La dessiccation des plantes doit s'effectuer dans des greniers aérés ou des magasins couverts et exempts d'humidité ; on doit éviter de les exposer à l'action du soleil, surtout dans les contrées chaudes. Pour accélérer la dessiccation, on divise les sommités en petits paquets reliés entre eux par le même lien et suspendus par le bas des tiges à des cordes tendues et supportées de distance en distance par des piquets ; ces cordes sont étagées selon la hauteur des locaux.

tions d'extraits très-chargés d'huiles essentielles, tels que l'absinthe, etc., avec lesquels ils se combinent très-bien.

Esprits de framboises, fraises, roses. — Nous parlerons des diverses préparations de framboises, p. 190, tome II. Les framboises, fraises et roses récentes se distillent de la même manière que les fleurs et sommités fleuries citées plus haut, quant à la disposition de l'alambic; mais pour avoir des esprits bien aromatisés, on devra doubler les doses des substances et les porter à 10 kilog. par distillation.

Esprits de semences aromatiques, racines, sommités fleuries, écorces et baies diverses. — Les dispositions de l'alambic sont les mêmes qu'aux recettes précédentes; les semences seront préalablement bien écrasées, et on divisera le plus possible les diverses parties des plantes, qui devront macérer un ou deux jours dans l'alcool.

> Semences, racines ou écorces, etc. . .   2 kilog. 500 gr.
> Alcool à 86° . . . . 20 litres.

On traite de cette manière les semences sèches d'anis, fenouil, cumin, angélique, aneth, badiane, chervi, carvi, carotte, ambrette; les racines sèches d'angélique, *calamus aromaticus*, gingembre, galanga mineur, les sommités fleuries et sèches de serpolet, thym, sauge, génépi, lavande et autres plantes à texture sèche du même genre, les baies sèches de genièvre et autres bien desséchées, les écorces de bois de cascarille.

Esprits d'extraits secs, bois et diverses substances dures. — On devra bien diviser ces matières et les laisser macérer huit jours dans l'alcool avant de les distiller. On obtiendra en opérant ainsi des esprits plus aromatisés qu'en ne les faisant tremper qu'un jour.

> Bois, fruits ou extraits secs. . . . . . 1 kilog. 250 gr.
> Alcool à 86°. . . . . 20 litres.

On traite de cette manière le cardamome majeur et mineur, la myrrhe, le baume de Tolu, le cachou, le benjoin, l'aloès, les bois de sandal citrin, de Rhodes, d'aloès.

Esprits à essences lourdes. — Les huiles essentielles dont le poids spécifique est plus lourd que l'eau se distillent avec beaucoup de difficulté au bain-marie, surtout avec les alambics à col de cygne à plateaux rectificateurs. Pour retirer les principes aromatiques de ces substances, il convient de les distiller *à feu nu* avec un chapiteau d'alambic *à tête de more* ou à col de cygne *sans plateaux*. En opérant au bain-marie avec chapiteau à plateaux, on perd une partie de l'huile essentielle qui reste dans la vinasse.

Il y a peu de substances aromatiques à essences lourdes; de ce nombre sont les clous de girofle, la cannelle, les noix muscades et le macis; les semences de céleri, le bois de sassafras, qui donne l'essence la plus lourde de toutes; les semences de persil, stigmates secs de safran, les racines sèches de zédoaire (ces trois substances sont peu employées); et enfin les amandes amères et les noyaux d'abricots, de cerises et de pêches.

Esprits de girofle, cannelle, muscades, macis, sassafras. — On divise ces substances le plus possible, et on les fait macérer huit jours dans de l'alcool à 86° et dans les proportions suivantes :

Substances concassées. . . . . 1 kilog. 250 gr.
Alcool à 86°. . . . . 20 litres.

On met la grille au fond de la cucurbite et on distille à feu nu avec le chapiteau à tête de more, après avoir ajouté 10 litres d'eau à l'alcool. On rafraîchit le réfrigérant et on retire la *totalité des phlegmes,* car il est à remarquer que les queues des distillations des substances à essences lourdes sont très-chargées d'huiles essentielles. On ne séparera pas les produits de tête et les queues. On retirera au moins 20 litres et on rectifiera à *feu nu* avec le même chapiteau; après avoir vidé et lavé la cucurbite, sorti le grillage et avoir ajouté 10 litres d'eau au premier produit, on retirera 20 litres.

Les *semences de céleri* se distillent à la dose de 2 kilog. 500 gr., après avoir été concassées et macérées deux jours dans la même quantité d'alcool, et en suivant la méthode précédente.

Esprits d'amandes amères et noyaux. — Les amandes amères devront avoir été moulues très-menu ou passées au pilon ou à la sébille. Les noyaux de cerises, abricots ou pêches seront concassés le plus finement possible. On les délaie dans les proportions de 5 kilog. sur 20 litres d'alcool à 86°, et on les laisse en macération un jour. La distillation se conduit comme pour l'esprit de girofle déjà cité.

Esprits composés. —On nomme esprits composés ou complexes les alcoolats où il entre plusieurs substances distillées ensemble; on s'en sert dans la fabrication d'un grand nombre de liqueurs fines; toutefois cette méthode n'est pas exempte d'inconvénients à cause de la différence du degré auquel a lieu la volatilisation des divers aromates dont les huiles volatiles sont ou plus légères ou plus lourdes que l'eau; il en résulte que si l'on se sert de l'alambic rectificateur, qui est le plus avantageux pour ces sortes d'opérations, et que l'on ait à distiller au bain-marie des infusions alcooliques dont les aromes soient formés de substances ayant des huiles volatiles légères et d'autres lourdes, on ne recueillera que les essences légères, les essences lourdes resteront en grande partie dans le bain-marie, ce qui constitue une perte de produit, et ne donne pas comme goût et comme arome le résultat que l'on aurait obtenu si l'on eût mélangé des esprits simples dont la distillation se serait opérée différemment, selon que l'essence est plus légère ou plus lourde que l'eau.

Nous croyons que cette méthode, qui consiste à piler, diviser et mélanger ensemble tous les éléments destinés à aromatiser une liqueur, sans se rendre compte de la *volatilité des aromes,* n'est pas la plus avantageuse pour retirer les parfums, et qu'on obtiendrait un meilleur résultat si on distillait ensemble les aromates à *essences légères* avec l'appareil à plateaux et au bain-marie, et si l'on traitait les *essences lourdes* à part, d'après les principes que nous avons décrits ; partant de là, un mélange d'esprits parfumés simples bien combinés donnera un ensemble plus aromatique que la distillation *en bloc* des quantités équivalentes de substance qui ont servi à former les esprits simples.

Nous donnerons, aux recettes des liqueurs, les formules diverses des esprits composés qui servent dans certaines fabrications ; on ne prépare généralement à l'avance que les esprits composés d'*anisette,* de *curaçao* et fruits à zeste ; ces divers esprits ne s'emploient que pour les liqueurs ordinaires, sauf les esprits de fruits à zeste, tels que les esprits de citrons, oranges, cédrats, qui se distillent de la même manière que l'esprit de curaçao ; ce sont des esprits simples qui s'utilisent pour un grand nombre d'emplois, à part les liqueurs ordinaires, les punchs, les sirops, etc.

Esprit d'anisette ordinaire :

Alcool à 86°.	20 litres.	
Anis étoilé (badiane)	1 kilog.	100 gr.
Anis vert	1	100
Graines d'ambrette	0	100
Fenouil.	0	400
Coriandre.	0	500

On pile ces grains, on les fait macérer un ou deux jours dans l'alcool, on ajoute 10 litres d'eau au moment de distiller au bain-marie avec l'alambic rectificateur, on tient l'eau du réfrigérant tiède (à 25°), et on retire 18 litres de bon produit; si l'on opérait avec un alambic ordinaire, on retirerait 19 litres à la première distillation; on remettrait 10 litres d'eau et l'on rectifierait pour obtenir 18 litres de bon produit. Dans l'un comme dans l'autre cas, les queues restent à part.

Esprit de curaçao ordinaire :

Alcool à 86°.	20 litres.
Rubans de bigarades secs.	1 kilog. 500 gr.
Rubans d'oranges douces secs.	0 500

Opérer comme à la recette précédente au bain-marie, mais en retirant seulement 16 litres de bon produit; lorsque l'on doit rectifier, on retire à la première distillation 18 litres, et 16 à la rectification.

Quelques liquoristes ajoutent à l'esprit de curaçao ordinaire des zestes de citron en remplacement d'une partie de rubans d'oranges amères dans les proportions qui suivent :

Rubans de bigarades.	1 kilog.
Rubans d'oranges douces.	500 gr.
Zestes de citron	500

Les zestes des oranges amères et des oranges douces, ainsi que les citrons et autres fruits du même genre, se traitent de même; ils donnent à la distillation de grandes quantités de phlegmes. On obtiendra de meilleurs produits avec l'appareil à plateaux qu'avec les appareils ordinaires, et moins de déchet.

SUCRES.

Variétés diverses de sucres. — On distingue plusieurs variétés de sucres : 1° les sucres bruts exotiques provenant des cannes à sucre, les sucres bruts indigènes provenant des betteraves : ces deux sortes forment les sucres commerciaux que la raffinerie livre en pains coniques ; 2° les diverses variétés de la glucose ou sucre de fruits ; 3° le miel, la mannite et la chulariose ; 4° le sucre de réglisse et la glycérine.

1° Sucre en pains ou raffiné. — Le sucre ordinaire en pains coniques est connu de tous : c'est un corps solide, sans odeur, très-blanc lorsque le raffinage est parfait, d'une saveur douce et agréable, formé de cristaux légèrement transparents, et dont la forme primitive est un prisme rhomboïdal terminé par un biseau ; cette variété de sucre commercial est extraite des sucres bruts de la canne à sucre (sucre exotique) ou de la betterave (sucre indigène). Un grand nombre de végétaux, comme les carottes, le sorgho, les tiges de maïs, etc., pourraient produire des sucres de même variété ; mais, dans la majorité des cas, la faiblesse du rendement, jointe au prix de revient de la matière première, devient un obstacle à leur extraction.

La composition chimique du sucre est connue depuis longtemps. C'est M. Lavoisier qui le premier en détermina les principes, puis MM. Gay-Lussac et Thénard, Berzélius ensuite, et après eux un grand nombre de chimistes modernes ont constaté les mêmes principes constitutifs. Voici les proportions, d'après les analyses les plus récentes, du sucre cristallisé : carbone (en poids), 42,105; oxygène, 51,181; hydrogène, 6,633.

Lorsque les sucres exotiques ou indigènes, c'est-à-dire de canne où de betteraves, ont subi un raffinage complet, ils ont un goût et une composition identiques; il n'en est pas de même lorsqu'ils offrent quelque imperfection dans leur raffinage, car, en ce cas, le goût du sucre de canne en pains *tachés* est bien supérieur aux pains de même nuance de sucre de betterave : cela provient de ce que les basses matières ou, mélasses des sucres exotiques et celles des sucres indigènes offrent des différences de goût très-tranchées : la mélasse de sucre exotique n'a pas de mauvais goût et est employée pour la bouche, tandis que les mélasses de sucre indigène ont un mauvais goût d'origine très-prononcé, qui ne permet pas de les employer aux mêmes usages. C'est pour ce motif que le sucre de canne est préféré.

Le sucre raffiné est très-soluble dans l'eau froide, qui en dissout un poids égal au sien ; il peut se dissoudre en toute proportion, à chaud et surtout dans l'eau bouillante.

Les sucres bruts, c'est-à-dire non raffinés, sont bien moins employés aujourd'hui qu'autrefois par les liquoristes et les confiseurs, à cause du peu d'écart qui existe entre leur prix et celui du sucre raffiné, à cause aussi du travail et des frais qu'exigerait leur clarification.

2° Glucose. — La glucose est le sucre des fruits ; on en connaît de nombreuses variétés dont le sucre de raisin est le type ; on peut l'obtenir avec du ligneux pur, tel que les chiffons, la gomme, la fécule, l'amidon, l'urine des diabétiques, les grains, etc.

Nous indiquons, page 329 du tome II, la manière de faire les sirops de raisin pour la préparation des calabres à chaud, et page 330 du même volume, la fabrication des sirops de raisin désacidulés. Pour en faire du sucre de raisin, il suffit de continuer l'ébullition, qui a déjà porté le sirop à 32°, et de concentrer jusqu'à 35° bouillant au pèse-sirop de Baumé; on laisse ensuite refroidir. Ce sirop concentré se prend au bout de quelques jours en masses cristallines que l'on met à égoutter sur des claies; on nettoie les surfaces par un léger lavage fait avec de l'eau très-froide, et on presse les mamelons. Il est très-rare que l'on suive ce procédé à cause de la coloration que la cuisson prolongée fait subir aux sirops de raisins; le plus souvent, après les avoir concentrés à 32°, on les met en fûts.

Dans le commerce on trouve la glucose, qui généralement provient de la saccharification de la fécule, sous forme de sirops ordinaires pesant 36° Baumé, et pour les expéditions au loin du centre de fabrication, en sirops dits *massés, impondérables*, qui ont une densité de 40 à 42° Baumé, qui correspond à la densité des mélasses des sucres de canne; ces sirops sont plus ou moins blancs, les premières qualités sont cristallisées. Quoique très-blancs, ils ont une saveur légèrement sucrée, et beaucoup renferment encore de la dextrine non décomposée, ce que l'on reconnaît très-facilement par une goutte de teinture d'iode versée sur 5 centilitres de sirop mis dans un verre, et en remuant ensuite : il se produit alors une coloration violette.

On expédie aussi des glucoses en *masse* et même en *grains*. Ces deux variétés proviennent de la concentration des sirops ordinaires, mais la forme sous laquelle se rencontre le plus souvent la glucose est celle de sirop épais à 40°. Ces sirops servent de base aujourd'hui à la fabrication des sirops rafraîchissants de qualité ordinaire, et à *graisser* les liqueurs communes. Comme ils sont plus lents à se dissoudre dans l'eau, qu'ils paraissent, à densité égale, plus *épais,* plus *gras* que les sirops de sucre pur, certains consommateurs accordent la préférence aux sirops glucosés sur les sirops de sucre pur, bien qu'en réalité ils soient très-inférieurs comme pouvoir sucrant.

3° Miel, mannite, chulariose. — Ces trois variétés de matières sucrées sont rarement employées dans la fabrication des liqueurs. Le miel, à part son prix de revient plus élevé que celui du sucre, est d'ailleurs très-sujet à fermenter, et en outre du sucre cristallisable et incristallisable qu'il renferme, il contient des principes aromatiques qui diffèrent selon les contrées de provenance. La chulariose ou sucre liquide se rencontre dans les mélasses de canne et de betterave ; elle n'est utilisable que lorsque la clarification de ces basses matières est parfaite.

4° Sucre de réglisse, glycérine. — Le sucre de réglisse ou glycirrhizine ne se rencontre pas pur dans le commerce ; il forme la base du jus de réglisse que la concentration a caramélisé. Il serait possible d'obtenir le sucre de réglisse d'une couleur jaune et transparent, mais incristallisable. Quant à la glycérine, c'est une matière sirupeuse que l'on nommait autrefois *principe doux des huiles ;* on la sépare des huiles. On en connaît dans le commerce deux sortes : la brute et la clarifiée. La glycérine brute a une couleur jaunâtre, une saveur sucrée et chaude en même temps qui participe du sucre et de l'alcool ; clarifiée, elle est incolore et n'a pas de goût prononcé. Cette matière a été rencontrée dans plusieurs vins et elle a beaucoup d'analogie avec les mucilages observés par plusieurs chimistes et sous différents noms dans les vins moelleux. M. V. Kletzinsky, professeur de chimie à Vienne, a fait des expériences qui ont démontré que la glycérine parfaitement

pure, prise à l'intérieur en assez grande quantité, détermi-
nait une sensation très-manifeste de chaleur, mais ne
provoquait jamais le moindre symptôme dangereux. Il
serait donc possible de l'utiliser en certains cas, à cause de
ses qualités onctueuses, surtout si, étant diluée, elle n'est
pas sujette à entrer en fermentation.

La clarification de cette matière a lieu par des préparations où il entre du plomb ; on doit dans son emploi vé-
rifier si elle est chimiquement pure et totalement débarrassée de l'oxyde de plomb qui a servi à sa purification ; mais
d'ailleurs sa valeur commerciale étant beaucoup plus
élevée que celle des sucres raffinés, il n'y a aucun avantage
à l'employer.

Clarification du sucre brut. — Dans la fabrication
des liqueurs fines on emploie généralement le sucre raffiné
blanc ; le sucre brut n'est employé que dans les liqueurs
communes et les sirops, à cause de sa coloration, qui quelquefois est trop prononcée. On diminue cet inconvénient en
le clarifiant et en le décolorant en même temps par l'emploi
du noir animal et du noir végétal (charbon d'os et de bois
en poudre), que l'on mélange dans la dissolution du sucre
brut. On doit choisir ce sucre d'un beau blond, à grain sec,
éviter les sucres visqueux, à grains rougeâtres, qui, ainsi
que les sucres avariés, sont très-difficiles à clarifier, et
donnent aux sirops un goût de mélasse. La bonne quatrième est la sorte qui s'emploie le plus. Le noir végétal est
du charbon de bois très-pulvérisé en poudre impalpable ; le
charbon d'os doit, s'il est impur, être lavé et purifié avec
l'acide hydrochlorique employé à la dose d'un kilog. sur
deux kilog. de noir, mélangé en quatre lavages successifs.
On commence par verser sur le noir de l'eau, et par en
former une bouillie que l'on malaxe bien ; on verse cette

pâte dans une terrine de grès, et on y mélange une demi-livre d'acide en agitant complétement et laissant l'acide une heure en contact avec le noir. On verse alors une pleine terrine d'eau bouillante et on laisse déposer le noir; on décante cette eau et on verse sur le noir une nouvelle quantité d'acide. On opère les trois autres lavages de la même manière; après la dernière décantation, on fait égoutter le noir animal dans une poche. (On trouve dans le commerce du noir animal purifié, ce qui évite cette manipulation.) On opère ainsi qu'il suit : on prend cinq blancs d'œuf que l'on met dans un baquet à large ouverture avec un litre d'eau, et avec un balai on les fouette vivement pour en déchirer les cellules; une fois bien battus, on verse peu à peu 8 litres d'eau, ce qui forme 9 litres d'eau albumineuse destinée à la clarification.

Sucre brut (bien sec, poids net)	50	kilog.
Noir animal pulvérisé et lavé	2	»
Charbon de bois en poudre	1	»
Blancs d'œufs . . . . (nombre)	5	
Eau albumineuse.	9	litres.
Eau pure.	18	»

La bassine qui doit servir à la préparation des sirops doit être en cuivre rouge non étamé, et en parfait état de propreté; elle doit être plus large que profonde, afin que l'évaporation soit rapide.

On vide le sucre dans la chaudière avec l'eau pure, et l'on remue bien avec la spatule; on ajoute ensuite 6 litres d'eau albumineuse, et on continue à délayer. On allume le feu et on chauffe vivement en délayant constamment jusqu'à ce que le sucre soit complétement fondu. On y jette alors le noir animal et végétal et on remue, puis on continue à chauffer. Dès que le sucre est fondu et que la température du sirop est arrivée à 40°, on ne doit plus remuer

afin de ne pas nuire à la clarification qui commence. Lorsque le sirop bout, l'écume monte. On a réservé 3 litres
d'eau albumineuse destinée à faire affaisser l'écume; on en
verse un litre dans la chaudière, et de très-haut; le sirop
s'affaise alors, mais il ne tarde pas à remonter. On verse
un second litre de la même manière, et on modère
l'action du feu en fermant la portière et le registre du
fourneau; l'écume s'épaissit, on l'enlève et on active le feu
en ouvrant de nouveau la portière, et lorsque le sirop
remonte, on le fait affaisser en y versant le reste de l'eau
albumineuse; enfin on s'assure du degré de la cuite, qui
doit être de 31° bouillant. On enlève la chaudière du feu,
et après un moment de repos, on écume une dernière fois,
et on jette le sirop chaud dans le bassin d'un filtre fermé
dont une des tubulures a été préalablement garnie d'une
manche en laine que l'on a eu soin de mouiller avec un
peu d'eau chaude et d'étreindre avant de la fixer sur la
tubulure. On laisse le robinet du bassin inférieur du filtre
ouvert, et on repasse les premiers décalitres de sirop qui
entraînent toujours du noir ; mais il ne faut pas cependant
attendre le refroidissement du liquide, car, froid, il aurait
trop de difficulté à passer.

   Dans les contrées où les sucres raffinés sont rares et à
un prix élevé, on décolore les sirops de sucre brut à l'aide
du filtre Dumont, qui peut filtrer les sirops au noir animal,
à la température de l'air ambiant, ce qui donne des sirops
moins communs que ceux qui proviennent de la décoloration par le noir bouilli avec le sirop.

   Lorsqu'on veut tout simplement clarifier le sucre brut
sans le décolorer, on fait l'eau albumineuse de la même
manière, mais avec huit blancs au lieu de cinq, ce qui
augmente sa densité et rend la coagulation plus compacte;
nous avons décrit à la page 56, tome II, les propriétés

diverses de l'albumine dans la clarification des sirops et des vins.

Sirop de sucre blanc. — Le sirop de sucre raffiné blanc, nommé *clairce* dans les raffineries et *sirop vierge,* se prépare par la dissolution du sucre raffiné, d'un beau blanc, dans de l'eau pure, et en faisant bouillir la dissolution dans de l'eau à laquelle on a ajouté de l'albumine. Ce sirop doit marquer, bouillant, 32°, afin de marquer, froid, 36°.

On opère ainsi qu'il suit : pour obtenir des sirops incolores, il faut opérer dans des bassines très-propres, et conduire l'opération rapidement.

Sucre raffiné 1er choix. . . . . 50 kilog.
Eau distillée. . . . . 17 litres.
Eau albumineuse . . . . 9 »
Blancs d'œufs frais. . . . . (nombre) 5

On casse le sucre en morceaux et on jette dessus l'eau distillée par petites portions et en remuant, ensuite on ajoute 6 litres d'eau albumineuse préparée comme pour les sucres bruts, mais on réserve 3 litres de cette eau pour modérer l'ascension des écumes. On allume le feu et on continue à remuer jusqu'à ce que le sucre soit totalement fondu. On entretient un feu vif et on cesse de remuer lorsque la température du sirop est à 40°. On pousse activement le feu, et dès que l'écume s'élève on verse dans la chaudière l'eau albumineuse mise en réserve : cette eau est versée de très-haut afin de faire affaisser rapidement le liquide, puis on ferme le registre, on arrête le tirage, en un mot on modère l'action du foyer, soit en couvrant le feu, soit en sortant du combustible, selon la construction du fourneau et sa disposition. On enlève les écumes, on ranime le feu modérément, et dès que le liquide est de nouveau en ébullition, on ferme la portière, on arrête de nouveau l'action du foyer, et l'on pèse le sirop, qui doit

marquer, bouillant, 32°. On enlève le reste des écumes, et
dès que le sirop a ce degré, on le vide bouillant dans une
manche disposée à cet effet dans un filtre fermé, ainsi que
nous l'avons déjà dit précédemment, et on en opère la filtration à chaud et le plus rapidement possible. Le sirop est
versé dans une jarre. Si on le conserve ensuite en fûts, on
attendra pour le mettre dans ces vases qu'il soit un peu
refroidi, parce qu'introduit bouillant il prendrait plus facilement une légère coloration roussâtre, à moins que ces
fûts ne servent constamment à cet usage. S'il doit être mis
en bouteilles, elles devront être parfaitement sèches à l'intérieur ; on ne les remplira que lorsque le sirop sera tiède,
et on les bouchera une fois le liquide refroidi et avec des
bouchons imbibés d'eau-de-vie blanche.

Conservation des sirops. — Les sirops exigent
beaucoup de soins pour leur conservation; ils sont sujets à
entrer en fermentation lorsqu'ils sont conservés dans des
bouteilles en vidange et dans des endroits chauds. Les sirops,
ceux surtout qui contiennent des acides végétaux, forment
quelquefois, dans les bouteilles, des mamelons de matières
concrètes; on leur rend leur état fluide et leur limpidité en
les chauffant légèrement. Ceux qui sont conservés en frac-
tion, à l'humidité, ou mis dans des bouteilles dont les parois
étaient mouillées, sont exposés à se moisir.

On obvie en partie à tous ces inconvénients : 1° en conservant les sirops dans des locaux très-frais, à température
invariable, tels que les bonnes caves ; 2° en ayant soin de
n'employer que des bouteilles dont les parois intérieures
soient parfaitement sèches et en ne les bouchant que lorsque
le sirop sera refroidi ; 3° on évitera la fermentation en faisant cuire le sucre au degré convenable, sans le dépasser,
car trop cuit il cristalliserait, et la portion concrète attire-

rait le sucre de la partie liquide qui finirait également par fermenter ; 4° lorsque les sirops simples sont destinés à la fabrication des liqueurs, on prévient la fermentation en les vinant legèrement, si du moins ils doivent être conservés dans des locaux dont la température est élevée et en fûts en vidange, et on tient compte de l'alcool qu'ils renferment. Pour cet emploi, on devra éviter de laisser les sirops blancs longtemps sur le feu, et les retirer dès que l'action de l'albumine aura eu lieu.

Sirops rafraîchissants. — Les sirops sont des préparations dont le sucre forme la base ; au sucre on ajoute des sucs de fruits, des matières pectorales ou des substances aromatiques. La plupart des sirops rafraîchissants sont des préparations pharmaceutiques parfaitement décrites par le *Codex,* et des poursuites judiciaires ont été exercées contre des liquoristes et confiseurs qui n'avaient pas employé dans leur confection les quantités de substances indiquées par le *Codex,* ou qui avaient remplacé le sucre par des sirops de fécule. La loi exige que les sirops de gomme, orgeat, capillaire, glucosés ou de fabrication fantaisiste, etc., soient désignés sur les étiquettes afin qu'ils ne soient pas confondus avec les préparations officielles.

Nous nous écarterions de notre sujet en donnant les recettes des sirops pharmaceutiques. Nous indiquons la fabrication des sirops rafraîchissants les plus demandés et qui sont les sirops de gomme, d'orgeat, groseille, menthe, capillaire, vinaigre framboisé, grenadine, café et punch. Ces sirops se fabriquent par plusieurs procédés ; en outre, leur base est formée soit par le sucre pur, soit par un mélange de sucre et de glucose que chaque fabricant fait varier selon les exigences de sa clientèle et selon le prix de vente ; ainsi certains sirops renferment un quart, d'au-

tres une moitié, d'autres enfin trois quarts de glucose.
M. Barreswil a indiqué un moyen de reconnaître dans un
sirop la présence de la glucose; on opère ainsi qu'il suit :

On fait dissoudre 40 grammes de soude cristallisée,
50 grammes de tartrate acidulé de potasse et 40 grammes
de potasse caustique, dans 400 grammes d'eau; d'un autre
côté, on fait aussi dissoudre 30 grammes de sulfate de cuivre dans 100 grammes d'eau, on mélange ces deux dissolutions, et on les filtre. On met dans une éprouvette le
sirop à examiner et on y verse de cette dissolution : s'il est
composé de sucre cristallisable, il n'y aura aucun changement de couleur, soit à froid, soit à chaud; mais si le sirop
renferme de la glucose ou du sucre incristallisable, il se
produit aussitôt un protoxyde de cuivre. Disons toutefois que
les sirops qui ont bouilli longtemps, ayant une partie de leur
sucre cristallisable transformée en sucre incristallisable,
ces réactifs ne peuvent donner que des résultats incertains.

Les consommateurs peuvent essayer les sirops par un
procédé plus simple : ils n'ont qu'à vider dans un verre
2 centilitres de sirop de sucre pur et de même nature que
celui qu'ils veulent éprouver; ils vident également 2 centilitres de sirop suspect, ils ajoutent dans chaque verre 10 centilitres d'eau et remuent bien les mélanges. En comparant
ensuite les deux résultats, ils reconnaîtront le sirop glucosé,
dont la saveur sucrée est beaucoup plus faible, bien qu'il
paraisse à l'œil beaucoup plus épais et plus gras que le
sirop de sucre pur.

Sirop de gomme. — Formule du *Codex* :

Gomme arabique blanche. . . . . 500 gr.
Eau froide. 500

Remuer de temps en temps pour dissoudre, passer au
blanchet, et mêler avec :

Sirop simple bouillant. . . . . 4 kilog.

Telle est la formule du *Codex*. On aromatise ordinairement ce sirop avec demi à 1 pour 100 d'eau de fleurs d'o-
ranger que l'on mélange à froid.

Sirop d'orgeat. — Formule de MM. Henry et Guibourt :

Amandes douces.	0 kilog.	500 gr.
Amandes amères.	0	155
Sucre	3	00
Gomme adragante (ou arabique). . . .	0	31
Eau de fleurs d'oranger double	0	250
Eau pure.	1	625

On monde les amandes de leur peau ; pour cela, on les
jette dans une bassine d'eau bouillante, on les remue, et
lorsque la peau s'enlève facilement, on les met dans une
terrine d'eau froide, on les monde et les remet dans de
l'eau fraîche ; puis on les pile dans un mortier de marbre
avec 625 grammes de sucre, on partage cette pâte en huit
parties, que l'on pile séparément jusqu'à ce qu'elle soit
très-fine ; on la délaie alors dans 1 kil. 500 gr. d'eau, on
exprime à la presse et on ajoute le sucre et la gomme,
que l'on fait dissoudre à une douce chaleur ; on passe à
travers une toile et l'on verse sur celle-ci l'eau de fleurs
d'oranger ; on exprime la toile sur le sirop et l'on remue
avec une spatule à plusieurs reprises, jusqu'à ce qu'il soit
tiède, afin d'empêcher la pellicule huileuse.

Autre méthode : on monde les amandes et on les moud
dans un moulin spécial, ou on les broie dans une grande
sébille suspendue par quatre cordes au plancher et dans
laquelle est un boulet ; pour faciliter le broiement, quel que
soit le mode employé, on ajoute un peu d'eau à la pâte.
Lorsqu'elle est broyée bien finement, on la passe à la
presse et on délaie de nouveau le tourteau dans une terrine
contenant de l'eau ; on le presse de nouveau, on passe le
lait d'amandes dans un tamis, on le verse dans la bassine

où est le sucre concassé, on remue, et à l'aide d'une douce chaleur on le fait fondre. Pendant ce temps on a fait dissoudre la gomme dans un peu d'eau qu'on a ménagée pour cet usage, on la passe et on vide la dissolution de gomme et l'eau de fleurs d'oranger. On arrête le feu et l'on continue à remuer de temps en temps jusqu'à ce que le sirop soit tiède; on le met alors dans des bouteilles bien sèches, on bouche et on met à la cave.

Sirop de groseille. — Ce sirop se fait, soit avec des groseilles et des cerises aigres, dans la saison des fruits; soit avec des conserves de groseille; ces conserves ne sont autre chose que des jus fermentés de groseille additionnés de 10 pour 100 de cerises aigres, pour éviter la gelée ou coagulation, et quelquefois de framboises, et qui ont été traitées par les procédés Appert.

Fruits récents : Groseilles rouges mondées. . 9 kilog.
— Cerises aigres. 1

On écrase les fruits dans une terrine ou jarre que l'on laisse ensuite dans un chai ou une cave pendant vingt-quatre heures, puis on passe le jus sans l'exprimer et on y fait dissoudre à une douce chaleur 935 grammes de sucre par 500 grammes de jus.

Conserves : Conserve de groseille. . . . . . 8 kilog.
Sucre raffiné blanc 15

On verse la conserve sur le sucre préalablement concassé à petits morceaux dans une bassine placée sur le feu; on chauffe en agitant constamment pour faciliter la fonte du sucre, et dès les premiers bouillons, on retire la bassine de dessus le feu, on enlève les écumes et on passe dans une chausse.

Lorsque la conserve de groseille a une couleur pâle on la relève avec des vins droits de goût et très-colorés. Quelques fabricants ajoutent à ce sirop de l'acide tartrique et du vinaigre framboisé, surtout lorsqu'ils diminuent la quantité de conserve à employer.

Sirop de menthe poivrée ou glaciale. — Ce sirop se fait de deux manières : en faisant dissoudre à une douce chaleur deux parties de sucre sur une partie d'eau distillée de menthe, ou en aromatisant le sirop simple de sucre avec 4 grammes d'essence de menthe par litre de sirop. Il se vend de couleur blanche ou verte et sa coloration est due à la même substance que celle qui est employée pour les liqueurs.

Sirop de capillaire :

Capillaire de Canada mondé . . . . 125 gr.
Eau bouillante . . . . 2 litres.
Sirop simple bouillant . . . . 8 kilog.
Eau de fleurs d'oranger. . . . . 125 gr.

On met le capillaire au fond d'une terrine vernie, on y jette un demi-litre d'eau bouillante, on couvre, et cinq minutes après, on y vide le reste de l'eau et on laisse infuser trois heures. Ensuite on mélange l'infusion avec le sirop que l'on porte par la cuisson à 31°. On passe le tout à la chausse, et lorsque ce sirop est tiède, on y ajoute l'eau de fleurs d'oranger. — Certains auteurs conseillent de remplacer l'eau de fleurs d'oranger par 5 grammes de thé noir kyswin ou pékao, afin de rendre le mélange plus odorant. Cependant le plus grand nombre des consommateurs préfère la fleur d'oranger.

Sirop de vinaigre frambroisé. — Formules diverses :

1° On mélange une partie de sirop cuit à la *plume* ou *boulé,* avec partie égale de vinaigre simple ou framboisé.

2° On mélange 30 parties en poids de sucre pulvérisé sur 16 parties de vinaigre, et on fait dissoudre à une douce chaleur.

Sirop de grenadine, limon, etc. :

Suc de grenade épuré.	1 kilog.
Sucre blanc cassé.	2 »

On fait dissoudre le sucre à une douce chaleur.

Sirop de café. — On fait une infusion concentrée de café moka, on la filtre, et on mélange à chaud une partie de café concentré sur deux parties en poids de sucre blanc. Toutes les infusions de plantes peuvent être préparées dans ces proportions pour former des sirops.

Sirops de punchs. — Les sirops de punchs ne sont pas des sirops, mais bien des liqueurs, puisqu'ils renferment de l'alcool. On les nomme *sirops*, parce qu'ils sont mélangés ordinairement à chaud avec le double de leur volume de thé ou d'eau bouillante ; ils peuvent se préparer de plusieurs manières.

A froid : sirop de punch au cognac, au rhum, à l'armagnac ou au kirsch (on remonte les rhums ou armagnacs au même degré que les cognacs) :

Sirop de sucre raffiné à 36°.	25 litres.
Cognac Champagne rassis à 60°	14 »
Acide citrique.	25 gr.
Esprit de citron. . . . . , . .	7 centilitres.

On mélange le cognac avec l'esprit de citron, puis avec le sirop ; ensuite on ajoute l'acide préalablement dissous dans un peu d'eau, et, s'il est nécessaire, on fonce un peu la couleur avec du caramel préalablement dilué avec de l'eau-de-vie.

A chaud : on fait un sirop cuit à 32° et on y ajoute bouillant le cognac, le rhum ou le kirsch ; mais ce mélange chaud fait perdre une partie de l'arome ; on doit l'éviter lorsqu'on emploie des eaux-de-vie de bonne nature et vieilles.

CONFECTION DES LIQUEURS NON SUCRÉES.

Observations préliminaires. — Les liqueurs non sucrées sont des alcools provenant soit de la distillation d'un liquide fermenté tel que les eaux-de-vie diverses de vin, les rhums provenant des jus fermentés des cannes à sucre et de leurs mélasses et les kirschs provenant de la distillation des vins de merises ou cerises. Nous avons parlé dans le cours de cet ouvrage de ces trois produits; il nous reste à décrire la fabrication des extraits d'absinthe et des bitters, qui sont des esprits composés obtenus par divers procédés.

Absinthes. — Les extraits d'absinthe sont l'objet d'un commerce d'exportation considérable dans toutes les parties du monde; il s'en expédie surtout de grandes quantités pour l'Amérique du Sud, l'Afrique et les contrées intertropicales, où cette boisson, mélangée d'eau, est employée comme excitant et apéritif.

Dans la fabrication des extraits d'absinthe de bonne qualité, il ne rentre rien d'insalubre, et la coloration en est obtenue par la dissolution, dans l'extrait distillé, de la chlorophylle des feuilles et sommités fleuries de la mélisse et autres plantes.

L'abus de l'absinthe produit, il est vrai, une grande surexcitation cérébrale et nerveuse, ce qui est tout naturel, car c'est de tous les extraits alcooliques, pris en boisson, le plus élevé en alcool pur en même temps que le plus chargé d'huiles essentielles; c'est pour cela que quelques personnes ont cru qu'il entrait des substances toxiques dans sa composition.

Pour fabriquer l'absinthe avec avantage, il faut opérer

en grand et acheter les plantes par lots considérables, pris sur les lieux mêmes de production ou sur les marchés de première main. On peut ainsi produire *bon et à bon marché;* tandis qu'en ne faisant que de petites distillations, en achetant les plantes de seconde main, les frais de manutention et de fourniture sont tels, que le produit revient à un prix élevé, qui ne laisse de bénéfice qu'aux seules maisons spéciales.

Les plantes nécessaires à la fabrication de l'absinthe sont : la grande et la petite absinthe, l'anis vert, le fenouil, la mélisse, l'hysope; dans certaines fabrications, on ajoute de la menthe, des racines et semences d'angélique, et des feuilles de dictame de Crète.

Les deux absinthes sont originaires des parties montagneuses de la Suisse ou des contrées voisines.

En fabriquant pour l'exportation, on se servira d'un vaste alambic contenant aisément 7 hectolitres, en plus des plantes. Cet alambic sera muni d'un double fond et chauffé par la vapeur. Le chapiteau devra être à *tête de more.*

Les plantes s'achètent, de première main, dans nos villes voisines de la Suisse, à Pontarlier, etc. Les graines ont cours sur tous les marchés du Midi.

Absinthe suisse. — *Détails de fabrication.* — Voici les recettes pour la fabrication de 5 hectolitres d'absinthe suisse :

Grande absinthe suisse, mondée	12 kilog. 500 gr.
Anis verts.	35 — »
Fenouil	20 — »
Alcool à 85°.	475 litres.

On laisse infuser les plantes dans le bain-marie, pendant vingt-quatre heures; on ajoute une barrique d'eau (225 li-

tres); on lute et on distille pour retirer 475 litres d'alcool
parfumé, que l'on met à part. On continue à distiller complétement les phlegmes, dont le produit est versé sur une
autre distillation.

On vide alors l'alambic entièrement, on l'éponge et on
prépare les plantes servant à la coloration. Ces plantes
seront choisies avec soin; on devra les monder, rejeter les
feuilles noires, détériorées, etc., et choisir la mélisse, surtout avant sa floraison, parce qu'elle renferme alors plus
de chlorophylle :

> Petite absinthe sèche, choisie et mondée   5 kilog.   » gr.
> Mélisse citronnée, choisie et mondée. .   5 —   .»
> Hysope fleurie. . . . .   3 —   750

Ces plantes sont réduites en très-petits morceaux à l'aide
d'un pilon; on les verse ensuite dans le bain-marie de
l'alambic, avec 190 litres d'alcool parfumé; on remue le
mélange, on lute l'appareil et on chauffe lentement, comme
pour pratiquer un *tranchage* (voyez *Conservation des liqueurs*), c'est-à-dire à 60°. Avec un *colorateur* chauffé par
la vapeur, et muni d'un thermomètre intérieur, l'opération
est plus facile. Lorsque la chaleur est arrivée au degré
voulu, ce que, à défaut de thermomètre intérieur, l'on
reconnaît approximativement lorsqu'on ne peut plus laisser
les mains sur le chapiteau sans se brûler, on éteint le feu et
on laisse refroidir lentement le liquide dans le bain-marie.
Il s'écoule de huit à dix heures avant qu'il soit refroidi. On
soutire alors l'alcool coloré, on le passe à travers un tamis,
pour le séparer des parties de feuilles qu'il a pu entraîner,
et on le mélange avec l'absinthe blanche. Cela fait, on
constate le degré alcoolique.

Les feuilles se mettent à égoutter; elles ne sont pas encore complétement épuisées, et elles peuvent servir à

colorer une faible partie d'absinthe blanche ; mais il faut, alors, maintenir la chaleur plus longtemps.

L'absinthe de première qualité s'expédie à 72° ; c'est le titre commercial. On ne doit l'expédier qu'après *quelques mois de repos*, afin de lui laisser perdre le goût herbacé et empyreumatique qu'elle possède étant nouvellement fabriquée. On la réduit, en conséquence, à 73° couverts, avant de la mettre au repos. Elle se clarifie parfaitement sans filtration.

Qualité supérieure d'absinthe. — On obtient une qualité supérieure en employant, avec des alcools de vin bien moelleux et rassis, les proportions suivantes :

Grande absinthe suisse mondée	12 kilog.	500 gr.
Anis verts	30 —	»
Fenouil	20 —	»
Racines d'angélique	1 —	500
Menthe poivrée	1 —	»
Génépi des Alpes	» —	500
Alcool à 85°	475 litres.	

Pour la coloration, on opère comme nous avons dit dans la recette précédente.

Il est inutile de répéter que les doses sont fixées pour fabriquer 5 hectolitres d'absinthe à 72°. Il faudra naturellement ou les diminuer ou les augmenter, selon la dimension des appareils dont on se sert.

Nous avons obtenu, dans le Levant, de bons résultats par l'emploi de ces deux recettes.

On demande quelquefois, pour certaines contrées, des absinthes qui blanchissent beaucoup l'eau. On est obligé, dans ce cas, de forcer la dose d'anis vert de 1 kilogr. par hectolitre, ou d'y introduire 50 gr. d'essence d'anis vert ou d'anis étoilé (badiane). On emploiera le même procédé pour faire blanchir l'absinthe trop vieille.

La couleur verte de l'absinthe devient jaunâtre, *feuille morte* en vieillissant. On pourrait conserver la nuance verte en ajoutant à l'alcool coloré 18 grammes d'alun par hectolitre; mais il vaut mieux la laisser changer naturellement de couleur. Tout ce que l'on doit observer, c'est de ne pas laisser affaiblir le degré, parce que si le titre descend au-dessous de 70°, la chlorophylle, matière colorante des feuilles vertes, se précipite. Ainsi, lorsque les absinthes tombent au-dessous de 72°, on devra les remonter jusqu'à ce titre.

Les procédés que nous venons de décrire sont ceux que l'on emploie dans la fabrication des *absinthes dites suisses*.

Depuis quelque temps on expédie des absinthes colorées par les plantes au titre de 60°. Nous avons constaté que ces absinthes arrivaient à destination louches, par suite de la précipitation de la chlorophylle qui ne peut se maintenir soluble dans l'alcool au-dessous de 70°.

On rencontre, dans le commerce, des absinthes fabriquées à froid, c'est-à-dire *sans distillation*. Quelques-unes sont colorées par les plantes que nous avons nommées, et *de la même manière*. On les aromatise avec les essences suivantes :

Absinthe à froid :

Essence de grande absinthe.	30 gr. par hectol.
— d'anis verts	100 —
— de badiane.	110 —
— de fenouil doux	20 grammes.
Alcool à 86°	85 litres.

Elles ont le même titre alcoolique, 72° centigrades. On opère ainsi qu'il suit pour obtenir la coloration : Dans 33 litres d'alcool à 86° on fait infuser (en ayant soin préalablement de les bien monder, piler et sécher) les plantes dans les proportions suivantes :

Mélisse citronnée . . . .   1 kilog.
Petite absinthe mondée . . . .   1 —
Hysope fleurie. . . . . 750 gr.

On mélange et laisse infuser trois jours ; ensuite on fait dissoudre les essences dans les 52 litres d'alcool qui restent sur les 85 litres à employer ; on y ajoute l'infusion colorée ainsi que 15 litres d'eau, qui réduisent l'absinthe à 72° 1/2 environ. Cette méthode, qui est employée par les personnes n'ayant pas d'appareil distillatoire, produit des absinthes inférieures aux deux premières recettes.

On a enfin essayé de les colorer avec des feuilles d'épinard, d'ortie, etc.; mais la qualité est encore plus inférieure.

Les absinthes au-dessous de 72° sont colorées, comme les liqueurs vertes, avec le *bleu en liqueur* (dissolution d'indigo dans l'acide sulfurique) et le caramel ; mais, généralement, on expédie peu au dehors *ces qualités inférieures*, qui sont presque toutes fabriquées, soit au moyen de la dissolution des essences, soit comme suit :

Essence de grande absinthe . . . .   30 gr.
   —   de petite absinthe.   5
   —   d'anis verts   50
   —   de badiane   50
   —   de fenouil.   12
   —   de mélisse   3
   —   d'hysope   4

Le tout en dissolution dans 56 litres d'alcool à 90°.

On mélange et on colore ensuite, après avoir ajouté 44 litres d'eau distillée, ce qui forme 1 hectolitre à 50°, ou bien on opère par distillation, ce qui donne un produit meilleur.

On a proposé d'adoucir l'absinthe nouvelle avec du sirop
et du sucre. Ce procédé est bon à employer par les débitants ou les fabricants avant leur prise en charge ; mais le
commerce doit s'en abstenir, parce que l'absinthe étant vendue au degré, un seul litre de sirop sur 1 hectolitre la fait
tomber de 2° d'alcool, et on serait forcé de la remonter en
pure perte, car l'absinthe est prise en charge par la régie
sur un compte particulier et paie un droit excessif de consommation.

Absinthe ordinaire par distillation. — Il est
nécessaire d'employer un chapiteau à tête de more, car
lorsqu'on distille avec l'alambic à colonne à plateaux, on
obtient, il est vrai, un extrait plus fin en goût, qui est
même supérieur à l'extrait obtenu avec la tête de more
pour fabriquer les crèmes d'absinthes, mais qui est moins
riche en huiles essentielles, de sorte que l'absinthe ne
blanchit pas assez.

Grande absinthe	2 kilog.	500 gr.
Petite absinthe	1 —	»
Mélisse citronnée	» —	500
Hysope fleurie	» —	500
Menthe	» —	100
Racines d'angélique	» —	100
Anis verts	5 —	»
Badiane	1 —	»
Fenouil	1 —	»
Alcool à 86°	60 litres.	

Ces plantes, bien choisies, sont pilées et mises à infuser
pendant deux jours dans 40 litres d'alcool à 86° ; on ajoute
20 litres d'eau au moment de distiller, ce qui se fait au
bain-marie avec la tête de more et sans rectifier ; on retire
40 litres d'esprit parfumé que l'on mélange aux 20 litres
d'alcool à 86° qui restent en nature, ce qui produit 60 li-

tres, que l'on réduit de 50° à 60° en y ajoutant l'eau nécessaire; enfin on colore avec le bleu en liqueur et le caramel. Ce procédé donne des absinthes meilleures que celles qui proviennent de la dissolution des essences.

Les absinthes s'expédient en fûts et en bouteilles de litre. Les fûts doivent être ferrés, les bouteilles sont capsulées et étiquetées. Les bouteilles d'origine sont capsulées d'une estagnolle en feuille d'étain, avec un cachet de cire sur la feuille d'étain, au-dessus du bouchon.

Absinthe blanche. — Cette sorte d'absinthe est très-peu demandée; d'ailleurs, elle ne diffère, le plus souvent, de la verte que par l'absence de coloration. Certains fabricants ajoutent à la macération les plantes qui servent à la coloration, 500 grammes de génépi et autant de semence d'angélique par hectolitre de liquide. Cette variété doit *blanchir* à l'eau autant que l'absinthe verte.

Amélioration et falsification de l'absinthe. —

L'absinthe nouvelle a un goût de feu et d'herbage qu'elle perd en vieillissant; on corrige sa rudesse par un léger siropage d'un à 2 litres par hectolitre. Vieille, elle ne blanchit pas assez l'eau, et si elle est faible elle se décolore; on lui redonne la faculté de blanchir en y ajoutant quelques litres par hectolitre d'*esprit d'anis vert;* à défaut d'esprit on ajoute une dissolution alcoolique de quelques grammes d'essence d'anis vert. Quant à la couleur, la meilleure méthode consiste à faire une infusion de mélisse citronnée, sèche et mondée, dans de l'alcool à 86°, et dans les proportions de 1 kilog. de mélisse sur 20 litres d'alcool; cette coloration s'applique aux absinthes, qui doivent être remontées et avoir 72°. Quant aux absinthes faibles, on ne peut les colorer qu'avec les couleurs vertes applicables aux liqueurs ordinaires et aux sirops,

Falsifications. — On trouve dans le commerce des absinthes de très-mauvaise qualité, surtout dans les grands centres de population, où des faiseurs essaient d'en fabriquer sans distillation, avec des infusions de plantes dans des trois-six de mauvais goût, et des dissolutions d'essences et de résines diverses pour les faire blanchir, etc. Toutes ces préparations ne donnent que de pauvres résultats; il suffit de les comparer avec les extraits de première qualité pour juger de la différence énorme qui existe entre eux et qu'on reconnaît, non-seulement au titre alcoolique, toujours facile à contrôler, mais encore à la finesse du goût et à la nuance de la couleur, observée seule ou étendue d'eau. La couleur obtenue par les plantes infusées a une nuance difficile à imiter avec les couleurs factices, et la teinte opale observée dans les absinthes suisses, lorsqu'on y ajoute de l'eau, n'est pas la même que celle des mélanges dont le blanchiment est dû à la présence des résines en dissolution dans l'alcool, lesquelles développent alors une odeur caractéristique qui les fait reconnaître.

Bitter. — Le bitter est une eau-de-vie aromatisée, non sucrée, d'origine hollandaise; c'est une infusion alcoolique dont la base aromatique est l'orange amère, à laquelle on ajoute divers principes apéritifs, stomachiques, et même, dans certaines fabrications, légèrement drastiques.

Cette boisson se prend comme apéritif avant le repas, le plus souvent avec de l'eau additionnée de sirop de gomme. Elle remplace l'absinthe, et lorsqu'elle est faite avec soin, elle possède des propriétés toniques et apéritives qui la font rechercher des amateurs.

Voici la recette d'un bitter stomachique dans la préparation duquel les drastiques ont été éliminés :

Bitter stomachique :

Écorce de curaçao de Hollande.	750 grammes.
Écorce de citrons zestée	200 —
Cardamome mineur	200 —
Calamus aromaticus.	200 —
Racine d'angélique.	100 —
Gentiane.	200 —
Cannelle.	20 —
Girofle.	10 —
Teinture de cachou.	1 litre.
Eau-de-vie d'Armagnac rassise à 52°	90 —
Eau distillée.	10 —

Il est important que l'eau-de-vie soit en nature et rassise ; on divise bien toutes ces substances, on les pile et on les met à infuser dans l'eau-de-vie à 52°.

L'infusion peut être faite à chaud ou à froid. Lorsqu'on opère à chaud, elle est plus prompte ; on verse les substances dans un bain-marie et on chauffe le liquide à 50° environ, en remuant et tenant le bain-marie couvert. On laisse refroidir très-lentement, et après un jour de macération on ajoute la teinture de cachou, puis l'eau distillée, et on met au repos pour filtrer.

A froid, on laisse infuser les substances, moins la gentiane, dans l'eau-de-vie, pendant quinze jours (1) ; elles doivent être divisées le plus possible ; on fouette le liquide de temps à autre, et après quinze jours d'infusion on ajoute la teinture de cachou faite dans les conditions que nous avons indiquées ; puis l'eau distillée, dans laquelle on a fait bouillir la gentiane pendant deux heures, est versée tiède dans le fût à macération. Le bitter est ensuite filtré et mis au repos pendant quelques jours, et enfin filtré de

---

(1) La macération se fait mieux dans un grenier que dans un chai, à cause du degré toujours plus élevé de la température.

nouveau s'il laissait à désirer comme limpidité. Ce deuxième filtrage évite les dépôts considérables qui se forment souvent dans les bitters de fabrication récente.

La consommation demande des bitters de couleur très-foncée; primitivement cette liqueur se colorait au bois de Fernambouc; on préfère aujourd'hui les bitters d'une couleur brune très-accusée, de sorte qu'étendus d'eau ils ont encore une teinte jaune foncé bien prononcée. On obtient cette couleur avec le caramel bien cuit uni à une couleur rouge.

Variétés diverses de bitters. — On trouve, dans le commerce, des bitters de toute nuance, depuis le *black-bitter* ou bitter noir jusqu'au bitter blanc. Chaque liquoriste les fabrique à sa manière et par des procédés très-différents. Les uns font l'infusion à chaud, d'autres à froid. Il en est qui font un bitter très-aromatique en y ajoutant des esprits distillés d'oranges amères; d'autres y mettent de fortes doses d'aloès succotrin pour le rendre très-amer, colorent avec beaucoup de caramel, se servent de trois-six de qualité inférieure et aromatisent avec quelques gouttes d'huiles essentielles de bigarades et de citron, de sorte qu'il existe presque autant de variétés de bitters que de fabricants.

La recette que nous avons indiquée pour la fabrication du bitter étant fort simple à exécuter, puisqu'elle peut se faire sans appareil spécial, il est inutile de s'étendre davantage sur ce sujet.

FABRICATION DES LIQUEURS DE TABLE PAR LES DIVERS PROCÉDÉS CONNUS.

Observations préliminaires. — Nous avons déjà indiqué quels étaient les divers procédés employés dans la fabrication des liqueurs de table. En donnant les détails de confection de chaque liqueur en particulier, nous indiquerons les méthodes de fabrication par distillation, infusion, dissolution, etc.; et nous donnerons l'analyse commerciale du produit fabriqué, c'est-à-dire la quantité d'alcool pur et de sucre qu'il renferme. Nous ne parlerons pas de l'emploi des sucres ou sirops autres que ceux de sucre pur, qui doivent être préférés pour la fabrication des liqueurs, parce que les sirops de glucose ne servent qu'à *tromper l'œil* en faisant paraître les liqueurs communes plus onctueuses et plus sucrées qu'elles ne le sont réellement; mais les liqueurs ainsi édulcorées ont l'inconvénient d'être pâteuses et fades au goût, et sont, à densité égale, beaucoup plus communes que celles qui ont été sucrées avec le sucre pur.

Confection. — En traitant de l'installation d'un laboratoire à froid (article *Conge et filtres*), nous avons déjà parlé de la confection. En général, les règles pratiques à suivre pour opérer les mélanges sont les suivantes :

1° Clarifier *à part* avant le mélange les liquides troubles, qui sans cela louchiraient l'opération et la rendraient parfois très-difficile à clarifier; on emploiera de préférence l'eau distillée plutôt que les eaux potables ordinaires ;

2° Vider d'abord les esprits aromatiques dans le conge ou vase quelconque où doit s'opérer le mélange; si l'on a des essences à dissoudre, on les transvasera dans une bouteille et l'on y ajoutera de l'alcool très-rectifié, en agitant à plusieurs reprises jusqu'à ce que la bouteille soit aux trois-quarts pleine; on agitera de nouveau et l'on videra le contenu de la bouteille sur l'alcool simple, et l'on agitera encore.

3° Les eaux aromatiques seront versées sur l'alcool simple ou aromatisé, ensuite on videra l'eau et le sirop. En employant des sirops de sucre blanc de premier choix préparés à l'avance, l'opération sera plus rapide et les liqueurs récentes auront plus de moelleux que si elles sont faites avec du sucre fondu à froid dans l'eau.

La coloration des liqueurs ne doit se faire que lorsqu'elles sont entièrement terminées, qu'il n'y a rien à y ajouter.

Clarification. — Après le mélange, les liqueurs, surtout celles où il entre des infusions, sont plus ou moins troubles ; avant de les filtrer, on les colle ; on peut employer pour cet usage les mêmes clarifiants albuminéux et gélatineux que ceux qu'on emploie pour coller les vins, et dont on trouvera les diverses préparations au chapitre II, tome II, page 47. Les doses devront être moins fortes que celles qui sont indiquées pour les barriques bordelaises ; ainsi, pour le collage aux œufs, on ne dépassera pas une moyenne de deux à quatre blancs d'œufs par hectolitre ; pour le collage à la gélatine 15 à 30 grammes suffiront, et 5 à 10 grammes de colle de poisson.

Il y a des liqueurs qui se troublent et deviennent laiteuses lorsqu'on y ajoute l'eau qui doit entrer dans leur confection ; cela tient à la grande quantité d'huile essentielle qu'elles renferment, eu égard à leur faiblesse alcoolique ; ainsi les anisettes faibles en alcool font quelquefois cet effet ; on peut l'éviter de deux manières : en diminuant la dose d'esprit distillé ou d'aromates qui entrent dans leur confection, ou en augmentant la dose d'alcool simple, c'est-à-dire non aromatisé ; mais si l'on ne voulait ou ne pouvait changer les proportions des aromates, on pourrait faire disparaître cette teinte blanchâtre en les collant avec un litre de lait bien frais et pur par hectolitre. Si, après le collage, cette nuance persistait, on ajouterait 100 grammes de noir animal en poudre très-fine, lavé et purifié, que l'on mélangerait à plusieurs reprises, jusqu'à ce que la nuance eût disparu.

Filtration. — Après le collage, les liqueurs sont filtrées ;

nous avons indiqué plusieurs genres de filtres en parlant des ustensiles de laboratoire et de leur emploi. Malgré leur limpidité, les liqueurs qui viennent d'être filtrées sont encore sujettes à déposer en bouteilles, surtout celles où il entre des infusions de fruits, des aromates ou des couleurs foncées, etc. Afin d'éviter ce désagrément, il est préférable de les mettre au repos, après leur filtration, pour ne les tirer définitivement en bouteilles que lorsqu'elles seront bien fondues et reposées.

Conservation. — Après la filtration, les liqueurs doivent être mises au repos dans des locaux à température régulière et hors de l'influence de la lumière ; dans les grands établissements, les vases les plus employés à leur conservation sont les foudres ; on a soin d'éviter l'évaporation par plusieurs couches de peinture ; dans les petits établissements, les liqueurs sont mises en fûts, dans des vases de grès ou des dames-jeannes ou bouteilles ; mais elles vieillissent ainsi beaucoup moins vite qu'en foudre.

Vieillissement. — Le vieillissement des liqueurs est dû à l'action du temps ; c'est un effet de la combinaison plus intime de leurs principes aromatiques avec l'alcool et la matière sucrée ; elles perdent leur goût de feu, elles acquièrent ce *fondu* et cette finesse d'arome qui sont masqués en sortant de l'alambic. En outre, il se forme dans les liqueurs qui ont pour base de bonnes eaux-de-vie directes de vin, des éthers qui se combinent avec les principes aromatiques et qui forment avec le temps un ensemble d'une suavité inimitable ; mais pour obtenir ce résultat, il faut, non-seulement pouvoir attendre l'action du temps, mais encore que les liqueurs soient bien faites, c'est-à-dire qu'elles aient pour base des alcools de choix et qu'elles soient le produit de bonnes méthodes, car si elles sont trop faibles en alcool ou si l'alcool a mauvais goût, ou bien encore si elles sont faites par la dissolution des essences, elles gagneront peu de qualité à vieillir.

Pour remplacer autant que faire se peut le vieillissement naturel, on donne un peu de moelleux aux liqueurs destinées à être consommées de suite, en les *tranchant*. (Lorsqu'on leur fait subir cette opération, on a soin de ne les colorer qu'après.)

Tranchage. — Les liquoristes qui ne peuvent garder leurs produits et les laisser vieillir, opèrent une sorte de vieillissement artificiel par le moyen du *tranchage*. Cette opération consiste à remettre la liqueur dans le bain-marie comme pour la distillation, à luter l'appareil, et à chauffer l'eau de la cucurbite de manière que la liqueur éprouve une chaleur de 60° environ, mais sans distiller ; on reconnaît que la liqueur est arrivée à ce degré lorsqu'on ne peut plus, sans se brûler, tenir la main sur le chapiteau. On éteint alors le feu et on laisse refroidir la liqueur dans le bain-marie ; ce refroidissement est très-lent, il dure environ une demi-journée. Quand la liqueur est froide, on la retire, et elle se trouve alors plus moelleuse, surtout quand, au lieu de sucre fondu à froid, on s'est servi de *sirop vierge*, et si l'on n'a employé que des produits de choix *(eau distillée et eaux-de-vie directes rassises)*. On obtient ainsi beaucoup plus de *fondu* que par les méthodes ordinaires. Si l'on doit garder les liqueurs longtemps, on peut les mettre au repos après leur filtration et les laisser vieillir en foudre, sans les *trancher,* car dans ce cas le *tranchage* serait inutile.

COLORATION DES LIQUEURS.

La coloration artificielle des liqueurs, principalement des liqueurs fines, nuit à la délicatesse de leur goût, surtout lorsque les nuances sont foncées, et les rend moins salu-

bres ; car, à part les couleurs jaune et rouge, la plupart
d'entre elles, notamment les teintes bleues et vertes artificielles, s'obtiennent à l'aide de la dissolution de principes
colorants dont quelques-uns sont nuisibles à la santé ; il
faut donc les choisir avec soin et ne colorer que le moins
possible, parce que les nuances chargées, à part l'altération
de l'arome, ne peuvent se maintenir fixes qu'à l'aide d'une
addition d'alun et ont en outre l'inconvénient de déposer.

Couleurs jaunes. — C'est la couleur la plus usuelle ;
elle est inoffensive lorsqu'on évite d'employer les *curcuma,
carthame,* etc., qui sont purgatifs. On connaît deux principales nuances jaunes : le jaune clair ou jaune paille, que
l'on obtient par les infusions aqueuses ou alcooliques du
safran, qui est très-employé pour colorer les élixirs, et le
jaune brun, obtenu par le caramel.

Jaune clair :

Safran gâtinais. . . . . 100 grammes.
Eau. 2 litres.

On met le safran dans un vase muni d'un couvercle ; on
y jette dessus un litre d'eau bouillante, on couvre le vase
et on laisse refroidir complétement l'infusion ; ensuite on
passe l'eau colorée et on exprime le safran, sur lequel on
verse à deux reprises le second litre d'eau qui doit être
bien bouillante et qu'on laisse refroidir chaque fois sur le
safran ; on réunit les infusions, que l'on conserve en y
ajoutant un litre d'alcool à 86° ; on finit d'épuiser le marc
en le rechargeant avec 50 centilitres d'alcool à 86° dans
lequel on le laisse infuser.

Le safran dissout sa couleur dans l'alcool à froid ; on
peut en faire une teinture alcoolique.

Safran du Gâtinais. . . . . 50 grammes.
Alcool à 86°. . . . . 2 litres.

Après quinze jours d'infusion, on filtre et on exprime le marc, que l'on recharge avec une nouvelle dose d'alcool jusqu'à épuisement de la couleur.

Jaune brun. — Cette nuance s'obtient avec le caramel, dont nous indiquons la fabrication page 368, chapitre XIV du tome II de cet ouvrage. C'est la couleur ordinairement employée pour colorer les eaux-de-vie ; elle donne des nuances plus ou moins claires ou foncées, selon la quantité employée, mais à haute dose son goût se reconnaît.

Couleur rouge.

Couleur rouge. — Il existe un très-grand nombre de couleurs rouges naturelles, telles que les infusions de fruits de cette couleur : merises, cerises, framboises, groseille, cassis. Les vins rouges de bonnes côtes, vieux, d'un an au moins et bien étoffés, peuvent s'employer avec avantage pour soutenir ou augmenter la couleur des infusions alcooliques des fruits, qui se précipite assez rapidement.

Rouge fin :

Cochenille noire en poudre . . . . 50 gr.
Crème de tartre pulvérisé. 15
Alun de Rome en poudre 15
Eau pure . . . . 1 litre.

On fait bouillir l'eau et on y jette la cochenille en remuant constamment ; après deux minutes d'ébullition, on ajoute la crème de tartre ; on remue et enfin on jette l'alun ; lorsqu'il est dissous, on retire le vase du feu, on laisse refroidir et on conserve la couleur en ajoutant un tiers de son volume d'alcool à 86° et mettant en bouteille.

Rouge brun. — On obtient cette couleur avec le cachou en teinture alcoolique, à la dose de 100 grammes par litre d'alcool à 86°, infusé à une douce chaleur pendant quinze jours au moins. Le cachou est un très-bon stomachique, c'est de toutes les couleurs la seule qui soit hygiénique ; il peut sans inconvénient être constamment infusé dans l'alcool; mais il ne se dissout que partiellement; on l'emploie dans les liqueurs qui exigent une teinte brune prononcée et qui ont un titre alcoolique élevé.

Rouge orange. — On peut former cette couleur par le mélange du rouge fin avec les jaunes; on l'obtient avec les bois du Brésil et de Fernambouc, et avec l'*hématine*, qui est le principe colorant extrait de ces bois et que l'on trouve aujourd'hui dans le commerce.

Les couleurs extraites des bois de campêche du Brésil et de Fernambouc sont rouge orange lorsqu'elles sont dissoutes dans un liquide neutre, c'est-à-dire ni acide, ni alcalin; mais si l'on ajoute à ce liquide une très-petite quantité d'acide tartrique ou acétique, la couleur vire au jaune d'or, tandis que les alcalis font virer cette couleur au rouge pourpre. Cette propriété de changer de nuance est utilisée dans la coloration des curaçaos, qui sont colorés en rouge orange foncé par les couleurs provenant de ces bois; ensuite on y introduit quelques gouttes seulement de dissolution d'acide tartrique dans l'eau et on remue le mélange en examinant la couleur, qui ne tarde pas à virer au jaune d'or. Si on ajoute de l'eau à la liqueur ainsi colorée, la nuance jaune deviendra rose; mais pour que cet effet puisse se produire, il ne faut employer que la quantité d'acide nécessaire à faire virer la couleur, sans quoi elle resterait fixe et on serait obligé de l'alcaliser avec de la soude pour que la couleur rose reparût.

Rouge orange fin :

Hématine en poudre. . . . . 100 gr.
Alcool à 86°. . . . . 1 litre.

On laisse infuser vingt-quatre heures en agitant. On décante et on recharge l'infusion avec la même quantité d'alcool. On peut aussi en obtenir la dissolution par l'eau

A. 27

bouillante, à laquelle on ajoute ensuite de l'alcool pour conserver la couleur. On obtient la même couleur par l'infusion alcoolique du bois de Fernambouc râpé.

Bois de Fernambouc râpé . . . . 1 kilog.
Alcool à 86° . . . . 3 litres.

A digérer dix jours dans l'alcool.

Quelques praticiens font dissoudre le bois râpé dans 10 litres d'eau alcalisée avec 10 grammes de cendre gravelée (carbonate de potasse); ils jettent le kilogramme de bois râpé dans l'eau en pleine ébullition et font réduire de moitié; puis ils ajoutent 40 grammes de crème de tartre pour faire virer la couleur, qui est violâtre, et ils fixent cette nuance avec 50 grammes d'alun. Enfin, après refroidissement, ils mélangent cette couleur avec 2 litres d'alcool à 86°.

La couleur obtenue par les deux méthodes précédentes est préférable.

Rouge ordinaire et commun. — On emploie le plus souvent l'orseille en pâte, ou mieux la matière colorante extraite de l'orseille, le *cudbear*, qui n'a pas, à beaucoup près, l'odeur ammoniacale de l'orseille, dont la couleur est violâtre. On la ramène à un rouge franc par une addition de jaune brun, cachou ou caramel; cette couleur est moins solide que la cochenille, elle se prépare ainsi :

Cudbear ou orseille en pâte . . . . 1 kilog.
Alcool à 86° . . . . 3 litres.

Remuer le mélange ; après huit jours d'infusion, filtrer et recharger le marc avec la même quantité d'alcool.

Couleur bleue. — La couleur bleue n'est guère utilisée que pour faire la couleur verte en la mélangeant avec les jaunes ; elle est le produit de la dissolution de l'indigo dans l'acide sulfurique, ce qui forme le bleu en liqueur ; pour l'employer il doit être désacidulé avec la craie, ce dont on doit s'assurer si on achète, tout préparé, le *bleu en liqueur*. Il se prépare ainsi :

Indigo en poudre très-fine	40 gr.
Acide sulfurique à 66°.	400

On le fait dissoudre dans une terrine de grès en remuant constamment jusqu'à ce que l'effervescence ait cessé et sans couvrir la terrine.

Cette dissolution est le bleu ordinaire en liqueur ; pour l'employer, il convient de saturer l'acide sulfurique ; à cet effet, on ajoute à la dissolution 3 litres d'eau, puis on y répand peu à peu, et en remuant constamment, 500 grammes de craie blanche en poudre très-fine. Lorsque l'effervescence est terminée, on laisse reposer, on décante, et pour conserver la liqueur, on y ajoute 25 pour 100 d'alcool à 86°.

Plusieurs praticiens emploient, pour préparer le bleu, une autre méthode dite au *drap de laine* : ils font dissoudre l'indigo dans l'acide sulfurique, puis, sans le désaciduler, ils ajoutent, pour 40 grammes d'indigo, 10 litres d'eau, et, pendant vingt minutes, ils font bouillir ce mélange avec un morceau de drap de laine ou molleton blanc à long poil et neuf. Ils lavent à l'eau froide, pour le débarrasser de l'acide sulfurique, ce molleton, qui s'est emparé de la matière colorante, et ils le font bouillir de nouveau dans 8 litres d'eau où ils ont fait dissoudre 10 grammes de carbonate de soude en cristaux, ou 10 grammes de cendres gravelées. Sous l'influence de l'alcali, la couleur se sépare du drap et se divise dans l'eau bouillante.

Le drap, bien rincé, peut servir plusieurs fois, et la liqueur, après refroidissement, se conserve en y ajoutant 20 pour 100 d'alcool pur. Nous nous sommes servi de bleu désacidulé et préparé par la méthode précédente ; nous avons constaté que cette couleur, mélangée avec des caramels pour en faire des nuances *vertes*, déposait et virait peu à peu au jaune ; mais n'ayant pas expérimenté ce procédé, que l'on dit supérieur et donnant une couleur sans dépôt et plus fixe, nous ne pouvons nous prononcer sur son mérite.

Couleur violette. — Cette nuance est très-peu employée ; elle s'obtient par la cochenille ammoniacale, ou par un mélange de rouge de cudbear et de bleu.

Couleur verte. — La coloration en vert s'obtient de deux manières, soit par le mélange du bleu avec le jaune en diverses proportions, ce qui produit des nuances variées selon que l'on emploie le caramel ou le jaune safran, soit par la dissolution de la chlorophylle des plantes dans l'alcool concentré, ce qui donne une couleur verte naturelle très-belle ; mais cette couleur ne peut se soutenir que dans l'alcool au-dessus de 70° ; ainsi, dans les absinthes à 60° colorées de cette manière, on remarque que la chlorophylle se précipite et que le liquide se décolore promptement. On ne peut donc colorer ainsi que quelques élixirs ayant un titre d'alcool pur au-dessus de 60°.

Les plantes les plus employées à la coloration sont : la mélisse citronnée sèche, infusée pendant huit jours à la dose de 100 grammes par litre d'alcool à 86°. On ne peut employer cette plante que dans les liqueurs ou extraits où le goût de mélisse ne peut nuire. Lorsqu'on veut obtenir une couleur verte naturelle, sans goût prononcé, on emploie l'ortie sèche.

On trouve dans le commerce de nouvelles préparations de couleur verte et de toutes nuances pouvant se dissoudre dans l'eau et l'alcool ; nous engageons nos confrères à ne rien employer avant de s'être assurés de leur composition exacte, car plusieurs renferment des principes toxiques.

RECETTES DES LIQUEURS.

Anisettes. — L'anisette est la liqueur la plus répandue; c'est une de celles qui offrent les variétés les plus diverses de fabrication, car on en obtient par distillation directe, par les esprits distillés, par infusion et par dissolution des essences. Parmi les qualités surfines, on en distingue de quatre genres :

1° L'anisette de Bordeaux, dont l'arome est très-suave ; elle renferme une moyenne de 30 pour 100 d'alcool pur sur 500 grammes de sucre par litre ;

2° L'anisette genre Lyon, qui remplace chez quelques consommateurs l'absinthe ; elle est très-chargée d'huile essentielle, afin de blanchir fortement en y versant de l'eau ; elle renferme 35 pour 100 d'alcool pur et 500 grammes de sucre par litre ;

3° L'anisette de Hollande, qui contient une moyenne de 34 pour 100 d'alcool pur sur 500 grammes de sucre par litre ;

4° Les huiles d'anis dites *des îles,* qui renferment 35 pour 100 d'alcool pur et qui sont les plus sucrées, ayant 562 grammes (18 onces) de sucre par litre.

A part ces quatre genres, qui sont les plus demandés, on connaît les anisettes dites *de Paris,* qui ont une fabrication mixte participant de la fabrication lyonnaise et de la fabrication hollandaise. Ce qui fait la supériorité des anisettes ainsi que de toutes les liqueurs, c'est, comme nous l'avons déjà dit, le choix rigoureux des alcools qui en forment la base, joint aux soins apportés à la distillation, qui

doit être faite avec des alambics rectificateurs ou bien rectifiée, et l'opération conduite à petit feu et régulièrement.
Il convient en outre de laisser vieillir le plus possible la
liqueur avant de mettre en bouteilles, ou d'opérer le vieillissement artificiel par le tranchage, ce qui ne vaut pas à
coup sûr le vieillissement naturel.

Dans la fabrication de l'anisette, ainsi que de toutes les
liqueurs très-chargées d'huiles essentielles faites par les
divers procédés que nous allons décrire, il arrive parfois
que, lors de la confection, la liqueur est laiteuse : cela tient
à la trop grande quantité d'huile essentielle qu'elles renferment eu égard à la faiblesse du titre alcoolique. On remédie à cet inconvénient en ajoutant à la liqueur trop aromatique une certaine quantité de liqueur simple, ou en
augmentant la dose d'alcool.

1° *Anisette surfine de Bordeaux :*

Anis étoilés (badiane)	1 kilog. 750 gr.
Anis verts.	» — 450
Fenouil.	» — 440
Ambrette.	» — 200
Coriandre	» — 430
Thé perlé	» — 200
Esprit de bois de sassafras.	7 litres.
Armagnac rassis nature, 52°	50 —
Infusion d'iris	30 centilitres.
Eau de fleurs d'oranger	2 litres.
Eau distillée.	5 litres 70 centil.
Sirop de sucre de canne très-blanc, à 36° 56 litres.	

On met les graines pilées et le thé à infuser dans l'armagnac pendant huit jours, on distille ensuite au bain-marie,
avec l'alambic rectificateur (nous avons déjà indiqué les
diverses manières de distiller en parlant des esprits aromatiques) ; on opère lentement, à petit filet, et l'on retire
29 litres d'esprit aromatique ; les queues sont mises à part

et ne s'emploient pas dans l'anisette surfine; on mélange
l'esprit distillé avec l'esprit de sassafras et l'infusion alcoolique d'iris ; on remue, et on verse l'eau de fleurs d'oranger,
l'eau distillée et le sirop de sucre blanc, ce qui forme un
hectolitre de liqueur ayant 30 pour 100 d'alcool pur, et
500 grammes de sucre par litre ; on met la liqueur au
repos dans des vases ne la colorant pas, on la clarifie par
les diverses méthodes déjà indiquées, et on la laisse vieillir.
Nous pouvons assurer que cette recette donne des résultats
excellents.

Anisette surfine bordelaise (deuxième procédé) :

Anis étoilés (badiane)	1 kilog.	750 gr.
Anis verts	» —	450
Fenouil	» —	440
Ambrette	» —	200
Coriandre	» —	430
Bois de sassafras râpé	» —	450
Thé perlé	» —	200
Alcool rassis à 86°.	38 litres.	

On pile les graines et on les laisse macérer dans l'alcool
pendant vingt-quatre heures au moins ; ensuite on ajoute
20 litres d'eau et on verse le tout dans le bain-marie d'un
alambic à col de cygne, à plateaux rectificateurs, ou bien
l'on rectifie ; on retire 36 litres d'esprit parfumé.

La liqueur se termine comme suit :

Alcool parfumé.	36 lit..	» cent.
Sucre raffiné fondu à chaud, 50 kilog., ou		
sirop blanc de sucre de canne à 36°. . .	56	»
Eau de fleurs d'oranger.	3	»
Infusion d'iris.	»	50
Eau distillée.	4	50
TOTAL.	100 lit.	» cent.

2° *Anisette de Lyon surfine.* — Lorsque cette anisette est

demandée pour être consommée avec de l'eau, elle doit blanchir beaucoup. On distillera dans ce cas avec le chapiteau à tête de more sans rectifier.

Badiane..	1 kilog. 750 gr.	
Anis verts	1 —	»
Fenouil.	» —	150
Coriandre	» —	300
Zestes de citrons frais . . . . . (nombre)	30	»
Racines d'angélique	» —	40
Alcool à 86º	39 litres.	
Esprit de sassafras.	2 —	
Infusion alcoolique d'iris.	50 centilitres.	
Eau de fleurs d'oranger..	2 litres.	
Eau de cannelle.	50 centilitres.	
Sirop de sucre blanc à 36º.	56 litres.	

On fait macérer les graines et les zestes et racines dans l'alcool, auquel on ajoute 19 litres d'eau : on retire 38 litres d'esprit aromatique, que l'on mélange avec l'esprit de sassafras et l'infusion, puis les eaux et le sirop, pour former 1 hectolitre d'anisette ayant 35 pour 100 d'alcool pur et 500 grammes de sucre par litre.

3º *Anisette surfine façon Hollande* :

Anis verts	» kilog. 800 gr.	
Badiane	1 —	»
Fenouil.	» —	150
Coriandre..	» —	300
Ambrette..	» —	100
Thé kyswin.	» —	200
Esprit d'amandes amères..	4 litres.	
Esprit de Tolu.	1 —	
Eau de roses.	2 —	
Eau de cannelle	50 centilitres.	
Alcool à 86º	36 litres.	
Sirop de sucre blanc à 36º.	56 —	

On pile et divise les plantes ; on les fait macérer dans

l'alcool un jour, on ajoute 18 litres d'eau au moment de distiller et l'on opère avec l'appareil rectificateur pour retirer 34 litres de bon produit que l'on mélange avec les esprits et les eaux pour former 1 hectolitre d'anisette renfermant 34 pour 100 d'alcool pur et 500 grammes de sucre.

4º *Anisette surfine dite huile d'anis des îles :*

Badiane (anis étoilés)	1 kilog. 750 gr.
Anis verts	» — 700
Alcool de vin rassis à 86º.	30 litres.
Esprit de sassafras.	4 —
Dº de bois de Rhodes	4 —
Dº de cascarille	2 —
Dº de Tolu.	1 —
Dº d'ambrette	1 —
Sucre fondu à chaud dans de l'eau distillée	56 kilog.

On écrase les grains et on laisse macérer pendant vingt-quatre heures dans l'alcool, auquel on ajoute 15 litres d'eau au moment de distiller, ce qui se fait avec lenteur, et l'on rectifie pour retirer 28 litres d'esprit aromatique que l'on mélange avec les 12 litres d'esprits divers et le sucre fondu dans une très-petite quantité d'eau, ce qui produit un hectolitre d'anisette ayant 35 pour 100 d'alcool et sucrée à 18 onces par litre, soit 562 grammes.

Anisettes ordinaires par distillation. — Ces anisettes se fabriquent avec les esprits distillés dont nous avons donné les recettes; on mélange l'esprit d'anisette dans de l'alcool à 86°, dans les proportions de 6 à 8 pour 100 d'esprit, selon sa concentration, par hectolitre de liqueur à fabriquer. On doit toujours éviter que l'anisette soit laiteuse; il vaut mieux, pour ne pas s'exposer à les louchir, mettre moins d'esprit parfumé. Les proportions de sucre et d'esprits se règlent d'après le tableau que nous avons déjà indiqué, c'est-à-dire que les eaux d'anis ordinaires auront en définitive 20

pour 100 d'alcool pur et 125 grammes de sucre par litre, et
ainsi des autres sortes; les demi-fines recevront 3 pour 100
de plus d'esprit et 1 litre d'eau de fleurs d'oranger, et les fines
10 pour 100 d'esprit d'anisette, 1 litre esprit de sassafras,
1 litre eau de fleurs d'oranger et 10 centilitres de teinture
d'iris.

Anisette par essences :

Essence de badiane	40 grammes.
Do d'anis verts.	40 —
Do de fenouil.	5 —
Do de coriandre . . . . 1 à	5 centil.
Infusion d'iris.	20 —

On verse ces essences dans un litre d'alcool, que l'on
mélange lui-même dans les 30 litres à 85° qui devront être
employés pour faire l'anisette mi-fine. Les doses de sucre
et d'eau sont d'ailleurs les mêmes que dans les anisettes
par distillation.

Pour les anisettes ordinaires, on diminue ces essences
d'un quart en quantité, et l'on ajoute dans les qualités demi-
fines 1 litre eau de fleurs d'oranger; on augmente d'un
tiers la proportion des essences pour la qualité dite *surfine*,
à laquelle on ajoute 5 grammes essence de sassafras et
2 litres eau de fleurs d'oranger.

Anisette par infusion. — On fait infuser 1 kilogramme
d'anis étoilés et le même poids d'anis verts pilés, dans
6 kilogrammes (7 litres 24 centilitres) d'alcool à 85°. On
laisse macérer cinq jours; après quoi on soutire en décan-
tant et on verse sur le marc 7 autres kilogrammes (8 litres)
d'eau-de-vie à 55°. Après une macération de huit jours,
on passe et on presse le marc.

Cette deuxième infusion est toujours un peu âcre. Les
deux infusions réunies servent à aromatiser 1 hectolitre
d'eau d'anis commune; on y ajoute les proportions de

sirop, d'alcool et d'eau indiquées à la recette des anisettes mi-fines par esprit. On réunit les deux infusions (il y a environ 2 litres de perte quand on ne presse pas le marc) et on y joint l'acool, l'eau, puis le sirop, dans les proportions qui suivent :

Infusion.	13 litres.
Alcool à 85°.	19
Eau distillée.	38
Sirop à 33° 5	30
TOTAL.	100 litres.

Cette liqueur, préparée ainsi, est inférieure aux recettes par distillation ; elle renferme 25 pour 100 d'alcool pur et 250 grammes de sucre par litre ; si elle n'était pas parfaitement blanche, ce qui arrive quelquefois, on laisserait le marc à part et l'on ajouterait 200 grammes de noir animal avant de filtrer. On ne fabrique de cette manière qu'à défaut d'appareil.

L'*anisado,* le *raki,* etc., ou eaux-de-vie anisées, sont le produit de la distillation d'eaux-de-vie ordinaires ou de marcs dans lesquels on a fait infuser, avant la distillation, 1 kilogramme anis verts et 1 kilogramme badiane par hectolitre ; ce sont tout simplement des esprits ordinaires d'anisette ; dans quelques contrées, telles que le Levant, la Grèce, etc., on y ajoute du *mastic* (sorte de gomme aromatique de l'Archipel) et quelque peu de matière sucrée ; on trouve dans ces contrées beaucoup d'eaux-de-vie de marc *anisées* par la dissolution des essences d'anis.

Expéditions. — Les anisettes s'expédient le plus souvent en *pomponnelles,* sorte de paniers en osier qui renferment deux *pomponnelles* ou bouteilles de verre blanc. On demande ce genre d'emballage pour la plupart des colonies. On expédie aussi en caisses de litres, en bouteilles de forme bordelaise ou anglaise, etc., selon les demandes faites.

Curaçao surfin. — Le curaçao surfin est le produit de la distillation des écorces d'une espèce d'*oranger-bigaradier* qui croît dans l'île de Curaçao. Cette île, située à l'entrée du golfe du Mexique, fait partie des Antilles et appartient à la Hollande. Les fruits de ce bigaradier sont petits et tombent de l'arbre avant d'être mûrs ; en séchant, ils prennent une couleur vert bronzé. Les habitants de l'île coupent les bigarades par quartiers, enlèvent la pulpe, et livrent au commerce les zestes secs.

Les écorces de cette espèce de bigaradier ont une odeur aromatique plus suave et plus prononcée que celles du *bigaradier commun,* qui produit les oranges amères récoltées dans le midi de la France, en Espagne, en Italie, en Grèce, etc. ; mais elles s'expédient presque toutes en Hollande, où elles trouvent un débouché facile chez les liquoristes d'Amsterdam. En France, ces écorces sont très-rares. Certains droguistes vendent sous ce nom des quartiers choisis de *bigaradier ordinaire,* avec l'étiquette : *Curaçao de Hollande.* Si l'on a besoin d'une quantité considérable de ces zestes, on doit s'adresser à des maisons consciencieuses, ou directement aux commissionnaires hollandais, ou les acheter livrables en entrepôt, avec garantie d'origine.

Fabrication :

Zestes de curaçao. . . . . 5 kilog. 250 gr.
Oranges fraîches (choix de zestes d'oranges pas trop mûres). . . . . 60 oranges.
Infusion alcoolique de curaçao. . . . . . 50 centilitres.
Couleur aromatisée de Fernambouc . . . 4 litres.
Alcool à 86°. 58   —
Sirop vierge à 33° 5. 45   —
Solution aqueuse d'acide tartrique. . . . quelques gouttes.

Manière d'opérer. — On fait tremper pendant quelques heures les zestes de curaçao dans de l'eau froide, afin de

les faire ramollir ; lorsqu'ils sont mous, à l'aide d'un couteau recourbé, dit *à zester*, on enlève délicatement la peau
verte qui renferme le principe aromatique et on rejette la
peau blanche, de manière à ne laisser qu'une pellicule
mince. La partie blanche donnerait une certaine âcreté à
la liqueur. On zeste *avec les mêmes soins* les oranges fraîches et saines ; on verse le tout dans les 58 litres d'alcool, et on laisse macérer pendant vingt-quatre heures. On
ajoute ensuite à l'alcool 24 litres d'eau, et on verse le tout
dans le bain-marie. On distille toujours à l'aide d'un appareil à col de cygne et en prenant les mêmes précautions que
pour l'anisette ; seulement, on ne retire que 54 litres d'alcool parfumé à la première distillation. On met les
phlegmes à part, on ajoute 24 litres d'eau et on rectifie
pour ne retirer que 46 litres d'esprit parfumé. Les phlegmes
sont utilisés dans la fabrication des curaçaos communs.

On ajoute alors à la liqueur 50 centilitres d'infusion de
curaçao obtenue en faisant macérer 500 grammes de zestes
secs et pilés dans 1 litre 1/2 d'alcool à 86°. On choisit les
écorces sans les zester, et on laisse infuser huit jours ; on
agite de temps à autre, on décante et on filtre.

La couleur se fait de la manière suivante : on distille, en
rectifiant, une quantité double d'écorces sèches de vrai
curaçao zesté dans la quantité d'alcool indiquée par la
recette, et sans employer de zestes d'oranges ; on retire les
mêmes quantités d'alcool parfumé que dans la recette précédente, et on a ainsi 46 litres d'esprit concentré de curaçao.

Les phlegmes sont mis à part.

Voici les proportions de la couleur :

Bois de Fernambouc râpé. . . . . 4 kilog. 400 gr.
Crème de tartre en poudre. . . . . » —   70
Esprit concentré de curaçao . . . . . . 11 litres.

Cette opération se fait dans une terrine de grès à large

ouverture : on met d'abord une couche de bois que l'on saupoudre de tartre, et on arrose avec l'esprit, et ainsi de suite ; on laisse infuser huit jours, on décante et l'on verse de nouveau de l'alcool sur le bois, afin d'épuiser la couleur.

La nuance obtenue est rouge ; mais lorsqu'on verse dans des liqueurs colorées avec cette préparation quelques gouttes d'une solution aqueuse d'acide tartrique, elles deviennent jaunes. Si l'on y ajoute ensuite de l'eau, elles prennent une teinte rose. Mais il ne faut mettre que quelques gouttes de solution d'acide, remuer, et s'arrêter lorsque la couleur commence à virer, parce que, si l'on en mettait trop, on ne pourrait plus obtenir la nuance rose.

Toutes les manipulations terminées, la liqueur est ainsi composée :

Alcool parfumé rectifié	46 lit.	» cent.
Couleur alcoolique de bois de Fernambouc à l'esprit de curaçao filtré	4	»
Infusion de curaçao filtrée	»	50
Sirop vierge à 33° 5	45	»
Eau distillée	4	50
Solution acide tartrique (quelques gouttes).	»	»
TOTAL	100 lit.	» cent.

On commence par ajouter à l'alcool l'eau distillée et le sirop, et l'on mélange bien ; on ajoute ensuite l'infusion et la couleur, et l'on mélange encore. La couleur naturelle de la liqueur est alors rougeâtre. On introduit, en remuant, quelques gouttes de solution d'acide tartrique, et, dès que de rouge la couleur a viré au jaune, on s'arrête ; on met la liqueur au repos, on la colle et on la filtre.

Cette liqueur renferme, ainsi fabriquée, 40 pour 100 d'alcool pur et 376 grammes de sucre par litre ; elle gagne beaucoup si on la laisse vieillir après l'avoir filtrée. Dans les colonies, elle se boit avec de l'eau, à laquelle elle donne une teinte rosée.

Curaçao ordinaire d'exportation. — Il se fabrique de plusieurs manières :

1º En employant la même méthode qu'à la recette précédente, mais en se servant des écorces d'oranges amères du bigaradier d'Europe. On trouve dans le commerce des zestes de bigaradier sous deux formes différentes : les écorces dites *cartons,* qui sont des quartiers de bigarades dont on a enlevé la pulpe et que l'on a fait sécher avec le blanc, comme les zestes de curaçao, et des écorces de bigarades en partie zestées sur le fruit, en coupant le zeste en spirale comme un ruban. Ces rubans, qui sont en partie zestés de blanc, offrent, poids pour poids, beaucoup plus de substances aromatiques que les écorces *cartons,* et, lorsqu'ils sont bien zestés, ils obligent à moins de travail.

2º En employant des esprits concentrés de bigarades et d'oranges douces, fabriqués comme suit :

Rubans secs de bigarades.	4 kilog.	500 gr.
Do d'oranges douces.	1 —	500
Alcool à 85º	58 litres.	

On laisse macérer vingt-quatre heures et l'on ajoute 24 litres d'eau ; on distille au bain-marie, on retire 53 litres. Puis on rectifie en ajoutant la même quantité d'eau, pour retirer 48 litres de bon produit. Les phlegmes se reversent sur une autre opération. On se sert de cet esprit pour aromatiser des curaçaos ordinaires, composés comme suit :

Esprit aromatique concentré	16 lit.	» cent.
Couleur de Fernambouc à l'alcool ordinaire	3	»
Alcool à 85º.	17	»
Infusion de curaçao.	»	50
Sirop blanc à 33º 5.	30	»
Eau distillée	33	50
TOTAL.	100 lit.	» cent.

On opère comme pour la première recette, et, une fois terminée, cette liqueur renferme 30 pour 100 d'alcool et 250 grammes de sucre par litre.

3° *Par essences* :

Essence d'oranges amères (dites de curaçao). 75 gr.
Do   do   douces (dites de Portugal). 20
Infusion alcoolique de curaçao . . . . 50 cent.

On mélange ces essences dans 33 litres d'alcool à 85° ; on y ajoute 30 litres de sirop, 3 litres de couleur ordinaire et l'on termine comme pour la liqueur précédente. Le titre et la densité sont les mêmes.

4° *Par infusions (ratafia de curaçao)* :

Zestes d'oranges amères, bien mondés et secs. 4 kilogr.
Do   do   douces,   do   1 —
Alcool à 85°. . . . . 38 litres.

On laisse infuser huit jours, on décante et on filtre. Il reste environ 36 litres d'infusion claire. On opère sur les bases suivantes :

Infusion d'oranges amères et douces . . . . . 36 litres.
Sirop blanc à 33° 5. . . . . 30 —
Couleur faite à l'alcool ordinaire . . . . 3 —
Eau distillée . . . . 31 —
                TOTAL . . . . 100 litres.

Cette liqueur possède un titre alcoolique et une densité qui approchent des deux recettes précédentes ; mais elle a de l'amertume. On n'emploie pas dans le commerce ce procédé, qui est défectueux.

On pourrait colorer le curaçao avec du bois de Brésil ordinaire ; mais ce bois est inférieur au fernambouc de choix. On peut aussi se servir d'une couleur extraite du bois de campêche, l'*hématine*, qui se dissout très-bien dans l'alcool ; les résultats en sont les mêmes.

Expéditions. — Les curaçaos d'exportation s'expédient en *cruchons en grès,* de 75 centilitres ou d'un litre. On demande quelquefois des *marteaux* ou bouteilles de forme hollandaise; mais les cruchons doivent être préférés. On les emballe côte à côte, *sur un seul rang,* dans des caisses de toutes grandeurs, selon les commandes.

Cacao à la vanille. — Cette liqueur appartient plus spécialement au genre dit *liqueurs des îles.* Elle est le produit de la distillation du cacao jointe à une infusion de vanille.

Cacao caraque....................	5 kilog.
Infusion alcoolique de vanille..........	2 litres.
Alcool à 86°....................	40 —

Le cacao est torréfié, décortiqué et réduit en poudre; on le fait infuser huit jours dans l'alcool; on met alors 20 litres d'eau et on distille au bain-marie à l'aide d'un alambic rectificateur pour retirer 38 litres d'alcool parfumé; on y ajoute la teinture de vanille et 56 kilog. de sucre blanc fondu à chaud dans une très-petite quantité d'eau distillée (la dissolution doit être froide lorsqu'on l'emploie). On a ainsi 1 hectolitre de liqueur ayant 35 pour 100 d'alcool et 562 grammes de sucre par litre.

Crème de cacao. — Autre procédé :

Eau distillée de cacao;...........	40 litres.
Alcool rassis à 86°.............	35 —
Infusion alcoolique de vanille.........	5 —
Sucre blanc.................	56 kilog.

On fait fondre le sucre dans le bain-marie à une douce chaleur, avec l'eau distillée, et en remuant avec une spatule; on ajoute ensuite, après refroidissement, dans le bain-marie couvert, l'alcool et l'infusion de vanille et l'on complète 1 hectolitre de liqueur.

A. 28

Ces deux recettes donnent des liqueurs surfines ; pour les liqueurs fines ou mi-fines, on remplace la moitié de l'infusion de vanille par 1 litre d'eau distillée de cannelle ; mais on n'obtient alors qu'une liqueur bien moins suave qu'avec les recettes précédentes.

Crème de moka :

Café moka . . . . 5 kilog.
Esprit d'amandes amères . . . . 3 litres.
Alcool rassis à 86° . . . . 39 —

On opère exactement comme pour le cacao quant à la macération, la distillation et les proportions.

Crème de café par infusion :

Café moka torréfié et moulu . . . . 2 kilog.
Alcool à 86° . . . . 35 litres.
Sucre, 25 kilog., ou sirop à 86° . . . . 28 —

On jette le café concassé dans l'alcool, où il macère pendant quinze jours. On remue de temps en temps, ensuite on décante, on ajoute l'alcool et l'on filtre. Cette liqueur a une couleur brune ; elle renferme environ 30 pour 100 d'alcool et 250 grammes de sucre par litre.

Liqueurs à base de menthe. — Il existe plusieurs liqueurs dont l'arome dominant est formé par la menthe ; ainsi on connaît la *crème de menthe glaciale*, le *pipermint*, dont le nom dérive de *mentha piperata*, menthe poivrée.

L'arome de la menthe est très-dominant, il exige beaucoup de sucre.

Crème de menthe glaciale. — Qualité surfine :

Menthe poivrée (sommités fleuries). . . . . . 7 kilog.
Alcool de vin à 86° . . . . 32 litres.
Essence de menthe . . . . 20 grammes.

On fait macérer la menthe un jour dans l'alcool, on ajoute 15 litres d'eau et l'on distille au bain-marie avec un alambic à plateaux, où l'on rectifie, pour retirer 30 litres d'esprit parfumé auquel on ajoute l'essence de menthe. On termine la liqueur par l'addition de 56 litres de sirop blanc ou 50 kilog. de sucre raffiné, pour former 1 hectolitre de liqueur ayant 25 pour 100 d'alcool pur et 500 grammes de sucre par litre. On remarquera que la quantité d'alcool pur est moindre que dans la plupart des liqueurs surfines. Nous nous sommes assuré qu'à ce titre elle est beaucoup plus agréable que si le degré en était plus élevé, et la sensation de fraîcheur que l'on éprouve est plus prononcée.

Élixir de menthe ou pipermint :

Esprit de menthe. . . . . 30 litres.
1 kilog. sommités fleuries de menthe infusées
   dans de l'alcool à 86°. . . . . 40 —
Essence de menthe anglaise. . . 20 grammes. ❯
Sirop de sucre à 36°. . . . . 30 —

     TOTAL. . . . . 100 litres.

Cet élixir, dont le titre alcoolique est le même que celui de la chartreuse verte du couvent, renferme 60° d'alcool pur et 270 grammes de sucre par litre. Il est coloré en vert par la menthe; c'est un cordial des plus puissants, mais trop alcoolique et pas assez sucré pour être bu en nature. La plupart des liqueurs vendues sous ce nom ne sont pas fabriquées de cette manière, ce sont tout simplement des eaux de menthe colorées en vert par le bleu et le jaune.

Menthe verte :

Eau distillée de menthe. . . . . 12 litres.
Alcool à 86°. . . . . 30 —
Sucre, 25 kilog., ou sirop de sucre à 36 . . . 28 —

Colorer en vert avec du bleu et du jaune.

Titre : 25 pour 100 d'alcool pur, et 250 grammes de sucre par litre.

Menthe ordinaire. — On aromatise 1 hectolitre de liqueur simple avec 8 à 10 litres d'eau de menthe, ou 15 à 20 litres d'esprit de menthe, ou 20 grammes d'essence. Cette liqueur, à densité égale, paraît moins sucrée que les autres, à cause du piquant de la menthe, qui domine la saveur sucrée.

Crème de noyaux. — Les crèmes et eaux de noyaux sont le produit de la distillation des noyaux *d'abricots* et de *pêches.* On n'emploie pas les noyaux de prunes, qui renferment en plus grande quantité l'acide hydrocyanique ; les noyaux de cerises sont employés pour les marasquins. On augmente le goût de noyau en ajoutant de l'esprit ou de l'eau d'amandes amères ; mais il ne faut pas forcer l'arome par ce moyen, car ces eaux et esprits contiennent de l'acide hydrocyanique, qui est un toxique dangereux.

Crème de noyaux. — Qualité surfine :

Noyaux d'abricots.	5 kilog.
Do de pêches.	3 —
Amandes amères	2 —
Alcool de vin rassis à 86°.	42 litres.
Eau de fleurs d'oranger.	2 —
Sucre fondu à chaud.	56 kilog.

On écrase les noyaux et amandes le plus finement possible, et l'on met le tout à infuser deux jours dans la cucurbite d'un alambic à tête de more. On ajoute 21 litres d'eau au moment de distiller à feu nu ; on retire 42 litres auxquels on ajoute 20 litres d'eau. L'appareil est vidé et nettoyé, et l'on rectifie dans la cucurbite à feu nu pour retirer 40 litres d'esprit aromatique ; on y vide l'eau de fleurs d'oranger et le sucre fondu à chaud, ce qui forme une liqueur renfermant 34 pour 100 d'alcool et 562 grammes de sucre par litre.

Crème de noyaux. — Fine :

Esprit de noyaux d'abricots à 86°	20 lit.	» cent.
Do d'amandes amères.	5	»
Do de citron	»	50
Do d'oranges douces.	»	50
Do de cannelle.	»	50
Do de girofle.	»	50
Alcool de vin à 86°.	3	»
Sirop de sucre blanc à 36°.	45	»
Eau de fleurs d'oranger.	1	»
Eau distillée.	24	»
TOTAL.	100 lit.	» cent.

Cette liqueur renferme 25 pour 100 d'alcool pur et 405 grammes de sucre par litre.

Crème de noyaux. — Demi-fine :

Esprit de noyaux d'abricots.	12 litres.
Esprit d'amandes amères.	1 —
Eau de fleurs d'oranger.	1 —
Alcool à 86°.	15 —
Sucre fondu à chaud	25 kilog.

On ajoute l'eau distillée nécessaire pour former 1 hectolitre. Cette liqueur renferme 24 pour 100 d'alcool pur, et 250 grammes de sucre par litre.

Crème de noyaux. — Procédé par essence : on mélange aux liqueurs simples une moyenne de 40 grammes de bonne essence de noyaux par hectolitre. Cette dose sera augmentée d'un cinquième pour les liqueurs alcooliques et très-sucrées, qui devront recevoir 1 à 2 pour 100 d'eau de fleurs d'oranger. La quantité sera diminuée d'autant pour les liqueurs faibles.

Crème et huile de vanille. — Cette liqueur se
prépare par infusion ; on pile la vanille, après l'avoir
coupée en très-petits morceaux, avec du sucre blanc en
poudre, dans les proportions de 10 grammes de vanille
pour 200 grammes de sucre. On met le tout dans un vase,
on y ajoute une couche de sucre non vanillé, et on bouche.
On laisse le sucre deux jours en contact avec la vanille, et
on le fait fondre à une douce chaleur, en le vidant sur
l'alcool et le sirop placés dans le bain-marie, et en remuant.
Ensuite, après avoir recouvert le bain-marie, on chauffe,
mais à petit feu, comme pour opérer un vieillissement
artificiel par le *tranchage*. On ferme la portière et le registre du fourneau pour laisser refroidir très-lentement. On
ne retire la liqueur du bain-marie que le lendemain.

La dose de vanille de bonne qualité à employer est de
1 gramme par litre de liqueur demi-fine, et de 2 grammes
par litre de liqueur surfine. Pour 10 litres de liqueur surfine, on procéderait ainsi :

Vanille coupée en très-petits morceaux . . .	20 gr.	
Sucre blanc en poudre fine.	600 gr.	
Alcool rassis à 86°	4 lit.	» cent.
Sirop blanc à 36°.	5	50
Eau distillée	»	50
TOTAL.	10 lit.	» cent.

On pilerait la vanille avec les deux tiers du sucre en
poudre, soit 400 grammes, et l'on réserverait l'autre tiers
pour former une couche dessus et dessous le sucre vanillé,
que l'on couvrirait ensuite pour le laisser macérer deux
jours avant de l'employer.

Cette liqueur se colore en rose avec la cochenille.

Huile de roses. — Cette liqueur s'aromatise, soit
avec l'eau distillée de roses, soit avec l'esprit de roses. Les

proportions de bonne eau distillée de roses à employer
sont de 10 pour 100 pour les liqueurs demi-fines, d'un tiers
pour les liqueurs surfines. Cette dose est augmentée ou
diminuée selon la densité de la liqueur et son titre alcoolique, qui, pour l'huile de roses, ne doit pas dépasser
30 pour 100 d'alcool pur. A défaut d'eau distillée de roses,
on emploie l'essence, à la dose de 1 gramme par 10 litres
en moyenne.

La couleur rose s'obtient avec la cochenille.

Crème de fleurs d'oranger. — Ou peut fabriquer
cette liqueur : 1° par les esprits distillés de fleurs d'oranger ; 2° par les eaux distillées de ces fleurs ; 3° par l'infusion de leurs pétales ; 4° par la dissolution de l'essence
de néroli. Les esprits renferment une quantité d'arome
équivalente à la bonne eau distillée de fleurs d'oranger ; mais
comme on ne peut les obtenir que par la distillation des
fleurs, ils sont assez rarement employés.

Crème de fleurs d'oranger. — Surfine :

Eau de fleurs d'oranger	20 litres.
Alcool de vin à 86°	40 —
Sucre blanc fondu à chaud	56 kilog.

On mélange et l'on complète l'hectolitre. Cette liqueur
renferme 34 pour 100 d'alcool, et 560 grammes de sucre
par litre.

Crème de fleurs d'oranger. — Mi-fine :

Eau de fleurs d'oranger	10 litres.
Alcool rassis de vin à 86°	29 —
Sirop de sucre blanc à 36°	28 —
Eau distillée.	33 —
TOTAL.	100 litres.

Titre alcoolique, 25 pour 100 ; sucre, 250 grammes.

Dans les liqueurs ordinaires on n'emploie que 7 litres d'eau aromatique.

Liqueur de fleurs d'oranger par infusion. — On fait infuser dans un litre de bonne eau-de-vie à 50°, 25 grammes de fleurs d'oranger fraîchement cueillies et mondées de leur calice. On bouche le vase que l'on place au grenier où on le laisse macérer quinze jours. On fait fondre alors du sucre blanc à chaud avec de l'eau et dans les proportions d'une livre de sucre (500 gr.) par litre de sirop, une fois fondu. (c'est-à-dire qu'on mettra moins d'un litre d'eau pour faire fondre le sucre). Ensuite, on mélangera un litre de ce sirop avec un litre d'infusion, ce qui formera une liqueur demi-fine ayant 25 pour 100 d'alcool et 250 grammes de sucre.

Fleur d'oranger par essence. — L'essence de néroli s'emploie à la dose de 1 à 2 grammes par 10 litres de liqueur, selon la densité et le titre, mais le produit obtenu est inférieur aux liqueurs faites avec l'eau distillée de fleurs d'oranger.

Crème d'angélique. — L'angélique a un arome très-prononcé ; les racines ont une odeur plus forte que les tiges et les semences. On emploie, pour les liqueurs, les racines et les semences, dont on peut extraire le parfum par l'eau ou l'alcool en faisant des eaux et esprits distillés, ou bien par infusions alcooliques, ou enfin par dissolution des essences.

Crème d'angélique. — Surfine :

Esprit de sémences d'angélique........	1 lit.	» cent.
Do de racines	1	»
Do de fenouil................	»	10
Do de coriandre.............	»	5
Alcool de vin à 86°.............	1	»
5 kilog. sucre blanc, ou sirop de sucre à 36°	5	60

Cette liqueur renferme 30 pour 100 d'alcool pur et 500 grammes de sucre par litre.

Dans la qualité demi-fine il suffira de supprimer le quart des esprits distillés portés dans cette recette.

Les esprits d'angélique, racines et semences, rentrent dans la composition d'un grand nombre d'élixirs et de liqueurs stomachiques; ils forment la base des liqueurs de Raspail; ils sont un des aromes dominants, dans les chartreuses du couvent et leurs nombreuses imitations.

La liqueur d'angélique, par simple infusion, se fait en mettant à digérer 20 grammes de racine d'angélique par litre d'eau-de-vie à 50°, laissant macérer quinze jours et terminant ensuite la liqueur comme celle de fleurs d'oranger par infusion.

Liqueurs d'angélique par les essences. — On emploie en moyenne 10 grammes d'essences pour les liqueurs dites *fines*, un tiers de plus pour les surfines et un tiers de moins pour les communes.

Élixir Raspail. — Nous donnons textuellement la recette de cette liqueur telle que l'indique l'*Annuaire de la Santé F.-V. Raspail, pour 1875,* page 44.

« *Formule de la liqueur de table et de dessert, ou liqueur hygiénique sucrée* :

Alcool à 21° Cartier	1	litre.
Racines d'angélique	15	grammes.
Calamus aromaticus	2	—
Myrrhe	1	—
Cannelle	25	centilitres.
Aloès	25	—
Clous de girofle	25	—
Vanille	25	—
Camphre	25	—
Noix muscades	25	—
Safran	5	—

» On fait digérer comme ci-dessus ce mélange, on transvase avec soin, on complète la proportion d'eau-de-vie, et on y ajoute 500 grammes (1 litre) de sucre caramélisé dans un demi-litre d'eau.

» Si on désirait obtenir la liqueur plus agréable et incolore, avant d'ajouter la proportion du sucre caramélisé, on soumettrait la macération à la distillation et l'on ajouterait la dose d'aloès à la portion distillée. »

Les 21° Cartier correspondant à 57° 1/2 centésimaux d'alcool pur, en opérant par hectolitre, on ferait fondre 50 livres de sucre dans 50 litres d'eau, ce qui formerait un ensemble de 175 litres de liqueur, dont le titre alcoolique serait de 33° d'alcool pur sur 333 grammes de sucre par litre.

En opérant en grand, tout en suivant exactement les indications de la recette de M. Raspail, on pourrait, croyons-nous, faire macérer les aromates bien pulvérisés dans la quantité de l'alcool prescrit; toutefois, l'aloès et la vanille, dont l'arome ne passe pas à la distillation, devraient être infusés à part. Les autres éléments de la recette seraient traités au bain-marie, dans un alambic simple ou à tête de more, à cause des essences lourdes que renferment quelques-uns d'entre eux. La distillation serait conduite à petit filet, mais sans rectifier, et l'on terminerait la liqueur en ajoutant à l'esprit distillé l'aloès, l'infusion de vanille et le sucre fondu à chaud.

Élixir de Garus. — C'est une liqueur célèbre, mais qui ne peut s'apprécier que lorsqu'elle a vieilli. Elle renferme 47 pour 100 d'alcool pur et 500 grammes de sucre par litre. La recette de l'élixir de Garus est consignée dans le *Codex* pharmaceutique; nous en donnons la copie textuelle :

Aloès succotrin	20 grammes.
Safran.	20 —
Myrrhe	20 —
Cannelle de Chine	15 —
Girofle.	15 —
Muscade :	15 —
Alcool à 56° centésimaux.	8,000 —
Eau de fleurs d'oranger.	500 —

Laisser macérer quarante-huit heures, distiller pour recueillir 4 kilog. d'alcool parfumé ou *alcoolat de Garus*. L'élixir se termine ainsi :

Alcoolat de.garus.	4,000 grammes.
Sirop de capillaire.	5,000 —
Safran.	4 —
Eau de fleurs d'oranger.	250 —

Faites macérer le safran dans l'eau de fleurs d'oranger, pendant vingt-quatre heures; mêlez le tout et filtrez.

Les diverses formules dont se servent certains liquoristes pour imiter à peu près le goût du garus sont sans importance. Un élixir doit se faire *tel qu'il est prescrit*, ou ce n'est alors qu'un produit de fantaisie, une imitation plus ou moins imparfaite et qui souvent n'a pas de valeur commerciale. Mieux vaut faire usage de la formule connue et donner ses soins à la fabrication.

Chartreuse ; liqueurs similaires. — Les liqueurs connues sous le nom de *chartreuse* proviennent du couvent des religieux de Saint-Bruno; elles sont fabriquées à la *Grande-Chartreuse*, près de Grenoble; elles ont été composées par le P. Garnier, qui, de son vivant, a tenu ses formules secrètes. Il y en a de trois sortes : 1° la *liqueur jaune;* elle renferme 32 pour 100 d'alcool pur (c'est la plus faible des trois variétés), et contient 250 grammes de sucre; 2° la *liqueur blanche* ou incolore, qui renferme

44 pour 100 d'alcool pur et 380 grammes de sucre ; 3° la *liqueur verte* (la plus alcoolique) ; elle a 60 pour 100 d'alcool et très-peu de sucre, 120 grammes environ. La liqueur la plus connue des consommateurs est la jaune.

Ces trois liqueurs étant vendues fort cher, on a cherché depuis longtemps à les imiter ; des liquoristes très-compétents, qui les ont analysées avec le plus grand soin, surtout sous le rapport de la recherche des principes aromatiques qu'elles renferment, affirment qu'elles ont pour base des aromes extraits par distillation, principalement de la coriandre et de l'angélique, et comme parfums secondaires : la mélisse, la menthe, le génépi des Alpes, le serpolet et le thym. Ces plantes sont, comme on voit, fort communes ; mais ce qui a surtout contribué à la vogue de la chartreuse du couvent, c'est que la distillation en a été faite avec des *alcools moelleux de vin et que les liqueurs ne s'expédient qu'une fois vieillies par le temps.* Pour arriver à composer des liqueurs ayant de l'analogie avec celles du couvent, il ne faut pas seulement employer les mêmes bases aromatiques, il faut prendre autant de soin à choisir la *base alcoolique ;* conséquemment on devra rejeter pour cet emploi (comme du reste pour toutes les liqueurs fines, si on tient à bien faire) aussi bien les alcools du Nord, dont le goût d'origine est sensible pour les connaisseurs, même lorsqu'il paraît *masqué* par les aromates, que les trois-six du Midi faits avec des vins piqués, à goût de terroir, qui produisent des alcools âcres et communs. On devra donc prendre des eaux-de-vie directes, moelleuses et sans terroir, pour faire macérer les plantes, dont l'infusion sera prolongée et la distillation faite sans addition d'eau après macération. Nous avons employé dans nos divers essais des armagnacs de bonne nature, comparativement avec des trois-six, et la différence entre les deux esprits distillés était très-grande.

surtout lorsqu'on les comparait étendus d'eau ou mis en liqueur. Certains fabricants, qui ne recherchent que le bon marché, nous ont dit que *c'était dommage* d'employer de bonnes eaux-de-vie aux macérations ; que le trois-six neutre, de quelque origine qu'il fût, suffisait, et que les esprits distillés obtenus par les alcools neutres étaient plus fins et rendaient mieux le goût et l'arome des plantes infusées, que ceux qui proviennent des eaux-de-vie directes de vin ; que pour un emploi immédiat, le goût et l'arome des plantes étaient plus nets. Cela est vrai pour les esprits employés au jour le jour ; mais si l'on garde les liqueurs quelque temps au repos, il se forme dans celles qui proviennent de la distillation de bonnes eaux-de-vie de vin des éthers qui se combinent avec les aromes des plantes ; et à égalité de titre alcoolique et de densité, elles prennent beaucoup plus de moelleux, de velouté et de finesse de goût.

Il existe un grand nombre d'imitations des liqueurs du couvent de la Grande-Chartreuse. Des moines d'autres ordres, trappistes, bénédictins, etc., jaloux du succès des chartreux, se livrent également à la fabrication des liqueurs. On trouve dans le commerce une grande variété de liqueurs présentées sous des noms de couvent, ou de Pères ou *faux Pères*, afin d'amorcer le public, sans compter les nombreuses imitations faites par des liquoristes plus ou moins habiles qui les baptisent de noms divers.

Nous allons donner deux formules d'imitation de la liqueur jaune qui est la plus demandée :

Liqueur jaune similaire à la grande chartreuse :

Coriandre.	350 grammes.
Angélique (semences)	30 —
Do (racines).	30 —
Mélisse citronnée.	60 —
Menthe.	30 —

Génépi. . . . .   30 grammes.
Hysope fleurie   30   —
Serpolet.   5   —
Thym.   5   —
Cardamome mineur.   5   —
Armagnac en nature à 52°. . . . .   14 litres.
Sucre fondu à chaud . . . .   5 kilog.

Piler la coriandre, diviser les plantes et les mettre à infuser huit jours dans l'armagnac ; distiller ensuite au bain-marie avec un alambic à plateaux rectificateurs sans ajouter d'eau, et retirer 8 à 9 litres d'esprit parfumé ; mettre les queues à part ; mélanger avec le sucre fondu et l'eau distillée nécessaire pour former 20 litres, et colorer en jaune clair avec la couleur de safran. Cette liqueur a le titre alcoolique exact et la densité de celle du couvent ; elle doit avoir 32 pour 100 d'alcool pur et 250 grammes de sucre par litre.

Voici quelles sont les formules d'imitation des chartreuses qui ont été publiées par M. Malepeyre.

Liqueur jaune (imitation de la chartreuse) :

Absinthe des Alpes (génépi). . . . .   25 grammes.
Aloès succotrin.   5   —
Angélique (semences).   25   —
     D°   (racines).   25   —
Fleurs d'arnica.   3   —
Cannelle de Chine.   3   —
Cardamome mineur.   6   —
Coriandre.   300   —
Girofle   3   —
Sommités fleuries d'hysope   30   —
Macis.   3   —
Mélisse citronnée   50   —
Alcool à 85°. . . . .   8 lit. 50 cent.
Sucre raffiné . . . .   5 kilog.

On fait macérer un ou deux jours les substances aromatiques ; on ajoute un tiers d'eau avant de distiller ; on retire 8 litres 50 d'esprit parfumé ; on ajoute 4 litres d'eau ; on rectifie pour obtenir 8 litres de bon produit, sur lequel on mélange le sucre fondu à chaud et refroidi. On complète les 20 litres avec de l'eau ordinaire ; on tranche, on colore en jaune avec le safran, on colle et on filtre. Cette liqueur a 34 pour 100 d'alcool pur et 250 grammes de sucre par litre.

Liqueur blanche (imitation des chartreuses) :

Absinthe des Alpes (génépi)............	25 grammes.
Angélique (semences)................	25 —
Do (racines)...............	6 —
Calamus aromaticus................	6 —
Cannelle de Chine.................	20 —
Cardamome mineur...............	6 —
Fèves de Tonka...............	2 —
Girofle...................	6 —
Hysope (sommités fleuries)............	25 —
Macis....................	6 —
Muscades..................	3 —
Mélisse citronnée................	25 —
Alcool à 85°...................	10 lit. 50 cent.
Sucre raffiné...................	7 kil. 50 gr.

Opérez comme à la recette précédente ; la liqueur reste incolore. Elle renfermera 42° 1/2 d'alcool pur et 375 grammes de sucre par litre.

Liqueur verte (imitation des chartreuse) :

Absinthe des Alpes (génépi)...........	50 grammes.
Angélique (semences)...............	25 —
Do (racines)...............	12 —
Fleurs d'arnica.................	3 —
Grand baume (balsamite)............	30 —
Cannelle de Chine................	3 —
Hysope (sommités fleuries)............	60 —
Macis....................	4 —
Bourgeons de peupliers baumier.........	4 —
Mélisse citronnée................	100 —
Menthe poivrée.................	50 —
Thym....................	6 —
Alcool à 85°...................	12 lit. 50 cent.
Sucre....................	5 kilog.

Opérez comme à la recette précédente. Cette liqueur renferme 51 pour 100 d'alcool pur et 250 grammes de sucre par litre; elle se colore en vert par la couleur bleue mélangée de jaune. La liqueur verte, distillée au même titre que celle du couvent (à 61°), renferme assez d'alcool pour supporter la coloration par les plantes, qui, toutefois, forment un dépôt considérable et se précipitent en partie; en ce cas on choisira la mélisse bien sèche et mondée; pour faire la coloration, on fera dissoudre la chlorophylle dans une partie de l'esprit aromatique (1/4 du produit de la distillation) que l'on chauffera légèrement dans le bain-marie comme pour faire un tranchage, et après coloration et filtration on mettra la liqueur au repos pour en extraire le dépôt.

Imitation des chartreuses par les essences. — On n'obtient ainsi que des copies très-inférieures aux modèles, et qui, au lieu de gagner en qualité en vieillissant, perdent une partie de leur parfum et ont un certain piquant, une âcreté qui, au bout de quelque temps, se change en odeur rance, surtout lorsqu'on a employé des essences déjà vieilles. Voici les proportions employées faute d'appareils distillatoires :

Essence d'angélique.	2 grammes.
Mélisse citronnée.	4 décigr.
Hysope	4 —
Menthe anglaise	4 —
Cannelle..	4 —
Muscades.	4 —
Girofle	4 —
Coriandre.	4 —
Alcool à 85°	8 litres.
Sucre fondu à chaud	5 kilog.

Mélanger les essences avec l'alcool, colorer au besoin en jaune ou en vert. Titre : 34 pour 100 d'alcool pur et 250 grammes de sucre.

Liqueur de séve de pin. — Cette liqueur est le produit de la distillation de la séve de l'arbre, infusée dans de l'alcool (on opère de même avec les jeunes bourgeons de plusieurs arbres); on obtient ainsi un produit térébenthiné, à odeur légèrement camphrée, que l'on aromatise avec l'eau distillée de serpolet.

Esprit distillé de séve de pin.........	10 litres.
Eau distillée de serpolet............	10 —
Alcool à 86°...................	25 —
Sucre fondu à chaud..............	50 kilog.

On mélange le tout. La liqueur renferme 30 pour 100 d'alcool pur et 500 grammes de sucre.

Crème de thé. — Surfine :

Eau distillée de thé............	30 litres.
Alcool de vin rassis à 86°.........	35 —
Sucre raffiné blanc............	50 kilog.

On fait fondre le sucre dans l'eau distillée de thé en mélangeant et à l'aide d'une douce chaleur. La liqueur renferme 30 pour 100 d'alcool pur et 500 grammes de sucre par litre.

Crème de thé par esprits. — Surfine :

Esprit distillé de thé...........	35 litres.
Esprit de racines d'angéliques.......	1 —
Sirop blanc de sucre, 62 litres à 36°, où sucre raffiné.............	56 kilog.

La liqueur renferme 30 pour 100 d'alcool et 560 grammes de sucre par litre.

Crème de thé. — Fine :

Esprit de thé..............	6 litres.
Esprit de racines d'angélique.......	10 centilitres.
Alcool à 86°..............	1 lit. 90 centil.
Sucre fondu à chaud..........	8 kilog.

A. 29

Produit, 20 litres, contenant 30 pour 100 d'alcool et 400 grammes de sucre par litre.

Crème d'œillet. — Fine :

Eau distillée d'œillets	10 litres.
Esprit de girofle.	1 —
Alcool à 86º	31 —
Sucre raffiné	40 kilog.

On fait fondre le sucre à chaud pour compléter un hecto-litre et l'on mélange l'eau distillée avec l'alcool. La liqueur renferme 28 pour 100 d'alcool pur et 400 grammes de sucre par litre.

Crème d'œillet. — Surfine :

Esprit d'œillets	5 lit.	» centil.
Dº de girofle	»	40 —
Alcool à 86º	2	60 —
Sirop blanc de sucre à 36º	12	» —
TOTAL.	20 lit.	» centil.

Mélanger. Titre alcoolique : 30 pour 100 d'alcool ; sucre, 540 grammes par litre.

Eau-de-vie de Dantzig. — Cette eau-de-vie est sucrée et il entre dans sa composition des aromates qui diffèrent selon les fabricants. Nous donnons trois formules.

Eau-de-vie de Dantzig (formule allemande selon Malepeyre) :

Semence de cumin.	180 grammes.
Dº de céleri	180 —
Anis verts.	300 —
Muscades	60 —
Écorces d'oranges.	120 —
Alcool à 90º	10 litres.
Sucre.	4 kil. 50 gr.
Eau.	8 litres.

On fait digérer pendant huit jours, on distille après avoir ajouté à l'alcool 5 litres d'eau, et l'on retire 8 litres. Au produit distillé on ajoute le sirop de sucre, puis l'eau pour ramener à 36°. La liqueur renferme 36° d'alcool pur et 225 grammes de sucre par litre.

Eau-de-vie de Dantzig surfine (formule française) :

Esprit de cannelle de Ceylan	» lit.	70 centil.	
Dᵒ dᵒ de Chine	1	50	—
Dᵒ de coriandre.	1	20	—
Dᵒ de cardamome mineur	»	15	—
Dᵒ dᵒ majeur.	»	15	—
Dᵒ d'ambrette.	»	10	—
Alcool à 85°.	3	60	—
Sucre fondu à chaud.	10 kilog.		

On mélange, avec l'eau nécessaire pour former 20 litres, les esprits distillés et le sucre fondu à chaud. Cette liqueur renferme 36 pour 100 d'alcool pur et 500 grammes de sucre par litre. On broie une feuille d'or ou d'argent dans un peu d'alcool, et on verse dans les bouteilles.

Kummels. — Les kummels sont des liqueurs dont la base aromatique est la semence de cumin, plante originaire d'Égypte, et cultivée aujourd'hui en Europe. Cette semence, qui a une odeur excessivement forte et une saveur âcre et chaude, est très-stimulante ; ses propriétés paraissent être les mêmes que celles de l'anis et du fenouil, mais plus prononcées et moins douces. C'est une liqueur russe et allemande.

Kummel, liqueur (formule allemande de Malepeyre) :

Semence de cumin	900 grammes.
Alcool à 80° centésimaux.	11 lit. 30 cent.
Sucre.	4 kil. 50 gr.

Faites digérer ; distillez, retirez 10 litres 60 centilitres de bon produit, ajoutez le sirop de sucre et l'eau nécessaire pour former 20 litres et ramener le mélange à 40° d'alcool pur. La liqueur renferme 225 grammes de sucre.

Kummel de Breslau (20 litres à 40° d'alcool pur) :

Semence de cumin	900 grammes.
Fenouil	60 —
Cannelle de Chine	20 —
Alcool à 80°	11 lit. 30 cent.
Sucre	4 kil. 50 gr.

Opérez comme à la première recette.

Kummel de Dantzig (même titre) :

Semence de cumin	900 grammes.
Coriandre	60 —
Écorces d'oranges	30 —
Alcool à 80°	11 lit. 30 centil.
Sucre	4 kil. 50 gr.

Même manipulation qu'à la première recette.

Kummel de Magdebourg (20 litres à 40° d'alcool) :

Semence de cumin	900 grammes.
Anis	60 —
Fenouil	30 —
Alcool à 80°	11 lit. 30 centil.
Sucre	4 kil. 50 gr.

Le titre alcoolique et la densité de ces trois kummels sont les mêmes.

Kummel par les essences :

Essence de cumin	15 grammes.
Alcool à 90°	9 litres.
Sucre	4 kil. 500 gr.

Titre alcoolique, 40 pour 100 d'alcool pur ; sucre, 225 grammes par litre.

Cassis. — La liqueur de cassis est le produit de l'infusion alcoolique du fruit, à laquelle on ajoute quelques litres d'infusion alcoolique de framboises afin de lui donner un parfum plus prononcé. Nous avons parlé en détail des infusions diverses des fruits. Certains liquoristes, dans le but d'employer une moindre quantité d'infusion première, y ajoutent des infusions de feuilles de cassis, de girofle, de la cannelle, des couleurs rouges artificielles. On ne peut obtenir ainsi qu'un ratafia commun; on ne devrait employer que l'eau distillée des feuilles de cassis pour augmenter l'arome des cassis communs, parce que l'infusion directe des feuilles avec le fruit donne une saveur peu agréable.

Crème de cassis. — Surfine :

Infusion vierge de cassis	5 litres.
Infusion alcoolique de framboises	1 —
Sucre raffiné 5 kilog., ou sirop concentré	4 —
TOTAL	10 litres.

Produit, 10 litres; alcool, 30 pour 100 en moyenne; sucre, 500 grammes.

Ratafia de cassis, fin. — Il arrive souvent que l'infusion alcoolique de cassis, bien qu'ayant un goût de fruit très-prononcé, est peu colorée, surtout lorsque les grains n'ont pas été préalablement écrasés. On remédie à cet inconvénient en ajoutant à la liqueur 10 à 20 pour 100 de bon vin rouge de côtes, vieux d'une année, ayant une belle couleur et un bon goût de fruit. On opère ainsi qu'il suit :

Infusion de cassis	35 litres.
Do de framboises	5 —
Vin rouge, vieux, franc de goût	15 —
Sucre fondu à chaud	30 kilog.

Ce cassis a une moyenne de 25 pour 100 d'alcool et de 300 grammes de sucre.

Les ratafias de cassis communs ne sont qu'un mélange des dernières infusions du fruit, auxquelles on a ajouté de l'alcool, des aromates et de la couleur. On n'y retrouve pas la finesse de goût des infusions vierges.

Fraises, framboises. — Ces deux fruits, ainsi que les *cerises*, les *merises*, peuvent se conserver par infusions alcooliques, et entrer en diverses proportions dans la composition des ratafias et des marasquins. Les fraises et les framboises donnent aux liqueurs de fruits un arome très-délicat; la framboise a des emplois multiples; elle entre sous forme d'esprit, ou même de simple infusion, dans un grand nombre de liqueurs de table, à part les ratafias; infusée avec le double de son poids de bon vinaigre, elle sert à la préparation des sirops de groseille, framboise, etc.

Marasquins *(Maraschino).* — Le marasquin est une liqueur qui se fabriquait en Dalmatie, à Zara, et dont la base était la distillation des fruits, des feuilles et des noyaux du merisier (cerisier sauvage), mêlés avec des framboises.

Aujourd'hui, on fabrique dans le midi de la France des eaux distillées dites de *marasques*, dans les endroits où les merises et les framboises sont abondantes. Ces eaux servent aux liquoristes pour préparer les marasquins dits *de Zara*.

Les eaux dites *de marasques* se préparent de la manière suivante :

Merises écrasées.	30 kil.	» gr.
Feuilles de merisier	1	500
Framboises en maturité et écrasées . . .	4	500
Fraises.	4	500
Noyaux de pêche.	»	300
Eau	60 litres.	

On fait macérer ces substances dans l'eau pendant vingt-quatre heures, et l'on distille lentement dans une cucurbite munie d'un grillage qui empêche le mélange de brûler. On retire 30 litres d'eau parfumée.

On trouve dans le commerce des eaux de marasques qui ont été préparées par la distillation de noyaux ou d'amandes amères, de myrrhe, d'infusion de vanille. Ces préparations sont loin de valoir celles qui sont faites avec les fruits que nous citons.

Lorsqu'on peut se procurer, ou mieux fabriquer l'eau distillée de *marasque*, on opère de la manière qui suit :

Alcool à 85°	44 lit.	» cent.
Teinture d'iris de Florence	»	50
Eau de fleurs d'oranger	1	50
Eau de roses	1	»
Eau de marasque	20	»
Sirop vierge à 33° 5	33	»
TOTAL.	100 lit.	» cent.

On verse les eaux distillées dans l'alcool, on agite et on ajoute le sirop ; on agite de nouveau et on laisse la liqueur incolore.

Le marasquin ainsi fabriqué a un titre alcoolique de 40 pour 100 et 250 grammes de sucre par litre.

A défaut d'eau de marasque, on fait un bon marasquin comme suit :

Vieux kirsch à 50°	30 litres.
Eau de fleurs d'oranger	2 —
Esprit de framboise	20 —
Alcool à 85°	3 —
Sirop vierge à 33° 5	45 —
TOTAL.	100 litres.

L'esprit de framboise se fait en distillant 50 kilog. de framboises écrasées dans 105 litres d'alcool à 85°. On laisse infuser vingt-quatre heures, on ajoute ensuite 50 litres d'eau et on distille au bain-marie, pour retirer 102 litres ; on ajoute encore 50 litres d'eau, et on rectifie, pour obtenir 100 litres d'esprit. On met les phlegmes à part.

Ce marasquin a une moyenne de 35 pour 100 d'alcool et 376 grammes de sucre par litre.

Marasquins ordinaires, par essence ou par distillation :

Essence de noyaux (1) . . . . . 30 grammes.	
Teinture de vanille.	6 litres.
Eau de fleurs d'oranger.	2 —
Alcool à 85°.	31 —
Sirop à 33°.	30 —
Eau distillée	31 —
TOTAL.	100 litres.

La teinture de vanille se fait en laissant macérer, pendant vingt jours au moins, 100 grammes de vanille de belle qualité, coupée à petits morceaux, dans 6 litres de trois-six à 85°.

Cette liqueur contient 30 pour 100 d'alcool pur et 250 grammes de sucre par litre.

On ne la colore pas et on opère comme aux premières recettes.

Expédition. — Les marasquins s'expédient en bouteilles blanches de forme spéciale, et entourées de joncs pressés. Cet entourage de roseaux leur donne une forme *carrée,* qui facilite l'emballage.

Rosolio. — Dans les îles Ioniennes, au sud de la Dalmatie et en Italie, on fait une liqueur connue sous le nom de *rosolio ;* elle diffère de goût et de composition dans chaque fabrique. On fait de bon rosolio, en distillant à *feu nu,* à l'aide d'un appareil muni d'un grillage, dans 42 litres

---

(1) En opérant par distillation, on remplace l'essence par 20 litres d'eau distillée de noyaux d'abricots ou l'esprit de noyaux d'abricots ou de cerises.

d'alcool à 86°, 2 kilog. 500 gr. d'écorce et de bois râpés de sassafras, qu'on a préalablement laissés infuser pendant vingt-quatre heures; on ajoute 25 litres d'eau au moment de distiller; on retire 42 litres d'esprit, auxquels on ajoute 21 litres d'eau et on retire, en rectifiant à feu nu, 40 litres d'esprit aromatique.

On continue l'opération de la manière suivante : on coupe à très-petits morceaux 150 grammes de vanille de premier choix ; on les pile et les mélange avec 4 kilog. de sucre en poudre. Après avoir laissé la vanille plusieurs jours en contact avec le sucre, on mélange :

Esprit distillé de sassafras à 85°.	12 litres.
Alcool rassis à 85°.	20 —
Sucre vanillé . . . . 4 kilog.	
Sirop à 36°.	50 —
Eau distillée	18 —
TOTAL.	100 litres.

Le sucre vanillé se mélange en chauffant légèrement, sans cesser de remuer.

Cette liqueur renferme 25 pour 100 d'alcool pur et 500 grammes de sucre par litre.

On la colore *en rose* avec de l'infusion de cochenille. Cette infusion s'obtient en mettant dans 2 litres d'eau distillée, 125 grammes de cochenille noire, 30 grammes d'alun, la même quantité de tartre ; le tout bien pulvérisé. On *fait d'abord bouillir l'eau,* lorsqu'elle est en ébullition, on y met la cochenille, et ce n'est que lorsque celle-ci est dissoute que l'on ajoute le tartre et l'alun. On remue bien le mélange avec un morceau de bois. Enfin on laisse refroidir cette dissolution, on la verse dans une terrine de grès et on y ajoute 1 litre d'alcool. On peut se dispenser d'employer l'alun et le tartre, mais alors la couleur est moins solide et moins vive.

Eau de noix. — Nous avons dit, en parlant des infusions, qu'on ne doit ajouter aucun arome à l'eau de noix, parce qu'elle est destinée souvent à donner le goût de vieux aux vins de liqueur et aux spiritueux, et que les aromes employés ordinairement, girofle, cannelle, macis, muscades, pourraient, en certains cas, être nuisibles, il faut aussi que l'infusion ait au moins quatre mois pour avoir perdu l'âpreté qu'elle a dans les premiers jours et pour qu'elle possède le goût de vieux qui la caractérise.

Pour la mettre en liqueur, il suffit d'y ajouter du sirop de sucre dans des proportions variables selon le titre alcoolique de l'infusion ; lorsque l'infusion première a été faite avec des eaux-de-vie à 52°, on opère ainsi :

Infusion de brou de noix. . . . . 60 litres.
Sirop de sucre raffiné à 36° . . . . 40 —
                                    TOTAL . . . . 100 litres.

La liqueur aura environ 28 pour 100 d'alcool pur et 360 grammes de sucre par litre. Lorsque l'infusion est vieille, elle a un goût prononcé de vieux. Girofle ou muscades sont alors inutiles : on ne les emploie que dans la préparation des eaux de noix où l'infusion a été remplacée en grande partie par de l'alcool simple et des teintures colorantes.

Alkermès. — Cette liqueur se fabrique de façons très-diverses : les recettes qu'on en donne n'ont souvent entre elles aucune analogie.

Alkermès surfin :

Eau de roses. . . . . 15 litres.
Vanille. . . . . 100 grammes.
Alcool de vin rassis . . . . 34 —
Sucre raffiné blanc. . . . . 56 kilog.
Eau distillée . . . . Quantité suffis[te].

La vanille, coupée en très-petits morceaux, se pile avec une partie du sucre (comme pour l'huile de vanille); puis, à l'aide de quelques litres d'eau de roses, on fait fondre ce sucre vanillé en le mettant dans un bain-marie et en chauffant modérément. Lorsque tout le sucre est fondu et complétement refroidi, on ajoute le reste de l'eau de roses, déjà mélangée à l'alcool simple, ce qui produit une liqueur très-suave, renfermant 30 pour 100 d'alcool et 560 grammes de sucre.

Alkermès dit de Florence (recette de Malepeyre) :

Cannelle de Ceylan.	75 grammes.
Ambrette.	30 —
Calamus aromaticus	30 —
Girofle	12 —
Macis.	12 —
Alcool à 85°	8 litres.

On fait macérer pendant quarante heures, on distille au bain-marie, et aux 8 litres de bon produit on ajoute :

Infusion d'iris.	10 grammes.
Eau de roses.	1 lit. 25 centil.
Extrait de jasmin	6 grammes.
Sucre raffiné.	11 kilog.
Eau	3 lit. 20 centil.

On colore en rouge avec la cochenille.

On forme ainsi 20 litres de liqueur dont le titre alcoolique est de 34 pour 100 et qui renferme 560 grammes de sucre par litre.

Huile de rhum. — C'est tout simplement du rhum d'habitation de bonne marque et vieux, mélangé avec un sirop de sucre ainsi qu'il suit :

Rhum d'habitation à 55°.	6 lit. 20 centil.
Sucre Bourbon cristallisé blond	5 kilog.

On fait fondre le sucre avec très-peu d'eau au bain-

marie et en remuant; après refroidissement, on ajoute le
rhum, ce qui forme une liqueur ayant 34 pour 100 d'alcool et 500 grammes de sucre par litre. Si l'on ajoute au
rhum une dose d'alcool, la liqueur sera d'autant plus commune qu'elle aura été allongée.

Huile de kirsch. — Cette liqueur se prépare de la même
manière que l'huile de rhum, mais le sucre doit être très-
blanc. Le kirsch *en nature* est très-rare; on expédie jour-
nellement de Fougerolles des dédoublés de betteraves tout
simplement aromatisés avec l'essence d'amandes amères;
on doit éviter de s'en servir, et si l'on ne peut se procurer
des *kirschs vrais,* il conviendra de distiller des noyaux de
cerises avec des cerises aigres et de l'alcool de vin rassis :
cette préparation est bien préférable aux mixtions dont
nous venons de parler, et on en obtient des kirschs d'une
qualité très-satisfaisante. Ils se préparent ainsi :

Cerises aigres écrasées.	2 kil.	» gr.
Noyaux de cerises écrasés	4	»
Feuilles sèches de pêcher.	»	500
Myrrhe.	»	200
Alcool de vin rassis à 85°	65 litres.	

On fait macérer vingt-quatre heures, on ajoute ensuite
35 litres d'eau, et on distille lentement au bain-marie,
pour ne retirer que 58 litres. On met les phlegmes à part,
et l'on réduit ensuite à 50°.

A défaut de cerises, on emploie des noyaux d'abricots;
mais le goût n'est plus le même.

La liqueur se termine comme à la recette précédente.

Crèmes de cognac et d'armagnac. — Les cognacs
et armagnacs destinés à être mis en liqueur doivent être
vieux, *en nature* et de bonne qualité. On doit être très-

circonspect dans l'adjonction des aromes étrangers afin de ne pas altérer la séve naturelle des eaux-de-vie.

La *crème de cognac* peut s'édulcorer avec le sirop de capillaire, dans lequel le thé noir remplacera pour cet emploi l'eau de fleurs d'oranger.

La *crème d'armagnac* peut se faire comme l'huile de rhum, mais avec des sucres blancs, et l'adjonction de demi à 1 pour 100 d'infusion de vanille, selon que la séve est plus ou moins prononcée.

Crème d'absinthe. — On peut la faire de deux manières : 1° en ajoutant à l'extrait d'absinthe ordinaire obtenue par distillation le double de son volume d'alcool simple, afin d'éviter que la liqueur ne devienne blanchâtre et laiteuse, par suite de la grande quantité de substances aromatiques qui entrent dans sa composition; puis on ajoute 1 litre d'esprit de citron et la quantité de matière sucrée nécessaire pour former la liqueur. La seconde manière consiste à distiller un esprit moins chargé que les extraits et composé comme suit :

Sommités fleuries de grande absinthe	200 grammes.	
Do de mélisse	50	—
Do de menthe	120	—
Semences de fenouil	20	—
Anis verts	25	—
Zestes frais de deux citrons	»	
Alcool à 85°	8 litres.	
Sucre	11 kilog.	

On fait macérer les substances un jour, on distille ensuite à l'aide d'un alambic rectificateur (ou l'on rectifie), pour retirer 7 litres de bon produit; on mélange le sucre fondu à chaud, et on ajoute l'eau nécessaire pour former 20 litres de liqueur, dont le titre alcoolique sera de 30° et qui aura 550 grammes de sucre par litre.

Punchs froids. — Les punchs en liqueurs ne sont de bonne qualité qu'autant qu'ils sont composés avec des rhums ou des eaux-de-vie de bonne séve et en nature; lorsqu'ils sont additionnés ou *allongés* avec des trois-six, ils sont tout à fait inférieurs. Les punchs dont nous allons indiquer la composition se font à froid, mais on peut les servir chauds en ayant soin de les loger dans des bouteilles fortes ou en cruchons qui, après avoir été débouchés, sont mis dans un bain-marie et chauffés avec précaution.

1° Punch au rhum :

Rhum vieux Martinique d'habitation à 50°. .　6 litres.
Thé kyswin. . . . . 40 grammes.
Esprit distillé de citron. . . . . 20 centilitres.
Suc dépuré de 4 citrons. . . . . »　　　»
Sucre brut bourbon (1re qualité en cristaux
　　paille clair). . . . . 3 kilog.
Eau bouillante . . . . . . , ... 2 litres.

On met le thé dans une terrine munie d'un couvercle, on y jette 25 centilitres d'eau bouillante et on recouvre la terrine; on renouvelle cette opération trois minutes après, puis, le même intervalle écoulé, on verse le reste de l'eau bouillante; on couvre et laisse infuser neuf minutes seulement.

Ce thé chaud est versé dans une autre terrine à couvercle dans laquelle on a déposé le sucre bourbon, on recouvre la terrine, et on laisse macérer et fondre le sucre.

L'esprit de citron destiné à aromatiser le punch a été distillé dans les proportions de dix zestes de citrons frais par litre d'esprit obtenu ; le suc de citron se dépure en exprimant rapidement la pulpe et passant le suc au filtre. On mélange l'esprit et le suc avec le vieux rhum, puis le sucre fondu dans le thé, et on complète avec de l'eau 10 litres de punch dont le titre alcoolique sera de

30 pour 100 et qui contiendra 300 grammes de sucre par litre.

2° Punch au cognac :

Cognac bon bois rassis nature à 60°. . .	5 lit.	» cent.
Sirop de capillaire au thé noir à 35°. . .	3	40
Suc dépuré de 4 citrons	»	»
Esprit distillé de citron	»	20
Eau distillée : complément des 10 litres.		

On verse l'esprit sur le cognac et on termine le mélange comme à la recette précédente. Mêmes titre et densité.

3° Punch à l'armagnac :

Armagnac vieux, nature, à 50°.	5 lit.	50 cent.
Esprit de noyaux d'abricots.	»	25
D° de citron.	»	20
Suc dépuré de 4 citrons.	»	»
Sucre bourbon paille cristallisé.	3 kilog.	
Thé kyswin.	40 grammes.	
Eau bouillante.	2 litres.	

Opérer comme à la première recette. Même titre et même densité.

4° Punch au kirsch :

Kirsch nature rassis à 50°	5 litres.
Infusion alcoolique de vanille.	50 centilitres.
Thé kyswin	30 grammes.
Sucre raffiné blanc.	3 kilog.
Eau bouillante.	2 litres.

Mélanger l'infusion de vanille au kirsch ; faire infuser le thé léger comme à la première recette, et, après refroidissement complet, mélanger le sirop de thé avec le kirsch ; ce punch doit avoir une couleur très-légèrement ambrée. Titre : 30 pour 100 d'alcool et 300 grammes de sucre.

Nous pouvons affirmer que ces quatre recettes nous ont donné des résultats excellents.

Parfait-amour. — Cette liqueur, connue depuis très-longtemps, est aromatisée avec l'esprit de citron et la coriandre ; elle est beaucoup moins demandée aujourd'hui qu'autrefois. Certains liquoristes y ajoutent les esprits d'anis et d'oranges douces.

Voici quelle est la formule dite *surfine de Lorraine* de Malepeyre :

Esprit de citron	80 centilitres.
Do de coriandre	1 litre.
Do d'anis	60 centilitres.
Do d'oranges	80 —
Alcool à 85°	5 litres.
Sucre	11 kil. 200 gr.

On mélange les esprits avec l'alcool simple et on fait fondre le sucre à chaud ; on complète pour former 20 litres que l'on colore en rose avec la cochenille. La liqueur ainsi faite renferme 34 pour 100 d'alcool et 560 grammes de sucre.

En liqueurs ordinaires et demi-fines on diminue les esprits de moitié à un tiers.

Par les essences, cette liqueur est tout simplement aromatisée avec une moyenne de 7 grammes essence de citron, et 20 centigrammes d'essence de coriandre, pour 10 litres de liqueur demi-fine.

Vespétro. — Le *vespétro surfin* est connu depuis longtemps comme liqueur carminative.

Esprit d'anis verts	1 lit.	80 cent.
Do de coriandre	1	20
Do d'aneth	»	60
Do de fenouil	»	60
Do de daucus	»	60
Do d'ambrette	»	20
Do de carvi	»	20
Alcool à 85°	2 litres.	
Sucre	11 kil. 20 gr.	

On mélange les esprits avec l'alcool simple, puis le sucre fondu à chaud, et l'on complète 20 litres de liqueur, qui se colore en jaune clair, et contient 30 pour 100 d'alcool pur et 560 grammes de sucre par litre.

Les vespétros ordinaires se font avec les mêmes esprits, dont la quantité varie avec le titre alcoolique et la densité.

Eau des sept graines. — C'est une variété de vespétro composée comme suit :

Esprit d'anis	» lit. 60 centil.
Do de semences d'angélique.	» 60 —
Do de céleri.	» 60 —
Do de coriandre	» 60 —
Do de fenouil	» 60 —
Do de chervi.	» 60 —
Do d'aneth	» 40 —
Alcool à 85° . . . , ...	2 60 —
Sucre.	7 kil. 40 gr.

Opérer comme pour le vespétro; former 20 litres de liqueur fine renfermant 27 pour 100 d'alcool et 370 grammes de sucre.

Liqueurs d'or. — La composition de ces liqueurs diffère et porte des noms différents selon sa coloration ; ainsi, incolore, on y introduit des feuilles d'argent brisées, elle est alors désignée sous le nom d'*eau d'argent;* colorée en jaune doré avec le safran et des feuilles d'or brisées, c'est l'*eau d'or*. On désigne en outre sous le nom d'*eau divine* une liqueur très-ancienne, qui est aromatisée avec les mêmes bases, c'est-à-dire les esprits de citron et d'oranges douces, les graines de coriandre, la muscade et l'eau de fleurs d'oranger ; une quatrième liqueur, dite *stomachique dorée,* est un ratafia ou liqueur par infusion dont on connaît un grande nombre de formules.

A. 30

Eau d'or, qualité surfine :

Esprit de citron.	2 lit	» centil.
D° d'oranges douces.	1	50 —
D° de coriandre.	»	80 —
D° de fenouil	»	40 —
D° de daucus	»	50 —
Eau de fleurs d'oranger	»	20 —
Alcool à 85°	2	» —
Sucre raffiné	11 kil. 20 gr.	

Mélanger et opérer comme pour le vespétro ; colorer en jaune d'or, filtrer et introduire des feuilles d'or. Alcool pur, 30 pour 100 ; sucre, 560 grammes.

Liqueur stomachique dorée (ratafia) :

Écorces zestées de curaçao des Antilles. . . .	20 grammes.
Quinquina Kalyssaya.	30 —
Cannelle.	15 —
Safran	1 —
Infusion alcoolique de vanille	60 centil.
Alcool à 86°, franc de goût.	3 litres.
Sucre raffiné.	3 kilog.
Eau distillée	Quantité suffis[te].

Diviser les substances, zester le curaçao et faire macérer dix jours dans l'alcool, ajouter l'infusion de cannelle et le sucre fondu à chaud avec l'eau nécessaire pour former **10** litres, coller et filtrer, mettre des feuilles d'or brisées dans chaque bouteille. Titre alcoolique, 30 pour 100 ; sucre, **300 grammes.**

Scubac. — Le scubac est une ancienne liqueur qui a dû se faire autrefois par infusion, car il entre dans sa composition des fruits secs pectoraux dont les principes ne passent pas à la distillation. Le scubac distillé a une très-grande analogie avec le garus ; par infusion au con-

traire, il donne un produit plus onctueux, à dose de sucre
égale :

Safran gâtinais.	5 grammes.
Raisins secs, bonne qualité muscat.	100 —
Dattes.	100 —
Jujubes.	300 —
Anis, cannelle, coriandre (de chaque)	8 —
Macis et girofle (de chaque)	4 —
Armagnac à 52°.	6 lit. 50 centil.
Sucre raffiné.	3 kilog.
Eau : quantité suffisante pour former 10 litres.	

On sort les noyaux et pepins des fruits, que l'on divise
le plus possible, et l'on fait infuser le tout quinze jours
dans l'eau-de-vie; on fait fondre ensuite le sucre à chaud,
on passe avec expression, on filtre et met au repos. Cette
liqueur renferme 30 pour 100 d'alcool pur et 300 grammes
de sucre par litre.

Scubac par distillation :

Safran gâtinais.	10 grammes.
Cannelle	60 —
Girofle	50 —
Muscades.	35 —
Alcool à 86°	8 lit. 50 centil.
Eau de fleurs d'oranger.	» 25 —
Sucre raffiné.	10 kilog.

On fait macérer les substances dans l'alcool pendant un
jour, on ajoute 4 litres, on distille au bain-marie avec le
chapiteau à tête de more pour retirer 8 litres, puis on
prépare le sucre fondu à chaud, on verse l'eau de fleurs
d'oranger, et on complète 20 litres de liqueur que l'on colore
en jaune avec la couleur au safran et un peu de caramel.
Alcool pur, 34 pour 100 ; sucre, 500 grammes par litre.

China-china. — Cette liqueur doit avoir pour base

une infusion alcoolique de quinquina, à laquelle on ajoute les esprits de cannelle, girofle, muscade et curaçao ; elle a beaucoup d'analogie avec la *liqueur dorée*, mais il est des liquoristes qui l'aromatisent avec des amandes amères, les semences d'angélique, l'eau de fleurs d'oranger et l'esprit ou l'essence de cannelle, ce qui donne une liqueur d'un goût tout différent. Voici une des formules employées :

Infusion alcoolique de quinquina (20 gr.). . .	1 lit.	»	centil.
Dº de curaçao (30 gr.). . .	1	»	—
Esprit de cannelle.	»	50	—
Dº de girofle et macis (25 centil. de chaq.).	»	50	—
Alcool à 86º	5	»	—
Eau de fleurs d'oranger.	»	30	—
Sucre raffiné fondu dans 10 litres d'eau. . . .	10 kilog.		

Mélanger et colorer en jaune par le safran et le caramel. Cette liqueur renferme 35 pour 100 d'alcool pur et 500 grammes de sucre.

Liqueurs dites des îles. — Les liqueurs dites *des îles* proviennent de la Martinique et autres îles, ou de Puerto-Cabello, etc., ou sont fabriquées sur le continent. les principaux aromates qui en forment la base sont : le *cacao à la vanille*, la *crème de moka*, la *crème sapotille*, de *noyaux*, *d'ananas*, de *cachou*, des *barbades*, de *cédrat*, les baumes *humain*, *divin*, les huiles *d'anis*, de *cannelle*, de *muscade* ou *créoles*, de *girofle*, de *rhum*, *d'avocat*, etc.

Ces liqueurs sont très-chargées de sucre (560 grammes par litre) ; leur titre alcoolique est en moyenne de 34 à 35 pour 100 ; elles sont logées dans des bouteilles dites *marteaux*. Nous avons déjà donné les détails de fabrication du cacao à la vanille ainsi que de l'huile de vanille, de la crème de moka, de noyaux, des huiles d'anis. La densité de ces liqueurs étant la même, nous allons présenter les recettes qui servent en Europe à aromatiser celles dont le goût est bien défini et dont il est possible dans le commerce de se procurer les matières premières. Les esprits qui entrent dans la composition de ces recettes sont dosés comme ayant été distillés d'après les proportions d'aromates indiquées à leur distillation spéciale, en choisissant les matières premières de bonne qualité et opérant avec méthode, selon que les essences de ces aromates sont lourdes ou légères.

Crème sapotilie :

Esprit de storax calamite (1)	» lit.	40 cent.
Do de bois de sandal	»	40
Do de bois de Rhodes	»	20
Do d'ambrette	»	5
Do de cascarille	»	5
Alcool rassis à 85°	2	80
Sucre raffiné	5 kil.	600 gr.
Eau de fleurs d'oranger	10 centilitres.	
Eau distillée : quantité suffisante pour compléter 10 litres.		

Mélanger et opérer selon les méthodes connues.

Produit : 10 litres de liqueur ayant 35 pour 100 d'alcool pur et 560 grammes de sucre.

Crème d'ananas. — L'ananas est un fruit qui nous vient des contrées intertropicales. Le prix en était autrefois très-élevé, mais depuis la rapidité et la facilité des transports transatlantiques, il a beaucoup diminué de valeur. Le parfum de l'ananas est beaucoup plus abondant

(1) Dans la préparation des liqueurs où il entre des baumes, des résines ou des substances aromatiques renfermant de grandes quantités d'huiles essentielles, il faut, avant de faire le mélange des esprits avec le sirop et l'eau, *faire un essai en petit* pour s'assurer si la liqueur n'est pas *trop chargée* d'huile essentielle, ce que l'on reconnaît à son aspect qui, dans ce cas, est blanchâtre. On rétablit la limpidité en diminuant la dose d'esprit aromatique, que l'on remplace par de l'alcool simple.

à la partie extérieure du fruit, près de l'épiderme, qu'à l'intérieur. Cette particularité s'observe d'ailleurs dans la généralité des fruits odorants. L'arome de l'ananas parfaitement mûr est très-suave; il a quelque rapport avec les fruits mûrs d'Europe dont les noms suivent : pêche, melon, poire, orange, et cependant aucun de ces fruits, pris isolément, ne peut le reproduire. Malgré la suavité du parfum de l'ananas, les infusions alcooliques et alcoolats d'ananas n'ont pas un arome bien prononcé, et nous avons été constamment obligé d'ajouter une infusion de vanille pour relever la fugacité de leur parfum, même en employant la partie la plus aromatisée des fruits.

Pour préparer la crème d'ananas, on coupe en très-petits morceaux 2 kilog. d'ananas bien mûrs, que l'on met à infuser dans 13 litres d'eau-de-vie d'armagnac rassise à 52°; on laisse macérer l'infusion pendant quinze jours, puis on distille au bain-marie pour retirer 8 litres de bon produit; la liqueur se termine ainsi :

Alcoolat d'ananas . . . . 7 lit. 60 cent.
Infusion de vanille . . . . » 40
Sucre raffiné fondu à chaud . . . . 11 kil. 250 gr.

Colorer en jaune clair avec de bon caramel. Produit : 20 litres.

Crème de cachou. — L'esprit de cachou n'ayant pas d'arome bien prononcé, il faut y ajouter quelques parfums secondaires. Cette liqueur est très-peu demandée.

Esprit de cachou . . . . 1 lit. » cent.
  Do de bois de Rhodes . . . . » 20
Alcool rassis de vin 6 80
Eau de fleurs d'oranger . . . . 2 »
Sucre raffiné . . . . 11 kil. 250 gr.

On opère selon la méthode connue. Produit : 20 litres.

Crème des Barbades. — Cette liqueur a une très-grande analogie avec l'*eau d'or;* c'est, comme cette dernière, un alcoolat de citrons et d'oranges douces, avec girofle et macis. En ajoutant à l'eau d'or 1/2 pour 100 d'esprit de cannelle, on obtient un arome semblable.

Esprit de zestes frais de cédrats	2 lit.	» cent.
Do d'oranges douces zestées, frais.	1	»
Do de cannelle.	»	20
Do de girofle et macis (5 cent. de chaque).	»	10
Alcool à 86°.	4	70
Sucre raffiné	11 kil. 200 gr.	

Produit : 20 litres ; alcool pur, 35 pour 100 ; sucre, 560 grammes.

Crème de fine orange, de cédrat, etc. — L'orange douce produit, par la distillation de ses zestes, plusieurs liqueurs ; on nomme la liqueur *mayorque* lorsque les zestes frais d'oranges douces sont distillés dans la proportion d'une ou deux oranges par litre de crème, selon leur grosseur, et que le titre alcoolique définitif est de 42 pour 100 d'alcool pur, après y avoir exprimé le jus épuré des oranges distillées. Lorsque le résultat contient 560 grammes de sucre par litre, c'est une variété de curaçao. Cette espèce de crème prend encore le nom de *fine orange* ou *gouttes de Malte,* lorsqu'elle ne renferme que le produit rectifié des zestes distillés et que le titre alcoolique est le même qu'à la recette précédente. Enfin on l'intitule : *crème de bergamote,* de *citron,* de *cédrat,* lorsque les zestes de ces fruits remplacent les oranges.

Baume divin. — Il ne faut pas oublier que les baumes sont sujets à blanchir si les esprits sont ou trop chargés ou distillés trop récemment; on devra donc procéder par essais en petit.

Esprit de baume de Tolu.	» lit.	40 cent.
Do do du Pérou	»	40
Do de bois de Rhodes.	»	80
Do do de sassafras.	»	60
Do de graines d'ambrette.	»	40
Alcool à 86° rassis.	5	40
Sucre raffiné.	11 kil.	200 gr.

Produit : 20 litres; 35° d'alcool et 560 grammes de sucre.

Baume humain :

Esprit de baume du Pérou	» lit.	80 cent.
Do de benjoin en larmes.	»	40
Do de cascarille.	»	20
Do de myrrhe.	»	20
Alcool à 86° rassis.	6	40
Sucre raffiné fondu à chaud.	11 kil.	200 gr.
Eau de fleurs d'oranger.	2 litres.	

Mélanger et opérer selon la méthode connue, pour former 20 litres.

Huile de cannelle. — Cette liqueur est connue aussi sous le nom de *liqueur de Mme Amphoux;* c'est tout simplement le produit de la distillation de 100 grammes de cannelle de bonne qualité par 10 litres de liqueur à fabriquer; mais comme la cannelle donne une essence lourde, on procède ordinairement à la distillation de l'esprit à feu nu, à l'aide de la tête de more, ce qui donne une liqueur plus aromatique; on mélange ainsi :

Esprit de cannelle.	2 lit.	20 cent.
Alcool à 86°.	5	80

Sucre et eau, même quantité qu'aux recettes précédentes.

L'huile de girofle est très-peu demandée parce que son goût est trop prononcé ; il suffit de 1 litre d'esprit pour aromatiser 20 litres. Toutes ces liqueurs ont besoin de vieillir en fûts, afin de laisser combiner les aromes avant de les mettre en bouteilles.

Huile de créole :

Esprit d'ambrette.	» lit.	80 centil.
Do de girofle.	»	40 —
Do de muscades.	»	40 —
Alcool à 86°.	6	40 —
Sucre raffiné . . . . :	11 kil.	200 gr.

Opérer comme aux recettes précédentes.

Huile d'avocat. — L'avocat est le fruit de l'avocatier ou agnacat, arbre qui croît aux Antilles ; il est possible aujourd'hui de s'en procurer. On divise les fruits et on les met à macérer quinze jours dans la proportion d'un kilog. d'avocats par 5 litres d'alcool ; on en retire ensuite l'esprit d'avocat, en distillant d'après les méthodes déjà indiquées :

Esprit d'avocat.	1 litre.
Do de bois de Rhodes.	30 centil.
Do de cascarille.	30 —
Do de sassafras	20 —
Do d'ambrette	20 —
Alcool à 86° rassis.	6 litres.
Sucre raffiné, fondu à chaud	11 kil. 200 gr.

Produit : 20 litres à 35° d'alcool pur, et 560 grammes de sucre.

Les liqueurs des îles doivent avoir leurs parfums bien combinés et être très-onctueuses ; pour obtenir ce résultat, il convient de les laisser vieillir en fûts.

SPIRITUEUX AROMATIQUES, HYGIÉNIQUES, VULNÉRAIRES, ETC.

Eau de mélisse des carmes. — Recette des carmes déchaussés :

Alcool à 85° centésimaux.	18 litres.
Cannelle de Ceylan.	250 grammes.
Coriandre	250 —
Sommités de romarin.	185 —
Semences de cardamome	185 —
Do d'anis verts	185 —
Baies de genièvre	500 —
Zestes de citrons.	500 —
Sommités de mélisse	370 —
Do de sauge	225 —
Do d'hysope.	225 —
Do d'angélique.	225 —
Do de marjolaine	225 —
Do de thym	225 —
Do de grande absinthe.	225 —

On fait macérer le tout dans l'alcool pendant huit jours, on distille au bain-marie pour retirer 16 litres. On peut, avec cet alcoolat, composer la *liqueur des carmes.*

Élixir de longue vie :

Aloès succotrin	150 grammes.
Agaric blanc.	20 —
Gentiane	20 —
Rhubarbe de Chine	20 —
Safran du Gâtinais.	20 —
Thériaque de Venise	40 —
Alcool à 85°	6 litres.
Eau ordinaire.	4 —

On fait infuser les plantes et substances dans la moitié

de l'alcool, pendant quinze jours ; on décante alors et l'on verse le reste de l'alcool sur le résidu ; après quinze autres jours, on réunit la deuxième macération à la première, on ajoute l'eau et l'on filtre.

Cet élixir est un purgatif léger quand il se prend à la dose de 10 gouttes par jour dans une boisson quelconque.

Alcool camphré. — Formule de Raspail :

Alcool à 40° Cartier (98° centésimaux). . . 500 grammes.
Camphre. . . . . 150 —

Eau-de-vie camphrée. — « *Préparation*. — L'eau-de-vie camphrée s'obtient en déposant le camphre par grumeaux dans le vase qui renferme l'eau-de-vie ordinaire du commerce et que l'on tient bien bouché ; on l'agite de temps à autre ; l'eau-de-vie est saturée de camphre quand, au bout d'un quart d'heure, on voit qu'il en reste encore en grumeaux au fond du vase. La dissolution sera d'autant plus rapidement effectuée que la température sera plus élevée. On décante alors l'eau-de-vie dans un autre vase.

» L'eau-de-vie camphrée nous sert tout aussi bien que l'alcool camphré, la quantité de camphre que peut dissoudre le trois-six étant plus que suffisante pour déterminer l'effet que nous cherchons à produire à l'extérieur. Cependant nous préférons l'alcool à 44° B. ; d'abord parce qu'il n'imprègne pas les linges de cette odeur de cabaret qui répugne à certaines personnes ; ensuite parce qu'il s'évapore plus vite, ne mouille pas les linges, et dépose sur les surfaces une plus grande quantité de camphre en poudre. Mais quant aux effets curatifs, l'eau-de-vie camphrée agit tout aussi puissamment, dans le plus grand nombre de cas, que l'alcool camphré. »

Nous avons fait suivre la formule Raspail des observations qu'il a consignées dans l'*Annuaire de la santé pour 1875*, à cause de la difficulté de se procurer de l'alcool à 98°. Dans le commerce, le titre le plus élevé des trois-six rectifiés étant de 90°, très-rares sont ceux qui atteignent 95°.

Liqueur hygiénique et anticholérique de Raspail (sans sucre) :

Alcool à 21° Cartier	1 litre.
Racines d'angélique	30 grammes.
Calamus aromaticus	2 —
Myrrhe.	2 —
Cannelle.	2 —
Aloès	2(1)—
Clous de girofle.	1 —
Vanille.	50 centigr.
Camphre.	1 gramme.
Noix muscades.	25 centigr.
Safran	5 —

« On laisse digérer le tout quelques jours au soleil, en ayant soin de ficeler le bouchon de la bouteille ; on transvase ensuite rapidement la portion liquide dans une autre bouteille, ou bien, si la liqueur est trouble, on passe à travers un linge, et on ajoute ensuite au liquide un petit verre d'eau-de-vie, on bouche la bouteille, et on la garde dans un endroit réservé, pour n'en faire usage que dans le cas d'invasion cholérique ou d'épreintes vermineuses. »

Eau des jacobins de Rouen. — Cette eau est employée à petites doses, après le repas, contre les digestions laborieuses.

---

(1) On rendrait cette liqueur encore plus efficace contre les grandes crises, en portant à 4 grammes la dose d'aloès.

Cannelle de Chine	60	grammes.
Bois de sandal citrin	60	—
Dº dº rouge	30	—
Anis verts	40	—
Baies de genièvre	40	—
Semences d'angélique	25	—
Galanga	15	—
Bois d'aloès	15	—
Girofle	15	—
Macis	15	—
Cochenille	25	—
Alcool à 85° centésimaux	10	litres.

Pulvériser les substances et les faire infuser un mois ; filtrer ensuite et mettre en bouteilles.

Vulnéraire suisse. — On fait infuser deux jours, dans 6 litres d'alcool à 86°, 100 grammes de feuilles et sommités des plantes dont les noms suivent :

Absinthe, angélique, basilic, calament, fenouil, hysope, lavande, marjolaine, melinot, mélisse, menthe, origan, romarin, rue, sarriette, sauge, serpolet et thym. On ajoute au macéré 3 litres d'eau, on distille à feu nu et l'on rectifie pour retirer 6 litres d'esprit aromatique auquel on ajoute 4 litres d'eau, ce qui forme 10 litres de vulnéraire. Cet alcoolat est employé contre les coups, contusions, etc.

Teinture d'arnica. — La teinture d'arnica s'emploie surtout contre les contusions ; l'infusion peut en être faite en vase clos exposé au soleil.

Fleurs d'arnica	100	grammes.
Alcool rectifié	500	—

Laisser macérer à une douce chaleur dix jours, passer ensuite avec expression et filtrer.

Eau balsamique de Botot :

Anis verts	300 grammes.
Cannelle de Chine	100 —
Girofle	100 —
Essence de menthe	30 —
Cochenille	30 —
Crème de tartre	30 —
Alun	5 —
Alcool à 85°	10 litres.

Humecter avec un peu d'eau la cochenille et la triturer avec la crème de tartre et l'alun ; faire infuser les aromates dans l'alcool, y ajouter l'essence de menthe, et après dix jours d'infusion filtrer. L'eau de Botot est employée comme dentifrice.

Eau de Cologne. — *Formule du Codex :*

Essence de bergamote		62 grammes.
Do	de citron	62 —
Do	de sarriette	62 —
Do	d'orange	62 —
Do	de petit grain	62 —
Do	de cédrat	31 —
Do	de romarin	31 —
Do	de lavande	15 —
Do	de fleurs d'oranger	15 —
Do	de cannelle	4 —
Esprit de romarin		250 —
Eau de mélisse composée		1 kilog. 500 gr.
Alcool à 85°		6 kilog.

Distiller au bain-marie, presque à siccité, et ajouter eau de bouquet.

L'alcool rectifié qui sert de base à l'eau de Cologne doit être d'une neutralité absolue.

Eau de Cologne de Jean-Marie Farina :

Sommités sèches de mélisse		31	grammes.
Do	de marjolaine	31	—
Do	de thym	31	—
Do	de romarin.	31	—
Do	d'hysope	31	—
Do	de grande absinthe.	31	—
Fleurs de lavande.		62	—
Racines d'angélique		31	—
Semences de cardamome.		62	—
Baies sèches de genièvre.		31	—
Semences d'anis.		31	—
Do	de cumin.	31	—
Do	de fenouil	31	—
Do	de carvi.	31	—
Cannelle de Ceylan.		31	—
Noix muscades concassées		62	—
Girofle.		31	—
Écorce de citrons (récente).		31	—
Huile essentielle de bergamote.		31	—
Alcool à 85°		10	litres.

Laisser digérer huit jours et distiller au bain-marie jusqu'à siccité.

Eau de Cologne ordinaire :

Essence de Portugal.		60	grammes.
Do	de citron.	60	—
Do	de lavande.	30	—
Do	de romarin.	30	—
Do	de girofle.	8	—
Teinture de benjoin		60	—
Alcool à 85°		8	litres.
Eau		2	—

On fait dissoudre les essences dans l'alcool, on agite puis on ajoute la teinture de benjoin, et après nouvelle agitation de l'eau, on laisse reposer vingt-quatre heures et on filtre.

Vinaigre de Bully. — *Copie de la recette déposée pour obtenir le brevet :*

Essence de citron au zeste	30 grammes.	
Do de bergamote	30	—
Do de Portugal	12	—
Do de romarin	25	—
Do de lavande.	4	—
Do de néroli	4	—
Esprit de mélisse citronnée.	50 centigr.	
Alcool rectifié.	7 litres	} 11 litres.
Eau.	4 —	

Faire digérer vingt-quatre heures en agitant entre temps et ajouter :

Teinture de Tolu.	60 grammes.	
Do de benjoin	60	—
Do de storax calamite	60	—
Esprit de girofle	10 centilitres.	

Agiter le mélange et ajouter :

Vinaigre distillé	2 litres.

Laisser reposer douze heures, filtrer et ajouter :

Vinaigre radical (acide acétique).	90 grammes.

Ce vinaigre est très-employé pour la toilette.

Vinaigre antiseptique des quatre voleurs :

Sommités de grande menthe.	30 grammes.	
Do de petite absinthe	30	—
Do de romarin	30	—
Do de sauge.	30	—
Do de menthe.	30	—
Do de rue.	30	—
Fleurs de lavande.	125	—
Calamus aromaticus	15	—
Cannelle.	15	—

Girofle.	15 grammes.
Noix muscades.	15 —
Gousses d'ail récentes coupées par tranches	15 —
Camphre.	30 —
Vinaigre rouge.	8 kilog.

On fait dissoudre le camphre dans 125 grammes d'alcool. Les plantes sont infusées pendant quinze jours dans le vinaigre ; on expose le vase bien bouché à une douce chaleur ou au soleil, on passe au filtre et l'on ajoute le camphre dissous dans l'alcool.

FRUITS A L'EAU-DE-VIE ET FRUITS AU SUCRE.

Observations préliminaires. — Les fruits sont consommés en nature ou conservés de trois manières : 1° dans l'eau-de-vie ; 2° au sucre ; 3° au jus, en les soumettant aux manipulations employées pour les conserves alimentaires et dont on doit à Appert la première application industrielle. Les procédés de conservation s'appliquent à tous les fruits à noyau, ainsi qu'à certaines variétés de poires, pommes, coings, jeunes citrons ou chinois, noix nouvelles ou morveuses, raisins, tiges d'angélique, côtes de melons, écorces de cédrats, marrons, etc., et aux marmelades ou jus plus ou moins épais de ces fruits. Ce serait sortir de notre sujet que de décrire ici les préparations particulières à chaque espèce de conserve, d'autant plus que les liquoristes n'emploient qu'une quantité assez restreinte de fruits, car, à part les prunes, abricots, cerises, raisins, poires et jeunes bigarades ou citrons (chinois), qui constituent la plus grande partie de la consommation, ce n'est que bien rarement qu'ils emploient d'autres fruits, qui d'ailleurs sont peu demandés ou d'un prix trop élevé à l'état

frais ; or, c'est là le point capital, car *le logement en bocaux,
le bouchage spécial, qui est d'autant plus coûteux que l'embouchure est plus grande,* enfin les frais de manipulation, feraient ressortir le prix à un taux commercial trop élevé.

Nous allons indiquer les diverses manières de procéder, non sans faire observer que dans toutes les méthodes, les fruits doivent être préalablement préparés et blanchis.

Choix et préparation préalable. — Les fruits doivent être bien sains ; il importe qu'ils n'aient pas atteint l'entier développement de leur maturité, parce qu'ils seraient trop mous. Il ne faut pas non plus qu'ils soient trop verts. Il faut aussi rejeter ceux qui sont meurtris, piqués par les insectes, en un mot, tous ceux qui seront défectueux ; ils ne devront pas être ridés, flétris, c'est-à-dire qu'ils auront dû être cueillis récemment.

Les fruits seront choisis un à un, essuyés avec un linge ou une brosse, piqués profondément avec une épingle, en plusieurs endroits selon leur grosseur, et jetés ensuite dans de l'eau de puits très-froide. Lorsqu'on n'a que des eaux tièdes à sa disposition, telles que celles des rivières ou de distribution dans les villes, on y fera fondre de la glace pour la rafraîchir. Les fruits restent dans l'eau froide plus ou moins : en moyenne, une immersion de deux à quatre heures suffit pour les raffermir. Il ne faut pas les laisser trop longtemps, ce qui en rendrait le blanchiment plus long. Pendant ce temps on se prépare à les blanchir.

Blanchiment. — Le blanchiment s'opère dans une bassine en cuivre, non étamée, mi-plate, c'est-à-dire plus large que profonde ; on y verse de l'eau jusqu'aux deux tiers de sa hauteur et on chauffe jusqu'à ébullition. Au moment d'y verser les fruits, qui doivent y être jetés tous ensemble à l'aide d'un tamis, on a eu soin de laisser *tomber le bouil,* c'est-à-dire qu'on a suspendu l'ébullition en fermant la portière du fourneau et en modérant le feu, parce qu'il faut que les fruits soient saisis, sans cependant que la chaleur soit trop forte. (Il est nécessaire d'avoir pratiqué cette opération pour saisir ces nuances et bien blanchir.)

Dès que les fruits sont dans la bassine, on ranime le feu ; les fruits pâlissent et tombent au fond ; on met alors sur la grille du foyer une plaque pour suspendre l'action de la chaleur, on ferme la portière et le registre de la cheminée, ou l'on éteint le feu, et on couvre la chaudière. Une demi-heure après on ranime le feu et on chauffe progressivement, ce qui force les fruits à remonter ; on les soulève avec l'écumoire pour accélérer ce mouvement, et dès qu'ils viennent à la surface, on les jette, au fur et à mesure de leur ascension, dans un baquet d'eau de puits très-froide, que l'on renouvelle souvent afin que les fruits refroidissent complétement et le plus vite possible. Il arrive que vers la fin d'une opération certains fruits sont très-longs à remonter : il vaut mieux dans ce cas les enlever de la bassine.

Ce qui importe le plus dans le blanchiment, c'est d'avoir de l'eau bien froide pour les deux immersions, avant et après le passage à la bassine, d'y jeter les fruits à la fois, et d'opérer vivement. L'eau de refroidissement surtout devra être maintenue froide et crue, et pour cela être additionnée de 10 grammes d'alun par seau, afin de conserver la nuance des fruits à peau délicate.

1° Fruits à l'eau-de-vie. — On suit, dans leur préparation, deux méthodes principales : après le blanchiment on les fait infuser quelques semaines dans de l'eau-de-vie à 55° en moyenne, et on ne les met en bocaux avec des jus ou eaux-de-vie sucrées et qu'au fur et à mesure des livraisons. Cette méthode donne des fruits fermes et de jolie couleur, mais peu agréables au goût, parce qu'ils sont trop imbibés d'eau-de-vie ; l'autre méthode consiste à leur donner plusieurs *façons au sucre* (opération dont nous parlerons plus loin) avant de les mettre en bocaux ; les fruits sont ainsi bien meilleurs au goût et plus vite faits, mais cela exige une manipulation beaucoup plus longue.

Prunes reines-claudes. — Les prunes sont les fruits que l'on conserve en plus grande quantité : on les choisit bien fraîches, vertes et sans être complétement mûres. On les pique avec une épingle jusqu'au noyau, on coupe les queues et on les jette dans de l'eau très-froide, ainsi que nous l'avons déjà dit au *Blanchiment*.

La *prune reine-claude* a une couleur très-délicate ; pour la vente, on l'estime d'autant plus qu'elle a une nuance verte plus belle ; pour la lui donner, ou maintenir cette nuance fixe, certains confiseurs ne craignent pas d'employer le sulfate de cuivre à la dose de 15 à 20 grammes par hectolitre d'eau chaude et salée destinée à les blanchir. Cette substance est, comme on sait, un poison violent. Il est vrai qu'après le blanchiment, l'eau de refroidissement en enlève une partie, mais il en reste encore dans les pores du fruit, puisque c'est à sa présence qu'est due la fixité et la beauté du vert. On doit éviter de se servir de cette matière toxique, d'autant plus qu'il est possible de conserver une nuance verte aux fruits sans l'employer et que l'on doit avoir pour principe, dans les manipulations des substances alimentaires, de n'introduire aucune matière insalubre. On dit : *il y en a si peu,* que cela ne peut nuire à la santé des consommateurs. Tel n'est pas l'avis des comités de salubrité, qui défendent l'emploi des colorants toxiques. Ceux qui emploient ce moyen s'exposent, *pour leur beau vert,* à être poursuivis en police correctionnelle.

Pour faire reverdir les prunes, on emploie plusieurs procédés donnant des nuances différentes, qui varient du vert jaune au vert foncé, selon le choix des matières employées.

En faisant bouillir dans l'eau qui doit servir au blanchiment des feuilles fraîchement cueillies d'ortie, de fougère, etc., et en salant cette eau dans les proportions de 400 grammes de sel par hectolitre, et l'acidulant de 1 pour 100 de jus de citron, on obtient une nuance verte de couleur claire.

En ajoutant à l'eau de la bassine 2 pour 100 de jus des prunes triées et qui ont été rebutées, avec 600 grammes de sel, on obtient une nuance d'un vert jaunâtre.

Si l'on remplace le jus de prune par du vinaigre, on obtient un vert plus foncé ; l'emploi, avec le jus de prune, du sel et du sulfate de magnésie, donne également un vert foncé.

Quel que soit le système adopté, les prunes étant blanchies, on les met à rafraîchir en renouvelant l'eau ; puis à égoutter. On les place ensuite, soit dans des terrines ou des jarres, soit dans des fûts ayant des doubles fonds à claire-voie, de distance en distance, pour éviter l'écrasement, et on les couvre avec de l'eau-de-vie à 55° en moyenne. La mise en bocaux ne se fera qu'après six semaines au moins d'infusion. On les y range alors et on les couvre avec un jus qui renferme 25 pour 100 d'alcool pur et une moyenne de 200 grammes de sucre par litre. Les *prunes sèches* ou *pruneaux* se traitent comme les raisins secs.

Procédé rustique. — Lorsqu'on ne veut pas se donner la peine de blanchir les fruits, on les laisse mûrir davantage ; ils conservent une peau ferme, sans être mâchés ou écrasés, etc. Ils sont enfin choisis ; on les essuie avec un linge, on les pique avec une épingle, on coupe les queues et on les range immédiatement dans des bocaux qui ne doivent pas être pleins.

On couvre les fruits avec de bonne eau-de-vie à 52° dans laquelle on a fait dissoudre, par litre, 100 à 250 grammes de sucre, selon que l'on aime les jus plus ou moins sucrés. On peut aussi faire fondre le sucre dans le jus des fruits trop mûrs, et, en opérant à chaud, ajouter des aromates préalablement infusés dans l'alcool, tels que la *coriandre*, la *cannelle* pour les cerises, du sucre vanillé pour la plupart, etc. Mais beaucoup de connaisseurs qui emploient des eaux-de-vie de vin en nature, n'ajoutent rien à l'arome naturel des fruits. Il ne faut pas perdre de vue que si le titre de l'eau-de-vie sucrée destinée à couvrir les fruits descendait au-dessous de 40° d'alcool pur, le suc aqueux que renferment ces derniers affaiblirait trop le liquide, qui finirait par entrer en fermentation.

Les fruits étant couverts d'eau-de-vie sucrée, on bouche les flacons avec soin et on les expose en plein soleil pendant un mois, en tournant les flacons sur toutes les faces. Cette opération a pour but de suppléer au blanchiment par la chaleur solaire ; on les ouille ensuite, s'il est nécessaire, et on les serre à l'obscurité, bien bouchés. Les fruits ainsi traités ont moins bonne mine que ceux qui ont été blanchis, leur couleur est pâle ; mais ils offrent l'avantage de pouvoir se préparer sans ustensiles, ce qui, à la campagne et pour des provisions de famille, a son avantage.

Abricots. — Choisir, essuyer, piquer en plusieurs endroits les abricots, afin qu'ils se pénètrent mieux et que le noyau ne soit pas adhérent. On observe dans leur blanchiment les prescriptions déjà indiquées ; l'eau de la bassine doit être pure. On augmente la nuance jaune orange qu'ils possèdent en ajoutant à la première eau qui sert à les rafraîchir en sortant de la bassine, une petite quantité de *cendres gravelées* (moitié moins que d'alun); leur rafraîchissement s'achève dans l'eau alunée. On les met ensuite à égoutter sur des tamis, puis on les couvre avec des eaux-de-vie blanches à 55°.

Pêches.— Les pêches se préparent de la même manière.

Cerises. — Ce sont les fruits les plus faciles à confire, on ne les blanchit pas. Les cerises sont essuyées, piquées d'un coup d'épingle, la queue coupée, rafraîchies dans l'eau froide et mises à égoutter. On les couvre avec de l'eau-de-vie blanche à 55°. Pour la vente, on les aromatise avec 3 pour 100 d'esprit de coriandre, 1 de cannelle, et l'on augmente la couleur des jus, qui doivent être rouges, avec des vins d'un an ou avec les diverses couleurs employées pour les liqueurs. La densité du jus en liqueur est la même que celle des prunes.

Raisins. — Les raisins mûrs se traitent par le *procédé rustique* déjà décrit. Les *raisins secs* ou *verjus*, de même que les *prunes sèches* ou *pruneaux,* se préparent ainsi :

On met les raisins égrappés ou les prunes sèches dans une casserole; on les couvre d'eau tiède, on remue et on laisse tremper une heure, ensuite on chauffe légèrement en ajoutant un peu d'eau si le liquide ne couvre pas assez, et on remue les fruits en les soulevant avec une écumoire. On ne doit pas chauffer l'eau jusqu'à l'ébullition : il suffit de ne pouvoir supporter le doigt dans le liquide. Les fruits étant gonflés, on couvre la casserolle, on les y laisse refroidir; enfin on les met en flacons en les couvrant avec un jus sucré à 200 grammes par litre et ayant 25 pour 100 d'alcool pur.

Ce procédé est employé lorsqu'on n'a pas de laboratoire spécial à sa disposition. On peut aussi faire gonfler les fruits secs en les jetant dans une cucurbite ou un bain-marie avec de l'alcool réduit à 25°, qui est le titre que le jus devra avoir après avoir été sucré. On chauffe en remuant constamment, et dès que la chaleur est arrivée à 60°, on place le chapiteau et on force le feu jusqu'à ce que le liquide soit prêt à passer en distillation; on éteint alors le feu et on laisse refroidir entièrement sur le fourneau.

Poires. — Les poires ne doivent pas avoir atteint leur maturité. (La variété la plus employée est la poire rousselet.)

Elles sont assez longues à préparer à cause du pelage, qui doit être fait, si on ne veut pas qu'elles noircissent, avec un couteau à lame d'argent.

On choisit les poires, on les pique, et sans les mettre à rafraîchir, on les jette dans la bassine; on les retire dès qu'elles fléchissent, c'est-à-dire au premier coup de feu, et on les jette dans un baquet d'eau très-froide. Une fois froides, on les pèle délicatement et le plus promptement possible; on leur laisse l'extrémité de la queue et on les jette de suite, pour éviter qu'elles ne noircissent, dans un baquet d'eau très-froide, aiguisée de jus de citron, ou, à défaut, de vinaigre. En sortant du baquet on les couvre d'eau-de-vie blanche à 55°.

Chinois. — On nomme ainsi les petits citrons et oranges bigarades cueillis avant leur maturité. Pour les confire à l'eau-de-vie, il faut leur faire perdre leur amertume. On les fait d'abord bouillir, et lorsqu'ils sont assez ramollis on les fait tremper dans l'eau froide pendant quatre jours, en renouvelant l'eau. Dans les pays de production, les petits

citrons sont le plus souvent confits au sucre, de la manière
dont nous allons parler.

2° Fruits au sucre. — La conservation des fruits par
le sucre s'opère généralement de la manière suivante :
après avoir blanchi et égoutté les fruits, ils sont placés
dans des terrines; on les recouvre pour la première fois
d'un sirop très-léger marquant 12° au pèse-sirop de
Baumé; ce sirop est versé bouillant. On couvre ensuite la
terrine et on laisse en repos vingt-quatre heures. On
appelle cette manipulation *une façon*. Le lendemain on décante ce sirop de dessus les fruits, on le jette dans la bassine, on le fait cuire de 4° de plus, c'est-à-dire à 16°, et on
le verse sur les fruits comme la première fois : c'est la
deuxième *façon au sucre*. Chaque jour on fait une nouvelle
façon en augmentant de 4° la densité du sirop, qui atteint
ainsi 20, 24, 28, 32 et enfin 36° à la septième et dernière
façon. Le sucre à ce degré reste attaché contre les fruits;
ils sont confits, ou, en terme de métier, *glacés*.

3° Fruits au jus. — Ce procédé peut s'appliquer à la
conservation des fruits de toute espèce, quel que soit le degré de concentration du sucre, puisque ce n'est pas autre
chose que le procédé d'Appert, employé à la fabrication de
toute sorte de conserves alimentaires.

On trouvera, dans les ouvrages traitant spécialement de la
conservation des substances alimentaires, de plus grands
développements à ce sujet, car pour fabriquer les conserves, les *degrés de chaleur à appliquer à chaque genre de
substance et le temps de la cuisson* sont indispensables à
connaître pour bien faire.

Le procédé Appert consiste à mettre les substances dans
des boîtes ou des bouteilles que l'on place soit au bain-

marie, dans une chaudière garnie d'un treillage qui empêche qu'elles ne touchent le fond et les bords, et immergées
jusqu'au-dessous de la bague, soit dans l'armoire à conserves
dont nous avons parlé au chapitre des appareils à vapeur,
soit enfin, pour certaines fabrications, dans l'*autoclave.*

Le plus souvent les fruits, après avoir été blanchis, sont
rangés dans des bocaux et recouverts avec un sirop à 26°
Baumé froid, de manière à entrer dans la consommation
tels quels. On traite ainsi les *prunes, abricots* et *pêches,*
qui forment la presque totalité de ce genre de conserves.
On bouche hermétiquement les bocaux, on les ficelle, on
les agrafe et on les porte à la chaudière ou à l'armoire;
on allume le feu après les avoir enveloppés de sacs noués
par le haut et l'on porte la chaleur jusqu'au degré de
l'ébullition, la chaudière étant pleine d'eau, ou à 100° si
on opère à la vapeur. L'ébullition ne doit durer que cinq
minutes pour les prunes et trois minutes seulement pour
les abricots. On éteint alors le feu ou l'on ferme le robinet
de vapeur, et on laisse refroidir les vases avant de les sortir
du bain-marie ou de l'armoire. On passe les bocaux ou
bouteilles à l'inspection avant de les mastiquer et de les
porter à la cave, au frais.

Les sucs de fruits que l'on conserve en bouteilles pour
confectionner les sirops, tels que groseilles, cerises, merises, framboises, fraises, doivent avoir été préalablement
bien épurés par la fermentation et la filtration. Il est inutile et même nuisible de les faire bouillir : une chaleur
portée jusqu'à 90° est suffisante pour les conserver.

Le bouchage des conserves est très-important et revient
à un prix très-élevé, surtout pour les goulots de grand
diamètre, car jusqu'à présent on n'a rien trouvé de mieux
pour les gros goulots que le bouchage *émerillé,* c'est-à-dire
avec du verre, ce qui fait revenir le logement aussi cher et

parfois plus cher que le contenu. Pour les petits goulots, le bouchage avec des bouchons de liége enfoncés dans le sens horizontal des pertuis, et formés de plusieurs morceaux collés, donne de bons résultats et n'est pas aussi coûteux que le système précédent.

CHAPITRE XVI.

DESCRIPTION DES PLANCHES.

Planche 1, page 8.

Boutures et greffages.

Figures.

1. Bouture *crossette*. (Voir sa description page 6.)
2. Bouture simple.
3. Provignage. (Voir, page 8, les diverses méthodes de provignage et de couchage.) — *a*, vase enfoncé dans la terre et garni de terreau dans lequel une des *chevelées* doit prendre racine.
4. Greffe en approche. — Ce système de greffage, qui peut s'effectuer de plusieurs manières, consiste à faire, à l'aide d'un *greffoir*, une rainure creuse sur le sujet à greffer, en ayant soin de couper l'écorce bien nettement et de mettre dans la rainure un greffon de même grosseur, dont l'écorce soit aussi bien découpée et placée de manière à s'ajuster exactement avec celle du sujet greffé; ce greffon a deux yeux au moins dans la terre au-dessous de la greffe, qui est maintenue en place par une ligature et un mastic, comme on le voit au-dessus de *b*. Voir, page 37, les avantages de la greffe en approche. On remarquera que l'on réussit mieux en greffant, non point au-dessus, mais au niveau ou même un peu au-dessous de la surface du sol, quel que soit d'ailleurs le genre de greffage, et en recouvrant la ligature de terre, ce qui maintient une fraîcheur favorable à la circulation de la séve entre les écorces.

Araire cabat.

Figures.

5. Coupe de l'araire cabat, charrue employée en Médoc pour déchausser les pieds de vigne. — Ce labourage s'exécute le plus souvent à l'aide d'une paire de bœufs.

Araire courbe.

6. Charrue à rechausser les pieds de vigne. — Pour plus de détails, voir, page 36, à l'article *labours*, les charrues vigneronnes modernes.

Pinçage.

7. Branche à fruit. — *a*, pinçage d'une entre-feuilles ; *b*, feuilles. Voir, page 11, les tailles horticoles.

PLANCHE 2, PAGE 12.

Taille Hooybrenck.

8. *Pied en plein rapport. (Voir page 12.)* — On voit les bourgeons fructifères *a, a, a*, qui se sont développés le long de la branche à fruit, pincée à une ou deux feuilles au-dessus du dernier raisin. Ce pinçage a pour but de faciliter la pousse des branches à bois *b, b*, dont on ne pince que les entre-feuilles et qui sont destinées à asseoir la taille de l'année suivante, c'est-à-dire à remplacer la branche à fruit que l'on supprime tous les ans. On trouve à la suite de la description des *tailles horticoles*, page 14, quelques observations sur leur conduite selon les sujets et les années. Généralement ces sortes de tailles ne peuvent se maintenir sur les sols maigres que par l'emploi soutenu d'engrais et d'amendements fréquents.

Taille du Dr Guyot.

Figures.

9. Les pampres de la branche à fruit *J, J, J*, sont pincés au-dessus de leur deuxième feuille à partir des raisins ; les deux branches verticales *c* ne se pincent pas et servent de bois de remplacement. Ce système ne diffère de la figure 8, que par la position de la branche à fruit, qui est à peu près horizontale.

PLANCHE 3, PAGE 14.

Taille du Dr Guyot.

10. Cep de vigne (taille sèche avant la végétation). — *J, J, J*, bourgeons de la branche à fruit ; *c*, branche à bois placée le long d'un grand échalas.

Système Duchêne-Thoureau.

11. Voir la description page 13. — *d*, point de torsion du sarment ; *c*, bois de remplacement ; *e, e, e*, bourgeons fructifères ; *a*, bout à enfoncer dans la terre.

Système de piques.

12. Description page 13. — *f*, bois de remplacement ; *g, g, g*, bourgeons fructifères pincés au-dessus de leur deuxième feuille.

Taille Aubry.

13. Description pages 13 et 14.— *a, a, a*, bourgeons fructifères ; *b, b*, bois de remplacement.

Pinçage Trouillet.

14. C'est un système de culture de vignes basses, sans échalas ni fil de fer, qui consiste à faire refouler le plus possible la sève, par un pinçage régulier de la branche fructifère

au-dessus de la deuxième feuille, à partir du dernier raisin, et de toutes les entre-feuilles *a, a, a,* au-dessus de leur deuxième feuille ; on forme ainsi une *cosse* large et très-ras du sol que l'on taille ensuite à cots. (Voir p. 14.)

Système Trouillet.

15. Cep de vigne basse, taillé à cots.— On taille ainsi les vignes blanches produisant les vins de chaudière, et surtout la *folle blanche,* qui donne des pousses fructifères même sur le vieux bois ; mais on n'opère pas de pinçages réguliers, ce n'est que lorsque les pousses sont bien développées et peu avant la floraison que *l'on détruit les jets inutiles* en opérant un premier épamprage ; c'est en cela que la grande culture des vignes à cosse basse diffère du système Trouillet.

PLANCHE 4, PAGE 35.

Tailles du Médoc.

16. Jeune plant ayant un bras établi et fixé sur la latte.
17. Plant ayant ses deux bras *c, c;* disposition des bras des cépages *malbec, verdot* et *merlot.*

Palissage à fil de fer.

18. Pour éviter que les bœufs ne s'entravent au raidisseur *d,* on établit le dernier pied du rang sur des lattes.— *a,* vue d'un pied de *cabernet* en rapport avec ses astes arquées sur les lattes ; *b,* tiret servant à remplacer le bras lorsque celui-ci sera trop allongé.

Palissage à la latte.

19. Cep de *cabernet* taillé et lié sur les lattes ; *b,* tiret.

Serpe du canton de Pauillac.

Figures.

20. Forme de la serpe à tailler la vigne dans le Médoc.

Serpe du canton de Lesparre.

21. Différence de forme de la serpe du bas Médoc.

PLANCHE 5, PAGE 44.

Taille des vignes des Graves.

22. *a*, taille à cots, sarments réunis au même échalas.
23. Taille à cots (avant la pousse).
24. *b*, taille à cots à deux bras, avec échalas verticaux et *asté*
     sur un bras.

Palissage sur fil de fer.

25. *c*, taille en éventail. — Pour éviter le trop long développement des bras, on ménage en *c* des cots de retour qui servent à rabattre le pied lorsqu'il est devenu trop haut ; on établit le palissage sur deux fils de fer, dont le plus bas sert à attacher les bras avant la pousse, et le plus élevé à lier les pampres.

25 bis. *c*, *b*, pieds à deux bras établis sur fil de fer à cots ou à astes droites et plus ou moins longues selon la vigueu des sujets.

26. *d*, cordon à cots. — Cette disposition n'est le plus souvent appliquée qu'aux cépages qui produisent les raisins de table.

27. Sécateur.

28. Cordon à court bois. — *e*, système de taille, à une seule branche à fruit disposée horizontalement sur un fil de fer comme dans le système du Dr Guyot, mais en laissant une longueur moindre que dans les tailles horticoles déjà décrites ; malgré cette restriction on éprouve de grandes

difficultés dans les graves pour maintenir ce genre de taille, à cause du manque de bois de remplacement, c'est-à-dire que les sarments qui ont poussé près du vieux bois et sur lequel on comptait pour asseoir la taille suivante, n'ont souvent produit que des jets trops chétifs.

PLANCHE 6, PAGE 53.

Taille des vignes des palus.

29. Ancienne taille des vignes des palus, dite *à crucifix*. Le pied est soutenu par trois forts échalas sur lesquels se lient les trois branches-mères. Des branches secondaires *d*, et des crochets *c*, sont espacés sur chaque branche-mère et servent à rabattre les bras devenus trop longs. Pour dompter la vigueur des pieds trop fougueux on laisse des astes arquées, dites *tiroles*, et repliées sur un des échalas, ou, comme on le voit en *b*, on forme des provins provisoires.

30. Même taille que la précédente, établie sur fil de fer, ce qui permet d'espacer plus régulièrement les pampres. On laisse en ce cas un développement moins grand à la branche centrale. Cette disposition facilite le rabattage des branches trop allongées, et donne d'excellents résultats lorsqu'elle est bien conduite.

Éventail sur fil de fer.

31. Cette taille est une modification de la précédente; au lieu de trois branches-mères, il n'y en a que deux, sur lesquelles on établit deux branches secondaires en *a* et *b*, ce qui forme six branches à fruit. Ce mode de taille ne peut se maintenir que sur des sols très-riches; beaucoup de vignerons ont modifié l'ancienne taille à crucifix en établissant la vigne en éventail, mais en laissant une taille verticale très-courte, ce qui leur facilite beaucoup la

conduite des pieds lorsque les branches de l'éventail sont trop allongées et qu'elles doivent être rabattues ou supprimées.

Cordon sur fil de fer.

32. Ce genre de taille, dont nous avons indiqué, page 53, l'établissement, a ses branches à fruit *a* liées sur le fil de fer inférieur; on doit ménager en *b* des cots de retour, qui plus tard remplaceront les branches à fruit *a*. Cette taille donne de bons résultats dans les premières années, mais le rabattage des branches à fruit ne pouvant se faire que par les cots de retour, et ces cots s'allongeant de plus en plus, il s'ensuit que la taille a besoin d'être ménagée et bien conduite afin d'éviter que la vigne ne s'étende trop.

Planche 7, page 182.

33. Égrappoir. — Cette disposition d'égrappoir est très-simple : ce sont des liteaux entre-croisés cloués sous un encadrement et sur lesquels on place les raisins que l'on remue avec des fourches.

34. Pressoir Mabille. (Voir page 191.) — Les presses à levier sont figurées planche 12, figure 131, *d* (page 180, tome II).

Cuve en fermentation.

35. La coupe de cette cuve représente le chapeau de la vendange immergé dans le moût, et la disposition du chapeau lorsqu'il est retenu au moyen d'un filet.

Cuvier moderne.

36. *d*, grue à pivot enlevant les douils de dessus les charrettes et les hissant au-dessus d'un égrappoir-fouloir mobile *b*, qu'un chemin de fer permet de placer ensuite vis-à-vis la partie supérieure des cuves *a, a, a; c, c*, pressoirs.

PLANCHE 8, PAGE 242.

Alambic simple.

Figures.

37. *a*, chaudière ou cucurbite placée sur son fourneau ; *b*, chapiteau ayant une boule dite *brise-mousse*, pour empêcher les mousses de pénétrer dans le col de cygne ; *c*, réfrigérant dans lequel est placé le serpentin ; *e*, bassin servant à rafraîchir ; *d*, récipient.

Alambic à chauffe-vin et rectificateur

(SIMPLE ET A BAIN-MARIE)

38. *a,* chaudière placée dans le fourneau ; *l*, rectificateur placé sur la chaudière et renfermant trois plateaux ; *h*, brise-mousse placé au-dessus du rectificateur, à la base du col de cygne ; *b*, chauffe-vin renfermant un serpentin ; *m*, tuyau muni d'un brise-mousse, conduisant les vapeurs du chauffe-vin dans le réfrigérant inférieur *c; d*, tuyau de remplissage du chauffe-vin ; *e*, tuyau de remplissage du réfrigérant ; *j*, bec du serpentin ; *o*, tuyau de trop-plein du chauffe-vin : un second tube placé au niveau de O *ombré* règle le remplissage du chauffe-vin au niveau de la chaudière ; *f,* tuyau de vidange du chauffe-vin dans la chaudière. Au-dessous de *f* se trouvent les deux tuyaux de vidange du réfrigérant ; *g*, tuyau de rétrogradation des petites eaux condensées dans les trois premiers tours du serpentin, qui retournent sur les plateaux ; *k*, petit bain-marie plongé dans la grande chaudière ; *i*, serpentin de condensation des vapeurs du bain-marie ; *t*, petit alambic d'épreuve pour analyser les vapeurs à la fin d'une opération ; *n*, tuyau de décharge de la chaudière, avec tube vertical indicateur du niveau du liquide.

PLANCHE 9, PAGE 228.

Appareil continu Cellier-Blumenthal.

39. *a, a,* plateaux de la colonne distillatoire; *b,* chauffe-vin ou cube de vitesse; *c,* réfrigérant ayant un serpentin intérieur entouré d'eau froide; *d,* pompe d'alimentation; *e,* manivelle actionnant le piston de la pompe et faisant mouvoir en même temps, lorsqu'on a à traiter des moûts épais, un moulinet agitateur placé au centre du chauffe-vin; *f,* boule en cuivre placée au-dessus des plateaux et servant de brise-mousse; *f,* base de la colonne distillatoire; *g,* tube introduisant le vin chauffé sur les plateaux supérieurs de la colonne; *k,* éprouvette.

39bis. *h,* disposition des tubes de sûreté servant à l'évacuation des vinasses épuisées; *i,* tube d'introduction de la vapeur barbotant dans la vinasse; *j, j,* disposition intérieure des plateaux, forme des capsules et des tubes plongeurs.

PLANCHE 10, PAGE 297.

Appareil Derosne, continu et rectificateur.

40. *a,* chaudière inférieure, c'est-à-dire en contact direct avec le foyer; elle est munie d'un tube indicateur de niveau, d'un robinet de décharge, d'un robinet reniflard servant à l'essai des vapeurs qui se dégagent des vinasses et à l'épuisement de l'alcool qu'elles retiennent, et enfin d'un trou d'homme par lequel s'opère le nettoyage intérieur; *i,* tube recourbé en forme de col de cygne, conduisant les vapeurs de la première chaudière près du fond de la deuxième chaudière *b,* où elles débouchent par une sorte de pomme d'arrosoir, en barbotant dans le liquide; *c,* colonne distillatoire fixée au-dessus de la deuxième chaudière. Cette colonne est garnie à l'intérieur de dix-

Figures.

neuf capsules maintenues par trois fils de laiton régulièrement espacés. Cette disposition permet d'enlever les capsules et facilite le nettoyage. Les grandes capsules sont concaves et atteignent presque le diamètre intérieur de la colonne; elles ont au centre une ouverture qui sert à l'introduction de la vapeur et au passage du liquide, qui se déverse ainsi au milieu d'une capsule convexe d'un diamètre plus petit et placé au dessous; les petites capsules convexes ont des nervures formées par des fils de cuivre soudés, qui, partant du centre, dépassent la circonférence.

Le vin sortant de la partie supérieure du chauffe-vin se déverse dans un petit réservoir placé au-dessus des capsules et dans lequel le niveau du liquide se vérifie à l'aide de l'indicateur en verre placé au-dessus de c; de ce réservoir il se déverse sur une capsule convexe qui le distribue en divergeant à la circonférence d'une capsule concave; le liquide se réunit en convergeant au centre, où il s'écoule par l'orifice central pour tomber au milieu d'une capsule convexe, et ainsi de suite, jusqu'à ce qu'il soit arrivé au bas de la colonne. Là, sortant de la dernière capsule, il tombe dans la chaudière; d, colonne de rectification composée de six plateaux fixes; le plateau supérieur a un indicateur en verre qui permet de constater le niveau du liquide sur ce plateau; e, tuyaux avec robinets de rétrogradation ramenant les petites eaux sur les plateaux de la colonne de rectification; h, robinet régulateur d'écoulement du liquide; f, réfrigérant; g, éprouvette et réservoir à alcool.

PLANCHE 11, PAGE 312.

Rectificateur Savalle.

41. a, chaudière avec tube indicateur de niveau, trou d'homme et robinet de décharge et de charge; b, colonne de recti-

Figures.

fication ; *e,* condenseur tubulaire renvoyant les petites
eaux sur le haut de la colonne à l'aide du siphon recourbé placé à sa base ; la partie inférieure du condenseur se compose d'un réfrigérant ; *c,* régulateur de
vapeur réglant à une atmosphère ; *d,* tuyau du régulateur ; *f,* éprouvette spéciale.

Appareil Égrot.

42. Appareil distillatoire continu d'Égrot fils, de Paris.

PLANCHE 12, PAGE 340.

Alambic rectificateur à plateaux.

43. *a,* colonne ayant deux plateaux intérieurs ; *b,* cucurbite
renfermant le bain-marie ; *c,* entonnoir de réfrigération ; *d,* col de cygne ; *e,* réfrigérant renfermant le serpentin.

Alambic à col de cygne.

44. *a,* chapiteau du bain-marie ; *b,* col de cygne simple.

Tête de more.

45. *a,* forme spéciale du col ; *b,* chapiteau cylindrique ; *c,* bain-
marie.

46. *a,* entonnoir fermé servant de bassin au filtre *b ; b,* filtre
à trois tubulures garnies de leurs manches ; *c,* robinet
d'écoulement ; *d,* récipient à couvercle mobile.

47. Armoire à conserves en bois dur, chêne ou ormeau, et doublée en zinc ou cuivre, servant à la préparation des conserves alimentaires et des fruits, sirops, etc. Des thermomètres au mercure sont placés dans l'intérieur ; un
regard formé d'une forte glace incrustée permet d'observer les variations thermométriques qu'ils indiquent.

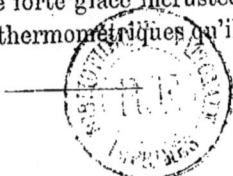

TABLE DES MATIÈRES.

CHAPITRE PREMIER.
CULTURE DE LA VIGNE.

CHAPITRE II.
CONDITIONS INDISPENSABLES A LA PRODUCTION DES VINS FINS.

CHAPITRE V.

HERMITAGE ET COTE-ROTIE.

CHAPITRE VI.

CULTURE DE LA VIGNE DANS LA CHAMPAGNE.

CHAPITRE VII.

VIGNOBLES PRODUISANT LES VINS ORDINAIRES.

CHAPITRE VIII.

NOTICE SUR LES VINS ÉTRANGERS.

CHAPITRE IX.

THÉORIE DES AUTEURS ET CHIMISTES MODERNES SUR LA FERMENTATION ALCOOLIQUE.

CHAPITRE X.

VINIFICATION DES VINS DE LA GIRONDE ET DES VINS ORDINAIRES DE TOUS LES VIGNOBLES.

CHAPITRE XI.

HUILES ET VINAIGRES.

CHAPITRE XII.

DISTILLATION; HISTORIQUE DE CET ART.

CHAPITRE XIII.

PETITES DISTILLATIONS AGRICOLES SANS APPAREILS COUTEUX.

CHAPITRE XIV.

APPAREILS DISTILLATOIRES PERFECTIONNÉS ; APPLICATION DE LA VAPEUR.

CHAPITRE XV.

FABRICATION DES LIQUEURS DE TABLE.

512   TABLE DES MATIÈRES.

CHAPITRE XVI.

DESCRIPTION DES PLANCHES.

Bordeaux, imp. J. DELMAS, rue Sainte-Catherine, 139.

EXTRAIT DU CATALOGUE DES LIVRES DE FONDS

DE LA LIBRAIRIE Vᵉ PAUL CHAUMAS

———※———

Carte vinicole de la Gironde, dressée par M. Duffour-Dubergier, gravée par Unal-Serres, augmentée d'un tableau du classement des Vins arrêté par la Chambre syndicale des courtiers de commerce de Bordeaux. 1 feuille grand-monde, coloriée (1874). 6

> La même collée sur toile et pliée dans un étui. . . . 10
> La même collée sur toile avec gorge et rouleaux. . . 12

> Les Crûs Classés du Médoc sont indiqués d'après leur situation topographique, et la classe à laquelle ils appartiennent est distinguée par une couleur spéciale. Ce classement est conforme au tableau dressé par la Chambre syndicale des Courtiers.
> Les Grands Crûs de vins blancs ont été l'objet d'un travail semblable.

Richesses gastronomiques de la France (Les), texte par Charles de Lorbac, illustré par Charles Lallemand :

> Les Vins de Bordeaux. 1ʳᵉ partie : Généralités, Cultures, Vendanges, Classification, Châteaux vinicoles.

> Crûs classés, 1 vol. in-fᵒ cartonné. 25
> Le Fronsadais, 1 vol. in-fᵒ. 5
> Les Vins de Graves, 1 vol. in-fᵒ. 8
> Saint-Émilion, 1 vol. in-fᵒ. 8
> *Sous presse :* Les Vins blancs de la Gironde.

Traité sur les Vins du Médoc et les autres Vins rouges et blancs du département de la Gironde, par Wᵐ France. 1 vol. in-8ᵒ, 7ᵉ édition, avec gravures. 8

Analyse chimique et comparée des Vins du département de la Gironde, par J. Fauré. In-8ᵒ, avec six tableaux. 3

La Culture des Vignes, la Vinification et les Vins dans le Médoc, avec un état des vignobles d'après leur réputation, par A. d'Armailhacq. 1 vol. in-8ᵒ, 3ᵉ édition, avec planches 6

Guide du Consommateur de bon Vin, ou essai sur les produits vinicoles du département de la Gironde, par Ferrin. 1 vol. in-8ᵒ. . . . .

Notice sur le Médoc, par M. Bigeat. 1 vol. in-8ᵒ.

BORDEAUX. — IMP. DE J. DELMAS.

www.ingramcontent.com/pod-product-compliance
Lightning Source LLC
Chambersburg PA
CBHW031357210326
41599CB00019B/2800